21 世纪普通高等教育核心课程经典辅导·生物学系列

U0658054

普通生物学
同步辅导与习题集

主　编　袁　玲
副主编　姜益泉　田春元　李安明
　　　　李建华　邓青云　董英军
　　　　王志华　石会军　周　勇

西北工业大学出版社
西安

【内容简介】 本书为《陈阅增普通生物学》(第 4 版)的配套辅导书,共分为 11 章,每章由考点综述、名词术语、考研精粹、模考精练、课后习题详解五人部分组成。本书的主要特点是结合权威教材,解析重点难点;内容充实,突出考试重点;例题种类全面,讲解清晰明了,方法性强。

本书是普通高等院校生物等相关专业、医学相关专业的本科生和研究生的同步辅导书,也可作为生物教师、中学生物竞赛及其他相关人员的参考书。

图书在版编目(CIP)数据

普通生物学同步辅导与习题集/袁玲主编.—西安:
西北工业大学出版社,2016.9(2022.3 重印)
ISBN 978－7－5612－5121－8

Ⅰ.①普… Ⅱ.①袁… Ⅲ.①生物学—高等学校—教学参考资料
Ⅳ.①Q

中国版本图书馆 CIP 数据核字(2016)第 244658 号

PUTONGSHENGWUXUE TONGBUFUDAO YU XITIJI

普通生物学同步辅导与习题集

责任编辑:李 萌　　　　　策划编辑:潘 涛
出版发行:西北工业大学出版社
通信地址:西安市友谊西路 127 号　　邮编:710072
电　　话:(029)88491757,88493844
网　　址:www.nwpup.com
印 刷 者:武汉珞珈山学苑印刷有限公司
开　　本:787 mm×1 092 mm　　　1/16
印　　张:16.75
字　　数:473 千字
版　　次:2016 年 9 月第 1 版　　2022 年 3 月第 7 次印刷
定　　价:56.00 元

如有印装问题请与出版社联系调换

前 言

PREFACE

本书以吴相钰、陈守良、葛明德主编的《陈阅增普通生物学》(第 4 版)(高等教育出版社,2013 年)为蓝本,集教材同步辅导与应试(本科考试、研究生考试)强化练习于一体。结合该教材第 2 版、第 3 版和陈阅增《普通生物学——生命科学通论》(高等教育出版社,2009)的内容,总结分析各章要点,筛选重点名词解释,精选近 5 年全国知名院校与科研院所的普通生物学研究生入学考试真题并详细解答,针对各章节内容配套相应习题。收集部分与中学生物竞赛有关的内容,希望也能为中学教师和参加中学生物竞赛的学生提供帮助。

本书各章均由以下五部分组成:

考点综述　本书依据相关高等院校和科研院所的普通生物学教学大纲及普通生物学研究生入学考试大纲,参考其普通生物学期末考试与研究生入学考试试题,分析并总结相应章节在考试中所占比例以及常考题型,引导广大学子正确把握学习重点。

名词术语　依据本科教学与相关考试侧重点筛选出各章节重点名词,并进行解释,且名词后基本上附有对应英文名称,满足学生备考的需要。

考研精粹　精选 22 所高等院校和科研院所普通生物学研究生入学考试试题,并附有详细分析与解答。

模考精练　收集近 10 所高等院校普通生物学练习题,结合各章节内容对应配套习题。

课后习题详解　给出各章课后习题参考答案,供学生参考。

本书附录部分特挑选多套考研真题,附有详细解答,供学生作最后冲刺练习或模拟考试之用。

本书力争体现以下几个特点:

科学性　以国内权威教材为蓝本,解释规范、解答合理、分析科学。

自学性　对教材各章节内容进行梳理,课后习题进行详细解答,便于学生自学。

先进性　能满足广大学子备考普通生物学研究生入学考试的需求。

前沿性　能指导学生了解普通生物学的研究前沿和动态。

指导性　能满足学生学习普通生物学及准备各类考试的需要。

由于各高校使用教材不同、教师研究方向不同而导致讲授的侧重点略有不同,普通生物学的考试题型、内容及各知识点所占的比例也可能与本书所述略有差异。学生在复习备考时,应在参考本书的基础上,结合相应高校使用的教材、教学大纲、研究生入学考试大纲及历年研究生入学考试试题,寻找规律,把握重点,争取取得优异的成绩。

在本书修订的过程中,参考了国内有关普通生物学著作、精品课程课件和习题、多所科研院校的普通生物学研究生入学考试试题,在此向原书作者、精品课程所有者及出题导师表示衷心的感谢。在编写和出版过程中得到了华中农业大学、湖北大学、湖北工程学院领导和教师的大力支持,在此一并致谢。另外特别感谢湖北众邦文化传播有限公司全体成员为本书付出的辛劳。

本书可作为综合大学、师范院校及农、林院校的生物学相关专业,医学院校相关专业的本科生学习普通生物学课程及应对研究生入学考试时使用,也可作为中学生物教师、中学生物竞赛及其他相关人员的参考书。

由于水平有限,书中难免有不足之处,恳请读者朋友批评指正,以便再版时加以修正。

编　者

2016 年 8 月

目　录
CONTENTS

绪论：生物界与生物学

考点综述

生物学是研究生命现象和生命本质的科学,研究对象是具有高度复杂性、多样性和统一性的生物界。生命科学的研究经历了从收集积累事实资料,到寻找各种生命现象之间的内在联系、概括出相应理论的发展途径。随着物理、化学等技术方法的应用,生物学的研究更深入和趋于本质化。

本章考点:①生物的特征;②生物界的多层次构组系统、多样性和统一性;③生物界的多级分类系统及生物分类阶元;④研究生物学的方法;⑤生物学与现代社会生活的关系

考点①～③以简答、填空等形式常在出现普通生物学研究生入学考试试题中,熟练掌握生命的基本特征所涉及的概念和内容,掌握生物分界的依据及主要内容,了解一些受关注的社会现象的生命学背景。近年来由于分子生物学和细胞超微结构研究的发展,逐步形成了新的生物界多级分类系统,三域多界的分类系统需要特别关注。

名词术语

【术语题库 扫码获取】

1. **生物圈**(biosphere):地球上所有生态系统的总和,由生物和它所居住的环境共同组成,也是最大的生态系统。

2. **稳态**(homeostasis):指生物通过许多调节机制,保持内部条件相对稳定的状况,也称内稳态。维持内环境稳定的主要调节机制是反馈。

3. **应激性**(irritability):生物感受外界刺激并做出有利于保持其体内稳态,维持生命活动的应答反应。应激性是生物的普遍特性。

4. **适应**:包含两方面的涵义,生物的结构都适合于一定的功能;生物的结构和功能适合于该生物在一定环境条件下的生存和延续。适应是生物界普遍存在的现象。

5. **生物的多层次构组**:原子——分子——生物大分子——细胞器——细胞——组织——器官——系统——个体——种群——群落——生态系统。

6. **五界分类系统**:惠特克(R. H. Whittaker)根据细胞结构和营养类型将生物分为五界,即原核生物界(Monera)、原生生物界(Protista)、植物界(Plantae)、真菌界(Fungi)和动物界(Animalia)。

7. **三域分类学说**:伍斯和福克斯根据核糖体亚基的 16S rRNA、18S rRNA 序列分析,把生物界分成真细菌域(Bacteria)、古核生物域(Archaea)、真核生物域(Eukarya)三个域,又称三原界学说。

8. **双名法**(binomial nomenclature):林奈创立的为物种命名的方法,由拉丁化的属名和种名联合构成。

考研精粹

1.①(烟台大学 2019,云南大学 2014,湖南农业大学 2013,西南科技大学 2012,河南师范大学 2011)简述生命的基本特征。

②(山东大学 2017)简述生命的一般特征。

③(昆明理工大学 2017,暨南大学 2013,四川大学 2009)生命体同非生命体相比,具有哪些独有的特征?

④(延安大学 2017,暨南大学 2011)生物体有哪些共同特征?

⑤(南京大学 2014)举例说明生命物质与非生命物质的区别。

⑥(西南大学 2012)生命的属性和特征有哪些?

【答案要点】①特定的组构;②新陈代谢;③稳态和应激性;④生殖和遗传;⑤生长和发育;⑥进化和适应。

2.(四川大学 2013)生物区别于非生物的最基本特征是_____。

A. 环境适应性　　　　B. 运动性　　　　C. 新陈代谢　　　　D. 生长

【答案】C

3.(浙江师范大学 2011)生物能复制出新的一代,使种族得以延续的现象称为_____。

A. 遗传　　　　B. 变异　　　　C. 繁殖　　　　D. 生殖

【答案】CD

4.(西南科技大学 2013)生命的特征不包括_____。

A. 新陈代谢　　　　B. 生长发育运动性　　　　C. 生殖遗传　　　　D. 非细胞组成

【答案】D

5.(浙江师范大学 2012)分类学的一个重要任务,就是给不同物种进行命名。现在公认的、最常用的命名方法是现代分类学奠基人林奈所创立的_____。

A. 双名法　　　　B. 二级分类法　　　　C. 三级分类法　　　　D. 自然命名法

【答案】A

6.(江苏大学 2014)现代分类学的奠基人是 18 世纪瑞典植物学家_____,制定了统一的生物命名法,即_____,其命名原则是_____。

【答案】林奈,双名法,用两个拉丁名(属名+种名)作为物种的学名。

7.(南京大学 2015)分析三域论相对于五界分类系统的进步。

(暨南大学 2010)简述生物的五界分类系统和三原界(域)学说。

【答案要点】惠特克(R. H. Whittaker)提出的五界分类系统基于细胞结构和营养类型的不同将生物分为五界,即原核生物界、原生生物界、植物界、真菌界和动物界。

某些生物大分子是进化的时钟,根据同源大分子核苷酸序列的差别可以显示两个种的进化差别。核糖体 RNAs 是古老的分子,功能稳定、分布广泛,而且具有适当的保守性。两个生物之间 rRNA 序列的相似程度可以说明两个生物之间的进化关系。20 世纪 70 年代伍斯(C. R. Woese)和福克斯(G. E. Fox)等根据原核生物 16S rRNA 和真核生物 18S rRNA 序列分析,把生物界分为古核生物域(Archaea)、真细菌域(Bacteria)、真核生物域(Eukarya)。

由于缺乏化石记录,系统发育分类方法长期未能有效运用于原核生物的分类。三域方案的提出是生物分类和系统发生研究中的又一个意义重大的事件,相对于五界分类系统进步。

(生命之树为二域分类系统,而非三域分类系统 郭良栋《生物多样性》2014 年 1 期)

8.(中国科学院研究生院水生生物研究所 2013)1967 年,生态学家惠特克将生物界分为五界:_____、_____、_____、_____和_____。

（暨南大学 2011）1967 年生态学家 R. H. Whittaker 提出的五界分类系统把细胞生物分为_____，_____，_____，_____和动物界。

【答案要点】原核生物界、原生生物界、植物界、真菌界、动物界

9.（四川大学 2011）五界系统中的动物区别于其他生物类群的特征包括_____。

A. 真核   B. 多细胞   C. 无细胞壁   D. 营异养生活

【答案】ABCD

10.（西南大学 2012）植物界、动物界和真菌界都是多细胞真核生物，_____的差异是区分他们的依据。

【答案】营养方式

11.（云南大学 2011）你如何理解"在生物界巨大的多样性中存在着高度的统一性"？

（华东师范大学 2012）生物界有高度的多样性和统一性，论述生物界多样性与统一性的关系。

【答案要点】所有动物或者植物都是由细胞所组成，这些细胞在显微镜下都十分相似，细胞成为生物界统一的基础。所有生物的细胞都是由相同的组分如核酸、蛋白质、多糖等分子所构建的，蛋白质的构成、遗传物质的构成具有统一性。DNA－RNA－蛋白质的遗传系统是生物界的统一基础。从大肠杆菌到人，核酸、蛋白质等生物大分子的结构和功能，基本的生命过程上存在着高度的统一性，遗传信息的复制、转录和翻译均遵循着相同的模式，遗传密码在很大程度上是通用的。另一方面，蛋白质、核酸又是地球上已知最复杂的大分子化合物，在各种生物的蛋白质、核酸分子中蕴含着大量有关生物多样性的信息。

12.（西南大学 2013）研究生物学的基本方法有_____和_____。

【答案】观察法和实验法

模考精练

一、填空题

1. 生物学又称生命科学，是研究_____和_____的科学，是自然科学中的基础学科之一。

【答案】生物体生命现象，生命活动规律。

2. 生命现象的同一性体现在_____、_____、_____等诸多方面。

【答案】化学成分、遗传物质、遗传密码、信息流、新陈代谢过程。

3. 应激性是指生物体能接受_____，产生_____的反应，使动物体能_____。应激性与活动性是生物对自然信息的_____反应。

【答案】外界刺激，合目的，趋吉避凶和趋利避害。本能。

4. 生物的适应性体现在_____相适应、_____相适应两方面。

【答案】结构与功能，结构和功能与环境。

5. 生物的基本组成单位是_____，生命的本质是_____，生物遗传的基本物质是_____。

【答案】细胞，具有化学成分的同一性、整整有序的结构、新陈代谢、应激性和运动、稳态、生长发育、繁殖和遗传、适应等特征，核酸。

6. 科研的成果必须经得起检验，即有_____性。

【答案】可重复

7.（中国地质大学 2007）双名法是瑞典植物学家 Linnaeus 创立的为物种命名的方法，使用的文字一般是_____，第一个词为_____，第二个词为_____，都用斜体；在二者之后也可以用正体标出定名人。每一个物种只有一个学名。

【答案】拉丁文，属名，种名

8. 生命的结构层次有_____、细胞器、_____、组织、器官、系统、_____、_____和_____。其中_____是生命的结构和功能基本单位；_____是物种存在的单位；地球上最大的生态系统是_____。

【答案】生物大分子，细胞，个体，种群，群落，生态系统。细胞，种群，生物圈。

二、判断题

1.非生物具有远远超越任何生物的高度有序性。

2.有机体的内稳态是指内环境严格不变的稳定状态。

3.生物能对环境的物理化学变化的刺激作出反应。

4.生物进化是生物多样性和统一性共存的根本原因。

5.认识客观事物的科学方法常分为观察、实验、假说和理论四个步骤。

6.(四川大学 2005)德国生物学家海克尔提出三界分类系统,将生物分为植物界、动物界、微生物界。

7.五界分类系统从横的方面显示了生命历史的三大阶段:原核单细胞阶段、真核单细胞阶段和真核多细胞阶段。

8.生物命名所用双名法是由科名与属名联合构成的。

三、选择题

1.(云南大学 2005)置于同一纲的两种蠕虫必须归类于同一_____。

A.目　　　　　　　　B.门　　　　　　　　C.科　　　　　　　　D.属

2.下列属于生物应激性的现象有_____。

A.草履虫从盐水中游向清水　　　　　　B.根生长的向地性

C.利用黑光灯来诱杀害虫　　　　　　　D.上述各项

3.下列_____是病毒不具备的生命特征。

A.细胞结构　　　　B.生长和繁殖　　　　C.对环境的适应性　　　　D.新陈代谢

4.下列_____是对理论正确的说明。

A.理论是指已经被反复证明过的不会错的真理

B.理论仅仅是一个需要进一步实验和观察的假说

C.理论是不能用实验和观测来支持的假说

D.科学中理论一词是指那些已经证明具有最大解释力的假说

5.(四川大学 2007) 生物学常用的研究方法包括_____。

A.科学考察　　　　B.假说　　　　　　C.实验　　　　　　D.模型实验

6.(四川大学 2006)有三个物种的拉丁学名分别为:①*Pinus palustris* ②*Quercus palustris* ③*Pinus echinata*,可以判断亲缘关系较近的两个物种是_____。

A.①和②　　　　　B.②和③　　　　　C.①和③　　　　　D.无法判断

7.18 世纪瑞典植物学家_____创立了科学的自然分类系统。

A.施莱登　　　　　B.林奈　　　　　　C.达尔文　　　　　D.孟德尔

8.不属于分类单位的名称是_____。

A.属　　　　　　　B.种　　　　　　　C.品种　　　　　　D.科

9.传统的五界系统不包括_____。

A.原核生物界　　　B.病毒界　　　　　C.原生生物界　　　D.真菌界

10.*Pseudomonas transluces*,*Pseudomonas syringae*,*Pseudomonas propanica* 是相同_____的生物。

A.目　　　　　　　B.科　　　　　　　C.属　　　　　　　D.种

【参考答案】

扫码获取正版答案

四、问答题

1.解释生命现象的严整有序性。

【答案】生命严整有序性体现在组织结构和生命活动两方面。

20世纪生物化学和分子生物学揭示生物体的化学成分存在高度的同一性。从元素成分来看,构成形形色色生物体的元素都是普遍存在于无机界的C,H,O,N,P,S,Ca等元素。从分子成分来看,各种生物体除含有多种无机化合物外,还含有蛋白质、核酸、脂、糖、维生素等多种生物分子。生物分子组成一定的结构,或形成细胞这样一个有序的系统表现出生命。生命的基本单位是细胞,细胞内的各结构单元(细胞器)都有特定的结构和功能。如线粒体有双层的膜,内膜有嵴,膜中大分子(酶)的排列是有序的。生物界是一个多层次的有序结构,在细胞层次之上还有组织、器官、系统、个体、种群、群落、生态系统等层次。每一个层次中的各个结构单元,如系统中的各器官、器官中的各种组织,都有它们各自特定的功能和结构,它们的协调活动构成了复杂的生命系统。

正如生物体在空间结构上严整有序一样,生物体的新陈代谢也是严整有序的过程,是由一系列酶促化学反应组成的反应网络。如果代谢过程的有序性被破坏,如某些代谢环节被阻断了,全部代谢过程就可能被打乱,生命就会受到威胁,严重的甚至可导致生命的终结。

2.请用植物为例,阐述生物适应的涵义。

【答案】适应是生物界普遍存在的现象。以旱生植物为例,干旱环境的主要矛盾是缺水和光线强。旱生植物根系发达,叶表面积较小,叶表面增生了许多表皮毛或白色蜡质,以减少水分的蒸发和加强对阳光的反射。旱生植物的新陈代谢极为缓慢,这是它们在长期的生存斗争中获得的适应性。旱生植物的结构、功能、环境相适应。

3.生物物种是怎样命名的?

【答案】生物物种采用林奈的双名法。用拉丁文定名,每一个生物定一个属名和一个种名。属名加种名就是这个生物的生物学名。如狼的属名 *Canis*,种名 *lupus*,狼的生物学名 *Canis lupus*。属名是名词,第一字母要大写,种名是限制属名的,是形容词第一个字母小写,在属名和种名之后还可以写上定名者的姓名。

4.简述假说和实验的关系。

【答案】实验是在人为地干预、控制所研究对象的条件下进行的观察。实验不仅意味着某种精确地操作,而且是一种思考的方式。要进行实验,首先必须对研究对象所表现出来的现象提出某种可能的解释,也就是提出某种设想或假说,然后设计实验来验证这个设想或假说。假说必须是可以验证的,这是科学实验的重要原则。根据假说,用推测和类推的方法,对可能发生的事件作预测,并在进一步观察和实验中检验它。如果实验的结果不支持假说,就应提出新的假说,作新的探索;如果证明这个假说是正确的,那么这个假说就不再是假说,而是定律或学说了。

5.(湖南农业大学 2012)简述生物的研究方法。

【答案】(1)科学观察。观察是从客观世界中得到第一手资料的最基本的方法。(2)假说和实验。假说必须是可以验证的,这是科学实验的重要原则,实验不仅意味着某种精确的操作,而且是一种思考形式。如果由于种种原因,直接用研究对象(原型)进行实验非常困难,或者简直不可能时,可用模型代替研究对象来进行实验。英国军医 Ross 用麻雀来研究疟疾的病原体就是一种动物模型试验;模型研究可用于研究时间上极为遥远的事件,如1953芝加哥大学,Miller 进行的关于生命化学进化的实验。

6.20世纪,生物化学和分子生物学揭示了生物界在化学成分上,即在分子层次上存在高度的同一性。这会给人们什么启示?

【答案】大量实验研究表明,组成生物体生物大分子的结构和功能,在原则上是相同的。例如各种生物的蛋白质的单体都是氨基酸,种类20种左右,各种生物的核酸的单体都是核苷酸,这些单体都以相同的方式组成蛋白质或者核酸的长链,它们的功能对于所有生物都是一样的。在不同的生物体内基本代谢途径也是相同的,甚至在代谢途径中各个不同步骤所需要的酶也是基本相同的。生物化学的同一性深刻地揭示了生物的统一性,也促进了人们从分子水平上认识生命本质的深入研究。提示人们从分子水平研究进化的同源性、人工改良的可能性,也为物种多样性与基因库保护提供了物质基础。

课后习题详解

1. 生命体细胞作为基本单位的组构,有哪些重要的特点?

答 细胞是生命体组构的基本单位。生物有机体都是由细胞组成的。细胞由一层质膜包被。质膜将细胞与环境分隔开来,并成为它与环境之间进行物质与能量转换的关口。在化学组成上,细胞与无生命物体的不同在于细胞中除了含有大量的水外,还含有种类繁多的有机分子,特别是起关键作用的生物大分子:核酸、蛋白质、多糖、脂质。由这些分子构成的细胞是结构异常复杂且高度有序的系统,在一个细胞中可以进行生命所需要的全部基本新陈代谢活动外,还各有特定的功能。整个生物体的生命活动有赖于其组成细胞的功能的总和。

2. 为什么说生物体是一个开放系统?

答 所有生物都要从外部捕获自由能来驱动化学反应。自养生物从太阳光获取能量,利用简单的原料去合成自身复杂的有机分子。异养生物从食物中获取能量。这些食物是其他生物合成的有机物质。异养生物将食物分解,释放出其中的能量,并将分解形成的小分子作为合成自身生物大分子的原料。生物体和细胞要与周围环境不断进行物质的交换和能量的流动,所以说生物体是一个开放的系统。

3. 三叶草—蝴蝶—蜻蜓—蛙—蛇—鹰是一种常见的食物链,但其中没有分解者,试将分解者以适当方式加到这个食物链中。

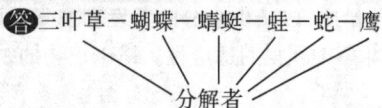

答 三叶草—蝴蝶—蜻蜓—蛙—蛇—鹰

　　　　　　　　分解者

4. 分子生物学的发展如何深化和发展了人们关于生物界统一性的认识?

答 分子生物学告诉我们,所有生物的细胞都是由相同的组分如核酸、蛋白质、多糖等分子所构建的。细胞内代谢过程中每一个化学反应都是由酶所催化的,而酶是一种蛋白质。所有的蛋白质都由20种氨基酸以肽键的方式连接而成。各种不同蛋白质的功能是由蛋白质长链中氨基酸的序列决定的。所有生物的遗传物质都是DNA或RNA。所有DNA都是由相同的4种核苷酸以磷酸二酯键的方式连接而成的长链。2条互补的长链形成DNA双螺旋分子。沿着DNA长链的核苷酸序列决定蛋白质长链上氨基酸的序列,进而为每一个物种、每一个生物体编制蓝图。生物体的代谢、生长、发育等过程都受到来自DNA的信息的调控。在所有的生物中,遗传信息的方向是相同的,使用的是同一种遗传密码。这些事实使人们进一步认识到DNA—RNA—蛋白质的遗传系统是生物界的统一基础。这就令人信服地证明所有生物有一个共同的由来,各种各样的生物彼此之间都有或近或远的亲缘关系,整个生物界是一个多分支的物种进化谱系。

5. 怎样理解科学是一项具有自我修正机制的社会活动?

答 科学研究的方法中有一些关键要素是相同的:观察、提出问题、假说、预测和检验。观察不是漫无目的的观望,而是为了认识自然所做的有目的考察和审视。在观察中发现事实,提出问题,并作出可能的解释,也就是提出某种设想或假说,然后设计实验来验证这个设想或假说。根据假说,用推测和类推的方法,对可能发生的事件作预测,并在进一步观察和实验中检验它。纵观科学方法的各个关键要素,可以看到,科学是一项具有自我修正机制的社会活动。科学的精髓在于坚持任何思想、假说、理论都必须是可以检验的。

6. 为什么说地球上的生态系统是目前使人类生存的地球表层环境得以维持的支持系统?

答 地球形成之初,以酸性气体为主,经历37亿年的生物和环境协同进化,使今日地球的表面环境作为我们的家园"恰到好处",大气中的CO_2浓度正好使地表温度适合生物生存,并有效地防止了地表液态水的过度蒸发,保持了一个生物生存的液态水圈;大气中含有足够的分子态氧,保证了生物的呼吸和岩石的风化,而岩石的风化提供了生命所需的矿物质,并且大气中的氧在紫外线作用下形成臭氧层,挡住了来自宇宙的紫外线辐射,保护了地表生命;氧化性大气圈还能使大多数陨石在到达地表之前燃烧掉。储存在地下的煤、石油、天然气都是生命活动的产物。这一切都依赖于地球上的生态系统提供,要维持这种环境的物理状态,仍然需要地表上具有相当规模和质量的生态系统,所以说地球上的生态系统是目前人类生存的地球表层环境得以维持的支持系统。

生命的化学基础

2

考点综述

生命所需的化学元素约 25 种。组成生命的物质可分为无机物和有机物两大类。无机物包括水和无机盐；有机物包括糖类、脂质、蛋白质和核酸等生物大分子。这些元素及化合物是生物体的物质基础，维持着生物体的生命活动。

本章考点：①生命的必需元素及作用；②水的特性及与生理作用的关系；③重要糖分子的结构和功能；④脂质中与生物膜有关的物质——磷脂的结构与功能；⑤氨基酸的基本结构、特征以及蛋白质的结构与功能的关系；⑥核酸的结构与功能。

生物大分子层次的研究是目前生命科学研究的最大热点，特别是核酸和蛋白质的研究，而对糖类的研究也受到重视。本章在考试中占有一定的比例，考试题型多样。本章复习时要注意掌握生物大分子的类别及其主要功能，了解生物大分子的生化研究方法。

名词术语

【术语题库　扫码获取】

1. **必需元素(essential element)**：在生物的生活中，不可代替的、不可缺少的元素。

2. **同位素示踪**：是利用放射性核素作为示踪剂对研究对象进行标记的微量分析技术。

3. **生物大分子(macromolecule)**：在生命现象中起重要作用的分子都是极其巨大的，可分为蛋白质、核酸、多糖和脂质四大类。

4. **多聚体(polymer)**：由相同或相似的小分子组成的长链。组成多聚体的小分子称为单体。蛋白质、核酸、多糖都是多聚体。

5. **糖类**：是指含有多羟基的醛类或酮类化合物，及其产生的缩聚物或衍生物。

6. **氨基酸(amino acid)**：含氨基和羧基的化合物，是蛋白质的结构单体。

7. **肽键(peptide bond)**：一个氨基酸分子中的氨基与另一氨基酸分子中的羧基脱水缩合形成的共价酰胺键(—NH—CO—)。

8. **肽(peptide)和多肽(polypeptide)**：不同数目的氨基酸以肽键顺序相连，形成链状分子，即是肽或多肽，通常分子量在 1500 以下的为肽，在 1500 以上的为多肽。

9. **蛋白质的一级结构**：多肽链中氨基酸的排列顺序。

10. **蛋白质的二级结构**：是指蛋白质分子中的肽链向单一方向卷曲而形成的有周期性重复的主体结构或构象。这种周期性的结构是以肽链内或各肽链间的氢键来维持的。包括 α 一螺旋、β 一折叠、β 一转角、无规卷曲。

11. **蛋白质的三级结构**：在二级结构基础上的肽链再折叠形成的构象是三级结构，如球蛋白、纤维蛋白。

12.**蛋白质的四级结构**:有两条或多条肽链折叠,以弱键互相连接形成的构象。

13.**蛋白质的变性**(denaturation):在化学、物理因素等作用下,蛋白质天然空间结构发生改变和破坏,从而失去生物学活性的现象。

14.**核苷酸**:核酸的结构单体。每一核苷酸分子含有一个戊糖(核糖或脱氧核糖)分子、一个磷酸分子和一个含氮的有机碱。

15.**DNA 双螺旋**(double helix):Watson 和 Crick 提出 DNA 的双螺旋结构,是两条脱氧核糖核苷酸长链以碱基配对相连而成的多聚物。

考研精粹

1.(西南大学 2011)碳分子独一无二的特性就是可以形成一个长长的碳链,这个碳链为各种复杂的有机分子提供骨架。(　　)

【答案】对

2.①(浙江海洋大学 2019)为什么说水是细胞中不可缺少的物质?

②(昆明理工大学 2009)在寻找外太空生命的过程中,最关注的是星球上是否有水的存在,请分析水对于生命的重要性。

【答案】水对于生命起源和生命存在至关重要,生物体的生命活动离不开水。生物体含水量 $60\%\sim80\%$;代谢活动都要在以水为基质的液态环境中进行,水在物质运输中起重要作用;水的比热大,有利于维持内环境的稳定。

3.(华南师范大学 2014)糖类物质是_____或_____的化合物及其衍生物。

【答案】多羟基的醛类或酮类

4.(四川大学 2014)下列_____分子是单糖。

A. 蔗糖　　　　　　　　B. 乳糖　　　　　　　　C. 核酮糖　　　　　　　　D. 麦芽糖

【解析】糖类(carbohydrates)是细胞中很重要的一大类有机化合物。原生质中重要的单糖有核糖、脱氧核糖、核酮糖、葡萄糖、甘油醛、二羟丙酮。葡萄糖作为燃料分子,戊糖(核糖、脱氧核糖)是组成核酸的成分。双糖由两个单糖脱水合成,常见的有蔗糖、麦芽糖、乳糖。

【答案】C

5.(河南师范大学 2011)最常见的双糖有蔗糖和麦芽糖,一分子蔗糖是由一分子葡萄糖和一分子_____脱水形成的;一分子麦芽糖是由一分子葡萄糖和一分子_____脱水形成的,所以二者相比起来,_____更甜。

【答案】果糖,葡萄糖,蔗糖

6.(四川大学 2012)淀粉是植物主要的储藏物质,而纤维素、半纤维素、果胶质等多糖是植物主要的结构物质。(　　)

【解析】多糖是由数百至数千个单糖脱水缩合而成的多聚物。常见的多糖有淀粉、纤维素和糖原等。淀粉(starch)贮存在植物的块根、果实中,卷曲成螺旋形,直链淀粉不分支,葡萄糖以 $\alpha-1,4$ 糖苷键相连;支链淀粉在分支处还有 $\alpha-1,6$ 糖苷键。直链淀粉遇碘变深蓝色,这是鉴定淀粉的简便方法。糖原存在动物细胞(如人的肝细胞和肌细胞)中,糖原的结构与淀粉一样,也形成螺旋,分支更多。纤维素存在于植物细胞壁,纤维素和淀粉相似但无分支,由 $\beta-D$ 葡萄糖以 $\beta-1,4$ 糖苷键聚合而成。

【答案】对

7.(中国科学院水生生物研究所 2011)多糖通过脱水形成多种多聚体,最重要 3 种是_____、_____和_____。

【答案】淀粉,糖原,纤维素

8.(浙江师范大学 2010)动物细胞中以储存状态存在的多糖,又称动物淀粉的是_____。

A. 葡萄糖   B. 糖原   C. 蔗糖   D. 麦芽糖

【答案】B

9.(四川大学 2014)几丁质的基本结构单元是葡萄糖。(　　)

【答案】错

10.(中国科学院研究生院 2012)糖是生命活动所需的_____,又是重要的_____。

【答案】主要能源物质,结构成分。

11.(江苏大学 2011)下列不属于脂质功能的是_____。

A. 作为能量物质   B. 构成细胞膜   C. 形成信号分子   D. 作为遗传物质

【答案】D

12.(武汉大学 2013)生物体内磷脂最主要的生物学功能是_____。

【答案】生物膜的重要成分

13.(江苏大学 2011)论述蛋白质的功能并举例说明。

【答案】蛋白质是细胞和生物体的重要分子。细胞、组织和机体的结构都与蛋白质有关,生物体内的每一项活动都有蛋白质参与。细胞干重的一半是蛋白质。肌肉、皮肤、血液、毛发的主要成分是蛋白质。蛋白质在细胞和生物体的生命活动过程中,也起着十分重要的作用。有些蛋白质有运输作用,如红细胞中的血红蛋白是运输氧的蛋白质。多种蛋白质,如植物种子(豆、花生、小麦等)中的蛋白质和动物蛋白、奶酪等都是供生物营养生长之用的蛋白质。蛇毒、蜂毒等是动物攻防的武器,抗体是动物的免疫蛋白。在细胞和生物体内各种生物化学反应中起催化作用的酶主要也是蛋白质。有些蛋白质有调节作用,如胰岛素和生长激素都是蛋白质,能够调节人体的新陈代谢和生长发育。蛋白质还参与基因表达的调节,以及细胞中氧化还原反应、电子传递、神经传递乃至学习和记忆等多种生命活动过程。

14.(中国科学院水生生物研究所 2013)根据蛋白质在机体内的功能,可将其分为 7 大类:_____、_____、_____、_____、_____、_____和酶。

【答案】结构蛋白,收缩蛋白,贮藏蛋白,防御蛋白,转运蛋白,信号蛋白

15.(浙江师范大学 2011)构成蛋白质的基本单位是_____。

A. 核苷酸   B. 脱氧核苷酸   C. 氨基酸   D. 葡萄糖

【答案】C

16.(江苏大学 2012)下面不属于疏水氨基酸的是_____。

A. 半胱氨酸   B. 亮氨酸   C. 苯丙氨酸   D. 脯氨酸

【解析】氨基酸(amino acid)是蛋白质的结构单体。天然存在于蛋白质中的氨基酸有 20 种,结构上的共同特点是 α—碳原子连接一个羧基(—COOH)和一个氨基(—NH_2),不同之处在于它们的侧链(R 基团)各有不同。侧链的结构、长短和电荷的不同决定各种氨基酸在溶解度以及其他特性上的差异。根据侧链的特性,氨基酸可分为 2 类:

(1)疏水氨基酸:有甘氨酸(Gly)、丙氨酸(Ala)、缬氨酸(Val)、亮氨酸(Leu)、异亮氨酸(Ile)、甲硫氨酸(Met)、苯丙氨酸(Phe)、色氨酸(Trp)、脯氨酸(Pro)。蛋白质大分子中带有这些疏水氨基酸的部分在水中往往折叠到大分子的内部而远离水相。

(2)亲水氨基酸:有丝氨酸(Ser)、苏氨酸(Thr)、半胱氨酸(Cys)、酪氨酸(Tyr)、天冬酰胺(Asn)、谷氨酰胺(Gln)、天冬氨酸(Asp)、谷氨酸(Glu)、赖氨酸(Lys)、精氨酸(Arg)、组氨酸(His)。

【答案】A

17.(四川大学 2013)下列氨基酸的侧链带负电是_____。

A. Lys   B. Arg   C. Glu   D. His

【答案】C

18.(四川大学 2010)氨基酸是蛋白质的结构单体,所有的氨基酸在结构上的一个共同特点是,在α—碳原子既带有羧基又带有氨基,这两种基团相互作用,使氨基酸保持非极性和中性状态。(   )

【答案】错

19.(中国科学院研究生院 2012)黑素是脊椎动物皮肤中普遍存在的一种色素,它的前身是_____。

A. 酪氨酸　　　　　B. 苏氨酸　　　　　C.组氨酸　　　　　D. 色氨酸

【答案】A

20.(四川大学 2011)维持蛋白质一级结构的化学键是_____。

A. 二硫键　　　　　B. 氢键　　　　　C. 共价键　　　　　D. 以上全部

【答案】C

21.(浙江师范大学 2011)蛋白质二级结构是指蛋白质分子中的肽链向单一方向卷曲而形成的有周期性重复的主体结构或构象。(   )

【答案】对

22.(江苏大学 2011)蛋白质的结构由以下哪种结构决定?_____

A. 一级结构　　　　B. α螺旋　　　　C. β折叠　　　　D. 结构域

【答案】ABCD

23.(江苏大学 2012)蛋白质的二级结构包括_____和_____。

【答案】α—螺旋、β—折叠

24.(四川大学 2013)蛋白质变性是蛋白质的一级结构破坏,即氨基酸序列被破坏。(   )

【答案】错

25.(华南师范大学 2014)测定蛋白质浓度的方法有_____、_____、_____、_____和_____,其中_____是最经典的,并且不需要标准蛋白样品。

【答案】凯氏定氮法、双缩脲法、Folin—酚试剂法、紫外吸收法、考马斯亮蓝法,凯氏定氮法。

26.(江苏大学 2013)DNA 的组成成分是_____。

A. 脱氧核糖、核酸和磷酸　　　　　　　B. 脱氧核糖、碱基和磷酸
C. 核糖、碱基和磷酸　　　　　　　　　D. 核糖、核酸和磷酸

【答案】B

27.(江苏大学 2013)DNA 的含氮碱基是_____、_____、_____和_____。

【答案】腺嘌呤(A)、胸腺嘧啶(T)、胞嘧啶(C)、鸟嘌呤(G)

28.①(昆明理工大学 2017)简述 DNA 双螺旋模型的特征。

②(江苏大学 2012,曲阜师范大学 2011)简述 DNA 双螺旋模型的主要特点。

【答案】①多核苷酸链围绕一个共同的中心轴旋转,为右手螺旋;②多核苷酸链通过磷酸和戊糖的3′,5′碳相连而成;③碱基在螺旋的内部,磷酸根在外部;④螺旋直径 2nm,相连碱基之间的距离 0.34 nm,并沿轴旋转 36°;⑤两条核苷酸链依靠碱基对之间的氢键结合在一起。A—T,G—C 配对。碱基互补原则是脱氧核糖核酸复制、转录等的分子基础;⑥遗传信息由碱基的序列携带。

29.(四川大学 2012)DNA 分子的碱基配对是 A—U 和 C—G。(   )

【解析】1953 年 Watson 和 Crick 提出 DNA 双螺旋模型,揭开生物学史上的光辉里程。DNA 双螺旋链是由 2 条脱氧核糖核苷酸长链互以碱基配对相连而成的分子,碱基与糖的第 1 位碳原子以糖苷键结合,成为核苷;核苷与一个磷酸分子结合,成为核苷酸。核苷酸以3′,5′—磷酸二酯键连接成多核苷酸链,两条核苷酸链依靠碱基之间的氢键结合在一起,A,T 之间以 2 个氢键相连,C,G 之间以 3 个氢键相连。

【答案】错

30.(江苏大学 2011)以下关于 DNA 的双螺旋模型特点的叙说,错误的是_____。

A. 两条反向平行的多聚核苷酸链沿一个假设的中心轴右旋相互盘绕而形成

B. 磷酸和脱氧核糖单位作为不变的骨架组成位于外侧

C. 作为可变成分的碱基位于内侧,链间碱基按 A—T,C—G 配对

D. 螺旋直径 2nm,相邻碱基平面垂直距离 0.34nm,螺旋结构每隔 20 个碱基对重复一次,间隔 6.8nm

【答案】D

31.(四川大学 2013)只有细胞核中有 DNA,并在其中形成染色质。( )

【答案】错

32.(华南师范大学 2014)两类核酸在细胞中的分布不同,DNA 主要位于＿＿＿＿中,RNA 主要位于＿＿＿＿中。

【答案】细胞核,细胞质

33.(四川大学 2013)在 DNA 的凝胶电泳中,聚丙烯酰胺凝胶电泳比琼脂糖凝胶电泳＿＿＿＿。

A. 分辩率高,分离范围广   B. 分辩率高,分离范围小

C. 分辩率低,分离范围广   D. 分辩率低,分离范围小

【答案】B

34.(中国科学院研究生院 2012)元素＿＿＿＿既是核酸,也是 ATP 的重要组成部分。

A. N   B. P   C. K   D. Ca

【答案】B

35.(浙江海洋大学 2014)下列不能为机体提供能源的是＿＿＿＿。

A. 糖   B. 脂类   C. 蛋白质   D. 核酸

【答案】D

模考精练

一、填空题

1. 存在于生物体内而在自然界不存在的元素是＿＿＿＿。

【答案】不存在的

2. 生物离不开水,主要由水的以下特性决定:＿＿＿＿、＿＿＿＿、＿＿＿＿、＿＿＿＿、＿＿＿＿。

【答案】极性分子、良好溶剂、水分子间形成氢键、比热高、固态比液态密度低

3.(江苏大学 2013)在生命现象中起着重要作用的大分子都是极其巨大的分子,称为大分子,可分为＿＿＿＿、＿＿＿＿、＿＿＿＿和＿＿＿＿四大类。

【答案】多糖、脂质、蛋白质、核酸

4. 单糖以两种形式存在,一是＿＿＿＿糖,第＿＿＿＿C 原子与 O 形成双键;二是＿＿＿＿糖,第＿＿＿＿C 原子与 O 形成双键。

【答案】醛,1;酮,2

5. 组成 DNA 分子的戊糖是脱氧核糖,它是核糖第＿＿＿＿个 C 原子上的＿＿＿＿脱去一个 O。

【答案】2,羟基

6. 原生质所含单糖中＿＿＿＿、＿＿＿＿和＿＿＿＿最为重要。

【答案】葡萄糖、核糖、脱氧核糖

7.(昆明理工大学 2012)戊糖中最重要的有核糖、脱氧核糖和核酮糖,＿＿＿＿和＿＿＿＿是核酸的重要成分,＿＿＿＿是重要的中间代谢物。

【答案】核糖,脱氧核糖,核酮糖

8. 每一种氨基酸的独自特性决定于其特定的＿＿＿＿。

【答案】侧链(R 基团)

9.(江苏大学 2010)蛋白质是由＿＿＿＿以＿＿＿＿键构成。

【答案】氨基酸,肽

10.指甲、毛发以及有蹄类的蹄、角、羊毛等的成分都是呈_____的纤维蛋白,称为_____。_____是脊椎动物中最多,最普遍的一种蛋白质。

【答案】α—螺旋,α—角蛋白,胶原蛋白

11.碱基一类是_____,单环分子;另一类是_____,双环分子。

【答案】嘧啶;嘌呤

12.(江苏大学 2011)核苷酸是核酸的基本结构单位,相邻核苷酸以_____连接成多核苷酸链。

【答案】3′,5′ 磷酸二酯键

13.DNA 分子是_____旋的双螺旋分子,它含有_____四种碱基,这些碱基总是与核糖的第_____位碳原子结合。

【答案】右,ATCG,1

14.RNA 主要有_____、_____、_____三种。

【答案】rRNA,mRNA,tRNA

15.细胞中最多的 RNA 是_____。

【答案】rRNA

16.(江苏大学 2014)蛋白质是_____的聚合物,而核酸则是_____的聚合物。每个核苷酸分子由_____、_____和_____三部分组成。

【答案】氨基酸,核苷酸,戊糖,磷酸基团,碱基

二、判断题

1.钾是一种组成生物细胞的必需元素。

2.老年人之所以摔倒后容易骨折,是由于他们骨中的无机物质所占比例较大。

3.核糖、核酮糖、木糖和阿拉伯糖都是五碳糖。

4.直链淀粉中葡萄糖分子基本上都以 α—1,4 糖苷键连接。

5.放射性核素 ^{14}C 法常用来确定 5 万年以下的化石年龄。

6.通常,作为生物体能源物质的是:糖类、脂质、蛋白质、核酸。

7.胆固醇是构成动物和植物细胞质膜的结构成分之一。

8.磷脂是两性分子,一端亲水,另一端是非极性的脂肪酸。

9.DNA 的三级结构指的是 Watson & Crick 的 DNA 双螺旋模型。

10.蛋白质特定的空间构象的破坏伴随着生物活性的丧失的现象称作变构。

11.有些酶蛋白刚合成时并没有活性,需经一定的剪切加工才能成为具活性的酶。

12.(江苏大学 2012)DNA 双螺旋链间以氢键相连。

13.DAN 和 RNA 都是双螺旋结构。

14.DNA 和 RNA 分子都是由许多顺序排列的核苷酸组成的大分子。

15.染色体被吉姆萨染料染色后显示的 G 带是富含 G—C 核苷酸的区段。

16.DNA 的分子结构基本上是单键的,但常常扭曲折叠成三叶草状。

17.DNA 分子中的 G 和 C 的含量高,其熔点值愈大。

18.一种生物所有体细胞的 DNA,其碱基组成均是相同的,这个碱基组成可作为该类生物种的特征。

三、选择题

1.对哺乳动物而言,它们合适的生理盐水是_____。

A.9% NaCl 溶液   B.0.9% NaCl 溶液   C.7% NaCl 溶液   D.0.7% NaCl 溶液

2.(西南科技大学 2013)生物体内所占比例最大的化学成分是_____。

A.蛋白质   B.核酸   C.脂类   D.水

3.自然界的单糖是立体异构型的是_____。

A. L 型　　　　　　　　　B. D 型　　　　　　　　　C. D 型和 L 型

4.在下列的糖中,_____是酮糖。

A. 果糖　　　　　　　B. 葡萄糖　　　　　　C.半乳糖　　　　　　D. 甘露糖

5.下面由葡萄糖以 $\beta1 \rightarrow 4$ 糖苷键连接的多糖是_____。

A. 糖原　　　　　　　　　B. 淀粉　　　　　　　　　C. 纤维素

6.细胞均有质膜,它的组成成分是_____。

A. 脂质　　　　　　　B. 蛋白质　　　　　　C.脂质和蛋白质　　　　D. 脂质和多糖

7.不规则地镶嵌在磷脂层中的蛋白质分子的排列状况决定于_____。

A. 蛋白质分子中极性部分和非极性部分的存在　　　B. 多肽键的空间排列(构象)

C. 蛋白质的氨基酸组成　　　　　　　　　　　　　D. 上述三种条件

8.属于碱性氨基酸的是_____。

A. Arg　　　　　　　B. Tyr　　　　　　　C. Glu　　　　　　　D. Ser

9.蛋白质在等电点时_____。

A. 溶解度最大　　　　　B. 电泳迁移率最大　　　C. 导电性最大　　　D. 以上都不对

10.一个生物体的 DNA 有 20% 是 C,则_____。

A. 20% 是 T　　　　　B. 20% 是 G　　　　　C. 30% 是 A　　　　D. 50% 是嘌呤

11. RNA 的组成成分是_____。

A. 脱氧核糖、核酸和磷酸　　　　　　　　　B. 脱氧核糖、碱基和磷酸

C. 核糖、碱基和磷酸　　　　　　　　　　　D. 核糖、核酸和磷酸

12.组成蛋白质氨基酸的 $\alpha-$ 碳原子是不对称的,但有一个例外是_____。

A. 丙氨酸　　　　　　B. 甘氨酸　　　　　　C. 组氨酸　　　　　　D. 谷氨酸

13.下列过程中,涉及肽键数量变化的是_____。

A. 洋葱根尖细胞染色体的复制　　　　　　　B. 用纤维素酶处理植物细胞

C. 小肠上皮细胞吸收氨基酸　　　　　　　　D. 蛋清中加入 NaCl 使蛋白质析出

14.将单体聚合成生物大分子的共价键包括_____。

A. 肽键　　　　　　　B. 二硫键　　　　　　C. 磷酸二酯键　　　　D. 糖苷键

15.某蛋白质等电点为 7.5,在 pH 6.0 缓冲液中进行自由界面电泳,其泳动方向为_____。

A. 向负极移动　　　　　　　　　　　B. 向正极移动

C. 不运动　　　　　　　　　　　　　D. 同时向正极和负极移动

【参考答案】

扫码获取正版答案

四、问答题

1.根据水分子的结构组成特点和自身特性说明水在生命活动中的作用。

(湖南农业大学 2013)水在生命活动中的意义是什么?

【答案要点】水由两个氢原子和一个氧原子组成,氢和氧共同争夺电子,形成共价键,但氢原子带点正电荷,氧原子带点负电荷,水是极性分子。相邻水分子形成不稳定的氢键。水分子的极性和它们之间氢键的形成使得水分子具有很多特性,液态水成为生命在地球上存在和发展的主要环境。

水是极好的溶剂,是生命系统各化学反应理想的介质,对于物质的运输,生命化学反应的进行,正常的新陈代谢具有重要意义。水有较强的内聚力和表面张力,使植物水分从根上运到叶中。高比热、高蒸发热,有利于维持体温,保持代谢速率稳定。固态水比液态水的密度低,形成水面绝缘层,有利于水生生物生活。

2.细胞中有哪些主要的生物大分子? 它们的生理功能又是什么?

【答案】生物体细胞中有多糖、脂质、蛋白质和核酸四种生物大分子。

多糖功能:①生命活动所需能量来源;②重要的中间代谢产物;③构成生物大分子,形成糖脂和糖蛋白;④分子识别作用。

脂质功能:①构成生物膜的骨架;②主要的贮能物质;③参与细胞识别某些重要的生物大分子组分;④构成身体或器官保护层;⑤具有生物学活性,维生素 VA、VD,激素(前列腺素)。

蛋白质功能:①参与遗传信息的表达;②酶的催化作用;③运载和存储;④协调动作、机械支持、免疫保护、产生和传递神经冲动、生长和分化的控制等。

核酸是遗传信息的存储和传递者。

3.试画出一个烧杯的水面滴入数滴磷脂后的磷脂分子的排列简图。(如图 2.1 所示)

【答案】

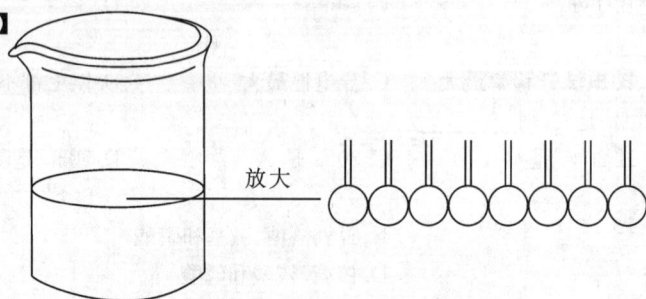

图 2.1　磷脂分子排列简图

4.简述 DNA 的分子组成和分子结构。

【答案】DNA 的结构单体是脱氧核苷酸,由脱氧核糖、碱基和磷酸分子组成。碱基有腺嘌呤(A)、鸟嘌呤(G),胸腺嘧啶(T)和胞嘧啶(C)4 种。脱氧核糖的第一位碳原子与碱基结合,以糖苷键连接起来称为核苷,各种核苷中,糖的 C1 通过碱基的 N 原子连接到碱基上;核苷中脱氧核糖羟基与磷酸以磷酸酯键连接的形式连接在一起成为脱氧核苷酸。四种核苷酸(dAMP、dCMP、dGMP、dTMP)按照一定的排列顺序,通过磷酸二酯键连接形成的多核苷酸,DNA 分子是由 2 条脱氧核糖核苷酸长链互以碱基配对相连而成的螺旋状双链分子。

5.(河南师范大学 2012)简述 DNA 分子与 RNA 分子的区别。

【答案】核酸包括脱氧核糖核酸(DNA)和核糖核酸(RNA)两大类,都是多聚体,结构单体是核苷酸。DNA 是双链,主要存在于细胞核内的染色质中,线粒体和叶绿体中也有,是遗传信息的携带者;RNA 是单链,在细胞核内产生,然后进入细胞质中,在蛋白质合成中起重要作用,见表 2.1。

表 2.1　DNA 和 RNA 分子组成

	DNA	RNA
嘌呤碱	腺嘌呤(A) 鸟嘌呤(G)	腺嘌呤(A) 鸟嘌呤(G)
嘧啶碱	胞嘧啶(C) 胸腺嘧啶(T)	胞嘧啶(C) 尿嘧啶(U)
戊　糖	D−2′−脱氧核糖	D−核糖

6.为什么核酸分子能成为遗传信息的载体,而其他生物大分子则不能?

【答案】核酸分子的碱基对数目很多,这些碱基对在分子中的排列有 4^n 种,核酸的多样性使它能储藏无穷的遗传信息;核酸分子性质稳定。其他生物大分子的多样性没有核酸分子丰富,性质相对不稳定,不能担负遗传信息的载体的任务。

7. 一个蛋白质分子有 5 条肽链,由 1 998 个氨基酸组成,那么形成该蛋白质分子过程中生成的水分子个数和含有的肽键数分别是多少?

【答案】氨基酸通过脱水缩合形成多肽,在一条由 n 个氨基酸组成的多肽链中,形成的肽键个数=生成的水分子个数=$n-1$。同理,在由多条肽链组成的蛋白质中,形成肽键数目=组成该蛋白质分子的氨基酸数目-该蛋白质分子中肽链条数。此题中生成水分子数和含有的肽键数都应是 1 998-5=1 993。

课后习题详解

1. 动物是由于氧气(O_2)氧化糖($C_6H_{12}O_6$)产生 CO_2 和 H_2O 获得能量。假设你想知道所产生的 CO_2 中的氧是来自于糖还是氧气,试设计一个用 ^{18}O 作为示踪原子的实验来回答你的问题。

答 自然界中氧含有三种同位素,即 $^{16}O,^{17}O,^{18}O$。^{18}O 占 0.2% ,是一种稳定同位素,常作为示踪原子用于化学反应机理的研究中。

实验设计:用 ^{18}O 标记糖作示踪原子供给动物的有氧呼吸,质谱分析测定生成物 CO_2 的放射性,如果 CO_2 中的氧具放射性说明 CO_2 中的氧是来自于糖。对照组中用 ^{18}O 标记 O_2 进行实验,分析测定 CO_2 是否具有放射性,如果没有,进一步清楚地表明 CO_2 中的氧来自糖而不是 O_2。

2. 有人说:"不必担心工农业所产生的化学废料会污染环境,因为组成这些废料的原子本来就存在于我们周围的环境中。"你如何驳斥此种论调?

答 这种观点是错误的。化合物由元素组成,最外层中的电子数决定着原子的化学特性,电子的共用或得失,也就是化学键的形成决定了化合物的形成。不同化合物具有不同的性质。工农业所产生的化学废料会影响动植物的生长和人体健康,干扰物质循环,对地球物化循环产生深远的影响。

3. 兔子吃的草中有叶黄素,但叶黄素仅在兔子的脂肪中积累而不在肌肉中积累。发生这种选择性积累的原因在于这种色素的什么特性?

答 叶黄素是脂溶性色素,不溶于水,溶于脂肪和脂肪溶剂。被吸收后容易在脂肪等非极性器官积累,肌肉中容易积累的是水溶性的色素。

4. 牛能消化草,但人不能,这是因为牛胃中有一种特殊的微生物而人胃中没有。你认为这种微生物进行的是什么生化反应? 如果用一种抗生素将牛胃中所有的微生物都消灭掉,牛会怎样?

答 动物消化道中没有纤维素酶,不能消化纤维素。牛、马等动物胃中寄生着一种特殊的微生物,具有能分解纤维素的酶(cellulase),使纤维素水解产生纤维二糖,再进一步水解而成葡萄糖。

纤维素是牛、马等动物的主要食物,如果用抗生素将牛胃中所有的微生物都消灭掉,牛将缺乏营养物质死亡。

5. 有一种由 9 种氨基酸组成的多肽,用 3 种不同的酶将此多肽消化后,得到下列 5 个片段(N 代表多肽的氨基端):

丙-亮-天冬-酪-缬-亮

酪-缬-亮

N-甘-脯-亮

天冬-酪-缬-亮

N-甘-脯-亮-丙-亮

试推测此多肽的一级结构。

答 ①根据题意,蛋白质的 N 末端氨基酸残基是甘氨酸。②3 种不同的酶将此多肽消化后,多肽链断裂成 5 肽段。③重叠法确定肽段在多肽链中的次序。

此多肽的一级结构为:N-甘-脯-亮-丙-亮-天冬-酪-缬-亮。

细胞结构与细胞通讯

3

考点综述

细胞是生命的基本单位,一般由三部分组成。细胞膜也称质膜,是把细胞和外界环境分隔开的膜。细胞质是位于细胞膜和细胞核之间的部分原生质,是细胞的主要部分,新陈代谢的主体。细胞核是遗传信息储存,复制的场所。从结构上来看,细胞犹如变化了的膜结构体系。从功能上来看,细胞膜、细胞质和细胞核相互配合,彼此制约。核、质、膜缺一不可。细胞与细胞在物质和能量的交换、信息交流方面有微妙复杂的关系。

本章考点:①细胞的发现及细胞学说的基本内容;②两类细胞:原核细胞和真核细胞的特点;③细胞核的组成、特点及其功能;④重要细胞器的结构特点和功能;⑤动物的细胞连接,植物细胞连接;⑥生物膜结构及特征;⑦细胞通讯。

细胞是有机体结构与生命活动的基本单位,是认识生命、揭示生命活动规律、解开生命奥秘的重要手段。本章学习不仅要掌握原核细胞和真核细胞、动物细胞和植物细胞的比较、重要细胞器结构和功能的比较,细胞的内膜系统及细胞共同特征等基础知识;细胞通讯是现代生物学研究的热点,大家也要熟悉化学信号转导途径的 3 个阶段:信号接受、信号转导和响应。本章试题题型多样化,常见的有名词解释、填空题、判断题、选择题、简答题、填图绘图、实验设计与分析的题型,近年还联系研究热点出了相关的论述题,学习时要加强掌握。

名词术语

【术语题库　扫码获取】

1. **细胞学说**:施莱登和施万提出细胞学说,指出所有的植物和动物都是由细胞构成的;新细胞只能由原来的细胞经分裂而产生。

2. **细胞质**(cytoplasm):指除细胞核以外的所有部分,质膜是细胞质的最外层。

3. **生物膜**(biomembrane):细胞膜及细胞的内膜系统,统称为生物膜。厚 7~8 nm,具有选择透性。

4. **核被膜**(nuclear envelope):包在核的外面,由两层膜组成,两膜之间为核周腔。在多种细胞中,外膜延伸与细胞质中糙面内质网相连,核被膜内面有纤维状蛋白组成的核纤层。核膜上有小孔,称核孔(nuclear pores),与核纤层紧密结合,成为核孔复合体。

5. **核纤层**(nuclear lamina):核被膜内面由纤维状蛋白构成的一层网络结构,对核被膜起支撑作用。组成核纤层的纤维状蛋白是核纤层蛋白。

6. **染色质**(chromatin):真核细胞间期核中能被碱性染料染色的物质,主要由 DNA 和蛋白质组成的线状复合物。

7. **常染色质**(euchromatin)：间期核中折叠压缩程度低,处于伸展状态,用碱性染料染色时着色浅的那些染色质。呈细丝状。一般而言,常染色质是转录活性区,是基因区。

8. **异染色质**(heterochromatin)：在有丝分裂完成之后,约有 10% 的染色质在整个间期仍然保持压缩状态,这种染色质称为异染色质。与常染色质相比,异染色质是转录不活跃部分。

9. **染色体**(chromosome)：细胞在有丝分裂和减数分裂过程中由染色质聚缩而成光学显微镜下可看见的棒状结构。染色体和染色质在化学本质上没有差异,是遗传物质在细胞周期不同阶段的不同表现形式。

10. **组蛋白**(histone)：真核生物染色体的基本结构蛋白,是一类小分子碱性蛋白质,富含带正电荷的碱性氨基酸,能与 DNA 中带负电荷的磷酸基团结合。有五种类型：H1、H2A、H2B、H3、H4,它们由不同的基因编码。

11. **核仁组织者**(nucleolus organizer)：编码核糖体 RNA 的 rDNA 区域。

12. **高尔基复合体**(Golgi complex)：又称高尔基体(Golgi apparatus),意大利科学家 Camillo Golgi 在 1898 年发现,普遍存在于真核细胞中。由一系列扁平膜囊和小泡组成,与细胞的分泌功能有关,是蛋白质加工、贮存、分拣和转运的中心,还具有合成多糖的功能。

13. **质体**(plastid)：植物细胞中由双层膜包裹的一类细胞器的总称,由前质体分化发育而来,分白色体和有色体两类。最主要的有色体是叶绿体,具有一定的自主性,含有 DNA、RNA、核糖体等,进行光合作用。

14. **液泡**(vacuole)：在细胞质中由单层膜包被的充满稀溶液的囊泡,存在于植物、动物和原生生物的细胞中,各有其特有功能。

15. **内质网**(endoplasmic reticulum,ER)：是细胞质中以膜为基础形成的囊状、泡状和管状结构,分为光面内质网和糙面内质网两种。

16. **细胞骨架**(cytoskeleton)：是一种贯穿在整个细胞质中的网状结构,由 3 类蛋白质纤维构成：微管、微丝和中间丝(中间纤维)。

17. **细胞连接**(cell junctions)：细胞膜在相邻细胞之间分化而成特定的连接,即细胞连接。

18. **细胞通讯**：是指细胞通过胞膜或胞内受体感受信息分子的刺激,经细胞内信号转导系统转换,从而影响细胞生物学功能的过程。化学信号转导途径包括 3 个阶段：信号接受、信号转导和细胞对信号的响应。

考研精粹

1.(中国科学院大学 2013,华南理工大学 2005)发现并将细胞命名为"cell"的学者是_____。
A. R. Hooke　　　　　　B. M. Schleiden　　　　C. T. Schwann　　　　D. R. Virchow
【解析】1665 年,英国物理学家胡克(Robert Hooke,1635—1703)第一个用复式显微镜观察软木切片,发现软木是由密排的蜂窝状小室所组成。他把这些小室定名为"细胞"(cell)。1674 年,荷兰布商列文虎克(Leeuwen hoek)磨制透镜,装配了高倍显微镜(300 倍左右),第一次观察到完整的活细胞,血细胞、池塘水滴中的原生动物、人类和哺乳类动物的精子。
【答案】A

2.(浙江师范大学 2012)生物学研究中最早发现活细胞的研究者是_____。
A. 胡克　　　　　　　B. 布郎　　　　　　C. 施来登　　　　　D. 列文虎克
【答案】D

3.①(浙江海洋大学 2019)简要回答细胞学说的涵义。
②(浙江师范大学 2011)请说出细胞学说的主要内容。
③(三峡大学 2006,中国科学技术大学 2003)叙述细胞学说的基本内容及其对生物学发展的意义。

【答案要点】德国植物学家施莱登 1838 年发表了著名论文"论植物的发生",指出细胞是一切植物结构的基本单位。1839 年,德国动物学家施万发表了名为"显微研究"的论文,明确指出动物及植物结构的基本单位都是细胞。1858 年,德国医生和细胞学家微耳和提出:细胞只能来自细胞,而不能从无生命的物质自然发生。1880 年,魏斯曼更进一步指出,所有现在的细胞都可以追溯到远古时代的一个共同祖先,是进化而来的。

细胞学说的内容:①所有生物都是由细胞和细胞产物所构成;②细胞是生物体结构和功能的基本单位,所有细胞都具有基本相同的化学组成和代谢活性,生物体总的活性可以看成是组成生物体的各相关细胞的相互作用和集体活动的总和;③新细胞只能由原来的细胞分裂而产生;所有的细胞都来源于先前存在的细胞。

细胞学说对生物学发展的意义:①细胞学说的建立,使生物世界(动、植物)有机结构多样性相统一,从哲学推断走向自然科学论证。②细胞学说为进化论奠定了生物科学基础。细胞学说被公认为是 19 世纪自然科学的重大发现之一。

4.①(华东师范大学 2020)试述原核生物与真核生物的区别。

②(烟台大学 2019)比较原核细胞与真核细胞的异同。

③(河南师范大学 2018,山东师范大学 2017)原核细胞和真核细胞主要结构区别是什么?

④(延安大学 2017)试论述原核细胞与真核细胞的基本差异。

⑤(昆明理工大学 2011,云南大学 2005)比较原核细胞与真核细胞的区别。

【答案】原核细胞(prokaryotic cell)最主要的特征是没有膜包被的细胞核。原核细胞的结构简单,内含有细胞质和拟核(nucleoid),外面包有质膜,多数在质膜外还有一层坚固的细胞壁,保护细胞并维持一定的形状。

真核细胞(eukaryotic cell)最主要的特点是细胞内有膜把细胞区分成了许多功能区。最明显的是含有单位膜包围的细胞核,此外还有由膜围成的细胞器,如线粒体、叶绿体、内质网、高尔基复合体等。

5.(云南大学 2011)在原核细胞中,遗传物质 DNA 通常分布于一定的区域,该区域称为核区或拟核,没有_____包被。

【答案】核膜

6.(西南大学 2012)多细胞生物的细胞数目和生物体的大小成正比。(   )

【答案】对

7.(暨南大学 2015)请简述细胞核的基本结构和功能。

(云南大学 2013)细胞核是由哪几部分组成的,其生物学功能是什么?

【答案要点】细胞核由核被膜、核基质、染色质和核仁等部分组成。①核被膜是双层膜,外膜上附着核糖体,内外膜联合形成的圆形小孔是核孔。核膜是细胞核、质之间的屏障,控制细胞核内外的物质交换。②核仁是折光率强的致密匀质无膜包围的球形结构,中央为纤维区(染色质细丝),周围是颗粒区(核糖体前体)。核仁合成核糖体 RNA(rRNA);制造核糖体亚单位。③核基质:核膜内核仁外的纤维网架结构,核基质是细胞核的骨架,并为染色质的代谢活动提供附着。④染色质,由 DNA、组蛋白、非组蛋白和少量 RNA 组成。染色质是细胞遗传物质的载体。

细胞核有两个主要功能:一是通过遗传物质的复制和细胞分裂保持细胞世代间的连续性(遗传);二是通过基因的选择性表达,控制细胞的活动。细胞核是真核细胞的控制中心,在细胞代谢、生长和分化中起着重要作用。

8.(中国科学院水生生物研究所 2012,2010)细胞核包括_____、_____、_____和_____四部分。

【答案】核被膜,核基质,染色质,核仁

9.(云南大学 2011)作为细胞的控制中心,在细胞代谢、生长和分化中起着重要作用的是_____。

A. 细胞膜　　　　　　　B. 细胞质　　　　　　　C. 细胞核　　　　　　　D. 细胞器

【答案】C

10.(西南大学 2010)核膜孔是核膜上的小孔,是物质出入细胞核的重要通道,它只对大分子的出入具有选择性。(　　)

【答案】对

11.(浙江师范大学 2011)下列细胞中没有细胞核的是_____。

A. 成熟白细胞　　　　B. 成熟红细胞　　　　C. 肌肉细胞　　　　D. 骨细胞

【答案】B

12.(南京大学 2015)能否在真核生物的细胞核中看到染色质?

【答案】真核生物的染色质在核基里,主要成分是 DNA 和组蛋白,也含少量 RNA 和非组蛋白。染色质含有脱氧核糖核酸,是一种酸性物质,采用固定染色技术,用碱性染料染色,可在光镜下看到细胞核中许多或粗或细的长丝交织成网,网上有较粗大、染色更深的团块。那些细丝状的就是常染色质,团块就是异染色质。

用实验手段将细胞核涨破,使其中染色质流出并铺开,在电子显微镜下可看到染色质成串珠状的细丝。小珠称为核小体(nucleosomes),其直径约为 10 nm。核小体之间以 1.5~2.5 nm 的细丝相连。核小体的核心部分由 8 个或 4 对组蛋白分子所构成(H2A、H2B、H3 和 H4 各 2 个),DNA 分子链缠绕在核小体核心的外周。组蛋白 H1 在核小体核心部分外侧结合 DNA,起稳定核小体的作用。各核小体之间也是由这同一 DNA 分子连接起来,连接核小体的部分称为连接 DNA(linker DNA)。一个核小体上的 DNA 加上一段连接 DNA 共有 146 个碱基对,构成染色质丝的一个单位。

13.(中国科学院研究生院 2012)真核细胞染色质的主要成分是_____和_____。

【答案】DNA,组蛋白

14.(西南大学 2012)参与染色质构建的组蛋白是酸性蛋白,非组蛋白是碱性蛋白。(　　)

【答案】错

15.(暨南大学 2012)试述核仁的结构有哪些特点? 具有什么功能? 核仁与蛋白质合成之间有些什么关系,物质如何转运?

【答案】核仁(nucleolus)是细胞核中球形或椭球形结构。由某一个或几个特定染色体的一定片段构成,这一片段称为核仁组织者(nucleolus organizer)。核仁就是位于染色体的核仁组织区的周围的。核仁富含蛋白质和 RNA 分子。如果将核仁中的 rRNA 和蛋白质溶解,即可显示出核仁组织区的 DNA 分子,这一部分的 DNA 正是转录 rRNA 的基因,即 rDNA 所在之处。

核仁是 rRNA 基因存储,rRNA 合成加工以及核糖体亚单位的装配场所。

蛋白质合成旺盛、活跃生长的细胞,如分泌细胞、卵母细胞的核仁大,可占总核体积的 25%。不具蛋白质合成能力的细胞,如肌肉细胞、休眠的植物细胞,其核仁很小。

rDNA 转录合成 rRNA,加工成熟后与来自细胞质的蛋白质结合,进行核糖体亚单位的装配。核糖体小亚单位成熟较早,大亚单位成熟较晚。两个亚单位分别通过核孔进入细胞质中,才能形成功能单位。

16.(西南大学 2010)细胞核中核糖体的来源地,能将主要的 rDNA 转录形成 rRNA 的结构是_____;与遗传信息储存和表达直接相关的结构是_____。

【答案】核仁;染色质

17.(湖南农业大学 2014)什么是细胞的内膜系统? 简述它的组成、结构功能及相互关系。

【答案】内膜系统指真核细胞中在结构、功能或发生上相关的、由膜围绕而成的细胞器或细胞结构,包括核被膜、内质网、高尔基体、溶酶体、液泡膜。

功能:扩大膜的总面积,为酶提供附着的支架,如脂肪代谢、氧化磷酸化相关的酶都结合在线粒体内膜上;将细胞内部区分为不同的功能区域,保证各种生化反应所需的独特的环境。

内质网外连细胞膜、内连核膜,中间还与许多细胞器膜相连,其内质网腔还与内外两层核膜之间的腔相通,从而使细胞结构之间相互联系,成为一个统一整体;此外,高尔基体膜、内质网膜、细胞膜,还可以相互转化。由此可见细胞内的生物膜在结构上具有一定的连续性。

18.(暨南大学 2012)参与分泌蛋白合成和加工的细胞器主要有_____和_____。

【答案】糙面内质网,高尔基体

19.(浙江师范大学 2011)由单层膜围成的扁平囊、大泡和小泡所组成,与细胞内一些分泌物的储存、加工和运输出细胞有关的细胞器是_____。

A. 内质网　　　　　　　B. 核糖体　　　　　　　C. 溶酶体　　　　　　　D. 高尔基体

【答案】D

20.(四川大学 2013,清华大学 2006)高尔基体的功能很多,但不包括_____。

A. 蛋白质的修饰

B. 蛋白质的合成

C. 参与植物分裂新细胞壁的生成

D. 细胞分泌活动

【答案】B

21.(中国科学院研究生院 2012)下列细胞组成成分与其功能的关系,哪个是正确的?

A. 粗糙内质网—细胞组装核糖体区单位

B. 高尔基体—蛋白质及脂类的内部运输及传递

C. 核仁—细胞内的消化

D. 细胞骨架—多肽链的修饰

【答案】B

22.(广西大学 2007)下列细胞器中由于含多种水解酶,功能上具有消化外来吞噬的颗粒和细胞本身产生的碎渣功能的是_____

A. endoplasmic reticulum　　B. lysosomes　　　　C. microbodies　　　　D. vacuole

【答案】B

23.(南京大学 2013)线粒体在能量代谢中的作用。为什么称其为半自主性的细胞器?

【答案】线粒体(mitochondrion,复 mitochondria)是由内外两层膜包被的囊状细胞器,外膜平滑,内膜向内折叠形成嵴,内外两层膜之间有腔,充以液态的基质。基质内含有三羧酸循环所需的全部酶类,内膜上具有呼吸链酶系及 ATP 酶复合体。线粒体是细胞内氧化磷酸化和形成 ATP 的主要场所,有细胞"动力工厂"之称。

线粒体基质中还含有 DNA 分子和核糖体。DNA 是遗传物质,能指导蛋白质的合成,核糖体则是蛋白质合成的场所。所以,线粒体有自己的一套遗传系统,能按照自己的 DNA 的信息编码合成一些蛋白质。组成线粒体的蛋白质约有 10% 就是由线粒体本身的 DNA 编码合成的。线粒体有自身的 DNA 和遗传体系,表现为母系遗传,是一种半自主性的细胞器。

24.(云南大学 2011)被称为细胞的"动力工厂",能将糖类等分子中贮藏的化学能转变成可直接利用的 ATP 中的能量的细胞器是_____。

A. 核糖体　　　　　　　B. 高尔基体　　　　　　C. 线粒体　　　　　　　D. 叶绿体

【答案】C

25.(广西大学 2007)下列细胞器中含有 DNA 的是_____

A. Golgiapparatus　　　B. Lysosomes　　　　　C. mitochondria　　　　D. vacuole

【答案】C

26.(四川大学 2012,云南大学 2005)线粒体的可能祖先是_____。

　A.单细胞藻类　　　　B.寄生性原生生物　　　C.需氧细菌　　　　D.光合原生生物

【解析】线粒体在形态、染色反应、化学组成、物理性质、活动状态、遗传体系等方面都很像细菌,人们推测线粒体起源于内共生。按照这种观点,需氧细菌被原始真核细胞吞噬以后,有可能在长期互利共生中演化形成了现在的线粒体。在进化过程中好氧细菌逐步丧失了独立性,并将大量遗传信息转移到了宿主细胞中,形成了线粒体的半自主性。

　　线粒体遗传体系确实具有许多和细菌相似的特征,如:①DNA 为环形分子,无内含子;②核糖体为 70S 型;③RNA 聚合酶被溴化乙锭抑制,不被放线菌素 D 所抑制;④tRNA、氨酰基－tRNA 合成酶不同于细胞质中的;⑤蛋白质合成的起始氨酰基 tRNA 是 N－甲酰甲硫氨酰 tRNA,对细菌蛋白质合成抑制剂氯霉素敏感,对细胞质蛋白合成抑制剂放线菌酮不敏感。

【答案】C

27.(广西大学 2009)关于质体的描述正确的是_____。

　A.是叶绿体的一种　　　　　　　　　　B.白色体贮存淀粉和蛋白质

　C.有色体含有色素　　　　　　　　　　D.无色体和有色体间可互相转化

【解析】植物细胞中的质体分无色体和有色体两类。白色体主要存在于分生组织细胞和不见光的细胞,贮存淀粉、油脂、蛋白质。有色体含有各种色素,最主要的有色体是叶绿体。

【答案】BCD

28.(武汉大学 2013)质体是植物细胞特有的细胞器,一切植物都具有质体。(　　　)

【答案】错

29.(浙江师范大学 2010)下列细胞器中属于植物所特有的细胞器是_____。

　A.线粒体　　　　　B.叶绿体　　　　　C.内质网　　　　　D.核糖体

【答案】B

30.(西南大学 2012)叶绿体的_____膜称为光合膜,叶绿素及其他色素以及将光能转变成化学能的整套蛋白复合体都存在于光合膜中。

【解析】叶绿体(chloroplast)和线粒体一样有两层膜,内部是一个悬浮在电子密度较低的基质之中的复杂的膜系统。这一膜系统由一系列排列整齐的扁平囊组成。这些扁平囊称为类囊体(thylakoid)。大部分类囊体有规律地叠在一起称为基粒(granum,复 grana)。每一基粒中类囊体的数目少者不足 10 个,多者可达 50 个以上。光合作用的色素和电子传递系统都位于类囊体膜上,叶绿体类囊体膜也称为光合膜。在各基粒之间还有埋藏于基质中的基质类囊体(stroma thylakoid),与基粒类囊体相连,从而使各类囊体的腔彼此相通。

【答案】类囊体

31.(华南师范大学 2014,四川大学 2006)真核细胞中具有双层膜的细胞器包括:_____、_____和_____。

【答案】细胞核,线粒体,叶绿体

32.(四川大学 2010)什么叫细胞骨架? 请详述其结构和功能。

(中国科学院研究生院 2007)论述细胞骨架的组成和功能。

【答案要点】细胞骨架是由 3 种蛋白质纤维:微管、微丝和中间丝(中间纤维)组成的支架。

(1)微管是直径 25nm 的中空长管状的纤维,由微管蛋白组成。每一微管蛋白分子都是由 α－和 β－微管蛋白组成的异源二聚体按照一定顺序排列形成的长丝状管形蛋白质聚合物。微管有聚合和解聚的动力学特性,维持并改变细胞的形状,也是细胞器移动的轨道。

(2)微丝,又称肌动蛋白丝,是实心纤维,直径 4~7 nm。主要分布在细胞质膜的内侧,由肌动蛋白组成,肌动蛋白由哑铃形单体相连成串,两串以右手螺旋形式扭缠成束。产生张力形成三维网支持细胞的形状,有运动的功能,与细胞质流动有关。

(3)中间纤维是介于微管与微丝之间的纤维,直径8～10nm。分布在整个细胞中,有几十种蛋白质构成,在维持细胞形状、固定细胞器位置中有特别重要的作用。

细胞骨架在维持细胞的形态结构及内部结构的有序性,控制细胞运动,物质运输、能量转换、信息传递和细胞分化等方面起重要作用。

33.(南京大学 2015)秋水仙碱和紫杉醇对微管的作用不同,但是均可作为抗癌物质,为什么?

【答案】秋水仙碱结合到未聚合的微管蛋白二聚体上,阻断微管蛋白组装成微管,可破坏纺锤体结构,使细胞停留在分裂期抑制有丝分裂。紫杉醇促进微管装配,并使已形成的微管稳定。紫杉醇作用于肿瘤细胞后,可以促进肿瘤细胞内的微管聚合以及稳定已聚合的微管,导致细胞内大量微管聚集,进而干扰细胞各种功能,特别是使细胞停止分裂。

它们以细胞微管蛋白为作用靶点,抑制微管蛋白聚合或解聚,达到抗癌目的。

34.(云南大学 2011)鞭毛和纤毛都是细胞表面的附属物,它们的_____相同,区别在于_____和_____。

【答案】结构功能,长度,数目

35.(西南大学 2013)真核细胞的结构体系可分为_____、_____、_____和_____等。

【答案】生物膜结构体系、遗传信息表达体系、细胞骨架结构体系、能量转换体系。

36.(华南师范大学 2014)植物细胞壁最主要的成分是_____,它构成了细胞壁的结构单位_____,相互交织成网状,形成细胞壁的基本结构。

【答案】纤维素,微原纤维

37.(中国科学院水生生物研究所 2011)细胞壁的主要功能是_____和_____,同时还能防止细胞吸水而破裂,保持细胞正常形态。

【答案】保护,支持

38.(武汉大学 2013)所有植物细胞的细胞壁均具有胞间层、初生壁和次生壁三部分。(　　)

【答案】错

39.(西南大学 2010)细胞壁是植物细胞区别于动物细胞的显著特点之一,对于维持植物细胞的有序结构具有重要的作用。(　　)

【答案】对

40.(西南大学 2012)木材和棉花纤维主要是由细胞死后遗留的相同结构构建而成的。(　　)

【答案】对。棉花纤维素含量高达95%～99%,次生细胞壁;木材是死细胞遗留的细胞壁,含纤维素和木质素。

41.(昆明理工大学 2011)简述细胞连接的类型及各类连接的结构特征。

【答案】脊椎动物的细胞连接主要有3种类型,即桥粒(desmosome)、紧密连接(tight junction)和间隙连接(gap junction)。皮肤、子宫颈等处上皮细胞之间牢固的连接,在电镜下成纽扣状的斑块结构,即是桥粒。桥粒与胞质溶胶中的中间纤维相连,使相邻细胞的细胞骨架间接地连成骨架网。脑血管的内壁相邻细胞之间细胞膜紧密靠拢,两膜之间不留空隙,完全封闭了细胞之间的通道,使细胞层成为一个完整的膜系统,从而防止了物质从细胞之间通过,这种坚固的结构即是紧密连接。最多的是间隙连接:两细胞之间有很窄的间隙,贯穿于间隙之间有一系列通道,使两细胞的细胞质相通。离子和相对分子质量不大于1000的小分子物质,如蔗糖以及AMP、ADP、ATP等迅速运输,在细胞通讯、细胞间相互协同方面十分重要。

植物细胞有坚固的细胞壁,胞间连丝(plasmodesma)是植物细胞的细胞连接方式。相邻细胞的细胞膜伸入细胞壁上的孔中,彼此相连,两细胞的光面内质网也彼此相通,连成一片,为水分子以及小分子物质提供共质体运输途径。

42.(云南大学 2013,广西大学 2007)细胞质间必须连接起来才能发挥作用,脊椎动物的细胞连接主要有三种类型,即:_____,_____,_____。植物细胞都有一种沟通相邻细胞的管道,即_____。

【答案】桥粒、紧密连接、间隙连接、胞间连丝。

43.(西南大学 2010)在植物细胞间,通讯连接是通过_____结构来实现的,同时该结构也是物质运输和病毒在植物体内扩散传递的通道。

【答案】胞间连丝

44.(云南大学 2012,西南科技大学 2013)请叙述生物膜的结构及其功能。

(西南科技大学 2012)简述生物膜的结构。

【答案要点】各种细胞器的膜和核膜、质膜在分子结构上都是一样的,它们统称为生物膜(biomembrane),厚度一般为 7 nm～8 nm。生物膜主要是由脂质和蛋白质分子以非共价键组合装配而成。生物膜的骨架是磷脂双分子层,或称脂双层。脂双层的表面是磷脂分子的亲水端,内部是磷脂分子疏水的脂肪酸链。脂双层有屏障作用,使膜两侧的水溶性物质不能自由通过。脂双层中还有以不同方式镶嵌其间的蛋白质分子,生物膜的许多重要功能都是由这些蛋白质分子来执行的。有的蛋白质分子和物质运输有关,有的本身就是酶或重要的电子传递体,有的是激素或其他有生物学活性物质的受体。有两大类膜蛋白:内在蛋白和周边蛋白。内在蛋白都是以其疏水的部分直接与磷脂的疏水部分共价结合的。它们大多是两端都带有极性的,因而大多是贯穿膜的内外,两个极性端则暴露于膜的表面。也有些内在蛋白只是部分地插入脂双层,只有一端是亲水的,暴露在膜外。周边蛋白不与磷脂分子的疏水部分直接结合,它们只是以非共价键结合在固有蛋白的外端上,或结合在磷脂分子的亲水头上。除了脂类和蛋白质以外,细胞膜的表面还有糖类分子,称为膜糖。膜糖大多和蛋白质分子相结合成为糖蛋白,也可和脂类分子结合而成糖脂,与细胞识别有关。

45.(云南大学 2013)生物膜不具有_____。

A.流动性　　　　B.选择透性　　　　C.内吞和外排作用　　　　D.对称性

【答案】D

46.(中国科学院水生生物研究所 2010)生物膜主要由_____和_____分子组合而成。

【答案】脂质,蛋白质

47.(昆明理工大学 2009)阐述细胞中膜结构的重要功能。

【答案】

①分隔、形成细胞和细胞器,为细胞的生命活动提供相对稳定的内部环境,膜的面积大大增加,提高了发生在膜上的生物功能。

②屏障作用,膜两侧的水溶性物质不能自由通过。

③选择性物质运输,伴随着能量的传递。

④生物功能:激素作用、酶促反应、细胞识别、电子传递等。

⑤识别和传递信息功能(主要依靠糖蛋白)。

⑥物质转运:细胞与周围环境之间的物质交换,是通过细胞膜的转运功能实现的。

48.①(昆明理工大学 2019)简述细胞膜的流动镶嵌模型。

②(暨南大学 2017,江苏大学 2012)试述生物膜的流动镶嵌学说的主要内容。

③(浙江师范大学 2010)1972 年 S. J. Singer 和 G. L. Nicolson 提出流动镶嵌模型,请叙述其要点。

【答案要点】1972 年,美国科学家辛格(S. J. Singer)和尼科尔森(G. L. Nicolson)提出流动镶嵌模型(fluid mosaic model),认为膜是一个具有流动性的磷脂双层,蛋白质以不同的方式插入其中。脂双层的表面是磷脂分子的亲水端,内部是磷脂分子疏水的脂肪酸链。脂双层有屏障作用。同磷脂的内外表面相连的蛋白称为外在蛋白,脂双层内部的蛋白称为内在蛋白,内在蛋白可能包含于脂双层内部,可能露出于脂双层的内或外表面,大的内在蛋白还可能跨越脂双层。蛋白质在脂类介质中的部分倾向于富含疏水氨基酸,这就使得蛋白质与其周围的介质可最大程度的相互作用;相反,外周蛋白倾向于富含亲水基团,这样可促进其与周围水环境及离子的相互作用。膜具有流动、镶嵌的特点。

49.(暨南大学 2010)简述膜蛋白的主要功能。

【答案】膜蛋白是生物膜功能的主要承担者。膜蛋白可分为两大类:膜内在蛋白和膜外在蛋白或称膜周边蛋白。

膜蛋白的功能是多方面的。有些膜蛋白可作为"载体"而将物质转运进出细胞。有些膜蛋白是激素或其他化学物质的专一受体,如甲状腺细胞上有接受来自脑垂体的促甲状腺素的受体,在信号转导中起作用。膜表面还有各种酶,使专一的化学反应能在膜上进行。细胞的识别功能也决定于膜表面的蛋白质,这些蛋白常常是表面抗原,能和特异的抗体结合。膜蛋白还有胞间连结、将细胞骨架与胞外基质连接的功能。

50.(西南大学 2012)除磷脂和糖脂外,_____也是构建动物细胞脂双层的主要成分,可通过形成"脂阀"调节膜的流动性。

【答案】胆固醇

51.(四川大学 2013)两位美国科学家罗伯特·莱夫科维茨和布赖恩·克比尔卡因"G 蛋白偶联受体研究"获得 2012 诺贝尔化学奖,请叙述 G 蛋白偶联受体及其介导的信号传导途径。

(暨南大学 2013)试述 G 蛋白在细胞信号转导中的主要作用。

【答案要点】G 蛋白(GTP binding proteins)是一类能与 GTP 结合的蛋白质,松散地连接在质膜的胞质侧,在信号转导过程中起着分子开关的作用,当 G 蛋白 α 亚基与 GDP 结合,处于关闭态;当胞外配体与受体结合形成复合物时,导致受体胞内结构域与 G 蛋白 α 亚基偶联,并促使 α 亚基结合的 GDP 被 GTP 交换而被活化,即处于开启态,从而传递信号。G 蛋白偶联受体是一大类膜蛋白受体的统称,其作为一种信号通路和激素受体,能够接受信号,且能参与多种细胞信号转导过程。

G 蛋白偶联受体的信号传递过程包括①配体与受体结合,受体活化 G 蛋白;②G 蛋白激活或抑制细胞中的效应分子;③效应分子改变细胞内信使的含量与分布,细胞内信使作用于相应的靶分子,从而改变细胞的代谢过程及基因表达等功能。

52.(浙江师范大学 2010)细胞通过其表面的受体与胞外信号物质分子选择性地相互作用,导致胞内一系列生理生化反应,最终表现为细胞整体的生物学效应的过程,称为_____。

    A. 细胞识别   B. 免疫反应   C. 信号传递   D. 边缘效应

【答案】C

53.(南京大学 2013)什么是细胞通讯? G 蛋白偶联受体在通讯中作用,从肾上腺素调节细胞内糖原水解为例阐述。

【答案】细胞通讯是细胞通过胞膜或胞内受体感受信息分子的刺激,经细胞内信号转导系统转换,从而影响细胞生物学功能的过程。

以肾上腺素调节细胞内糖原水解为例,肾上腺素与细胞表面 G 蛋白偶联受体结合,使偶联的腺苷酸环化酶活化,催化 ATP 分解为 cAMP 和焦磷酸。cAMP 使蛋白激酶活化,蛋白激酶可活化磷酸化酶激酶,后者再激活磷酸化酶,使糖原分解。经过多级的级联放大,信号被放大了 300 万倍。

激素→G 蛋白偶联受体→ G 蛋白→腺苷酸环化酶 →cAMP→依赖 cAMP 的蛋白激酶 A

G 蛋白偶联受体在通讯中启动信号接受过程,把信号从受体上传递到细胞内发生专一的响应。

📷 模考精练

一、填空题

1.真核生物包括原生生物、真菌、植物、动物四界,其细胞的主要特点是_____和_____。

【答案】真核细胞,多样的单位膜系统

2.一切真核细胞都有完整的细胞核,但_____和_____中没有细胞核。

【答案】被子植物的成熟筛管分子,哺乳动物的成熟红细胞

3.(江西师范大学 2014)细胞核包括核被膜、_____、_____和核仁等部分。

【答案】染色质、核基质

4.核被膜与_____构成连续的整体。核被膜内面有一纤维状的电子致密层,即_____,它由_____构成,属于_____纤维。

【答案】内质网,核纤层,核纤层蛋白,蛋白

5.在真核细胞中,细胞核通过核膜与细胞质隔开,里面最易用碱性染料染上光亮、分散成网状的_____和染色深、成凝缩状的_____。前者和后者组成上并没有不同,只不过是后者比前者更进一步折叠和盘旋罢了。

【答案】常染色质,异染色质

6.(云南大学 2006)染色体的基本结构单位是_____。

【答案】核小体

7.(云南大学 2006)核仁是细胞核中圆形或椭圆形的颗粒状结构,没有外膜,富含 DNA 分子、_____和_____分子。

【答案】rRNA,蛋白质

8.主要的细胞器有:_____、_____、_____、_____、_____、_____、_____、_____。

【答案】内质网、核糖体、高尔基体、溶酶体、线粒体、质体、微体、液泡、细胞骨架

9.(云南大学 2006)真核细胞中,细胞核与细胞膜是由连续的膜通道系统相连的,构成该通道系统的细胞器是_____。

【答案】内质网

10.在细胞质的最外层有细胞膜,它控制着细胞内外物质的交换。用电子显微镜观察细胞质部分,可见到管状或扁囊状结构的_____,其表面排列着_____,它是由蛋白质和_____组成的,在这里以氨基酸作为原料合成了蛋白质。分散在细胞里的_____,在其嵴状结构上的粒子,含有跟_____有关的酶。

【答案】内质网,核糖体,rRNA,线粒体,ATP 合成

11.(上海交通大学 2006)内质网具有_____合成以及_____和解毒作用。

【答案】蛋白质和脂质,糖类代谢。

12.溶酶体的标志酶是_____,其酶的最适 pH 为_____。少量的溶酶体酶泄漏到细胞质基质中,并不会引起细胞损伤,其主要原因是_____。

【答案】酸性磷酸酶,5,细胞质基质的 pH 值使溶酶体酶活性大大降低

13.花青素存在于植物细胞的_____中。

【答案】液泡

14.线粒体是大量产生_____的场所。线粒体有自己相对独立的遗传物质_____,这种遗传物质的特点是_____。

【答案】ATP,DNA,环状双链 DNA 分子

15.质体是植物细胞的细胞器,分_____和_____两种。

【答案】白色体,有色体

16.植物细胞中的质体,有无色质体和有色质体之分。有色质体中最重要的是_____。植物细胞膜外有一层_____,其主要成分是_____。在细胞质中还可以看到_____,其中溶有无机盐类、糖、有机酸、蛋白质等。

【答案】叶绿体,细胞壁,纤维素,液泡

17.(中国科学研究院水生所2012,江苏大学2011,云南大学2010)细胞骨架是由_____、_____和_____三种蛋白质纤维组成的;对维持细胞形态,控制细胞、细胞内外和_____都起到极其重要的作用。

【答案】微管,微丝(或肌动蛋白丝),中间丝(中间纤维);细胞分裂分化。

18.中心粒是由_____构成。它与鞭毛构造的主要区别在于(1)_____(2)_____。

【答案】微管,(1)9束三体微管排列成圆筒状,(2)无中央微管。

19.中心粒和纤毛基体在结构上相同,其结构图式都是_____,鞭毛和纤毛的丝结构图式为_____。

【答案】9(3)+0型,9(2)+2型。

20.(中国科学院研究生院2007)细胞膜又称_____,是细胞表面的膜,它的厚度通常为_____。细胞膜的重要特征之一是_____,即有选择地允许物质通过扩散、渗透和主动运输等方式出入细胞,

【答案】质膜,7～8 nm,选择透性(或半透性)。

21.(广西大学2007)生物膜主要是由A)_____和B)_____分子以C)_____键组合而成,其骨架是D)_____的脂双层,构成脂双层的脂类包括E)_____、F)_____、G)_____。

【答案】A脂类,B蛋白质,C非共价,D磷脂,E磷脂,F胆固醇,G糖脂

22.(上海交通大学2006)生物膜具有两个显著的特征,即_____和_____。

【答案】选择透性,流动性

23.(江西师范大学2014,厦门大学2005)生物膜除了物理屏障作用外,其主要功能有_____、_____。

【答案】能量交换、物质运输、信息传递

24.(中国科学研究院水生所2010)_____是细胞的"动力工厂",它的主要功能是将贮存在糖类或脂质分子中的化学能转变成细胞代谢中可直接利用的_____。

【答案】线粒体,ATP

二、判断题

1.(云南大学2007)染色质是一种酸性物质,主要由RNA和糖类组成。

2.只有细胞核中含有DNA,并在其中形成染色体。

3.核仁是细胞核内染色体复制的最主要部分,因此它的功能主要是贮藏和复制DNA。

4.光滑型内质网主要功能是合成各种脂类。

5.核糖体是蛋白质合成的场所,它由大、小两亚基组成,是rRNA和蛋白质构成的复合体。

6.溶酶体中含有多种酸性和碱性的水解酶。

7.线粒体和叶绿体都具有环状DNA和合成蛋白质的全套机构,所以都是完全独立自主的细胞器。

8.线粒体内的核糖体与细菌的核糖体相似都是70S的,即由一个50S的大亚基和一个20S的小亚基组成的。

9.线粒体内、外膜的通透性差异很大,外膜比内膜的通透性更好。

10.(四川大学2007)线粒体具有双层膜结构的细胞器,它有自己的一套遗传系统,并按照自己的DNA信息编码自身的全套蛋白质。

11.在化学性质上一般微丝对细胞松弛素B敏感,能被它破坏。

12.在生物膜中,一般不饱和脂肪酸越多则膜的流动性越大。

13.(华南理工大学2005)膜的外表面通常是非极性的。

14.(云南大学2000)脊椎动物细胞之间的连接方式有"桥粒","紧密连接"和"胞间连丝"三种类型。

三、选择题

1.(华南理工大学2005)根据细胞学说,所有的细胞来源于_____。

A. 无机物　　　　　　　　B. 有机物　　　　　　　C. 先前存在的细胞　　　D. 培养皿培养

2. 细胞核与细胞质间的通道是_____。

A. 核孔　　　　　　　　　B. 核膜　　　　　　　　C. 核质连丝　　　　　　D. 外连丝

3. 核仁增大的情况一般会发生在哪类细胞中？_____

A. 分裂的细胞　　　　　　　　　　　　　　B. 需要能量较多的细胞

C. 卵原细胞或精原细胞　　　　　　　　　　D. 蛋白质合成旺盛的细胞

4. 胰岛素的合成是靠_____。

A. 滑面内质网与高尔基复合体　　　　　　　B. 高尔基复合体与溶酶体

C. rER 与高尔基复合体　　　　　　　　　　D. 游离核糖体与高尔基复合体

5. (四川大学 2007,2008)核糖体亚基的化学成分是_____。

A. 蛋白质,rRNA,tRNA　　　　　　　　　　B. 多肽,rRNA

C. 多糖,rRNA,tRNA　　　　　　　　　　　D. 多糖,rRNA

6. 下列不被膜包被的细胞器是_____。

A. 线粒体　　　　　　　　B. 高尔基体　　　　　　C. 核糖体　　　　　　　D. 溶酶体

7. (华东师范大学 2007)细胞内蛋白质合成的部位是_____。

A. 线粒体　　　　　　　　B. 核小体　　　　　　　C. 核糖体　　　　　　　D. 高尔基体

8. (浙江林学院 2007)合成脂质的主要细胞器是_____。

A. 高尔基体　　　　　　　B. 核糖体　　　　　　　C. 线粒体　　　　　　　D. 内质网

9. 下列细胞器中,_____是细胞分泌物的加工和包装的场所。

A. 高尔基体　　　　　　　B. 内质网　　　　　　　C. 溶酶体　　　　　　　D. 线粒体

10. 经研究发现,动物的唾液腺细胞内高尔基体含量较多。其原因是_____。

A. 腺细胞的生命活动需要较多的能量

B. 腺细胞要合成大量的蛋白质

C. 高尔基体可加工和运输蛋白质

D. 高尔基体与细胞膜的主动运输有关

11. (浙江林学院 2007)溶酶体中含量最多的酶类是_____。

A. 酸性水解酶　　　　　　B. 氧化还原酶　　　　　C. 磷酸酶　　　　　　　D. 磷脂酶

12. 下列细胞器中,均能进行能量转化的一组是_____。

A. 有色体和白色体　　　　　　　　　　　　B. 线粒体和白色体

C. 线粒体和叶绿体　　　　　　　　　　　　D. 线粒体和有色体

13. 具有独立遗传系统的细胞器是_____。

A. 叶绿体　　　　　　　　B. 溶酶体　　　　　　　C. 核糖体　　　　　　　D. 内质网

14. 线粒体内膜上具有_____酶系统。

A. 酵解　　　　　　　　　B. 过氧化氢　　　　　　C. 三羧酸循环　　　　　D. 电子传递链

15. 在人的心肌细胞中,比上皮细胞数量显著多的细胞器是_____。

A. 核糖体　　　　　　　　B. 内质网　　　　　　　C. 高尔基体　　　　　　D. 线粒体

16. 苹果和番茄等果实成熟后都会变红,从细胞学上看,变红分别是由于细胞内的_____物质在起作用。

A. 花青素和有色体　　　　　　　　　　　　B. 叶黄素和细胞液

C. 细胞质和细胞液　　　　　　　　　　　　D. 有色体和细胞液

17. 叶绿体中类囊体有规律地重叠在一起所形成的结构称_____。

A. 基质   B. 基质内囊体   C. 基粒   D. 基粒类囊体

18. 一个分子自叶绿体类囊体内到达线粒体基质,必须穿过多少层膜? _____

A. 3   B. 5   C. 7   D. 9

19. (三峡大学 2006)下列不属于高等植物细胞中的是_____。

A. 细胞壁   B. 质膜   C. 核糖体   D. 中心体

20. 当细胞开始失水时,植物细胞不如动物细胞收缩得那么明显。这是因为_____。

A. 细胞质膜的伸缩性不同   B. 细胞质膜上的小孔数目不同

C. 细胞的渗透势不同   D. 植物细胞具有细胞壁

21. (云南大学 2007)下面哪一层是细胞膜的结构? _____

A. 中胶层   B. 亮层   C. 胞间层   D. 初生壁层

22. 细胞膜有能量交换、物质运输、信息传递三种功能,这些功能与组成膜的_____有关系。

A. 磷脂   B. 糖类   C. 蛋白质   D. 固醇

23. 生物膜的脂类分子是靠什么键聚集在一起形成磷脂双结构的? _____

A. 氢键   B. 二硫键   C. 疏水键   D. 离子键

24. 变形虫表面的任何部位都能伸出伪足,人体内的一些白细胞可以吞噬病菌和异物。上述生理过程的完成都依赖于细胞膜的_____。

A. 选择透过性   B. 流动性   C. 保护性   D. 主动运输

25. (浙江林学院 2007)发挥细胞之间间接通讯作用的物质是_____。

A. 激素   B. 维生素   C. 核酸   D. 脂肪

【参考答案】

扫码获取正版答案

四、问答题

1. 动、植物细胞和细菌的大小在哪一范围内? 怎样理解细胞的大小与个体大小的关系?

【答案】典型的原核细胞的平均大小在 $1\sim10$ μm 之间,细菌类的支原体是最小的细胞,直径只有 100 nm。而真核细胞的直径平均为 $3\sim30$ μm,动、植物细胞一般为 $10\sim100$ μm。

同类型细胞的体积一般是相近的,不依生物个体的大小而增大或缩小。如人、牛、马、鼠、象的肾细胞、肝细胞的大小基本相同。参天大树和丛生灌木在细胞的大小上并无差别;鲸的细胞也不一定比蚂蚁的细胞大。因此,生物个体的大小主要决定于细胞的数量,与细胞的数量成正比,而与细胞的大小无关。细胞必须维持合适的表面积、体积,细胞靠表面接受外界信息,与外界交换物质。表面积太小,这些任务就难以完成。

2. 细胞的共同特征是什么?

【答案】①所有的细胞表面均有由磷脂双分子层与镶嵌蛋白质构成的生物膜,即细胞膜。②所有细胞都含有两种核酸,即 DNA 和 RNA 作为遗传信息复制与转录的载体。③作为蛋白质合成的机器—核糖体毫无例外存在于一切细胞内。④所有细胞的增殖都有一分为二的方式进行分裂。

3. 简述核孔的作用。

【答案】核质交换的双向性亲水通道;通过核孔复合体的主动运输,生物大分子的核质分配主要是通过核孔复合体的主动运输完成的,需要消耗能量,具有高度的选择性,并且是双向的(即核输入与核输出)。转录产物 RNA 的核输出,转录后的 RNA 通常需加工、修饰成为成熟的 RNA 分子后才能被转运出核。

4.(华南理工大学 2005)为什么在真核细胞中细胞核位于中心位置?

【答案】真核细胞都有完整的细胞核。细胞核在细胞的代谢、分化和生长中都有重要作用。细胞核是参与细胞繁殖的重要细胞器。在细胞的生活史中,细胞核指导细胞的代谢活动,决定细胞最终的状态。细胞核指导合成的重要蛋白质经内质网通道运输到细胞质中,组成核糖体的基础物质也是在核仁中合成、储藏并输送到核糖体的。遗传物质(基因)主要是位于核中,所以细胞核可说是细胞的控制中心。

细胞核的这些重要功能使得它应最大程度地受保护,而处于细胞内的中心位置恰恰可提供这样的保护,这样的排列也使细胞更适应环境,并更好的存活。

5.叙述细胞核的功能和意义。

【答案】细胞核是遗传信息的载体,细胞的调节中心。细胞核中最重要的结构是染色质,染色质的组成成分是蛋白质分子和 DNA 分子,而 DNA 分子又是主要遗传物质。当遗传物质向后代传递时,必须在核中进行复制,细胞核是遗传物复制的场所。细胞核中包含着携带细胞全部基因组的染色体。绝大多数遗传信息贮存在细胞核中,RNA 转录在细胞核中进行,它成为细胞生命活动的控制中心。

6.(四川大学 2008)论述内质网、高尔基体和溶酶体的结构功能及相互关系。

【答案】内质网(endoplasmic reticulum,ER)是细胞质中以膜为基础形成的囊状、泡状和管状结构,与核膜、高尔基体和溶酶体等在发生和功能上相互联系,构成了细胞的内膜系统。根据内质网上是否具有核糖体,可分为光面内质网和糙面内质网两种,光面内质网通常为小囊和分支管状,无核糖体附着,是脂类合成和代谢的重要场所,它还可以将内质网上合成的蛋白质和脂类运到高尔基体。糙面内质网膜上附有颗粒状的核糖体,通常为平行排列的扁平囊状。核糖体是细胞合成蛋白质的场所,因此糙面内质网是核糖体与内质网共同组成的复合机能结构,并可与核膜相连,在蛋白质合成与运输方面起重要的协同作用。光面内质网和糙面内质网是相通的,因此管腔中的蛋白质和脂类能够相遇而产生脂蛋白。管腔中的各种分泌物质都逐步被运送到光面内质网,然后内质网膜围裹这些物质,从内质网上断开而成小泡,移向高尔基体,由高尔基体加工、排放。

高尔基体是一些聚集的扁的小囊和小泡,它是内质网合成产物和细胞分泌物的加工和包装场所,最后形成分泌泡将分泌物排出细胞外。这涉及到部分膜结构从内质网上脱离后,形成转运泡,它们并入高尔基体的形成面(又称顺面),即面向内质网的一面;高尔基体面向细胞膜的一面称为反面,它又可以不断向细胞膜产生和派送分泌泡或转运泡。高尔基体还具有合成多糖的功能。

溶酶体(1ysosomes)由高尔基体的外侧出芽形成,为单层膜小泡。内含 60 种以上的酸性水解酶,可催化蛋白质、核酸、脂类、多糖等生物大分子分解,消化细胞碎渣和从外界吞入的颗粒,是细胞内行使消化功能的一种细胞器。

7.动物细胞有哪几种膜围绕形成的细胞器,其主要功能是什么?

【答案】内质网、高尔基体、溶酶体、线粒体都是动物细胞中膜围绕形成的细胞器。内质网合成的蛋白质、脂类、各种分泌物质、由内质网膜围裹,从内质网上断开而成小泡,移向高尔基体,由高尔基体加工、排放。溶酶体由高尔基体断裂产生,溶酶体的酶合成之后不仅立即被保护起来,而且一直处于监护之下被运送到溶酶体小泡。这些膜结构体系又为细胞内的物质运输提供了特殊的运输通道,保证了各种功能蛋白及时准确地到位而又互不干扰。线粒体的膜将细胞的能量发生同其它的生化反应隔离开来,更好地进行能量转换。

8.简述叶绿体的超微结构及其功能。

【答案】叶绿体的主要功能是植物光合作用的场所。电子显微镜下显示出的细胞结构称为超微结构。用电镜观察,可看到叶绿体的外表有双层膜包被,内部有由单层膜围成的圆盘状的类囊体,类囊体平行地相叠,形成一个个柱状体单位,称为基粒。在基粒之间,有基粒间膜(基质片层)相联系。除了这些以外的其余部分是没有一定结构的基质。叶绿体的超微结构与其功能相适应。

9.(西南大学 2007)磷脂是细胞膜的重要组分,纤维素是存在于植物细胞壁中的主要成分,它们的化学结构和物理性质是怎样与各自行使的生物功能相关联的?

【答案】磷脂是一类含有磷酸的脂类,其结构特点是具有由磷酸相连的含 N 碱或醇构成的亲水头和由脂肪酸链构成的疏水尾。磷脂的两亲性质是构成细胞膜骨架的基础,与细胞膜的形成、结构和特性有关。在生物膜中磷脂的亲水头位于膜表面,而疏水尾位于膜内侧。磷脂不溶于水而溶于有机溶剂,在水中可相互聚集形成内部疏水的聚集体,与细胞膜的屏障作用、物质运输功能相关联。

纤维素是由葡萄糖以 $\beta-1,4$ 糖苷键组成的大分子多糖,不溶于水及一般有机溶剂。这种葡萄糖的多聚体,形成不分支的链,许多平行的链以氢键联系,数千条合在一起,形成原纤维,与多糖、蛋白质组合形成坚硬的保护层,是细胞壁的主要成分,保护植物细胞并维持其形状,行使支持和保护的功能,同时还能防止细胞吸涨而破裂,保持细胞正常形态。

10.(暨南大学 2006)真核细胞与原核细胞,动物细胞与植物细胞,线粒体与叶绿体的异同点。

(湖南农业大学 2013)试比较叶绿体与线粒体在超微结构和功能方面的异同点。

(南京大学 2007)试比较叶绿体和线粒体的异同,并分析两者亚显微结构和功能的相似性。

【答案要点】真核细胞和原核细胞是生物结构和功能单位(见表 3.1),真核细胞与原核细胞统一性体现在二者均有细胞膜和细胞质。膜结构相同、细胞质都有核糖体。

表 3.1　真核细胞与原核细胞的比较

种类	原核细胞	真核细胞
细胞大小	较小($1\sim10~\mu m$)	较大($10\sim100~\mu m$)
染色体	一个细胞只有一条 DNA,与 RNA、蛋白质不联结在一起	一个细胞有几条染色体,DNA 与 RNA、蛋白质联结在一起
细胞核	无真正的细胞核,只有拟核	有核膜和核仁
细胞器	无线粒体、叶绿体、内质网、高尔基体等	有线粒体、叶绿体、内质网、高尔基体等
内膜系统	简单	复杂
细胞骨架	无	有微管和微丝等
细胞分裂	二分体、出芽,无有丝分裂	能进行有丝分裂
转录与翻译	出现在同一时间与地点	转录在核内,翻译在细胞质内

植物细胞和动物细胞都是真核细胞。植物细胞的典型结构与动物细胞相比,有几点不同:①植物细胞有细胞壁,动物细胞没有细胞壁;②植物细胞有叶绿体,动物细胞没有叶绿体;③植物细胞有中央液泡,动物细胞没有中央液泡。

线粒体和叶绿体的相同点:线粒体和叶绿体都含有遗传物质 DNA 和 RNA;线粒体和叶绿体都是双层膜结构;线粒体和叶绿体都能产生 ATP。

表 3.2　线粒体和叶绿体两种细胞器的比较

细胞器比较内容	线粒体	叶绿体
分布	广泛分布于真核细胞中	仅存在于绿色植物细胞中
形状	椭球形或球形	棒状、粒状
化学组成	DNA、RNA、磷脂、蛋白质	DNA、RNA、磷脂、蛋白质、色素等
结构	双层膜结构，内膜向内突出形成嵴。在内膜(嵴)和基质中，分布着许多与有氧呼吸作用有关的酶类	双层膜结构，基质内分布着许多由片层结构组成的基粒。在基质、基粒的片层结构的薄膜上分布着许多与光合作用有关的酶类。在基粒片层薄膜上还分布有叶绿素等色素
功能	有氧呼吸的主要场所，"动力工厂"	光合作用的场所，"养料加工厂"和"能量转换器"

11.(华南理工大学 2005)脂类、小分子以及非极性颗粒进出细胞相对容易，由此我们认识到细胞膜有什么特征？

【答案】脂溶性的物质很容易透过细胞膜，推测细胞膜由连续的脂类物质组成。小分子进出细胞相对容易，可知膜上还具有贯穿脂双层的蛋白质通道，供这些物质通过。膜的外表面是极性的，这就解释了为什么非极性颗粒更易于跨膜，因为非极性物质易与膜的非极性区相互作用。由此我们认识到细胞膜的结构特征表现为主要由膜脂和膜蛋白组成，生理特征表现为选择渗透性。

12.(厦门大学 2005)将人与鼠细胞融合，混合体系在不同时间内取出，用固定剂杀死，然后将鼠细胞表面荧光抗体加入，在荧光显微镜下可见哪些现象？

【答案】将鼠细胞表面荧光抗体加入人与鼠的融合细胞，抗体和小鼠细胞的表面抗原结合，在荧光显微镜下可见荧光。较早取出的混合体系，细胞开始融合，荧光仅出现在融合细胞一侧，随后的混合体系荧光逐渐在融合细胞表面分散，最后的混合体系在荧光显微镜下可见荧光平均分布在融合细胞的表面，如图3.1所示。

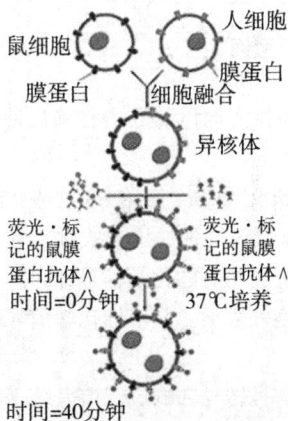

图 3.1　人、鼠细胞融合时，膜表面蛋白的流动　　　图 3.2　洋葱鳞茎表皮细胞结构

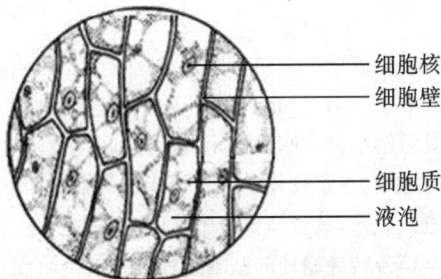

13.(厦门大学 2005)将碘液滴到新鲜洋葱鳞茎表皮细胞上,在光镜下可看到什么?

【答案】在低倍镜下,可见洋葱表皮细胞略成长方形,排列紧密,细胞内有一圆形或扁圆形的细胞核。稀碘液染色换高倍镜观察,可见细胞最外面为棕黄色细胞壁所包围,细胞壁以内是着色较浅,近于透明的细胞质。细胞质内有一个或几个,或大或小的透明的液泡,在细胞中央或靠近细胞壁,有一细胞核,核内有染色成棕黄色的核仁。细胞质外围有一薄层细胞质膜,在生活细胞中不易分清。

14.(上海交通大学 2006)列举几种观察活细胞结构的光学显微镜技术。

【答案】光学显微镜是利用光学原理,把人眼所不能分辨的微小物体放大成像,以供人们提取微细结构信息的光学仪器。观察活细胞结构的光学显微镜技术如下:

①相差显微,用环状光栏代替可变光栏,用带相板的物镜代替普通物镜,这些特殊装置能使活细胞或未经染色的标本中各部分的折射率或厚度的微小差异,产生相位差,然后利用光的衍射和干涉的原理,把相差变成振幅(明暗)之差,使人的肉眼能够辨认出来。

②暗视野显微:暗视野法的主要部件是暗视野聚光镜。使用时须先用明视野聚光镜把库勒照明系统调整好。换上暗视野聚光镜时,要把载玻片移开,将浸没油滴在聚光镜顶部,再把样品载玻片搁在物台上,浸没油便充填在两者之间,这种聚光镜须与装有可变光阑的 100× 油镜配用。

③紫外荧光显微:是用紫外光激发荧光来进行观察的显微镜。某些标本在可见光中觉察不到结构细节,但经过染色处理,以紫外光照射时可因荧光作用而发射可见光,形成可见的图像。

④扫描显微:是成像光束相对于物面作扫描运动。

15.(四川大学 2003)绘图题:绘制动物细胞结构示意图,注明以下结构:① 核膜;② 核孔;③ 内质网;④ 线粒体;⑤ 高尔基体;⑥ 溶酶体;⑦ 质膜;⑧ 核仁。

【答案】

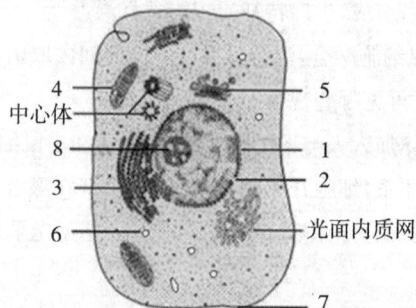

图 3.3　动物细胞结构示意图

16.(浙江林学院 2007)细胞通过分泌化学信号进行细胞间相互通讯的方式有哪几种?并说明其基本过程。

【答案】细胞可以分泌一些化学物质－蛋白质或小分子有机化合物至细胞外,这些化学物质作为化学信号(chemical signaling)作用于其它的细胞(靶细胞),调节其功能,这种通讯方式称为化学通讯。化学信号根据其溶解性分为脂溶性化学信号和水溶性化学信号两大类。所有的化学信号都必须通过与受体结合方可发挥作用,水溶性化学信号不能进入细胞,其受体位于细胞外表面。脂溶性化学信号可以通过膜脂双层结构进入胞内,其受体位于胞浆或胞核内。

化学信号转导途径的基本过程包括 3 个阶段:信号接受、信号转导和响应。信号分子与受体结合使受体分子发生形状上的改变,一个受体活化另一个受体,引起多米诺骨牌效应。最终细胞对信号做出响应。

课后习题详解

1. 为什么低等动物不能单纯靠细胞体积的膨大而进化为高等生物?

答 细胞的大小和细胞的机能是适应的。细胞必须通过细胞膜表面与环境进行物质交换,接受外界信息。细胞体积增大,其相对表面积就越小,与周围环境交换物质的效率就越低,经膜运输的食物和氧气受到限制,细胞中缺少用于生长所需的重要的能源物质或其他重要的分子,难以满足细胞内代谢活动的要求。形成的废物大量积累难于排出体外。细胞体积增大后通过扩散进行的物质分配需耗费更长的时间。细胞核对细胞质结构的控制取决于核质的化学交流。在增大的细胞中,距离的增加使这种交流的效率受到抑制。

2. 原核细胞和真核细胞的差别关键何在?

答 原核细胞在地球上出现最早,没有膜包被的细胞核,只有一个拟核区,染色体为环形的 DNA 分子。真核细胞有细胞核,核膜包被,内有核仁。原核细胞和真核细胞的差别关键是无核膜、核仁等结构,没有复杂的细胞器分化。

3. 植物一般不能运动,其细胞的结构如何适应于这种特性?

答 植物细胞最外围有一层一定弹性和硬度的细胞壁(cell wall),具有支持、防御与保护的作用。叶绿体含有叶绿素等色素,是光合作用的细胞器,为植物的生长发育提供物质能量。

4. 动物能够运动,其细胞如何适应于这种特性?

答 动物细胞有细胞膜,细胞质,细胞核。细胞膜由单位膜构成,便于细胞内外物质运输。细胞质包括细胞质基质和细胞器。动物细胞的细胞器包括内质网,线粒体,高尔基体,核糖体,溶酶体,中心体。

5. 细胞器的出现和分工与生物由简单进化到复杂有什么关系?

答 单细胞生物出现简单分化的细胞器,通过各组成成分的协调配合完成生命活动。生物由简单进化到复杂,细胞器增多,分工越来越细。

6. 动、植物细胞的质膜在成分和功能上基本相同,其生物学意义何在?

答 质膜是由脂类和蛋白质分子以非共价键组合装配而成。骨架是磷脂类的双分子层,脂双层的表面是磷脂分子的亲水端,内部是磷脂分子疏水的脂肪酸链。脂双层有屏障作用,使膜两侧的水溶性物质不能自由通过。脂双层中还有以不同方式镶嵌其间的蛋白质分子,生物膜的许多重要功能都是由这些蛋白质分子来执行的。有的蛋白质分子和物质运输有关,有的本身就是酶或重要的电子传递体,有的是激素或其他有生物学活性物质的受体。动、植物细胞的质膜在成分和功能上基本相同,例如跨膜物质运输、细胞信息传递、细胞识别、细胞免疫、细胞分化以及激素的作用等等都与膜的流动性密切相关。动、植物细胞的质膜在成分和功能上的同一性,有益于我们认识生命现象的有序性和统一性。

7. 最近发现了食欲肽(orexin),一种似乎能调节人和动物食欲的信号分子。在饥饿的人体内,可测出血液中食欲肽浓度较高。利用你关于膜受体和信号转导途径的知识,试提出利用食欲肽治疗厌食症和肥胖症的可能疗法的建议。

答 细胞通过胞膜或胞内受体感受信息分子的刺激,经细胞内信号转导系统转换,会影响细胞生物学功能。化学信号转导途径包括 3 个阶段:信号接受、信号转导和响应,这是细胞信号转导的过程。

食欲肽(orexin)属于神经肽,Orexin 刺激采食呈剂量依赖性,产生于下丘脑侧部。研究者观察到饥饿时,Orexin 水平上升。将食欲肽注射入鼠脑中,导致几个小时内采食量比对照组多 3~6 倍,同时刺激胃酸的分泌。这启示我们治疗厌食症可采取直接在患者体内过表达小分子的 Orexin 或表达 Orexin 受体或受体的某一片段,强化信号的转导响应。治疗肥胖症则采取相反的措施。

4

细胞代谢

考点综述

新陈代谢是生物的基本特征之一,是生物体内发生的各种化学变化的总称。细胞是进行新陈代谢的基本单位。细胞代谢是生命现象的核心,它包含两个方面:一是细胞呼吸,分解有机物质释放能量的过程;一是各种生物合成途径,建立细胞各种成分的过程。对整个生物界来说,能量最终来源于太阳光能或部分化学能,它通过植物、藻类或一些细菌的光合作用将光能固定在有机物中,并通过食物链传递给其他生物。就细胞而言,生命活动所需要的能量直接来自于ATP,它主要通过细胞呼吸,氧化分解生物大分子而产生。

本章考点:①与代谢有关的基本概念;②酶的化学性质与作用特点,酶促反应机制,影响酶活性的因素(温度、pH、酶的抑制剂),核酶;③物质的跨膜转运;④细胞呼吸的定义;有氧氧化的三个阶段:a.糖酵解:细胞质中将葡萄糖分解为丙酮酸的过程,经过9步反应完成;b.柠檬酸循环(Krebs循环,三羧酸循环):丙酮酸进入线粒体,在丙酮酸脱氢酶复合体催化下氧化脱羧生成乙酰CoA,在柠檬酸循环中被氧化;c.电子传递与氧化磷酸化;⑤发酵作用;⑥有氧氧化与发酵作用的联系与区别;⑦光合作用:a.光反应与碳反应的联系与区别;b.光合色素与光系统的种类及作用;c.电子传递与光合磷酸化过程;d.卡尔文(Calvin)循环的3个阶段;e.C_3植物与C_4植物;f.光呼吸;g.影响光合作用的因素;⑧细胞中各种物质代谢的相互关系。

细胞代谢是最基本的生命活动,本章在研究生入学考试试题中的要求没有生物化学深入,但要求掌握和理解细胞内各种代谢的大体过程、特点及相互关系。

名词术语

【术语题库 扫码获取】

1. **代谢**(metabolism):生物体内发生的所有有序化学反应的总称。

2. **ATP**(adenosine triphosphate):腺苷三磷酸,在腺苷一磷酸(AMP)的磷酸一侧,以高能磷酸键(用~表示)再顺序连接上2个磷酸。ATP水解时,高能磷酸键断裂释放大量自由能,供生命活动所需;ATP在细胞中易于再生,是细胞中的"能量通货"。

3. **酶**(enzyme):一种生物催化剂,化学本质多是蛋白质,能降低反应的活化能,加速生物体内化学反应的进行。

4. **酶的活性部位**(active site):酶分子表面具有一些凹沟结构,是酶分子与底物分子锁合形成复合物的位点。

5. **核酶**(ribozyme):具有催化活性的RNA,目前发现的至少有两类:一类催化分子内部的反应,另一类催化分子间的反应。

6. **竞争性抑制剂**(competitive inhibitor)：与酶的作用底物相似，能与底物竞争结合酶的活性位点，这种化学试剂称为酶的竞争性抑制剂。

7. **非竞争性抑制剂**(noncompetitive inhibitor)：指与酶的活性位点以外的部位结合，使酶分子形状发生了变化，活性位点不适于接纳底物分子的化学试剂。

8. **质壁分离**(plasmolysis)：当外界溶液浓度大于细胞液浓度时，水由细胞中渗透出去，原生质体缩水而与细胞壁脱离的现象。

9. **单纯扩散**(simple diffusion)：不需要膜中蛋白质等分子的协助，也不需要细胞提供能量的扩散。

10. **易化扩散**(facilitated diffusion，**协助扩散**)：物质顺浓度梯度，与质膜转运蛋白结合而不需要能量的扩散。

11. **被动转运**(passive transport)：物质顺浓度梯度穿过膜扩散的作用，是物质出入细胞中常见的现象。

12. **主动转运**(active transport)：在细胞膜特异载体蛋白携带下，消耗能量、物质逆浓度梯度的跨膜运输方式。

13. **胞吐**(exocytosis)：细胞通过高尔基体出芽形成的分泌小泡，沿细胞骨架移动到质膜，并与质膜融合排出小泡内物质的现象。

14. **胞吞**(endocytosis)：细胞吸收大分子和大颗粒的方式，由质膜形成内向的小泡完成。包括三种类型：吞噬、胞饮和受体介导的胞吞。

15. **吞噬作用和胞饮作用**：细胞吞噬固体颗粒的作用称为吞噬作用(phagocytosis)。除固体颗粒外，多种细胞还能吞入液体和直径小于 $0.2~\mu m$ 的生物大分子的过程，为胞饮作用(pinocytosis)。

16. **受体介导的胞吞**：通过膜中的受体蛋白专一性地与胞外配体结合，并吞入细胞的现象。

17. **细胞呼吸**(cellular respiration)：细胞在有氧条件下从食物分子中取得能量的过程。

18. **电子传递链**(electron transport chain)：线粒体内膜上一组酶的复合体，其功能是进行电子传递、H^+ 的传递及氧的利用，产生 H_2O 和 ATP，又称呼吸链(respiratory chain)。

19. **氧化磷酸化**(oxidative phosphorylation)：呼吸链上释放的能量与腺苷二磷酸 ADP 以及无机磷酸偶联形成腺苷三磷酸 ATP 的过程。是需氧生物获得能量的主要方式。

20. **化学渗透假说**(chemiosmotic coupling hypothesis)：英国生物化学家 Mitchell 于 1961 年提出，解释氧化磷酸化的偶联机理。该学说认为：在电子传递过程中，伴随着质子从线粒体内膜的内侧向外侧转移，形成跨膜的氢离子梯度，这种势能驱动氧化磷酸化反应，用于合成 ATP。化学渗透学说可以很好地说明线粒体内膜中电子传递、质子动势的建立、ADP 磷酸化的关系。

21. **光合作用**(photosynthesis)：通常是指绿色植物吸收光能，把二氧化碳和水合成有机物，同时释放氧气的过程。从广义上讲，光合作用是自养生物利用光能把二氧化碳合成有机物的过程。

22. **光反应**(light reaction)：光合作用中需要光的反应。为发生在类囊体上的光的吸收、传递与转换、电子传递和光合磷酸化等反应的总称。

23. **希尔反应**(Hill reaction)：希尔(R. Hill)发现在分离的叶绿体(实际是被膜破裂的叶绿体)悬浮液中加入适当的电子受体，照光时可使水分解而释放氧气。

24. **光合膜**(photosynthetic membrane)：组成叶绿体类囊体的膜，光合作用光反应进行的场所。叶绿素、其它色素，将光能转变为化学能的整套蛋白质复合体存其上。

25. **反应中心色素分子**(reaction center pigment)：是处于反应中心中的一种特殊性质的叶绿素 a 分子，它不仅能捕获光能，还具有光化学活性，能将光能转换成电能。

26. **光系统**(photosystem)：进行光吸收的功能单位，是由叶绿素、类胡萝卜素、蛋白质和光合作用的原初电子受体组成的复合物。

27. **光合电子传递链**(photosynthetic electron transfer chain)：光合膜上的一系列电子载体，将来自于

水的电子传递给 $NADP^+$。

28. 光合磷酸化(photophosphorylation)：光合电子传递链运行过程中发生的由 ADP 与 Pi 合成 ATP 的反应。

29. 解偶联剂(uncoupler)：能消除类囊体膜或线粒体内膜内外质子梯度,解除磷酸化反应与电子传递之间偶联的试剂。

30. 碳反应(carbon reaction)：光合作用中的酶促反应,即发生在叶绿体基质中的同化 CO_2 反应。

31. C_3 途径(C_3 pathway)和 C_3 植物(C_3 plant)：C_3 途径又称卡尔文循环。整个循环由 RuBP 开始至 RuBP 再生结束,在叶绿体的基质中进行。全过程分为羧化、还原、再生 3 个阶段。由于这条光合碳同化途径中 CO_2 固定后形成的最初产物 3-磷酸甘油酸(PGA)为三碳化合物,所以称 C_3 途径,并把只具有 C_3 途径的植物称为 C_3 植物。C_3 植物大多为温带和寒带植物。水稻、小麦、棉花、大豆、油菜等为 C_3 植物。

32. C_4 途径(C_4 pathway)和 C_4 植物(C_4 plant)：光合碳同化途径中 CO_2 固定后形成的最初产物草酰乙酸(OAA)为四碳化合物,整个循环由 PEP 开始至 PEP 再生结束,经叶肉细胞和维管束鞘细胞两种细胞,可分为羧化、还原或转氨、脱羧和底物再生四个阶段,所以叫做 C_4 途径,把具有 C_4 途径的植物称为 C_4 植物。C_4 植物大多为热带和亚热带植物,如玉米、高粱、甘蔗、稗草、苋菜等。

33. 光呼吸(photorespiration)：高等植物在干旱炎热的环境中,气孔关闭,阻止 CO_2 的进入和 O_2 的逸出,绿色细胞在光下吸收 O_2 释放 CO_2 的过程。在细胞过氧化物酶体中进行。

考研精粹

1.(西南大学 2013)化学反应可分为吸能反应和放能反应。那么在生物界中,_____是最重要的吸能反应,而发生在每个细胞内部_____是最主要的放能反应。

【答案】光合作用,细胞呼吸

2.(四川大学 2014)在生物界流通的能量来源于_____。

A. 光合作用　　　　　B. 化学键　　　　　C. 绿色植物　　　　　D. 太阳

【答案】D

3.(四川大学 2010)生物体内能量转换方式多样,化学能转变为渗透能、机械能、甚至电能、光能和热能,而能量转换的媒介物往往都是 ATP。(　　)

【答案】对

4.(浙江师范大学 2010)请叙述酶作为生物催化剂的特性。

【答案】酶是生物催化剂,主要作用是降低化学反应的活化能,增加了反应物分子越过活化能屏障和完成反应的概率。酶促反应只催化热力学允许的反应,能加快化学反应的速度,不改变反应平衡点,对正逆反应催化作用相同。酶的催化效率很高,生物催化剂的效率比无机催化剂高 $10^6 \sim 10^{10}$ 倍。具有高度的专一性,一种酶只催化一种反应或一组密切相关的反应。酶的活性可调,要求适宜的 pH 和温度。酶的催化反应速度受酶浓度、底物浓度、反应温度和酸碱度的影响,抑制剂、激活剂也影响酶促反应的速度。

5.(浙江海洋大学 2014)和一般催化剂相比酶有自己的特点,对环境的敏感性、催化效率高、_____、由生活细胞产生、酶活力受到调节和控制。

A. 改变平衡常数　　　B. 高度专一性　　　C. 特异性　　　　　D. 可调节性

【答案】B

6.(江苏大学 2012)酶能加速生化反应的机理在于它能降低反应的活化能。(　　)

【答案】对

7.(浙江师范大学 2012)在酶促反应中,酶先与底物形成不稳定的中间产物,然后中间产物再分解,释

放出酶,并生成终产物,酶和底物的结合具有高度的专一性。(　　)

【答案】对

8.(水生所 2010)哪些因素影响酶的活性?

【答案】影响酶活性的因素有温度、pH、盐的浓度、激活剂和抑制剂。

①温度对酶促反应速度的影响很大,在一定范围内,温度升高可以增加活化分子数目,反应速度提高;温度过高,引起酶的变性失活,使酶促反应速度降低。

②pH 直接影响到酶和底物的解离状态,从而影响酶与底物的结合,影响到酶促反应的速度。过酸或过碱影响酶蛋白的构象,使酶变性失活。

③盐的浓度影响酶活性,高浓度盐干扰酶分子的某些化学键,破坏蛋白质结构,降低酶活性。

④抑制剂能减弱、抑制甚至破坏酶的活性,有竞争性抑制剂、非竞争性抑制剂。

⑤激活剂能提高酶的活性,可以是无机离子、有机小分子,也可以是生物大分子。

9.(四川大学 2012)将刚采摘的甜玉米立即放入沸水中片刻,可保持其甜味。这是因为加热会_____。

　　A. 提高淀粉酶活性　　　　　　　　　　B. 改变可溶性糖分子结构

　　C. 防止玉米粒发芽　　　　　　　　　　D. 破坏将可溶性糖转化为淀粉的酶

【答案】D

10.(南京大学 2011)酶的抑制剂是如何作用的? 酶抑制剂应用举例(举 2 个例子)。

【答案】酶的抑制剂作用于或影响酶的活性中心或必需基团导致酶活性下降或丧失,分为竞争性抑制剂和非竞争性抑制剂。竞争性抑制剂与被抑制的酶的底物有结构上的相似性,能与底物竞相争夺酶分子上的结合位点,从而产生酶活性的可逆的抑制作用。非竞争性抑制剂与酶的活性中心以外的部位发生可逆或不可逆性结合,破坏酶分子的形状,使得活性部位不适于接纳底物分子。

酶抑制剂有重要的应用价值。如磺胺药与对氨基苯甲酸具有类似的结构,而对氨基苯甲酸、二氢喋呤及谷氨酸是某些细菌合成二氢叶酸的原料,后者能转变为四氢叶酸,它是细菌合成核酸不可缺少的辅酶。由于磺胺药是二氢叶酸合成酶的竞争性抑制剂,进而减少菌体内四氢叶酸的合成,使核酸合成障碍,导致细菌死亡。有机磷杀虫药抑制虫体胆碱酯酶的活性,对人和动物的胆碱酯酶也有抑制作用,进入人和动物体内,与胆碱酯酶结合,形成磷酰化胆碱酯酶,使酶失去水解乙酰胆碱的活性,导致乙酰胆碱在体内蓄积,严重者有中毒表现。

11.(四川大学 2012)生物体内起催化作用的酶可以是_____。

　　A. 脂肪　　　　　　　B. 核酸　　　　　　　C. 多糖　　　　　　　D. 脂类

【解析】长期以来,一直公认所有的酶都是蛋白质。但 1981 年美国科学家发现细胞中与 RNA 分子有关的某些反应由 RNA 本身催化的,后又发现几种核酶。

【答案】B

12.(南京大学 2015,西南科技大学 2013)物质跨膜运输的方式。

(武汉大学 2013)物质跨膜运输的方式有哪些? 分别运输什么物质?

(河南师范大学 2012,华侨大学 2012)物质的跨膜转运有哪几种方式? 简要说明之。

(中科院水生所 2018,闽南师范大学 2018,云南大学 2010)物质跨细胞膜运输有哪些方式? 各自特点如何?

【答案要点】物质出入细胞都要穿过细胞膜,分子(O_2,CO_2 以及其他一些小分子如乙醇等)和离子主要是通过膜上小孔从高浓度的地区移动到低浓度的地区,称为扩散,依靠渗透作用完成;物质的运输速度既依赖于膜两侧的运输物质的浓度差,又与被运输物质的分子量大小、电荷、在脂双层中的溶解度等有关。有些物质,如葡萄糖等本身不易通过单纯扩散而进入细胞,但可与质膜上称为载体的蛋白结合,由载体携带穿越质膜,这种扩散称为易化扩散;葡萄糖等顺浓度梯度扩散,有专一蛋白的结合。有饱和效应,对浓度差、在脂双层中的溶解度等的依赖均不如单纯扩散那么强烈。还有些离子逆浓度梯度移动是通过主动运输过程实现的,要载体协助并消耗能量。主动转运有运输物质的专一性;运输的速度有最大值;运输过程有严格的方向性;被选择性的抑制剂专一抑制;整个运输过程需要提供大量的能量。固体颗粒、液体等通过大分子胞吞和胞吐作用运输。

13.(浙江师范大学 2011)一种物质的分子从相对高浓度地区移动到低浓度地区,叫做扩散。(　　)

【答案】对

14.(西南大学 2013)物质跨膜转运的主要形式有单纯扩散、易化扩散、_____、胞吞作用和_____。

【答案】主动转运、胞吐作用

15.(中国科学院水生生物研究所2011)细胞膜最重要的特性之一是半透性或选择性透性,即有选择地允许物质通过_____、_____和_____等方式出入细胞。

【答案】被动转运,主动转运,胞吞和胞吐

16.①(扬州大学 2019)简述细胞呼吸的概念和过程。

②(华东师范大学 2011)什么叫细胞呼吸?简述其过程。

【答案】细胞呼吸指生活细胞氧化分解有机物质放出 CO_2,同时释放能量的过程。葡萄糖(或糖原)在正常有氧的条件下,氧化后产生 CO_2 和水,这个总过程称作糖的有氧氧化,又称细胞氧化或生物氧化。

整个过程分为 3 个阶段:①糖酵解。一分子葡萄糖进入细胞后经过一系列酶促反应生成两分子丙酮酸的过程,在细胞质中进行;②柠檬酸循环。丙酮酸进入线粒体基质在丙酮酸脱氢酶复合体催化下氧化脱羧生成乙酰 CoA,乙酰 CoA 进入三羧酸循环,由四碳原子的草酰乙酸与二碳原子的乙酰辅酶 A 缩合生成具有三个羧基的柠檬酸开始,经过一系列脱氢和脱羧反应后又以草酰乙酸的再生成结束。由于循环中首先生成含有三个羧基的柠檬酸,故被称为三羧酸循环或柠檬酸循环,简称 TCA 循环。通过柠檬酸循环,丙酮酸彻底氧化,发生部位在线粒体;③电子传递与氧化磷酸化。经电子传递和化学渗透,将氧化与磷酸化相偶联,发生在线粒体内膜。

17.(云南大学 2011)细胞呼吸所需的底物是_____。

A. 糖类　　　　　　　　B. 脂类　　　　　　　　C. 蛋白质　　　　　　　　D. 前三者

【答案】D

18.(浙江师范大学 2011)糖类、脂类、蛋白质等有机物在活细胞内氧化分解,产生 CO_2 和水,并释放能量的过程叫生物氧化,也叫细胞呼吸。(　　)

【答案】对

19.(西南大学 2012,江西师范大学 2013)葡萄糖通过有氧呼吸作用,可分解为 H_2O 和 CO_2,并为细胞提供能量,其反应可分为三个阶段,依次是_____、_____、_____。

【答案】糖酵解、柠檬酸循环、电子传递和氧化磷酸化

20.(云南大学 2012)葡萄糖经糖酵解的产物是_____。

A. 丙酮酸和 ATP　　　　　　　　　　　　B. 苹果酸和 CO_2
C. 乳酸和 CO_2　　　　　　　　　　　　D. 酒精和 ATP

【答案】A

21.(四川大学 2011)三羧酸循环(或称柠檬酸循环)之所以被称为一个循环,是因为其整个过程始于_____的利用又结束于它的再生成。

【答案】草酰乙酸

22.(中国科学院研究生院 2012)细胞进行有氧呼吸时电子传递是在_____。

A. 细胞质内　　　　　　　B. 线粒体的内膜　　　　C. 线粒体的膜间腔内　　　D. 线粒体基质内

【答案】B

23. (浙江海洋大学 2014)通过 2 种磷酸化途径,1 分子葡萄糖通过有氧呼吸彻底氧化后,能产生的 ATP 数为_____。

A. 30 或 32　　　　　　　B. 28 或 30　　　　　　　C. 36 或 38　　　　　　　D. 8 或 10

【答案】A

24. (水生所 2011)举例说明细胞无氧呼吸的代谢过程,并阐述其生物学意义。

【答案】酵母在无氧条件利用 NADH 使丙酮酸还原为乙醇,即酒精发酵。在这一过程中生成 NAD$^+$ 才能使糖酵解继续进行下去。高等动物在剧烈运动时,氧供应不足,葡萄糖酵解产生的丙酮酸不能氧化脱羧,因而不能进入三羧酸循环,这时丙酮酸就进入乳酸发酵途径。肌肉细胞产生乳酸,使血液中乳酸浓度升高,刺激呼吸,使呼吸加快以供应更多 O_2。乳酸进入肝细胞,在肝细胞中氧化成丙酮酸可进入三羧酸循环,这一过程产生的 NAD$^+$ 可用来保证糖酵解过程中 3—磷酸甘油醛的氧化和磷酸化。这是有氧呼吸的动物进行乳酸发酵的一个重要作用:保证 NAD$^+$ 供应就保证了糖酵解的进行,无氧呼吸作为一种应急措施是必要的。

生物学意义:某些生物无氧条件下生存的方式,迅速提供能量,给某些器官提供正常代谢所需的能量。

25. (浙江师范大学 2011)植物进行无氧呼吸的主要产物是_____。

A. 乙醇　　　　　　　　　B. 乳酸　　　　　　　　　C. 丙酮酸　　　　　　　　D. 二氧化碳

【答案】A

26. ①(安徽大学 2018)比较植物光反应和暗反应有何不同之处。

②(江西师范大学 2013)光合作用是自然界最重要的化学反应,请叙述该反应的具体步骤。

③(华东师范大学 2012)光反应和碳反应解释及区别。

【答案要点】光合作用是地球上最重要的化学过程,分两个阶段进行:光反应和碳反应。

光反应又称为光合电子转移反应。在反应过程中,来自于太阳的光能使绿色生物的叶绿素产生高能电子,从而将光能转变为电能;同时,叶绿素从光水解中获得电子,并将 H$^+$ 从叶绿体基质传递到类囊体腔,建立电化学质子梯度。光反应的最后一步是高能电子经电子传递链转移给 NADP$^+$,使其被还原成 NADPH。概括地说光反应是通过叶绿素等光合色素分子吸收光能,并将光能转化为化学能,形成 ATP 和 NADPH 的过程。光反应包括光能吸收、电子传递、光合磷酸化 3 个主要步骤。光反应的场所是类囊体。

光合作用的第二阶段碳反应是进行 CO_2 的固定、合成糖的过程。叶绿体利用光反应产生的 NADPH 和 ATP 的化学能,使 CO_2 还原合成糖。这一过程不需要光直接参加,在叶绿体基质中进行。

表 4.1　光合作用中光反应与碳反应的区别

	光反应	碳反应
能量转换	光能——活跃的化学能	活跃的化学能——稳定的化学能
过程	光能吸收传递、电子传递、光合磷酸化	碳同化
发生部位和条件	叶绿体类囊体片层膜上,需要光	叶绿体基质,不需光直接参加
储能物质	ATP、NADPH	糖类等

27. (江苏大学 2012)光合作用可分为光反应和碳反应两个过程。其中光反应发生_____上,而碳反应发生在_____中。

【答案】叶绿体类囊体片层,叶绿体基质

28. (云南大学 2011)无论光系统 I 还是光系统 II 都包含许多光合色素分子,其中只有一个分子的_____能将激发的电子传递给电子受体。

A. 叶绿素 a　　　　　　　B. 叶绿素 b　　　　　　　C. 叶黄素　　　　　　　　D. 类胡萝卜素

【答案】A

29.（四川大学 2014，江苏大学 2012）光合作用中释放的氧气来自 CO_2。（　　）

【解析】20 世纪 30 年代，van Niel 比较了不同生物的光合作用过程，发现它们有共同之处，例如：

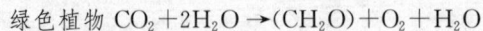

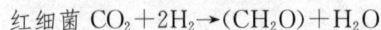

绿色植物 $CO_2 + 2H_2O \rightarrow (CH_2O) + O_2 + H_2O$

紫硫细菌 $CO_2 + 2H_2S \rightarrow (CH_2O) + 2S\downarrow + H_2O$

红细菌 $CO_2 + 2H_2 \rightarrow (CH_2O) + H_2O$

因此他提出了光合作用的通式为：$CO_2 + 2H_2A \rightarrow (CH_2O) + 2A + H_2O$

H_2A 可以是 H_2O，也可以是 H_2S 或 H_2。可见，van Niel 的研究已经科学地预见到，绿色植物光合作用中产生的氧气，是来自水的。希尔反应证明了离体叶绿体在光下进行水解并放出氧气的过程，光合作用中氧气来源于水的裂解。

【答案】错

30.（浙江师范大学 2011）由光照引起的电子传递与磷酸化作用相耦联而生成 ATP 的过程叫_____。

　　A. 光合同化　　　　　　　B. 氧化磷酸化　　　　　　C. 底物磷酸化　　　　　　D. 光合磷酸化

【答案】D

31.（陕西师范大学 2014）在光合作用中，合成一个葡萄糖分子需要 ATP 和 NADH 的数量分别是_____。

　　A. 12,12　　　　　　　　B. 18,12　　　　　　　　C. 18,18　　　　　　　　D. 3,2

【答案】B

32.（云南大学 2013）光合作用过程中，碳反应是一个不断消耗_____和_____，并固定_____而产生_____的循环过程。

【答案】NADPH，ATP，CO_2，3-磷酸甘油醛

33.（清华大学 2013）在密封环境中培养 C_3 植物和 C_4 植物，一段时间后 C_3 植物枯萎死亡，C_4 植物正常生活，为什么？

【答案】①C_4 植物植物具有更强的光合作用。C_3 植物卡尔文循环中 CO_2 固定是通过核酮糖二磷酸羧化酶的作用来实现的，C_4 途径的 CO_2 固定是由磷酸烯醇式丙酮酸羧化酶催化来完成的。两种酶都可使 CO_2 固定。但它们对 CO_2 的亲和力却差异很大。试验证明，C_4 植物的磷酸烯醇式丙酮酸羧化酶的活性比 C_3 植物的强 60 倍，C_4 植物能利用叶肉细胞将低浓度的 CO_2 集聚起来供给维管束鞘细胞光合作用利用，因此 C_4 植物的光合速率比 C_3 植物快许多，尤其是在二氧化碳浓度低的环境下，相差更是悬殊。由于磷酸烯醇式丙酮酸羧化酶对 CO_2 的亲和力大，所以 C_4 植物能够利用低浓度的 CO_2，而 C_3 植物不能。由于 C_4 植物能利用低浓度的 CO_2，当密封环境中培养，C_4 植物就能利用细胞间隙里的含量低的 CO_2，继续生长。

②C_4 植物的光呼吸低于 C_3 植物。C_3 植物的光呼吸很明显，通过光呼吸耗损光合新形成有机物的二分之一；C_4 植物的光呼吸很低，几乎测量不出，C_4 植物的光呼吸消耗很少。

34.（西南大学 2012）植物固定 CO_2，完成碳反应的方式和途径存在差异，其中能在高温、干燥和强光条件下完成光合作用的称为_____植物。

【解析】C_4 植物除 Rubisco 一反应外，叶肉细胞还发展出磷酸烯醇式丙酮酸（PEP）一羧化途径以固定 CO_2。在这个过程里 CO_2 会被 PEP 固定，生成四碳化合物草酰乙酸，这就是 C_4 类植物名称的由来。草酰乙酸转换为苹果酸或天门冬氨酸后进入维管束鞘，在苹果酸酶的作用下生成丙酮酸和 CO_2。在维管束鞘里 CO_2 浓度高，卡尔文循环能高效的运行。只是在高温、强光、干旱和低 CO_2 条件下，才显示出高的光合效率来。可见 C_4 途径是植物光合碳同化对热带环境的一种适应方式。

【答案】C_4

35.(清华大学 2014)CAM 植物,白天和夜晚叶肉细胞成分变化_____。

A.白天淀粉含量增高　夜晚苹果酸含量升高

B.白天和夜晚　淀粉和苹果酸含量都升高

C.白天和夜晚　淀粉和苹果酸含量都降低

D.白天淀粉含量降低　夜晚苹果酸含量降低

【解析】景天酸代谢途径(Crassulacean acid metabolism pathway,CAM):菠萝、仙人掌等肉质植物都是进行这种类型的碳反应,这些植物统称 CAM 植物,适应干旱条件。它们具有一个很特殊的 CO_2 固定方式,气孔夜间张开,吸进 CO_2,在 PEP 羧化酶的作用下,与 PEP 结合,形成 OAA,进一步还原为苹果酸,积累于液泡中。白天气孔关闭,液泡中的苹果酸便运到胞质溶胶,在依赖 NADP 苹果酸酶的作用下,氧化脱羧释放 CO_2,参与卡尔文循环。

【答案】A

36.(浙江师范大学 2011)植物的绿色细胞必须在光照条件下,吸收 O_2、放出 CO_2 的过程称为绿色植物的呼吸作用。(　　)

【答案】错

37.(清华大学 2014)根据图 4.1,分析光合作用影响的因素。

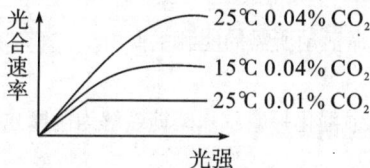

图 4.1

【答案】图 4.1 中可以看出影响光合作用的因素有 2 种:温度和 CO_2 浓度。

①温度:温度升高会使生化学反应的速率加快,但光合作用整套机构却对温度很敏感,温度高则酶的活性减弱或丧失,所以光合作用有一个最适温度。高于 25℃左右时光合速率就会下降。

②CO_2 浓度:CO_2 是光合作用的原料,CO_2 浓度的增加会使光合作用加快。当 CO_2 浓度增加到一定程度时,到达饱和,光合反应达到最大速率。

温度和 CO_2 浓度对光合作用的影响是综合性的。

38.(中国科学院水生生物研究 2013)影响光合作用最大的环境因素有 3 种:_____、_____和_____。

【答案】光强度,CO_2 浓度,温度

39.(清华大学 2014)光合作用和呼吸作用的关系。

【答案】光合作用是生物界最重要的吸能反应,把 CO_2 和 H_2O 转变成富含能量的有机物质并释放氧气;通过呼吸作用把有机物质氧化分解为 CO_2 和 H_2O 同时放出能量供生命活动利用。光合作用和呼吸作用既相互对立,又相互依赖,它们共同存在于统一的有机体中。

光合作用与呼吸作用有相互依赖,紧密相连的关系。两大基本代谢过程在物质代谢和能量代谢方面相互联系。呼吸作用与光合作用的联系表现在:①光合和呼吸都涉及 ATP 和 $NADP^+$。光合作用需要 ADP(供光合磷酸化产生 ATP 之用)和 $NADP^+$(供产生 NADPH),呼吸作用也需要 ADP(供氧化磷酸化)和 $NADP^+$(PPP 途径产生 NADPH)。②光合作用和呼吸作用代谢过程中有许多中间产物都是相同的。如光合碳循环与呼吸作用的中间产物都是三碳、四碳、五碳、六碳、七碳糖的磷酸酯。③光合释放的 O_2 可供呼吸作用,呼吸释放的 CO_2 也可被光合作用所同化。

光合作用与呼吸作用在原料、产物、发生部位、发生条件以及物质、能量转换等方面有明显的区别。光合作用需要的原料是水、二氧化碳等无机物,呼吸作用的原料是有机物和氧气;光合作用在植物细胞的叶绿体内进行,呼吸作用在线粒体内进行;光合作用需要光照,呼吸作用光下、暗处都可发生。光合作用是有机物合成、储藏能量的过程,光能－电能－化学能;呼吸作用是有机物分解、释放能量的过程,稳定的化学能－活跃的化学能。

🔬 模考精练

一、填空题

1.(四川大学 2006)所有生物共有的"能量货币"是_____,它常常充当各种类型能转换的媒介物,其之所以含有很高的能量是因为它具有 2 个_____。

【答案】ATP,高能磷酸键

2.生物体生成 ATP 的方式有_____、_____和_____三种。

【答案】氧化磷酸化,光合磷酸化,底物水平磷酸化。

3.(厦门大学 2005)每一分子脂肪酸被活化为脂酰 CoA 需消耗_____个高能磷酸键。

【答案】2

4.(上海交通大学 2006)细胞生命活动所需的能源主要由_____产生的_____提供。

【答案】细胞呼吸,ATP

5.(厦门大学 2005)糖酵解过程中催化一摩尔六碳糖裂解为两摩尔三碳糖的反应的酶是_____。

【答案】醛缩酶

6.(云南大学 2006)调控糖酵解的关键酶是_____、_____、_____。

【答案】己糖激酶、磷酸果糖激酶、丙酮酸激酶

7.常见的发酵过程有_____和_____。

【答案】酒精发酵、乳酸发酵

8.(中国地质大学 2007)光合作用可分为两个阶段:_____和_____,分别在叶绿体的_____和_____中进行。

【答案】光反应,暗反应;类囊体片层,基质

9.(西南大学 2006)光反应发生叶绿体的_____中,需要光;碳反应发生在叶绿体的_____中,不需要光。

【答案】类囊体片层;基质

10.(厦门大学 2005)光合作用光反应的产物有_____,_____和_____。

【答案】O_2(氧气),ATP 和 NADPH。

11.VAN NIEL 比较了不同生物的光合作用过程,他提出的光合作用通式为_____。

【答案】$CO_2 + 2H_2A \rightarrow (CH_2O) + 2A + H_2O$

12.(四川大学 2006)叶绿体中的光合色素规律地分布在_____,构成了两个功能单位,它们是包含吸收峰为 700 nm 的中心色素分子_____和包含吸收峰为 680 nm 的中心色素分子_____。

【答案】叶绿体类囊体膜,光系统 I(PSI),光系统 II(PSII)

13.(华东师范大学 2007)光合作用在叶绿体的基质中发生的反应类型为_____。

【答案】碳反应(或光合碳还原循环)

14.在卡尔文本森循环中,每经过_____次的循环才能产生 6 分子的 3－磷酸甘油酸。其中_____分子 3－磷酸甘油酸用于再循环,_____分子 3－磷酸甘油酸用于合成葡萄糖。

【答案】3,5,1

15. 植物光合作用中 Calvin—Bensen 循环的产物是_____。

【答案】G3P（3-磷酸甘油醛）

16. （云南大学 2007）高等植物光合同化 CO_2 的生化途径有_____、_____、_____。

【答案】C_3 途径、C_4 途径、景天酸代谢（或卡尔文循环，C_4 光合作用，CAM 光合作用）。

17. 高光效植物叶肉细胞内含有高活性的_____酶,使其在利用光能合成有机物的过程中具如下特点：(1)_____,(2)_____,(3)_____。

【答案】磷酸烯醇式丙酮酸羧化酶（PEP 羧化酶）,对 CO_2 的亲和力大,光呼吸低,CO_2 补偿点低

二、判断题

1. 生物氧化是在酶催化下,在温和条件下进行的反应,与燃烧的化学本质不同。

2. 化学渗透既包括质子通过有选择性透性的细胞膜的过程,又包括化学合成 ATP 的过程。

3. （华南理工大学 2005,四川大学 2005）叶绿体是绿色的,表明了绿光是光合作用活性最强的光。

4. 植物体在白天进行光合作用,在夜晚进行呼吸作用,两者循环交替发生。

5. 植物光合作用的光反应发生在叶绿体的基质中,而暗反应则发生在类囊体膜上。

6. 根据在光合作用中作用的不同,光合色素可分为作用中心色素和聚光色素。

7. （四川大学 2006）光呼吸是发生在过氧化物酶体中的丙酮酸的氧化,其强度大致与光照强度称正比。

8. 光合作用过程中,氧气在暗反应中被释放。

9. 植物光合作用时通过光合系统 I 产生氧气。

10. C_4 植物的叶脉维管束较发达,且维管束细胞中含叶绿体,能进行光合作用。

11. C_4 植物在光合作用中固定 CO_2 的第一产物是磷酸烯醇式丙酮酸（PEP）。

12. （四川大学 2005）C_4 植物中不存在卡尔文-本生循环。

13. （西南大学 2010）生物体是通过增加环境中的熵值,使环境的无序性增加来创造并维持自身的有序性的。

三、选择题

1. 细胞的主要能量通货是_____。

A. CTP   B. ATP   C. 维生素   D. 葡萄糖

2. （华东师范大学 2007）ATP 是由_____过程所产生的。

A. 吸收作用   B. 消化作用   C. 同化作用   D. 异化作用

3. （中国地质大学 2007）酶是细胞产生的可调节化学反应速度的催化剂,酶对化学反应具有催化作用的原因在于_____。

A. 酶是蛋白质   B. 酶可以降低反应的活化能

C. 酶可以增加反应物的活性   D. 酶可以降低反应的温度

4. （华东师范大学 2007）决定酶的专一性的是_____。

A. 辅基   B. 底物   C. 酶蛋白   D. 催化基团

5. （四川大学 2007）利用_____,可以测定植物细胞的渗透势。

A. 细胞膜的流动性   B. 质壁分离现象

C. 胞吐现象   D. 分泌小泡

6. 下列关于物质跨膜运输的叙述,错误的是_____。

A. 植物细胞积累 K^+ 需消耗能量

B. 细胞对离子的吸收具有选择性

C. 海水中的海藻细胞可通过积累溶质防止质壁分离

D. 液泡中积累大量离子,故液泡膜不具有选择透过性

7. 某物质从低浓度向高浓度跨膜运输,该过程_____。

A. 没有载体参与　　　　B. 为自由扩散　　　　C. 为协助扩散　　　　D. 为主动运输

8. (浙江林学院 2007)辅酶与辅基的主要区别是_____。

A. 化学本质不同　　　　　　　　　　　　B. 催化功能不同

C. 分子大小不同　　　　　　　　　　　　D. 与酶蛋白结合的紧密程度不同

9. 慢跑和激烈奔跑,在消耗同样多的葡萄糖的情况下,_____产生的能量更多。

A. 慢跑　　　　　　　　　　　　　　　　B. 激烈奔跑

C. 产生的能量同样高　　　　　　　　　　D. 无法判断

10. (浙江林学院 2007)需氧呼吸中糖转变成丙酮酸的部位是_____。

A. 线粒体内膜　　　　B. 细胞质基质　　　　C. 线粒体外膜　　　　D. 线粒体基质

11. (四川大学 2006)柠檬酸循环又称三羧酸循环,其发生部位为_____。

A. 线粒体　　　　　　B. 叶绿体　　　　　　C. 细胞质　　　　　　D. 内质网

12. (华南理工大学 2005)电子传递链的_____组分是脂溶的。

A. 辅酶 Q　　　　　　B. 黄素蛋白　　　　　C. 细胞色素 a　　　　D. $FADH_2$

13. (华南理工大学 2005)在生物进化过程中与氧的变革相关的过程是_____。

A. 光合作用　　　　　B. 糖酵解　　　　　　C. 三羧酸循环　　　　D. 葡萄糖异生

14. 下列不是高等植物叶绿体中光合色素的是_____。

A. 叶绿素　　　　　　B. 叶黄素　　　　　　C. 花青素　　　　　　D. 胡萝卜素

15. 光合作用中效率最差的是_____光。

A. 紫　　　　　　　　B. 绿　　　　　　　　C. 白　　　　　　　　D. 黄

16. (清华大学 2006)要确定光合作用是否进行了光反应最好检测_____。

A. ATP 生成　　　　　　　　　　　　　　B. 葡萄糖的生成

C. 氧气的释放　　　　　　　　　　　　　D. CO_2 的释放

17. (中国科学院研究生院大学 2007)在光合作用中,光反应的产物是_____。

A. $ATP、NAD^+$　　　B. ATP、NADPH　　　C. 葡萄糖　　　　　　D. 蔗糖

18. (浙江林学院 2007)植物细胞中,光反应产生 ATP,这一过程的电子传递链位于_____。

A. 叶绿体类囊体膜上　　　　　　　　　　B. 叶绿体间质中

C. 线粒体内膜上　　　　　　　　　　　　D. 细胞质中

19. 在晴天中午,密闭的玻璃温室中栽培的玉米,即使温度及水分条件适宜,光合速率仍然较低,其主要原因是_____。

A. O_2 浓度过低　　　　B. O_2 浓度过高　　　C. CO_2 浓度过低　　　D. CO_2 浓度过高

20. (浙江林学院 2007)生长于较弱光照条件下的植物,当提高 CO_2 浓度时,其光合作用速度并未随之增加,主要限制因素是_____。

A. 呼吸作用和暗反应　　B. 光反应　　　　　　C. 暗反应　　　　　　D. 呼吸作用

四、问答题

1.（四川大学 2007）试从细胞学和生态学的角度分析"万物生长靠太阳"的生物学机制。

【答案】地球是一个开放的系统,生物通过光合作用合成有机物质,供给自身及其它生物生长发育。生态系统中的生产者主要依靠光合作用,给消费者、分解者提供生活所需的物质能量。阳光对植物生长有着举足轻重的影响,也直接、间接地影响其它一切生物的生长情况。细胞代谢是生命现象的核心,它包含两个方面:一是细胞呼吸,分解有机物质释放能量的过程;一是各种生物合成途径,建立细胞各种成分的过程。对整个生物界来说,能量最终来源于太阳光能或部分化学能,它通过植物、藻类或一些细菌的光合作用将光能固定在有机物中,并通过食物链传递给其他生物。归根到底,生命活动所需要的能量最终来自于有机物,而能够利用 CO_2 和 H_2O 制造有机物的唯一过程是光合作用。毫无疑问,万物生长靠太阳,太阳能是地球上一切生物生长发育的源泉。

2.比较糖发酵作用和有氧氧化的相同和不同之处。

【答案】糖发酵作用和有氧氧化的相同之处:①实质上都是分解有机物释放能量;②从葡萄糖到丙酮酸这一阶段完全相同。

表 4.2　糖发酵作用与有氧氧化的比较

糖的分解方式	有氧氧化	无氧酵解
是否有氧气参与	有	无
最终产物	水和二氧化碳	乙醇、乳酸
能量变化 (以一摩尔葡萄糖为例)	肝:32ATP 肌肉和大脑:30ATP	2ATP
反应场所	第一阶段:胞液 第二、三阶段:线粒体	细胞液

3.（青岛海洋大学 2001）食物中的蛋白质被人体摄入后,经过哪些过程才能产生 ATP 被细胞利用?

【答案】食物中的蛋白质摄入人体,消化部位是胃和小肠(主要在小肠),受多种蛋白水解酶的催化而水解成氨基酸和少量小肽,然后再被小肠粘膜所吸收。但小肽吸收进入小肠粘膜细胞后,即被胞质中的肽酶(二肽酶、三肽酶)水解成游离氨基酸,然后离开细胞进入血循环及全身各组织,氨基酸的主要功能是构成体内各种蛋白质和其它某些生物分子。氨基酸的供给量若超过所需时,它的 α一氨基通过脱氨基作用脱去,剩下的碳骨架则转变为代谢中间产物如乙酰辅酶 A、乙酰乙酰辅酶 A、丙酮酸或三羧酸循环中的某个中间产物,进入三羧酸循环产生 ATP 被细胞利用。

4.（浙江师范大学 2005）简述高等植物的光合色素。

【答案】光合作用中吸收光能的色素称为光合色素,高等植物中含有叶绿素和类胡萝卜素。叶绿素使植物呈现绿色,高等植物中含有 a、b 两种,叶绿素分子含有一个卟啉环的"头部"和一个叶绿醇的"尾巴"。叶绿素 a 是直接参与光合作用的色素,叶绿素 b 吸收光能传递给叶绿素 a 才能被利用,又被称为辅助色素。类胡萝卜素包括胡萝卜素和叶黄素。类胡萝卜素吸收的光能也可以传递给叶绿素 a 用于光合作用,因此它们也被称为光合作用的辅助色素。

5.简述卡尔文循环的研究史和过程。

【答案】卡尔文和他的同事通过实验证明了碳的固定发生在叶绿体基质中,第一个中间体是三碳分子磷酸甘油酸(PGA)。最终的研究结果发现,CO_2 固定的途径是一个循环过程,称为 C_3 循环(C_3 cycle),由于这一循环是卡尔文发现的,故又称卡尔文循环,可分为 3 个阶段:羧化、还原和 RuBP 的再生。

在 CO_2 的摄取阶段,在 RuBP 羧化酶(ribulose bisphosphate carboxylase)的催化下,以 RuBP 作为 CO_2 受体,首先被固定形成羧基,然后裂解形成两分子的 3-磷酸甘油酸(PGA)。

在还原阶段,3-磷酸甘油酸被还原成3-磷酸甘油醛(G3P)。这是一个吸能反应,光反应中合成的 ATP 和 NADPH 主要是在这一阶段被利用。还原反应是光反应和暗反应的连接点,一旦 CO_2 被还原成3-磷酸甘油醛,光合作用便完成了储能过程。

由于 RuBP 是 CO_2 的受体,所以参与 CO_2 固定的 RuBP 必须迅速被还原,以便进行再循环,卡尔文循环的第三个阶段是 RuBP 的再生。

综上所述,卡尔文循环是靠光反应形成的 ATP 及 NADPH 作为能源,推动 CO_2 的固定、还原,每循环一次只能固定一个 CO_2,循环6次,才能把6个 CO_2 分子同化成一个己糖分子。

6.(昆明理工大学 2007)简述 C_3 和 C_4 植物在光合作用上的差异。

【答案】C_3 和 C_4 植物光反应的过程基本上相同,反应的实质相同,都是把二氧化碳同化为有机物,它们都要进行卡尔文循环。

表 4.3　C_3 和 C_4 植物的光合作用比较

比较项目	C_3 植物	C_4 植物
叶片解剖结构	维管束鞘细胞与叶肉细胞排列疏松	维管束鞘细胞与叶肉细胞排列紧密,有叶绿体,富含胞间连丝,维管束发达
叶绿体	只有叶肉细胞中含有叶绿体	维管束鞘细胞中的叶绿体基粒片层不发达,叶绿体体积较叶肉中的大
CO_2 同化途径	只有碳三途径	碳三途径和碳四途径
CO_2 受体	RuBP	RuBP 和 PEP
最初产物	3-磷酸甘油酸	草酰乙酸
光呼吸	高,易测出	低,不易测出
净光合速率	低	高

7.为什么 C_4 植物的光呼吸速率低?

【答案】①维管束鞘细胞中有高的 CO_2 浓度。C_4 植物的光呼吸代谢是发生在维管束鞘细胞中,由于 C_4 途径的脱羧使维管束鞘细胞中 CO_2 浓度提高,这就促进了 Rubisco 的羧化反应,抑制了 Rubisco 的加氧反应。

②PEP 羧化酶对 CO_2 的亲和力高。由于 C_4 植物叶肉细胞中的 PEP 羧化酶对 CO_2 的亲和力高,即使维管束鞘细胞中有光呼吸的 CO_2 释放,CO_2 在未跑出叶片前也会被叶肉细胞中的 PEP 羧化酶再固定。

8.为什么光呼吸与光合作用伴随发生?

【答案】光呼吸是植物的绿色细胞在光照下吸收氧气释放 CO_2 的反应,这种反应需叶绿体参与,仅在光下与光合作用同时发生,光呼吸底物乙醇酸主要由光合作用的碳代谢提供。

光呼吸与光合作用伴随发生的根本原因主要是由 Rubisco 的性质决定的,Rubisco 是双功能酶,它既可催化羧化反应,又可以催化加氧反应,即 CO_2 和 O_2 竞争 Rubisco 同一个活性部位,并互为加氧与羧化反应的抑制剂。因此在 O_2 和 CO_2 共存的大气中,光呼吸与光合作用同时进行,伴随发生,既相互抑制又相互促进,如光合放氧可促进加氧反应,而光呼吸释放的 CO_2 又可作为光合作用的底物。

课后习题详解

1. 人体的细胞不会用核酸作为能源。试分析其理由。

答 核酸有 DNA 和 RNA 两类,在细胞体内作用重要。核酸是遗传的物质基础,细胞中核酸主要存在于细胞核中,核酸的质和量保持相对的稳定性,不容易分解。如果可以利用核酸作为能源,那么就必须有核酸氧化酶,这样遗传过程中传递遗传信息的物质很容易就会被误氧化,不利于遗传的正确进行,因此生物进化过程中就不会保留核酸氧化酶,因此就不会以核酸作为能源。

2.乳糖酶催化的是乳糖水解为半乳糖和葡萄糖的反应。某人进行了两项实验。第一项是用不同浓度的酶作用于 10% 的乳糖溶液,测定反应速率(单位时间内产生半乳糖的速率),结果如下:

酶浓度	0%	1%	2%	4%	5%
相对反应速率	0	25	50	100	200

第二项是用同样浓度的酶作用于不同浓度的乳糖溶液,其结果如下:

乳糖浓度	0%	5%	10%	20%	30%
相对反应速率	0	25	50	65	65

试分别解释反应速率和酶浓度与底物浓度之间的关系。(提示:以反应速率对浓度作图)

答 反应体系中底物的浓度一定时,酶促反应速度与酶浓度是一种线性关系,成正比。随着酶浓度增加,反应速度增加。

反应体系中酶的浓度一定时,在底物浓度较低时,反应速率随底物浓度的增加而加快;直至底物过剩,酶已被底物所饱和,此时底物的浓度不再影响反应速率,反应速率最大。

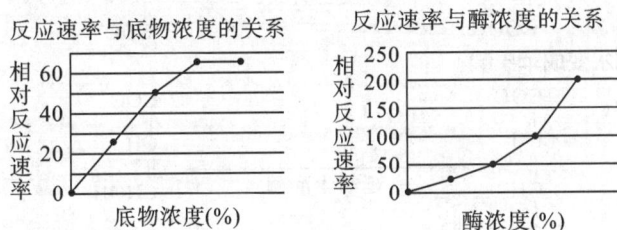

图 4.2

3.曾一度认为二硝基酚(DNP)有助于人体减肥,后来发现此药不安全,因此禁用。DNP 的作用是使线粒体内膜对 H^+ 的透性增加,因而磷酸化与电子传递不能耦联。试说明 DNP 何以使人体重减轻。

答 二硝基酚(DNP)是解偶联剂,使氧化和磷酸化脱偶联,氧化仍可以进行,而磷酸化不能进行。DNP 为离子载体,能增大线粒体内膜对 H^+ 的通透性,消除 H^+ 梯度,因而无 ATP 生成,使氧化释放出来的能量全部以热的形式散发。

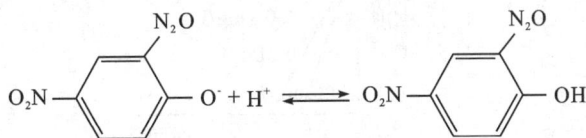

图 4.3　DNP 分子结构

(用二硝基酚作为减肥的药物虽可起到减肥的效果,因为人体获得同样量的 ATP 要消耗包括脂肪在内的大量的燃料分子。但用它减肥的严重性在于,当 P/O 接近零时,会导致生命危险。)

4.人体内的 NAD^+ 和 FAD 是由两种 B 族维生素(烟酸和核黄素)合成的。人对维生素的需要量极少,烟酸每天约 20 mg,核黄素约 1.7 mg。人体所需葡萄糖的量约为这一数量的千万倍。试计算每一分子葡萄糖被完全氧化时需要多少个 NAD^+ 和 FAD 分子,并解释膳食中所需的维生素何以如此之少。

答 糖酵解:$C_6H_{12}O_6 + 2NAD^+ + 2ADP + 2Pi \rightarrow 2$ 丙酮酸 $+ 2NADH + 2ATP + 2H_2O$

柠檬酸循环:

丙酮酸 $+ 4NAD^+ + FAD + ADP + Pi \rightarrow 3CO_2 + 4NADH + 4H^+ + FADH_2 + ATP$

总反应式：

$$C_6H_{12}O_6 + 6O_2 + 10NAD^+ + 2FAD + 4ADP + 4Pi \rightarrow 6CO_2 + 6H_2O + 10NADH + 10H^+ + 2FADH_2 + 4ATP$$

呼吸链：

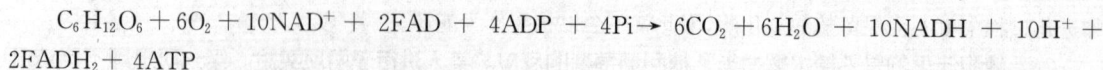

$$FADH_2(Fe-S)复合体 II$$
$$\downarrow$$

$$NADH + H^+ \rightarrow FMN(Fe-S) \rightarrow CoQ \rightarrow Cytb \rightarrow Cytc1 \rightarrow Cytc \rightarrow Cytaa3 \rightarrow 1/2O_2$$

$$NADH + H^+ + 1/2O_2 + 2Pi + 2ADP \longrightarrow NAD^+ + 2ATP + 3H_2O$$

糖酵解和柠檬酸循环需要 10NAD$^+$ 和 2FAD 分子生成 10NADH 和 2FADH$_2$，而在呼吸链中不断氧化生成 NAD$^+$ 和 FAD，所以合成它们的两种 B 族维生素（烟酸和核黄素）需求量少。

5. 柠檬酸循环中，由琥珀酸到苹果酸的反应实际上有两步。

第一步是琥珀酸脱氢变为延胡索酸：

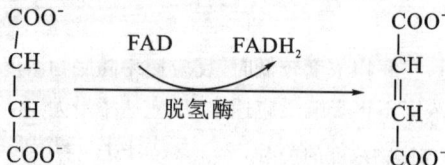

第二步延胡索酸加水变成苹果酸：

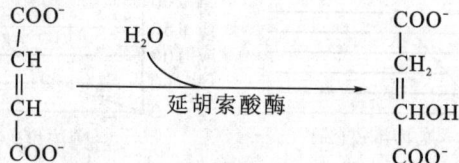

现在用菜豆的线粒体悬液研究此反应。已知此反应进行过程中能够使一种蓝色染料褪色，琥珀酸浓度越高，褪色越快。现在将线粒体、染料和不同浓度的琥珀酸（0.1mg/L，0.2mg/L，0.3mg/L）进行实验，测量溶液的颜色深度。你预期应分别得到什么结果？以颜色深度对时间作图表示。解释为什么。

答 预期结果，如图 4.4 所示

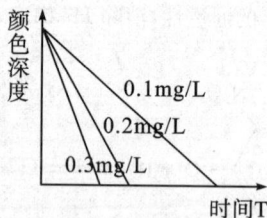

图 4.4　颜色—时间关系图

此反应进行过程中间产物能够使一种蓝色染料褪色，琥珀酸浓度越高，也就是底物浓度越高，酶促反应速率越快，中间产物越多，所以褪色越快。

6. 某科学家用分离的叶绿体进行下列实验。先将叶绿体浸泡在 pH4 溶液中，使类囊体空腔中的 pH 为 4。然后将此叶绿体转移到 pH8 的溶液中。结果此叶绿体暗中就能合成 ATP，试解释此实验结果。

答 叶绿体浸泡在 pH4 溶液中，基质中摄取了 H$^+$，并将摄取的 H$^+$ 泵入类囊体的腔，使类囊体空腔中的 pH 为 4。将此叶绿体转移到 pH8 的溶液中，类囊体膜两侧建立了 H$^+$ 质子电化学梯度，驱使 ADP 磷酸化产生 ATP。

7. 有一个小组用伊乐藻（Elodea）进行光合作用的实验。他们将一枝伊乐藻浸在水族箱中，计算光下该枝条放出的气泡数(氧气),以单位时间内放出的气泡数作为光合速率。他们用太阳灯作为光源,移动太阳灯使与水族箱的距离不同,从而改变光强度。结果发现,当太阳灯与水族箱的距离从 75 cm 缩短到 45 cm 时,光合强度基本无变化。只有从 45 cm 移动到 15 cm 这一段距离时,光合速率才随光强度的增加而增加。根据计算,当太阳灯从 75 cm 处被移至 45 cm 处时,照在水族箱的光强度增加了 278% 。如何解释这一实验结果,小组的成员提出下列 4 条可能的解释。你认为哪一条是有道理的,为什么? 如何验证这种解释?

　　a 在距离大于 45 cm 时,光太弱,植物根本不能进行光合作用。

　　b 伊乐藻在弱光下进行光合作用较好,强光则抑制光合作用。

　　c 灯距离太近时,光已达到饱和。

　　d 伊乐藻是利用室内的散射光和从窗户进来的光进行光合作用。

　　答 b 有道理。

　　实验中以"枝条放出的气泡数(氧气)作为光合速率",说明光合作用速率等于呼吸作用速率时,观察到的光合速率为零。

　　太阳灯从 75 cm 处被移至 45 cm 处时,照在水族箱的光强度增加了 278% ,但叶片的光合速率与呼吸速率相等,净光合速率为零。光能不足是光合作用的限制因素。从 45 cm 移动到 15 cm 这一距离时,光合速率才随光强度的增加而增加,说明光合速率大于呼吸速率,光合作用释放大量的氧气。当移动到一定距离时,达到光饱和点,光反应达到最大速率,再增加光强度并不能使光合速率增加。

　　将状况相同的健康伊乐藻各 1 支分别放入 3 个相同的水族箱(编号 a,b,c);将 a 置于太阳灯 15 cm;将 b 置于太阳灯 10 cm;将 c 置于太阳灯 5 cm;控制室内温度相同。记录各装置单位时间内伊乐藻放出的气泡数。

　　8. 热带雨林仅占地球表面积的 3% ,但估计它对全球光合作用的贡献超过 20% 。因此有一种说法:热带雨林是地球上给其它生物供应氧气的来源。然而,大多数专家认为热带雨林对全球氧气的产生并无贡献或贡献很小。试从光合作用和细胞呼吸两个方面评论这种看法。

　　答 热带雨林光合作用强,是生产力最大的生态系统,但温度高,呼吸作用消耗的氧气也多。特别是晚上,植物停止了光合作用,细胞呼吸依然消耗 O_2,所以整体上看热带雨林对全球氧气的产生并无贡献或贡献很小。

细胞的分裂和分化

5

考点综述

　　细胞像生物体一样,也要经历出生、生长、成熟、繁殖、衰老、死亡的过程。单细胞生物在死亡之前,要通过细胞增殖增加个体数量,保持物种的延续。多细胞生物的生命历程从受精卵开始,经历细胞增殖、细胞分化、细胞衰老和死亡的过程。生物的生长发育、代代相传、种族延续的基础是细胞分裂。原核细胞以二分分裂增殖,真核细胞分裂分为无丝分裂、有丝分裂、减数分裂三种类型。正常机体内的细胞,其生长、分裂、分化、凋亡,都在机体的精确调控之中。

　　本章考点:①细胞周期的概念,细胞周期时相组成;②有丝分裂的过程,核被膜、纺锤体、染色体等的变化;③细胞周期的分子控制机制;④减数分裂的过程、特点和意义;⑤有丝分裂和无丝分裂的主要区别,减数分裂与有丝分裂的异同点;⑥细胞分化,细胞凋亡与细胞衰老。

　　本章在以往研究生考试中以填空、选择、问答等题型出现,以细胞分裂为考查重点,考点较多,要求大家掌握分裂的过程,了解细胞周期的调控机制。细胞分化、凋亡、衰老的知识在近年来入学试题中频繁出现,请注意这部分知识的学习。

名词术语

【术语题库　扫码获取】

　　1. **细胞增殖**:是生命的基本现象,生物体生长、发育、繁殖和遗传的基础,维持体内细胞数量动态平衡的基本措施,是受基因调控的精确过程。靠细胞的分裂来实现。

　　2. **细胞周期**(cell cycle):细胞从一次分裂开始到第二次分裂开始所经历的全过程称为一个细胞周期。包括一个有丝分裂期(mitosis,简称 M)和一个分裂间期(interphase)。后者包括 DNA 合成期(S 期)以及 S 期前后的 2 个间歇期(G_1,G_2 期)。

　　3. **染色单体**(chromatid):在减数分裂或有丝分裂过程中,每个染色体经过分裂间期复制后实际上含有 2 个并列的由同一着丝粒固着的经过紧密盘旋折叠的 DNA 双链。

　　4. **着丝粒**(centromere):染色单体上一段特殊的 DNA 序列(重复序列),姐妹染色单体在分开前相互联结的位置。

　　5. **动粒**(kinetochore):附着于着丝粒外侧的蛋白质复合体,是有丝分裂时纺锤体微管附着于染色体的部位。

　　6. **星体**:中心体的外围有成辐射状排列的微管,形成光学显微镜下可见的星状丝,星状丝和中心体合称星体。

　　7. **主缢痕**(primary constriction):在两条染色单体相连处,染色体上出现的一个向内凹陷的缩细的部位,着丝粒位于其上。

8.**性染色体**(sex chromosome):决定性别的染色体。

9.**常染色体**(autosome):在生物体细胞中,除了与决定性别有关的性染色体外,还有与性别决定无关的染色体,是成对存在的,称为常染色体。

10.**端粒**(telomere):线形染色体末端的一种特殊结构,由特定的 DNA 序列和蛋白质组成。对细胞的正常复制至关重要。

11.**染色体组型**:根据染色体的相对大小,着丝粒的位置,臂的长短,随体的有无等特征,把某种生物体细胞中的全套染色体按一定顺序分组排列起来就构成了这一物种的染色体组型。

12.**G_0 期细胞**:离开细胞周期不再进行分裂的细胞。

13.**无丝分裂**:是一类没有染色体和纺锤体出现的细胞分裂方式,其主要特征是首先细胞核分裂,进而细胞质分割,形成两个子细胞的过程。

14.**有丝分裂**(mitosis):是真核生物体细胞的分裂方式,其主要特征是分裂期染色质形成丝状或带状结构,出现由纺锤丝组成的纺锤体,分裂结束后子细胞和母细胞具有相同的遗传物质。

15.**减数分裂**(meiosis):细胞经过连续两次细胞分裂,而 DNA 只复制一次,结果形成的配子染色体数目减少了一半。减数分裂是生殖细胞成熟时所特有的细胞分裂方式。

16.**联会**(synapsis):同源染色体的配对,是减数分裂的一个重要过程。

17.**联会复合体**(synaptonemal complex):配对染色体之间的特殊结构,成分主要是蛋白质,在减数分裂中有使两个染色体紧密靠拢的作用。

18.**四分体**:减数分裂配对完毕的染色体,又称二价体。每个二价体由两条同源染色体组成,而每条同源染色体包括 2 条姐妹染色单体,这样每个二价体包括 4 条染色单体,称为四分体。

19.**细胞分化**(cell differentiation):多细胞生物在个体发育过程中,细胞后代在形态结构和功能上发生稳定性差异的过程。

20.**干细胞**(stem cell):具有分化成其他细胞类型和构建组织和器官的能力的一类细胞。

21.**细胞全能性**(totipotency):细胞经分裂和分化后仍具有产生完整有机体的潜能或特性。

22.**复制性细胞衰老**(replicative senescence):细胞经过有限次分裂后,进入不可逆转的增殖抑制状态,其结构和功能发生衰老性改变的过程。

23.**细胞凋亡**(cell apoptosis):是指由细胞自身基因控制的一种主动的死亡过程,即在发育过程中发生程序性死亡。

24.**细胞坏死**(cell necrosis):细胞受到物理化学、生物因素的伤害,细胞质膜及膜系统破裂,DNA 随机降解,细胞死亡的现象。常常引起炎症反应。

考研精粹

1.(云南大学 2012)细胞增殖周期可分为_____、_____、_____和_____等 4 个阶段。

【答案】G_1 期,S 期,G_2 期,M 期

2.(南京大学 2011)细胞周期的分裂间期,细胞中发生了哪些变化?

【答案】细胞周期的分裂间期(interphase)包括 G_1 期、S 期、G_2 期,是细胞进行生长的时期,合成代谢最为活跃,进行着包括 DNA 合成在内的一系列有关生化活动并且积累能量,准备分裂。

①DNA 合成前期(G_1 期):DNA 合成之前的准备期,极其活跃地合成 RNA、蛋白质和磷脂等,同时染色质去凝集。细胞器的数目增多,内质网扩大,中心粒复制。

②DNA 合成期(S 期):合成 DNA、组蛋白和非组蛋白,染色体发生复制,DNA 含量比 G_1 期增加一倍。

③DNA 合成后期或有丝分裂准备期(G_2 期):染色质螺旋化,产生凝集;合成与有丝分裂有关的特殊蛋白,如微管蛋白;合成使核膜解体的可溶性因子。

3.(中国科学院水生生物研究所 2009)细胞周期的长短主要差别在_____。

A. G_1 期 　　　　　B. G_2 期 　　　　　C. M 期 　　　　　D. S 期

【答案】A

4.(江苏大学 2012)连续进行有丝分裂的细胞,其在分裂间期主要进行_____。

A. 细胞静止,不发生变化 　　　　　　　　　B. 核膜解体,核仁逐渐消失

C. 染色质隐约可见 　　　　　　　　　　　　D. 进行 DNA 复制和组蛋白的合成

【答案】D

5.(西南科技大学 2013,浙江师范大学 2012)细胞有丝分裂中细胞内 DNA 在_____时期加倍。

A. 间期 　　　　　B. 前期 　　　　　C. 中期 　　　　　D. 后期

【答案】A

6.(中国科学技术大学 2013)简述有丝分裂的全过程及各个时期的特点。

(西南大学 2009,浙江师范大学 2005)简述细胞有丝分裂的全过程。

【答案要点】有丝分裂的全过程可分为前期、前中期、中期、后期和末期等阶段。

①前期:间期细胞进入前期的最明显变化是显微镜下可见的染色体的出现。核内的染色质凝缩成染色体,核仁解体,核膜破裂、纺锤体形成。

②前中期:双层的核膜开始破碎,形成分散的小泡,核纤层解聚。

③中期:各染色体都排列到纺锤体的中央,它们的着丝粒都位于细胞中央的赤道面上。着丝粒分为 2 个。

④后期:各个染色体染色单体分开,在动粒微管的牵引下,由赤道面移向细胞两极。

⑤末期:分离的两组染色体分别抵达两极时,动粒微管消失。极微管进一步延伸,使两组染色体的距离进一步加大。在两组染色体的外围,核膜重新形成,染色体伸展延长,最后成为染色质。核仁也开始出现,细胞核恢复到间期的形态。

胞质分裂:在后期或末期,细胞质开始分裂。在动物细胞,细胞膜在两极之间的"赤道"上形成一个由肌动蛋白微丝和肌球蛋白构成的环带。微丝收缩使细胞膜以垂直于纺锤体的方向向内凹陷形成环沟,环沟渐渐加深,最后将细胞分割成为 2 个子细胞。植物细胞质的分裂不是在细胞表面出现环沟,而是在细胞内部形成新的细胞壁,将 2 个子细胞分隔开来。在细胞分裂的晚后期和末期,残留的纺锤体微管在细胞赤道面的中央密集成圆柱状结构,称为成膜体,其内部微管以平行方式排列;同时,带有细胞壁前体物质的高尔基体或内质网囊泡也向细胞中央集中,它们在赤道面上彼此融合而形成有膜包围的平板,即早期细胞板。高尔基体或内质网囊泡继续向赤道面集中、融合,使细胞板不断向外延伸,最后达到细胞的外周而与原来的细胞壁、细胞膜连接起来。此时,2 个子细胞就完全被分隔开了。

7.(浙江师范大学 2011)有丝分裂中,染色体继续缩短变粗,动粒微管继续向细胞两极延伸,在动粒微管牵引下,染色体排列到纺锤体的中央,着丝粒位于赤道面上,以上特征表明该细胞处于_____。

A. 前期 　　　　　B. 中期 　　　　　C. 后期 　　　　　D. 末期

【答案】B

8.(云南大学 2013)细胞有丝分裂过程中,_____最容易进行染色体计数。

A. 前期 　　　　　B. 中期 　　　　　C. 后期 　　　　　D. 末期

【答案】B

9.(浙江师范大学 2012)细胞分裂时,着丝粒一分为二,染色单体分开,并在动粒微管的牵引下,以相同的速度分别向两极移动的细胞处于_____时期。

　　A. 前期　　　　　　　　B. 中期　　　　　　　　C. 后期　　　　　　　　D. 末期

【答案】C

10.(中国科学院研究生院 2012)动物细胞中与有丝分裂有关的细胞器是_____。

　　A. 溶酶体　　　　　　　B. 高尔基体　　　　　　C. 内质网　　　　　　　D. 中心体

【答案】D

11.(西南大学 2012)秋水仙素、长春藤碱、紫杉醇均有阻止细胞周期运转的作用。(　　　)

【解析】长春藤碱具有类似于秋水仙素的功能,能阻止微管蛋白的组装,破坏纺锤体的形成;紫杉醇促进微管装配,并使已形成的微管稳定,导致细胞内大量微管聚集,使细胞停止分裂。细胞松弛素使肌动蛋白丝解聚,鬼笔环肽能防止肌动蛋白丝解聚,两者作用正好相反。

【答案】对

12.(中央民族大学 2005)简述细胞周期的调控位点。

【答案提示】细胞周期的调控是通过一系列检控点(check point)形成的调控网络实现的。早期研究发现从 G_2 期进入 M 期由一种称为成熟促进因子(MPF)的蛋白质复合体所触发。组成 MPF 的是两种蛋白:细胞周期蛋白依赖性激酶(cyclin－dependent kinase,Cdk)、细胞周期蛋白(cyclin)。周期蛋白在细胞周期中呈周期性变化,不仅仅起激活 Cdk 的作用,还决定了 Cdk 何时、何处、将何种底物磷酸化,从而推动细胞周期的前进。

G_1/S 检验点:在 G_1－S 期,cyclinE 与 Cdk2 结合,促进细胞通过 G_1/S 限制点而进入 S 期。向细胞内注射 cyclinE 的抗体能使细胞停滞于 G_1 期,说明细胞进入 S 期需要 cyclinE 的参与。在酵母中称 start 点,在哺乳动物中称 R 点(restriction point),控制细胞由静止状态的 G_1 进入 DNA 合成期。

S 期检验点:同样将 cyclinA 的抗体注射到细胞内,发现能抑制细胞的 DNA 合成,推测 cyclinA 是 DNA 复制所必需的。

G_2/M 检验点:是决定细胞一分为二的控制点,在 G_2－M 期,cyclinA、cyclinB 与 Cdk1 结合,Cdk1 使底物蛋白磷酸化,如将组蛋白 H_1 磷酸化导致染色体凝缩,核纤层蛋白磷酸化使核膜解体等下游细胞周期事件。

M 期:M－cyclin 的泛素化和细胞蛋白酶的降解终止了 M－Cdk/M－cyclin 的活性。调节 M－cyclin 的泛素化作用系统为分裂后期促进复合物(anaphase－promoting complex,APC)。

13.(暨南大学 2015)细胞周期的检控点存在于_____。

【答案】G_1 期,G_2 期,M 期

14.(西南大学 2012)在细胞周期中,从 G_2 期到 M 期是由成熟促进因子(MPF)触发的,MPF 由两类蛋白组成:一类是 CDK 激酶,另一类是_____。

【答案】细胞周期蛋白(cyclin)

15.(四川大学 2011)与控制细胞周期直接相关的物质有_____。

　　A. cyclin　　　　　　　　　　　　　　B. cyclin-dependent kinase, Cdk

　　C. rubisco　　　　　　　　　　　　　D. MPF

【答案】ABD

16.(中南大学 2014)根据增殖情况可将细胞分为哪几类,有什么特点?

【答案】从细胞增殖角度看,细胞可分三类:

①周期性细胞:持续不断分裂的细胞,始终保持旺盛的增殖活性;

②静止期细胞(G_0 期细胞):暂时不再分裂的细胞,外部刺激可以使其恢复分裂能力;

③终末分化细胞:永久失去分裂能力,不再分裂。结构和功能高度特化。

17.①(赣南师范大学 2019)简述有丝分裂和减数分裂各自的遗传学意义。

②(闽南师范大学 2018)简述有丝分裂和减数分裂的意义。

③(湖南农业大学 2014,华东师范大学 2012)有丝分裂和减数分裂各有什么生物学意义?

【答案】有丝分裂是体细胞进行分裂的主要方式,遗传物质复制一次,在细胞分裂的过程中平均分配给子细胞,子细胞与母细胞含相同的遗传物质。有丝分裂的生物学意义在于它保证了子细胞具有与母细胞相同的遗传潜能,保持了细胞遗传的稳定性。

减数分裂是有性生殖的个体在形成生殖细胞过程中发生的一种特殊分裂方式。在减数分裂过程中,染色体只复制一次,而细胞分裂两次。减数分裂的结果是有性生殖细胞(配子)的染色体数目减半。两配子结合成合子,合子的染色体重新恢复到亲本体细胞中染色体的数目,使每一物种的遗传性具相对的稳定性。在减数分裂过程中,由于同源染色体发生片段交换,非同源染色体可以随机自由组合而进入不同的细胞,配子的遗传基础多样化,后代对环境条件的变化有更大的适应性,对于生物的进化有重要意义,它可以使配子中的基因组合变化无穷,从而带来生物个体间的更多的变化,为自然选择提供更大的可能性。

18.(湖南农业大学 2012)比较有丝分裂和减数分裂的异同点?

【答案】有丝分裂与减数分裂的相同点:染色体都复制一次;出现纺锤体;均有子细胞产生;均有核膜、核仁的消失与重建过程;减数第二次分裂的过程和有丝分裂过程相似,着丝点分裂,姐妹染色单体分开。

有丝分裂与减数分裂的不同点:有丝分裂中 DNA 复制一次,细胞分裂一次,得到两个与母代染色体倍数相等的子代细胞;减数分裂中 DNA 复制一次,细胞分裂两次,子代细胞的染色体倍数减半。减数分裂 I 的间期 DNA 不仅在 S 期合成,而且也在前期 I 的偶线期和粗线期合成一小部分。减数分裂的前期 I 长,特有染色体配对、同源重组现象。减数分裂 I 的中期染色体的分离方式是形成二价体,并联合定向。减数分裂 II 的间期没有 DNA 的复制,减数分裂 II 的间期很短甚至没有。

19.(浙江师范大学 2015)简述减数分裂的意义。

【答案】减数分裂最主要的生物学意义是保持了遗传性状的相对稳定,减数分裂过程中遗传物质只复制一次,而细胞连续进行两次细胞分裂,因此子细胞染色体数目减半,但通过精卵结合形成受精卵,染色体又恢复原来体细胞中染色体的数目。因此,减数分裂既保持了染色体数目的相对稳定,又保证了遗传特性的相对稳定。

减数分裂既是孟德尔分离定律的细胞学基础,又是自由组合定律的基础。第一次减数分裂过程中,存在同源染色体的联会和分离,经减数分裂后,成对的同源染色体分开,上面携带的基因也随之分开,进入不同的细胞。同时,在减数分裂的后期 I 同源染色体的分离过程各非同源染色体可以随机自由组合而进入不同的细胞。

减数分裂是生物复杂的遗传和变异的基础之一。基因存在于染色体上,同一染色体上的许多基因相互连锁,经减数分裂后,同源染色体上的非姐妹染色单体发生部分交换,因而产生了新的基因连锁关系,最终造成了生殖细胞之间的差异,从而导致后代与亲代之间以及后代的不同个体之间的相似性和相异性,即生物的遗传和变异。

20.(湖南农业大学 2012)染色质和染色体是细胞周期中不同状态的遗传物质,他们各有什么结构特点?他们的结构状态与基因表达有什么关系?请谈谈你的观点。

【答案】染色质和染色体是由核酸和蛋白质的复合物组成的复杂物质结构,含有大量的 DNA 和组蛋白,较少量的 RNA 和非组蛋白蛋白质。间期核内染色质常伸展成为宽度约 $10\sim15nm$ 的细长的纤丝,这些染色质的细丝,到有丝分裂时高度地螺旋缠绕—螺旋化,成为染色体。当分裂结束,进入间期时,染色体的螺旋又松散开来,扩散成为染色质。在光镜下染色质呈颗粒状,不均匀地分布于细胞核中,比较集中于核膜的内表面。染色体呈较粗的柱状和杆状等不同形状,并有基本恒定的数目(因生物的种属不同而异)。

伸展的染色质形态有利于在它上面的 DNA 储存的信息的表达,而高度螺旋化了的棒状染色体则有利于细胞分裂中遗传物质的平分。

21.(浙江师范大学 2011)细胞在有丝分裂或减数分裂过程中,由染色质聚缩而成的结构称为染色体。(   )

【答案】对

22.(中国科学研究院水生所 2010)第一次减数分裂前期经历的时间较长,可划分为以下 5 个亚时期:_____、_____、_____、_____和 _____。

【解析】第一次减数分裂前期很长,也很重要。可分为 5 个亚时期:

细线期:染色质经螺旋化,形成细长线状的染色体,每条染色体含有 2 条染色单体。细胞核和核仁增大,RNA 含量增加一倍。

偶线期:同源染色体两两靠拢,准确的配对,这种现象称为联会。

粗线期:染色体缩短变粗。配对完毕的染色体称为二价体或四分体。此期有一个很重要的现象是,同源染色体的非姊妹染色单体间发生局部交换。交换对生物的遗传和变异有重大意义。

双线期:染色体继续缩短变粗。配对的同源染色体彼此排斥并开始分离,但在染色单体之间发生交换的地方—交叉点,仍然连接在一起。因此联会的染色体呈现出 X、V、8、0 等形状。

终变期:染色体变得更为粗、短,染色体对常分散排列在核膜内侧,因此,这一时期是观察、计算染色体数目最适宜的时期,此期末,核膜、核仁相继消失,纺锤丝开始出现。

【答案】细线期、偶线期、粗线期、双线期和终变期

23.(陕西师范大学 2014)减数分裂的联会发生在_____。

A. 细线期   B. 偶线期   C. 粗线期   D. 双线期

【答案】B

24.(西南大学 2012)减数分裂的第一次分裂为等分裂。(   )

【解析】减数分裂第一次分裂 2 个同源染色体(各含 2 个紧密靠拢的染色单体)分别走向两个子细胞,结果每个子细胞各只含每对同源染色体的一个染色体,成单倍性的细胞。减数分裂的第一次分裂为减数分裂。

【答案】错

25.(浙江师范大学 2011)减数分裂中,一个母细胞分裂成两个子细胞,每个子细胞染色体数目减半的现象发生在减数分裂末期Ⅱ。(   )

【答案】错

26.(湖南农业大学 2014)在整个细胞生命活动中,细胞分裂、细胞分化、细胞凋亡、细胞衰老死亡之间的联系与生物学意义是什么?

【答案】细胞增殖、细胞分化、细胞凋亡与细胞衰老是细胞生命活动的基本内容。细胞生命活动是建筑在细胞的物质代谢和能量转换的基础上。而这一切均受控于生物体的信息系统。对细胞而言,则直接受细胞信号转导网络的调控,它不仅将物质和能量代谢与细胞生命活动紧密关联,而且也将细胞增殖、细胞分化、细胞凋亡与细胞衰老等生命过程从时间和空间上整合成为一个有序的、严格调控的有机整体。

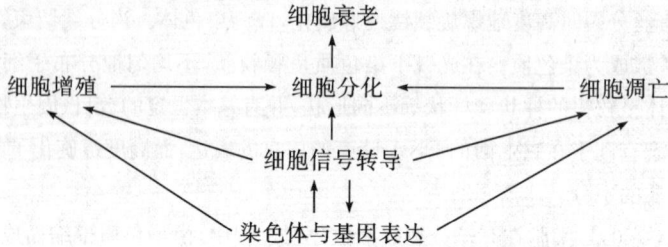

图5.1　细胞生命活动及其相互关系图

27.(南京大学 2011)什么是细胞全能性,举出一个应用这一原理的技术实例。

(河南师大 2012)什么是细胞的全能性?

【答案】细胞的全能性(totipotency)是指细胞经分裂和分化后仍具有产生完整有机体的潜能或特性。由于体细胞一般是通过有丝分裂繁殖而来的,一般已分化的细胞都有一整套的受精卵相同的染色体,携带有本物种相同的基因,因此分化的细胞具有发育成完整新个体的潜能。在合适的条件下,有些分化的细胞恢复分裂,如高度分化的植物细胞具有全能性。动物细胞随着胚胎的发育,有些细胞有分化出多种组织的潜能,但却失去了发育成完整个体的能力,但是它的细胞核仍然保持着全能性,这是因为细胞核内含有保持物种遗传性所需要的全套遗传物质。

具有全能性的细胞:受精卵、早期的胚胎细胞、植物的组织等。生产上可应用于植物组织培养快速繁殖。

28.(西南大学 2011)试论述影响细胞分化的因素。

【答案】细胞的分化命运取决于两个方面:

①细胞内因素。细胞分化过程中,细胞核起着重要的作用。分化细胞之所以能合成特异的蛋白质,就是由于细胞核内的基因组有选择地表达,这是细胞分化的基础。早期胚胎细胞质的不均质性导致细胞分化。细胞质成分可调节核中基因表达影响细胞分化。

②细胞的外部环境。环境中各种对机体的发育有较大的影响,如温度、光线等。由环境因素的影响可能造成第一次不等分裂,从而决定了细胞的分化。多细胞生物的细胞分化是在细胞间的彼此影响下进行的。细胞间的相互作用对细胞分化有较大的影响。诱导、抑制现象在动物的胚胎发育过程中普遍存在。激素和旁泌素信号转导系统诱导分化。

29.(昆明理工大学 2012)干细胞具有哪些特点?

【答案】干细胞是具有分化成其他细胞类型和构建组织和器官的能力的一类细胞,包括全能干细胞、多能干细胞、单能干细胞。

干细胞具有以下特点:

①终生保持未分化或低分化特征,具有多向分化潜能,能分化成不同类型的组织细胞;

②能无限制的分裂增殖;

③具有自我更新能力。

④通过两种方式分裂,对称分裂和不对称分裂。前者形成两个相同的干细胞,后者形成一个干细胞和一个单能干细胞。

⑤分裂的慢周期性,绝大多数干细胞处于 G_0 期;

⑥在机体中的数目、位置相对恒定。

30.(暨南大学 2015)干细胞从功能上分为_____。

【答案】全能干细胞、多能干细胞、单能干细胞。

31.(南京大学 2013)山中伸弥获得了 2012 年生理学奖,其研究的末端分化体细胞有什么特性? 遗传基础是什么? 并说明其应用前景。

【答案】山中伸弥将四个病毒基因(Oct3/4,Sox2,c—Myc 和 Klf4)导入人类皮肤细胞.发现皮肤细胞可转化为具有胚胎干细胞特性的细胞,称为诱导多能干细胞(iPS)。

遗传基础是细胞具有全部的遗传信息,在功能上具有发育的全能性。

在器官移植等应用方面,与使用胚胎干细胞相比,iPS 技术不使用胚胎细胞或卵细胞,因此没有伦理学的问题。利用 iPS 技术可以用病人自己的体细胞制备专有的干细胞,所以不会有免疫排斥的问题,从而大大推动与干细胞有关的疾病疗法研究。

32.(西南大学 2012)分化细胞所表达的基因可分为两种类型,其中在所有细胞中均需表达的一类基因称为_____,其产物是维持细胞结构和代谢活动所必须的。另一类_____。

【解析】生物体细胞中含有决定生长分裂和分化的全部基因信息,按其与细胞分化的关系,可将这些基因分为两大类:奢侈基因和管家基因。组织特异性基因(tissue—specific genes),或称奢侈基因(luxury gene),编码细胞特异性蛋白,与各种分化细胞的特定性状直接相关,这类基因对细胞自身生存无直接影响。如编码红细胞血红蛋白,肌细胞的肌球蛋白和肌动蛋白等的基因属此类。管家基因(house keeping gene)的表达产物为细胞生命活动持续需要和必不可少,但与细胞分化的关系不大,在细胞分化中只起协助作用。如 tRNA、rRNA 基因,催化能量代谢的各种酶系,三羧酸循环中各种酶系等。从分子层次看,细胞分化主要是奢侈基因中某种(或某些)特定基因选择性表达的结果。某些基因的选择性表达合成了执行特定功能的蛋白质,从而产生特定的分化细胞类型。

【答案】管家基因,奢侈基因。

33.(暨南大学 2012)哪些基因可能与细胞凋亡有关?

【答案】与细胞增殖有关的原癌基因和抑癌基因与细胞凋亡有关。其中研究较多的有 Apaf—1、Bcl—2、Fas/APO—1、c—myc、p53、ATM 等。

凋亡酶 Caspase 家族,半胱氨酸蛋白酶,相当于线虫的 ced—3,是引起细胞凋亡的关键酶,一旦被信号途径激活,能将细胞内的蛋白质降解,使细胞不可逆的走向死亡。

Apaf—1 称为凋亡酶激活因子—1,在线虫中的同源物为 ced—4。在线粒体参与的凋亡途径中具有重要作用。

Bcl—2 为凋亡抑制基因,是膜的整合蛋白。功能相当于线虫中的 ced—9,它们在线粒体参与的凋亡途径中起调控作用,能控制线粒体中细胞色素 c 等凋亡因子的释放。

Fas 受体是凋亡的主要引发剂,Fas 受体基因定位在 10q23,全长 25kb,有 9 个外显子和 8 个内含子。表达产物是跨膜蛋白,重要分布在外周血中活化的 T、B 细胞。Fas 受体与 Fas 配体的相互作用启动了细胞凋亡的通路。

p53 抑癌基因,在 G 期监视 DNA 的完整性。如有损伤,则抑制细胞增殖,直到 DNA 修复完成。如果 DNA 不能被修复,则诱导其凋亡。

c—myc 促进细胞增殖、抑制分化;能激活那些控制细胞增殖的基因;激活促进细胞凋亡的基因,给细胞两种选择:增殖或凋亡。

34.(西南科技大学 2014)比较动物细胞坏死和细胞凋亡。

(陕西师范大学 2014)列表比较细胞凋亡与细胞坏死的区别。

【答案要点】细胞坏死是细胞受到强烈理化或生物因素作用引起细胞无序变化的死亡过程,坏死初期,胞质内线粒体和内质网肿胀、崩解,结构脂滴游离、空泡化,蛋白质颗粒增多,核发生固缩或断裂。随着胞质内蛋白变性、凝固或碎裂,以及嗜碱性核蛋白的降解,细胞质呈现强嗜酸性。在含水量高的细胞,可因胞质内水泡不断增大,并发生溶解,导致细胞结构完全消失,最后细胞膜和细胞器破裂,DNA 降解,细胞内容物流出,引起周围组织炎症反应。

细胞凋亡有典型的形态学与生物化学特征。染色质凝集与边缘化,DNA 在核小体间发生降解。细胞膜内陷,包裹各种细胞器等胞内物质,形成凋亡小体,然后,凋亡小体被邻近的细胞吞噬,整个过程无胞内物质泄漏,故不会引起炎症。凋亡细胞中仍需要合成一些蛋白质,但是在坏死细胞中 ATP 和蛋白质合成受阻或终止。凋亡细胞由于核酸内切酶活化,导致染色质 DNA 在核小体连接部位断裂,形成约 200bp 整数倍的核酸片段,凝胶电泳图谱呈梯状。

表 5.1　细胞凋亡和细胞坏死的区别

区别点	细胞凋亡	细胞坏死
起因	生理或病理性	病理性变化或剧烈损伤
范围	单个散在细胞	大片组织或成群细胞
细胞膜	保持完整,一直到形成凋亡小体	破损
染色质	凝聚在核膜下呈半月状	呈絮状
细胞器	无明显变化	肿胀、内质网崩解
细胞体积	固缩变小	肿胀变大
凋亡小体	有,被邻近细胞或巨噬细胞吞噬	无,细胞自溶,残余碎片被巨噬细胞吞噬
基因组 DNA	有控降解,电泳图谱呈梯状	随机降解,电泳图谱呈涂抹状
蛋白质合成	有	无
调节过程	受基因调控	被动进行
炎症反应	无,不释放细胞内容物	有,释放内容物

35.(西南大学 2010)衰老的细胞最终的命运是走向细胞凋亡。(　　　)

【解析】衰老的细胞表现一系列变化:核被膜内折、染色体固缩、线粒体和内质网减少、膜流动性降低,最终的命运是走向死亡。

【答案】错

模考精练

一、填空题

1.细胞增殖的方式有_____、_____和_____3 种。

【答案】无丝分裂;有丝分裂;减数分裂

2.(中国地质大学 2007)有分裂能力的细胞从一次分裂结束到下一次分裂结束所经历的一个完整过程称为_____,它可包括_____和细胞分裂期两部分。

【答案】一个细胞周期,分裂间期

3.(上海交通大学 2006)细胞增殖周期包括 G_1 期、S 期、G_2 期和 M 期。其中 S 期为_____期,G_2 期为_____期。

【答案】DNA 合成期,DNA 合成后期或有丝分裂准备期

4.(昆明理工大学 2007)在细胞分裂周期中,DNA 合成在＿＿＿＿＿＿期,损伤的 DNA 修复可以在＿＿＿＿＿＿期进行。

【答案】S 期,分裂间期

5.(西南大学 2007)DNA 复制是在细胞周期中的＿＿＿＿＿＿期进行的,是一种＿＿＿＿＿＿复制方式。

【答案】分裂间期 S 期,半保留

6.染色体的凝集过程,即由＿＿＿＿＿＿变为＿＿＿＿＿＿的运动过程,这个过程是通过＿＿＿＿＿＿的螺旋化并逐步＿＿＿＿＿＿来实现的。

【答案】染色质;染色体;染色质;缩短变粗

7.(中国科学院研究生院 2007)构成纺锤体的纤维是由成束的＿＿＿＿＿＿和＿＿＿＿＿＿组成的。这些纤维可分为＿＿＿＿＿＿和＿＿＿＿＿＿两类。

【答案】微管,微管结合蛋白。极纤维,动粒纤维

8.构成纺锤体的微管有＿＿＿＿＿＿、＿＿＿＿＿＿和＿＿＿＿＿＿3 种。

【答案】极微管;动粒微管;区间微管

9.正常细胞周期的 G_1 期有一个特殊的调节点称为＿＿＿＿＿＿,通过此调节点后才能启动＿＿＿＿＿＿,继而通过 G_2 期而进入＿＿＿＿＿＿期,所以此调节点是控制＿＿＿＿＿＿的关键。

【答案】限制点(R 点);DNA 合成;分裂期(M 期);细胞增殖

10.(华东师范大学 2007)已知某种花的二倍体染色体数为 20 条,当其进入减数分裂前期 I 时所形成的四价体数应是＿＿＿＿＿＿。

【答案】10

11.(云南大学 2004)减数分裂可依据其在生活史中发生的时间不同分为＿＿＿＿＿＿减数分裂,＿＿＿＿＿＿减数分裂和＿＿＿＿＿＿减数分裂 3 种类型。

【答案】始端,中间,终端

12.在个体发育中,细胞从全能→＿＿＿＿＿＿→＿＿＿＿＿＿是细胞分化的普遍规律。

【答案】多能;单能

13. 细胞凋亡是＿＿＿＿＿＿细胞死亡。细胞凋亡是受＿＿＿＿＿＿控制的。

【答案】生理性或程序性,基因

14.细胞发育全能性指任何生物体的任何一个细胞,更确切讲是任何一个＿＿＿＿＿＿,都具有全部的发育潜能。多莉是将一只母羊的＿＿＿＿＿＿细胞的核移植入无核受体卵后克隆产生的。

【答案】细胞核,乳腺

15.细胞分化是同一来源的细胞通过细胞分裂在＿＿＿＿＿＿和＿＿＿＿＿＿上产生稳定性的差异过程。

【答案】结构;功能

16.线虫的体细胞数目＿＿＿＿＿＿,因此是研究细胞发育的良好的实验材料。

【答案】恒定

二、判断题

1.在间期核中,DNA 并不单独存在,而是与非组蛋白结合成核小体结构的染色质。

2.细胞分裂前期,核纤层蛋白高度磷酸化而解体;末期时,核纤层蛋白去磷酸化重新聚合。

3.在有丝分裂的过程中,每一根纺锤丝都是与染色体的着丝粒相连的。

4.纺锤丝由微丝组成。

5.减数分裂时,姐妹染色单体的染色体片段发生交换,实现基因的重组。

6.(厦门大学 2004)着丝粒不分裂是减数分裂中期 I 与有丝分裂中期的最本质区别。

7. 在有丝分裂后期纺缍体两极之间的距离大于中期时纺缍体两极之间的距离。

8. 在细胞分裂间期，微管蛋白的大量合成在 S 期，组蛋白质的大量合成是在 G_1 期。

三、选择题

1. (江西师范大学 2013)细胞周期的正确顺序是_____。

A. G_1—S—G_2—M   B. G_1—G_2—M—S

C. G_1—M—G_2—S   D. G_1—M—S—G_2

2. 在有丝分裂时，各种细胞器的增殖发生在_____。

A. 间期   B. 前期   C. 后期   D. 末期

3. (浙江林学院 2007)要测定细胞周期 S 期的长度，最适合加入的放射性标记化合物是_____。

A. 腺嘌呤   B. 胞嘧啶   C. 鸟嘌呤   D. 胸腺嘧啶

4. 染色体上的着丝粒是指_____。

A. 染色体上附着纺缍体的结构

B. 在染色体上的一段由特殊的 DNA 序列构成的结构

C. 在 DNA 分子特殊序列上附着的特殊蛋白质

D. 是染色体中两个染色单体之间的交叉点

5. (浙江林学院 2007)与植物细胞有丝分裂末期细胞形成密切相关的细胞器是_____。

A. 线粒体   B. 叶绿体   C. 高尔基体   D. 液泡

6. 在下列对细胞器的叙述中，表明动物细胞正在进行有丝分裂的是_____。

A. 线粒体氧化作用加强   B. 高尔基体数量显著增多

C. 纺锤丝收缩变粗   D. 中心粒分向两极移动

7. (浙江林学院 2007)与细胞质分裂过程有关的细胞骨架是_____。

A. 微丝   B. 微管   C. 中等纤维   D. 微梁系统

8. (中国科学院研究生院 2007)促进微管解聚的因素有_____。

A. 长春花碱   B. 秋水仙素   C. 细胞松弛素 B   D. 鬼笔环肽

9. (云南大学 2012)在人的皮肤细胞中，当细胞分裂后期时，可以同时看到几个染色体?_____

A. 23   B. 46   C. 69   D. 92

10. 染色体端粒酶的作用是_____。

A. 防止 DNA 从端粒处降解   B. 降解 DNA 复制后余留的 RNA 引物

C. 防止 DNA 因为复制过程而变短   D. 合成 RNA 引物

11. (四川大学 2007)染色体带型研究的基础是的_____差异。

A. 染色体数目   B. 细胞形态   C. 细胞大小   D. 核苷酸序列

12. 减数分裂 I 早期核相变化最主要的是_____。

A. 细线期   B. 双线期   C. 偶线期   D. 粗线期

13. (华南理工大学 2005)人类细胞减数分裂时形成的四分体数是_____。

A. 23   B. 46   C. 0   D. 4

14. (云南大学 2004)普通小麦是异源六倍体，那么小麦单核花粉粒中含有染色体组的数目是_____。

A. 2 个   B. 3 个   C. 1 个   D. 6 个

15. (云南大学 2005)果蝇体细胞含有 8 条染色体，这意味着在其配子中有_____可能的不同染色体组合。

A. 8   B. 16   C. 32   D. 64

16.（四川大学 2006）高等动植物体内的细胞是二倍体的,例外的是单倍体的_____。

A. 卵母细胞 　　　　B. 精母细胞 　　　　C. 精细胞 　　　　D. 卵细胞

17.（浙江林学院 2007）细胞在分化时,_____。

A. 会丢失相当部分的遗传信息 　　　　B. 只有一种基因的表达

C. 只表达一种产物 　　　　D. 特定的部分基因被同时被活化

18.（四川大学 2007）科学家通过对模式动物_____的研究揭示了细胞凋亡的分子机制。

A. 裂殖酵母 　　　　B. 芽殖酵母

C. 秀丽隐杆线虫 　　　　D. 大肠杆菌

【参考答案】

扫码获取正版答案

四、问答题

1.（华东师范大学 2001）请叙述遗传物质 DNA 在细胞周期中各阶段的变化。

【答案】从上一次细胞有丝分裂结束到下一次细胞有丝分裂开始之间的一段间隙时间,称为间期(interphase),包括 G_1 期、S 期、G_2 期。间期是 DNA 合成和细胞生理代谢活动旺盛的时期。G_1 期——此时没有 DNA 复制,但有 RNA 和蛋白质合成。S 期——此时细胞内进行 DNA 合成,DNA 总量增加一倍。G_2 期——此时细胞里含有两套完整的二倍体染色体,不再进行 DNA 合成。间期 DNA 的含量增加 1 倍:2n—4n。

细胞有丝分裂 M 期可以区分为:前期(prophase),中期(metaphase),后期(anaphase)和末期(telophase)。有丝分裂中 DNA 分子数的变化:前期 4n,中期 4n,后期 4n,末期随着姐妹染色单体分开平均分配到子细胞中,DNA 的含量恢复到 2n。

2.（华中师范大学 2005）请叙述细胞有丝分裂过程中发生的主要事件。

【答案】核被膜的裂解与再生:在细胞分裂的前期,核纤层蛋白高度磷酸化而解体,核膜破开成膜泡,核膜孔也都破开。在有丝分裂末期,去磷酸化作用发生,使核纤层蛋白重新聚合并与膜泡结合而成核被膜,包围在各染色体或几个染色体之外,核膜孔也重新组装到新的核被膜上,核被膜重新建成。

纺锤体的形成:构成纺锤体(spindle)的纤维是由成束的微管和与微管相结合的蛋白质组成的。这些纤维可分为极纤维(polar fibers)和动粒纤维(kinetochore fibers)两类。极纤维由纺锤体的一极延伸到另一极。动粒纤维是附着在染色体着丝粒两侧的动粒上。通常每个纺锤体平均含有约 108 个微管蛋白分子,纺锤体微管就是由这些微管蛋白分子组装而成的。在分裂的细胞中,微管的组装是需要有微管组装中心(microtubule organizing center,MTOC)的。

染色体的行为:前期时可以观察到 2 个染色单体紧密并列。到晚前期,染色单体着丝粒的两侧分别发生动粒(kinetochore)。至前中期,每一染色单体的动粒,各与一组纺锤体纤维动粒微管相结合。中期染色体排列在纺锤的赤道平面上,处于动态平衡。后期着丝粒分裂,两染色单体就分离而成彼此独立的一对染色体。这时,每个染色体在向极力的作用下,缓慢而平稳地移向一极。后期染色体的运动是由于纺锤体中发生着 2 个独立的事件:①动粒纤维的向极运动推动了与这相连的染色体越来越靠近两极;②稍后,纺锤体之间的极纤维的延伸和滑动,使两极距离越来越远。

细胞器的分配:细胞分裂不但要使 2 个子细胞获得和原来细胞相同的成套染色体,也必须保证它们都能获得细胞中的各种细胞器。像线粒体和叶绿体这样的细胞器是只能通过原有的细胞器分裂增生的,它们不能在细胞质中重新产生。所以 2 个子细胞必须从母细胞中获得各种细胞器,否则就不能生存了。在大多真核细胞,线粒体总是体小而数目多,因此,只要各线粒体能在细胞分裂时,或早或晚也分裂一次,子细胞就会得到一份线粒体。高尔基体和内质网则是在细胞分裂时,破成碎片或小泡,这样也就能够分别进入子细胞中去。内质网泡在细胞分裂时多附着在纺锤微管上,这可能也是有利于它们进入2个子细胞的。各种细胞器的增生都是在细胞分裂之前的间期发生的。

3. 动物细胞与植物细胞细胞质的分裂有何不同?

【答案】动物细胞的细胞膜在两极中间形成一个由肌动蛋白微丝和肌球蛋白构成的环带,微丝收缩使细胞膜向内凹陷,形成环沟,将细胞横缢成两个子细胞。植物细胞在赤道面的中央微管密集形成成膜体,含多糖的小泡在成膜体处彼此融合形成细胞板,细胞板不断向外延伸,达原来的细胞壁,将细胞分割成两个子细胞。

4. (四川大学 2006)有性生殖细胞产生时的细胞分裂方式是什么? 其过程如何? 即使没有突变,有性生殖过程哪些环节也会自然导致后代遗传的多样性?

【答案】有性生殖细胞是通过减数分裂产生的。减数分裂包括2次连续的分裂,DNA只复制一次,而细胞分裂两次,形成的子细胞染色体数目减半。

减数分裂包括减数分裂 I 和减数分裂 II 两个时期。减数分裂前期 I 很长,也很重要。分细线期、偶线期、粗线期、双线期、终变期5个亚时期。细线期:已复制的染色体含有两条染色单体,被称为姊妹染色单体,但由于染色体浓缩为细线,看不出染色体的双重性。偶线期:同源染色体开始联会,出现联会复合体。粗线期:染色体进一步缩短变粗,同源染色体配对完毕,配对完全的染色体称二价或四分体。在这个时期,非姊妹染色单体间可能发生交换,即遗传物质发生了局部的交换。双线期:染色体继续变粗变短,而且二价体中配对的同源染色体走向分开。在非姊妹染色单体间可见交叉结,即非姊妹染色单体间若干处相互缠结,交叉结的出现是发生过交换的有形结果。浓缩期:也称终变期,染色体螺旋化程度更高,变得更加粗而短。中期 I:各个二价体排列在赤道板上。后期 I:二价体中的同源染色分开。末期 I:进入子细胞的染色体具有两条染色单体。在一个很短的间期后,进入减数分裂 II,染色单体分离分配到子细胞中。

在有性生殖中,通过3个环节实现遗传重组:减数分裂中同源染色体的独立分配,减数分裂中非姐妹染色单体的交换,精子和卵的随机组合。减数分裂时,同源染色体随机分配,因而配子的染色体组成多种多样。如果一种生物有2对染色体,产生 $2^2=4$ 种配子;如果一种生物有4对染色体,则产生 $2^4=16$ 种配子。考虑到染色体的交换,每对同源染色体上有若干个基因座,其上又有不同的等位基因,基因组合还要大很多。在减数分裂过程中非同源染色体重新组合,同源染色体间发生部分交换,配子的遗传基础多样化,后代对环境条件的变化有更大的适应性,对于生物的进化有重要意义,它可以使配子中的基因组合变化无穷,从而带来生物个体间的更多的变化,为自然选择提供更大的可能性。

5. 何谓染色体组型,何谓染色体带型,对染色体组型和带型的分析有什么意义。

【答案】不同生物有不同数目、不同形态和不同大小的染色体。也就是说,不同生物有不同的染色体组型(karyotype)。

将分裂中期染色体加热或用蛋白水解酶稍加处理,吉姆萨氏染色在显微镜下可看到染色体上出现横带,称为G带。如将染色体用热碱溶液处理,再做吉母萨氏染色,染色体上就出现另一套横带,称为R带。吉母萨氏染色显示的G带是富含A—T核苷酸的片段,热碱溶液处理后,吉母萨氏染色则显示富含G—C序列的R带。

各个染色体的带型形态是稳定的,因此根据带型即可区分不同的染色体。不同的物种,染色体的带型各有特点。从生物进化上看,带型又是一个相当保守的特征,人的各染色体的带型和黑猩猩、猩猩和大猩猩的相应染色体的带型基本相同。染色体带型变化往往是某些遗传疾病和肿瘤疾病的特征和病因。

6. (上海交通大学 2006)简述细胞凋亡的概念及其生物学意义。

【答案】细胞凋亡是指细胞在发育过程中发生的程序性死亡。细胞凋亡普遍存在生物的生长发育阶段,使生物体得以清除不再需要的细胞,而不引起炎症反应,维持组织、器官细胞数目相对平衡,保证个体正常发育,更新耗损细胞。

其生物学意义:①发育过程中幼体器官的缩小和退化(例,蝌蚪尾的去除);②细胞的自然更新(更新耗损细胞);③被病原感染的细胞的清除。细胞凋亡在个体发育和组织稳态的维持中具有重要作用。

7.何谓细胞衰老,引起细胞衰老的可能机制是什么?

【答案】细胞衰老的过程是细胞内生理和生化复杂变化的过程,最终反映在细胞的形态,结构和功能上发生了变化,具体表现为:

(1)在衰老的细胞内水分减少,结果使细胞萎缩,体积变小,细胞新陈代谢的速度减慢;

(2)衰老的细胞内,有些酶的活性降低;

(3)细胞内的色素会随着细胞衰老而逐渐积累;

(4)衰老的细胞内呼吸速度减慢,细胞核体积增大,染色质固缩染色加深;

(5)细胞膜通透性功能改变,使物质运输功能降低。核被膜内折;线粒体和内质网减少;

引起细胞衰老的因素非常复杂,一方面是衰老因子的积累引起细胞衰老。另一方面来自于细胞内"衰老钟"的程序表达。可能机制有:

(1)端粒(细胞的有丝分裂钟)维持着染色体的稳定。端粒因细胞分裂而变短到一定程度时,细胞就会死亡。端粒破损会导致 DNA 变得脆弱、容易发生变异,可能导致一些与衰老有关的疾病,如动脉硬化和某些癌症。

(2)氧化性损伤学说:代谢过程中产生的活性氧基团或分子(ROS—O_2^-, OH^-, H_2O_2),引发的氧化性损伤的积累,最终导致衰老。自由基对细胞中的 DNA、RNA 和蛋白质均会造成较大的损伤,可诱发细胞内外多种生化成分的过氧化,使细胞膜上的不饱和脂肪酸交联成脂褐素进而造成细胞膜、细胞内部结构和功能的损伤,引起生理生化反应的衰退。氧化损伤的积累造成细胞乃至集体的衰老。

(3)基因突变是衰老的原因之一。许多自然的和人为的因素能引起基因突变,如自由基对 DNA、RNA 造成较大的损伤。随着年龄增长,细胞"处理"机制越来越不规律,从而引起基因恶性退化变质。

(4)激素失衡。我们身体里的亿万个细胞正是有了激素,才能准确地同步工作。随着衰老,这种平衡变得不规则,从而引起各种疾病,包括抑郁症、骨质疏松、冠状动脉硬化。

(5)沉默信息调节蛋白复合物与衰老:复合物存在于异染色质区,其作用在于阻断所在位点 DNA 转录。

8.癌细胞的基本特征?

【答案】癌细胞的基本生物学特征如下:

(1)细胞生长与分裂失去控制,具有无限增殖能力。

(2)具有侵润性和扩散性。良性与恶性肿瘤的区别在于转移性和分化程度不同。

(3)失去接触抑制。识别改变的原因:表达水解酶类;异常表达膜受体。

(4)蛋白表达谱系或蛋白活性改变。重表达胚胎细胞蛋白、端粒酶活性升高。

(5)mRNA 转录谱系的改变——使基因表达和调控方向发生改变。

(6)染色体非整倍性。

(7)体外培养的恶性转化细胞的特征:① 无限增殖的潜能。② 在体外培养时贴壁性下降。③ 失去接触抑制(contact inhibition)。④ 培养时对血清依赖性降低。⑤ 当将恶性转化细胞注入易感动物体内,往往会形成肿瘤。其中,不死性、迁移性和失去接触抑制,是癌细胞的三个最显著特征。

9.现有洋葱鳞茎一颗,试设计一个观察洋葱根尖细胞有丝分裂的实验方案。

【答案】观察洋葱根尖细胞有丝分裂的实验设计如下:

(1)取材:将洋葱置于盛水的小烧杯上,使其鳞茎浸入水中,放在 25℃恒温箱中培养。待根长到 2cm 左右时,切取长约 1cm 左右的健壮的根尖。

(2)前处理:可用下述方法之一前处理所切取的根尖:

① 用 0.05～0.1% 秋水仙碱水溶液于室温下处理 2～4h。

② 在室温下,用对二氯苯饱和水溶液处理 3～5h。

③ 在室温下,用 0.002～0.004 mol/L 8-羟基喹啉水溶液处理 3～4h。

④ 将材料浸入蒸馏水内,放置冰箱(0～4℃)中 24h。

(3)固定:将材料从前处理的药物中取出,用水冲洗 2～3 次,放入卡诺氏或 FAA 固定液中,固定 24h。如固定的材料当时不用,可以先在 90% 酒精中泡半小时,然后在 50% 酒精泡半个小时,再换入 70% 酒精中,置 0～4℃冰箱内保存。

(4)解离:将固定后的根尖用清水漂洗数次,再用下述方法之一进行解离(以根尖完全酥软为准)后,清水漂洗。

① 用 1mol/L 盐酸在 60℃恒温箱内处理 6～20min。

② 在室温下,用 95% 酒精和浓盐酸(3:1)配成的混合溶液处理 8～20min。

③ 用 0.5% 果胶酶和 0.5% 纤维素酶的等量混合液,在 25℃处理 2～5h,或 37℃处理 0.5～1h。

(5)染色和压片:

① 将解离后的根尖,切取 1～2mm 长的分生组织,放在载玻片上,加 1 滴醋酸洋红染液,放置约 10min。然后在酒精灯上缓慢往复 3～4 次,微微加热(不可煮沸),随即用解剖针将材料拨碎,盖上盖玻片,覆以吸水纸。

② 对准盖玻片下的材料,用铅笔的橡皮头在盖玻片上轻轻敲击,再用拇指适当用力下压,但注意勿使盖片滑动。压好的片子中,材料铺展成均匀的、单层细胞的薄层(根尖分散成雾状)。

观察洋葱根尖细胞有丝分裂装片。

10.(陕西师范大学 2014)用蝗虫观察减数分裂,写出材料采集与观察实验过程。

【答案】(1)材料的采集:采集正在交配期间的雄蝗虫,去掉第一对步足及翅,在翅基部后方,用解剖剪将其体壁剪开,见到在上方两侧各有一块黄色的团块,这是蝗虫的精巢。精巢由许多排列在一起的精细小管组成。

(2)制片、染色与压片:

①取一或两个精细小管放于载玻片上,用刀片在精细小管上横切两到三次。1mol/L HCl 水解 3min,生理盐水洗 3 次。

②改良的苯酚品红染液染色 10 min,同时以小镊子轻轻挤压精细小管外壁,使性母细胞或减数分裂中各时期的细胞流出精细小管管壁。

③将染色后的材料盖上盖玻片,在盖玻片上盖上两层吸水纸,将多余的染液吸干。用左手的食指压紧,防止盖片滑动。然后用大拇指压盖玻片,再用解剖针轻敲盖玻片,使材料均匀分散开。

(3)镜检观察:减数第一次分裂分为:前期Ⅰ、中期Ⅰ、后期Ⅰ、末期Ⅰ。前期Ⅰ时间特别长,经此期染色体逐步折叠、浓缩。同时出现非姐妹染色体间的交换现象。根据细胞核及染色体的形态变化将前期Ⅰ分为五个时期:细线期、偶线期、粗线期、双线期、终变期。减数第二次分裂分为前期Ⅱ、中期Ⅱ、后期Ⅱ、末期Ⅱ。由于经过了减数第一次分裂,同源染色体已经分离因而染色体数目减半。从形态上看减数第二次分裂的细胞体积较小,染色体只有 n。

🔬 课后习题详解

1.如果用一种阻止 DNA 合成的化学试剂处理细胞,那么细胞将停留在细胞周期的哪个阶段?

㉠增殖细胞的细胞周期包括 G_1 期:合成前期,合成 RNA 和蛋白质,为 S 期合成 DNA 作准备;

S 期:DNA 合成期,主要合成 DNA;

G_2 期:有丝分裂前期,继续合成 RNA 和蛋白质;

M 期:分裂期,发生有丝分裂,生成两个子细胞。

用一种阻止 DNA 合成的化学试剂处理细胞,细胞将停留在 S 期。

2.红细胞的寿命为 120 天,一个成年人平均约有 5L 血液。假定每毫升血液中有 500 万个红细胞,那么每秒钟需要产生多少个新的细胞才能保证血液中红细胞含量正常。

答 $5 \times 5\,000\,000 \times 1000/(120 \times 24 \times 60 \times 60) = 2.4 \times 10^3$ 个

每秒钟需要产生 2.4×10^3 个新的细胞才能保证血液中红细胞含量正常。

3.什么时候染色体是由两个完全相同的染色单体组成的?

答 DNA 在间期复制后,染色体是由两个完全相同的染色单体组成,直到分裂后期着丝粒分裂,姐妹染色单体分离。

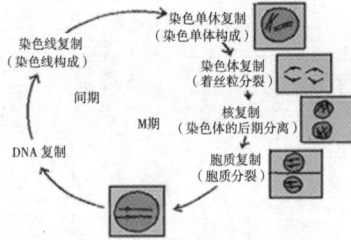

图 5.2　染色体复制过程

4.在有丝分裂的细胞周期中,细胞先将染色体加倍,然后进行有丝分裂。结果是两个子细胞中的染色体数和母细胞中的一样。另一种可能的方式是细胞先分裂,然后在子细胞中复制染色体。这样会发生什么问题? 你认为这样的细胞周期是否和你学过的细胞周期一样? (提示:从生物进化的角度考虑)

答 细胞先分裂,然后在子细胞中复制染色体的分裂方式会导致遗传物质的流失,也无法保证染色体的平均分配。

5.癌症的原因就是细胞周期失去控制,因而细胞无限制地分裂。全世界每年用于治疗癌症的药物方面要花费大量经费,而用于防癌的经费则少得多。生活方式的改变有助于防癌吗? 预防癌症的可能途径有哪些?

答 生活方式的改变有助于防癌。

一级预防是减少或消除各种致癌因素对人体产生的致癌作用,降低发病率。如平时应注意参加体育锻炼,改变自身的低落情绪,保持旺盛的精力,从而提高机体免疫功能和抗病能力;注意饮食、饮水卫生,防止癌从口入;不吃霉变腐败,烧焦的食物以及熏、烤、腌、泡的食物,或不饮用贮存较长时间的水,不吸烟、不酗酒,科学搭配饮食,多吃新鲜蔬菜、水果和富有营养的多种食物,养成良好的卫生习惯。同时注意保护环境、避免和减少对大气、饮食、饮水的污染,可以防止物理、化学和寄生虫、病毒等致癌因子对人体的侵害,有效地防止癌症的发生。

二级预防是利用早期发现、早期诊断和早期治疗的有效手段来减少癌症病人的死亡。在平时生活中除加强体育锻炼还应注意身体的一些不适变化和定期体检。如拍照胸片、支气管镜检查可以发现早期肺癌;做 B 型超声波扫描、甲胎蛋白测定,可揭示肝癌;做常规阴道细胞学检查,可早期发现宫颈癌;食道拉网检查、纤维食道镜、胃镜、肠镜检查,可早期发现食道癌、胃癌、结肠癌等。因此,一旦发现身体患癌症之后,一定到肿瘤专科医院去诊断和治疗,树立战胜癌症的信心,积极配合,癌症是可以治愈的。

三级预防是在治疗癌症时,设法预防癌症复发和转移,防止并发症和后遗症。

6

动物的形态与功能

考点综述

动物界是生物的一个大类群。原生动物的生命活动在一个细胞中完成;多细胞动物开始出现细胞分化,进一步形成组织、器官、系统的多层次结构。动物的外部形态、内部构造及其代谢类型,尽管表现出千差万别的多样性,但有它的同一性。动物的最主要特点是它营异养生活,因此就具有适应于这种生活的机能构造,如神经系统、感觉器官、运动器官、消化系统、排泄系统等,它们有敏捷的感应,强烈的运动能力。本章重点学习脊椎动物的结构与功能。

本章考点:①动物体的结构层次(组织——器官——系统),四种基本组织的主要特征及其主要功能;②人体所需的营养素,消化系统的组成及其功能;③糖类、蛋白质、脂质在人体内的消化、吸收过程;④分析小肠是消化、吸收的主要场所的原因;⑤血液的结构和功能;⑥哺乳动物心脏血管系统的结构和功能;⑦血型与输血;⑧动脉血压的形成及其影响因素;⑨呼吸系统的组成,结构特点;⑩动物的体温调节;⑪排泄系统的组成,肾单位的结构,尿液生成过程;⑫细胞免疫和体液免疫;⑬人体主要的内分泌腺,所分泌的激素及其生理作用;⑭动物激素的分类、基本特征;⑮激素作用机制:第二信使学说及基因调节学说的基本内容;⑯神经元的结构与功能,神经冲动的传导及其特征;⑰突触的结构与功能,兴奋在突触传递的过程,冲动在神经纤维之间的传递过程;⑱反射弧的结构与功能;⑲动物神经系统的演化;⑳人的神经系统的组成与功能;㉑脑的结构及功能;㉒交感与副交感神经的功能;㉓高等动物的激素调节与神经调节的异同点;㉔主要感觉器官的结构与功能;㉕肌肉收缩的滑行学说;㉖有性生殖的定义,人类生殖系统的结构功能及胚胎发育;㉗脊椎动物的胚胎发育的一般模式以及各阶段的主要特点;㉘动物的结构功能对环境的适应,内环境稳定的控制与生理意义。

本章在各类考试中占一定比重,也有一定的份量,不容忽视。大家首先要构建一个整体知识网架,以结构和功能的关系为线索,重点理解高等脊椎动物的消化、呼吸、循环、免疫、神经、感官、运动、生殖系统。

名词术语

【术语题库 扫码获取】

1. **组织**(tissue):是由一种或多种细胞组合而成的细胞群体,在机体中起着某种特定的作用。脊椎动物体内有上皮组织、结缔组织、肌肉组织和神经组织 4 种基本组织。

2. **器官**(organ):多细胞动物中由多种组织组成,以完成一种或几种特定功能。

3. **系统**(system):多个相关的器官组成的能完成特定功能的集合体。

4. **内环境**(internal environment):机体内的细胞外液,构成了体内细胞生活的液体环境(或体内细胞生存的直接环境），称为内环境。

5. **异养**(heterotrophic nutrition)：生物自身不能从简单的无机物制造有机物，也不能从日光中获得能量，必须从外界环境中获得有机物，并从这些有机物中获得生命活动所需的能量。这些有机物是其他生物制造的，这种方式称为异养。

6. **营养素**(nutrient)：食物中能够被人体消化吸收和利用的物质。人体必需的营养素有水、糖类、蛋白质、脂质、维生素和矿物质。

7. **必需氨基酸**：动物细胞不能合成，必须由食物提供的氨基酸就是必需氨基酸。成人的必需氨基酸有：异亮氨酸(Ile)、亮氨酸(Leu)、赖氨酸(Lys)、蛋氨酸(Met)、苯丙氨酸(Phe)、苏氨酸(Thr)、色氨酸(Trp)、缬氨酸(Val)8 种。婴儿还需要组氨酸(His)。

8. **消化**(digestion)：把摄入的食物经过机械作用粉碎和化学作用分解，最后成为简单小分子化合物的过程。

9. **吸收**(absorption)：简单小分子穿过细胞膜进入细胞内的过程。

10. **胞内消化**(intracelluar digestion)：整个摄食过程，包括摄入、消化、吸收和排出都在一个细胞内进行的过程。单细胞原生动物都进行胞内消化。

11. **胞外消化**(extracelluar digestion)：多细胞动物逐步形成了消化腔或消化管，食物的消化过程是在细胞外的消化腔或消化管中进行的。

12. **体液**(body fluid)：体内以水作为基础的液体，按所在位置分为细胞内液和细胞外液。细胞外液包括组织液、血浆、淋巴等。

13. **血液凝固**(blood coagulation)：组织受损时，血液从流动的液体状态变成不能流动的凝胶状的过程。

14. **心动周期**(cardiac cycle)：每次心脏搏动，由收缩到舒张的过程。

15. **高血压**(hypertension)：人体血压超过 140/90 mmHg，起源于微动脉的过度收缩。

16. **粥样动脉硬化**(atherosclerosis)：动脉内膜中沉积含胆固醇的脂肪，形成粥样斑块，阻塞血流，引发血栓。

17. **呼吸**(respiration)：高等动物的气体交换过程。可分为内呼吸和外呼吸两部分。

18. **内呼吸**：是指能源物质在细胞内的生物氧化过程，消耗氧产生高能键、二氧化碳和水等，又称细胞呼吸。

19. **变温动物**(poikiothermic animal)：在一定温度范围内，体温因环境温度的改变而改变的动物，也叫冷血动物。如鱼类、两栖类、爬虫类。

20. **恒温动物**(homeothermic animal)：具有恒定的体温，能适应各种各样复杂的环境的动物，又称为温血动物。大多数鸟类和哺乳动物是恒温动物。

21. **异温动物**(heterothermic animal)：不能稳定地调节自己的体温，使其保持在同一水平。如蝙蝠属于哺乳动物，蜂鸟属于鸟类，它们在活动时，属于恒温动物；休息时，为了降低维持体温代谢能量的需求，身体温度的调节类似变温动物的方式。

22. **淋巴**：组织液进入淋巴管就称为淋巴液，也称淋巴。

23. **免疫**(immunity)：身体对抗病原体引起疾病的能力。

24. **特异性免疫**：如果入侵者突破了身体的第一、二道防线，第三道防线就会针对特定病原体发生特异性反应，这种作用即特异性免疫，也叫免疫应答(immune response)。

25. **体液免疫**(humoral immunity)：体液介导的免疫应答。

26. **细胞免疫**(cellular immunity)：细胞介导的免疫应答。

27. **补体系统**(complement system)：存在于正常人或脊椎动物血清与组织液中的一组经活化后具有酶活性的蛋白质，包括 20 余种可溶性蛋白和膜结合蛋白，称为补体系统。

28. **干扰素**(interferon)：是受病毒感染的细胞所产生的能抵抗病毒感染的一组蛋白质。

29. **抗原**(antigen)：可以使机体产生特异性免疫应答的物质，或任何一个引发产生大量淋巴细胞的"非我"标志即抗原。

30. **抗体**(antibody)：机体产生的针对相应抗原的免疫球蛋白，其结构决定了其特性和功能，相对异种动物或个体也具有抗原性。

31. **单克隆抗体**(monoclonal antibody)：由淋巴细胞杂交瘤产生的、只针对复合抗原分子上某一单个抗原决定簇的特异性抗体。

32. **激素**(hormone)：特定的器官或细胞在特定的刺激（神经的或体液的）作用下分泌某种特异性物质到体液中，这种物质即激素。

33. **内分泌**(endocrine)：激素是由细胞分泌到体外的，有别于另外一些通过管道将某些物质分泌到体外的分泌方式。

34. **体液调节**：激素通过体液的传送而发挥作用的调节。

35. **神经元**：神经系统的基本的结构和功能单位。一般包含胞体、树突、轴突三部分。

36. **突触**(synapse)：一个神经元的冲动传到另一个神经元或另一细胞的相互接触的结构。

37. **反射**(reflex)：在中枢神经系统参与下，机体对刺激感受器所发生的规律性反应；是神经系统最基本的活动方式，通过反射弧进行。

38. **反射弧**(reflex arc)：从接受刺激到发生反应的全部神经传导途径。包括感受器、传入神经元、神经中枢（中间神经元及突触连接）、传出神经元、效应器 5 个环节。是神经系统的基本活动。

39. **自发脑电活动**：大脑皮层连续的节律性电位变化，它的记录称为脑电图（electroencephalogram, EFG）

40. **适宜刺激**(adquate stimulus)：敏感性最高的能量形式的刺激。

41. **不适宜刺激**：不发生反应或敏感性很低的能量形式的刺激。

42. **感觉器官**：感受器和非神经性附属结构一起构成的感受装置。如视觉器官眼。

43. **感受器**(receptors)：动物接受外界和体内刺激的细胞和器官。如耳蜗中的毛细胞，视网膜上的视锥细胞和视杆细胞。

44. **本体感受器**：感受自身肌肉、腱、关节的张力和运动的器官。能感受自身姿态、运动，不会适应（习惯化），对刺激敏感。

45. **效应器**(effectors)：是生物在信号刺激下对外界刺激做出反应的部位。

46. **肌丝滑行学说**：肌纤维的缩短是肌小节中粗肌丝和细肌丝相对运动的结果。

47. **无性生殖**(asexual reproduction)：不经过生殖细胞的结合，由母体直接产生出新个体的生殖方式。

48. **接合生殖**：两个亲体细胞间形成接合部位，交换部分核物质后再产生新个体的繁殖方式。

49. **有性生殖**(sexual reproduction)：由亲本产生两性生殖细胞（也叫做配子），经过两性生殖细胞（如卵细胞和精子）的结合，成为合子（如受精卵），再由合子发育成为新个体的生殖方式。

50. **受精**(fertilization)：精子穿入卵子形成受精卵的过程，它始于精子细胞膜与卵子细胞膜的接触，终于两者细胞核的融合。

51. **分娩**(parturition)：成熟的胎儿从子宫娩出母体的过程。

52. **绝育**(sterilization)：用外科手术结扎输精管（男性）或输卵管（女性），阻止精子和卵子的输出以达到避孕目的的措施。

53.人工流产(abortion)：在避孕失败后不得已而采取的人工终止妊娠的措施。

考研精粹

脊椎动物的结构与功能

1.(华东师范大学 2012)脊椎动物有哪几种基本组织？各自的结构和功能。

(河南师范大学 2014)脊椎动物有几类基本组织？各有什么作用？

【答案要点】脊椎动物体内有 4 种基本组织，即上皮组织、结缔组织、肌肉组织、神经组织。

上皮组织由上皮细胞构成，紧密排列成层，覆盖在身体表面和体内各种囊、管、腔的内表面，有保护、吸收和分泌作用。结缔组织由多种细胞、3 种蛋白质纤维和无定形基质构成。其特点是有发达的细胞间质，细胞分散于细胞间质之中。结缔组织可分为疏松结缔组织、致密结缔组织、软骨、骨、脂肪组织、血液和淋巴，起着联接和支持其他的组织的作用。肌肉组织由肌细胞构成，分为横纹肌、平滑肌和心肌 3 种，在动物的运动中发挥作用。神经组织由神经细胞(或称神经元)和神经胶质细胞所组成，构成一个通讯网络。

2.(中国科学院水生生物研究所 2011)脊椎动物体内有 4 种基本组织：_____、_____、_____和_____。

(昆明理工大学 2011)动物组织是由形态功能类似的细胞和细胞间质组成的多细胞的基本结构单位。分为_____、_____、_____和神经组织 4 种。

(西南大学 2012)脊椎动物体内有 4 种基本组织，它们是上皮组织、_____、肌肉组织和神经组织。

【答案】上皮组织，结缔组织，肌肉组织，神经组织。

3.(云南大学 2011)在人体的外表面、体腔的内表面和各种管道的表面覆盖的组织是_____。

A.结缔组织　　　　　　B.上皮组织　　　　　　C.肌肉组织　　　　　　D.神经组织

【答案】B

4.(中国科学技术大学 2013)_____组织的特点是有发达的细胞间质，细胞分散于细胞间质之中。

【答案】结缔

5.(江西师范大学 2013,厦门大学 2013,云南大学 2011)肌肉组织包括_____、_____、_____等三种。

【解析】脊椎动物的肌细胞分 3 类：横纹肌、平滑肌和心肌。横纹肌细胞呈圆柱形，多核，光学显微镜下可见明暗交替的横纹。心肌主心脏的收缩，短柱状，和骨骼肌相似，也有横纹。心肌细胞是分支的，这些分支彼此紧密相连。在光学显微镜下可看到心肌上有染色很深的横盘，称为闰盘，其实就是肌细胞各分支相连之处，是一种间隙连接样的结构，这种连接把心房或心室的全部心肌细胞连接成一个整体，离子很容易穿过，动作电位的传导也很少阻力，因而 2 个心房或 2 个心室才能协调行动，即同时收缩、同时舒张。平滑肌细胞呈梭形，在显微镜下看不到横纹。

【答案】横纹肌、平滑肌、心肌

6.(浙江海洋大学 2014)硬骨属于_____。

A.上皮组织　　　　　　B.结缔组织　　　　　　C.肌肉组织　　　　　　D.神经组织

【答案】B

7.(云南大学 2010)血液属于_____。

A.上皮组织　　　　　　B.肌肉组织　　　　　　C.结缔组织　　　　　　D.神经组织

【答案】C

8.(西南大学 2011,青岛海洋大学 2000)神经组织是由_____和_____组成的。

【答案】神经细胞、神经胶质细胞

9.（河南大学 2019，云南大学 2010）举例说明什么是器官与器官系统？高等脊椎动物有哪些器官系统？

【答案】器官是由几种不同类型的组织结合而成的，具有一定形态特征和生理机能的结构。高等动物的器官比较复杂，如胃，肝，心，肾，肺等都是各种不同的器官，其中胃是一种消化器官，由上皮组织、结缔组织、肌肉组织和神经组织构成。一些在功能上密切关联的器官，相互协同以完成机体某一方面的功能，称为系统。如由口腔、咽、食道、胃、小肠、大肠、肝、胰等构成消化系统。

高等脊椎动物主要有 11 种器官系统：皮肤系统、骨骼系统、消化系统、循环系统、淋巴系统和免疫系统、呼吸系统、排泄系统、内分泌系统、神经系统、生殖系统等。

10.（南京大学 2014）什么是稳态？从生命的不同层次阐述动物生物学中的稳态。

【答案】稳态主要指内环境相对稳定的状态。内环境的稳态是细胞生活所必需的。内环境稳态是在机体的调节作用下，通过各器官系统分工合作、协调统一而实现的。

稳态的概念也扩展到机体内极多的保持协调、稳定的生理过程，例如生命活动功能以及正常姿势的维持等；也用于机体的不同层次或水平（细胞、组织器官、系统、整体、群体）的稳定状态。

在分子水平上，如基因表达的稳态调节、酶活性的稳态调节；在器官水平上，如心脏活动的稳态调节（血压、心率）、消化液分泌的稳态调节；在宏观水平上，如种群数量或结构的稳态调节等。

11.（浙江师范大学 2012）生物体内含有大量液体，包括水和其中溶解的物质，这些液体总称为内环境。（　　）

【解析】人体内含有大量的液体，这些液体统称为体液。体液可以分为两大部分：存在于细胞内的部分，叫做细胞内液；存在于细胞外的部分，叫做细胞外液。细胞外液主要包括组织液（组织间隙液的简称）、血浆（血液的液体部分）和淋巴等。人体内的细胞外液，构成了体内细胞生活的液体环境，这个液体环境叫做人体的内环境。

【答案】错

12.（中国科学技术大学 2013）维持内环境稳定的主要调节机制是_____。

【解析】维持内环境的稳定要靠复杂的生理调节过程，这是一种自动控制的过程。在一个控制系统中必须将输出改变后的效果送回一部分给敏感元件以调节输出，这个过程称为反馈。负反馈指一个系统的输出增加的信息传送到敏感元件引起系统输出减少。正反馈指一个系统输出增加的信息传送到敏感元件引起系统输出增加。

【答案】反馈

营养与消化

1.（中国科学技术大学 2013，暨南大学 2006）生物摄取营养物质的方式可归纳为_____和_____。

【答案】自养，异养

2.（湖南农业大学 2011，四川大学 2006，三峡大学 2006）人体必需的营养素包括_____、_____、_____、_____、_____和_____六种。

【解析】异养生物从食物中所摄取的营养成分称为营养素（nutrients）。营养素除水以外，还包括糖类、脂类、蛋白质、维生素和矿物质五大类。

【答案】水，矿物质，糖类，脂类，蛋白质，维生素

3.（四川大学 2011）人体必需氨基酸是人体不能合成、必须从食物中获取的氨基酸，包括_____。

A. Ala   B. Leu   C. Lys   D. Gly

【答案】BC

4.(中国科学技术大学 2013)人体必需的氨基酸不包括_____。

A. 蛋氨酸　　　　　　B. 亮氨酸　　　　　　C.丝氨酸　　　　　　D.缬氨酸

【答案】C

5.(浙江师范大学 2011)下列哪种物质缺乏容易使人患甲状腺肿大(甲亢)_____。

A.铁　　　　　　　　B.碘　　　　　　　　C. V_A　　　　　　　D. V_C

【答案】B

6.(中国科学技术大学 2013)脂溶性维生素有哪些? 人体缺少它们时分别会出现哪些症状?

【答案】脂溶性维生素包括维生素 A、D、E、K。

维生素 A 是视网膜中视杆细胞的感光物质,即视紫红质的主要成分。维生素 A 缺乏时,会对弱光敏感性降低,日光适应能力减弱,严重时会发生夜盲症。维生素 A 也是维持上皮组织的结构与功能所必需的物质。缺乏时,可引起上皮组织干燥、增生和角质化。维生素 D 主要的作用是促进钙及磷的吸收,有利于骨的生成、钙化,当缺乏维生素 D 时,儿童可发生佝偻病,成人引起软骨病。维生素 E 是体内最重要的抗氧化剂,能避免脂过氧化物的产生,保护生物膜的结构与功能。维生素 E 又称生育酚,动物缺乏维生素 E 时其生殖器官发育受损甚至不育。维生素 K 对正常的血液凝固有重要作用。缺乏维生素 K 可出现血凝缓慢,甚至可出现大出血。

7.(暨南大学 2012)人体如果缺少维生素_____易患恶性贫血,缺少维生素_____易患坏血病。

【答案】B_{12},C

8.(昆明理工大学 2012)与凝血有关的维生素是_____,与钙的吸收有关的维生素是_____。人体所需的维生素 B_{12} 可以由生活于结肠上半段的_____通过代谢来合成。

【答案】维生素 K,维生素 D。大肠杆菌

9.(浙江师范大学 2011)在消化系统的演化过程中,有细胞内消化和细胞外消化之分,下列动物属于细胞外消化的是_____。

A. 草履虫　　　　　　B. 水螅　　　　　　C. 涡虫　　　　　　D. 昆虫

【答案】BCD

10.(四川大学 2013)人体肥胖是摄入的多余能量以脂肪形式大量储存的结果。(　　　)

【答案】对

11.(西南科技大学 2014)简述人体消化系统的结构和功能。食物是怎样被消化吸收的?

(湖南农业大学 2013)从人体消化系统组成角度分析食物是如何被消化吸收的?

【答案要点】消化系统包括口腔、咽、食道、胃、小肠、大肠、直肠等部分。消化从口腔开始,主要进行机械性消化。小肠是消化食物和吸收营养素的主要器官,肝、胰分泌消化液,小肠多种运动形式和特殊结构有利于食物消化吸收。

食物的消化是从口腔开始的,食物在口腔内以机械性消化(食物被磨碎)为主,因为食物在口腔内停留时间很短,故口腔内的消化作用不大。食物从食道进入胃后,即受到胃壁肌肉的机械性消化和胃液的化学性消化作用,此时,食物中的蛋白质被胃液中的胃蛋白酶(在胃酸参与下)初步分解,胃内容物变成粥样的食糜状态,小量地多次通过幽门向十二指肠推送。食糜由胃进入十二指肠后,开始了小肠内的消化。小肠是消化、吸收的主要场所。食物在小肠内受到胰液、胆汁和小肠液的化学性消化以及小肠的机械性消化,各种营养成分逐渐被分解为简单的可吸收的小分子物质在小肠内吸收。因此,食物通过小肠后,消化过程已基本完成,只留下难于消化的食物残渣,从小肠进入大肠。大肠吸收水和各种电解质并排出粪便。

12.(清华大学 2015)简述淀粉、脂肪、蛋白质在消化道消化吸收的过程。快速减肥对身体有哪些伤害?

【答案】淀粉被胰淀粉酶水解成单糖,在小肠粘膜上皮细胞的微绒毛上吸收。单糖分子依靠微绒毛膜上的载体主动转运进入上皮细胞。

　　蛋白质基本上在胃和小肠上段被消化。胃蛋白酶将蛋白质分解为多肽;在小肠中胰蛋白酶、胰凝乳蛋白酶、羧肽酶的催化下,进一步分解,最后被小肠上皮细胞分泌的肽酶分解为氨基酸。氨基酸也是在小肠中由粘膜上皮细胞微绒毛上的载体主动转运进入上皮细胞的。

　　脂肪消化的第一步是在胆汁中胆盐作用下降低它的表面张力,再经肠管的分节运动和蠕动使脂肪乳化成非常细小的乳化微粒。在小肠经胰脂肪酶的作用而水解为脂肪酸和甘油。脂肪酸和单酰甘油酯易溶于上皮细胞微绒毛并扩散到细胞内。

　　快速减肥会导致营养不良影响身体健康,个别甚至出现精神性厌食症。

13.(西南大学 2012)从结构与功能相适应的角度试述小肠在食物消化吸收过程中的重要作用。

【答案】小肠是主要的消化吸收器官,肝脏提供的胆汁和胰脏分泌的多种水解酶都通入小肠。小肠的多种运动形式也有利于食物的消化吸收。小肠具有特殊结构有利于吸收营养物质,一个重要的形态特征是与食物接触的面积特别大,极大的提高了小肠的消化和吸收的效率。如人的小肠长 5～7 m;小肠粘膜的环状皱褶内有大量的绒毛,每个柱状上皮细胞膜腔面突起为微绒毛,吸收表面积比小肠管的内表面增大 600 倍;被分解的小分子物质在小肠内停留时间最长;绒毛内神经、毛细血管、毛细淋巴管丰富,不同部位吸收不同的营养物质。

14.(江西师范大学 2014,西南大学 2007)人的三对唾液腺为_____、_____和_____。

【答案】腮腺、舌下腺、颌下腺

15.(西南大学 2011)胃储存食物,同时对食物有消化作用。(　　)

【答案】对

16.(清华大学 2013)胃的主细胞分泌胃蛋白酶原,壁细胞分泌盐酸。(　　)

【解析】胃腺的壁细胞分泌 HCl,盐酸能使不活动的胃蛋白酶原转变为具有活性的胃蛋白酶。另一种分泌细胞主细胞分泌胃蛋白酶原。

【答案】对

17.(浙江师范大学 2012)人体中消化蛋白质成多肽或氨基酸的主要器官是_____。

A. 口腔　　　　　　　B. 胃　　　　　　　C. 小肠　　　　　　　D. 大肠

【答案】BC

18.(西南大学 2011)人体对食物的消化始于口腔,消化道中的小肠既是营养物质的主要消化场所,又是主要_____。

【答案】吸收部位

19.(江西师范大学 2014)消化管管壁的结构由外至内分为 4 层,即浆膜层、_____、_____和粘膜层。

【答案】肌肉层、粘膜下层

20.(中国科学院研究生院 2012)马、兔等食草动物在_____中消化纤维素。

A. 小肠　　　　　　　B. 大肠　　　　　　　C. 盲肠　　　　　　　D. 阑尾

【答案】BC

21.(江西师范大学 2013,云南大学 2012)牛、羊等反刍类动物的"胃"分为四室,即瘤胃、网胃、_____和_____。其中_____为本体胃。

【答案】瓣胃,皱胃。皱胃

血液与循环

1.(湖南农业大学 2011)体液组成主要有_____、_____、_____、_____。

【解析】人体内含有大量的液体,这些液体统称为体液。体液可以分为两大部分:存在于细胞内的部分,叫做细胞内液;存在于细胞外的部分,叫做细胞外液。细胞外液主要包括组织液(组织间隙液的简称)、血浆(血液的液体部分)和淋巴等。

【答案】血浆、淋巴、组织液、细胞内液

2.(河南师范大学 2014,四川大学 2008)血液组成及其功能是什么?

【答案】血液是由血细胞悬浮在血浆中构成的。血浆约占血液体积的 53%,淡黄色,主要成分是水。无机盐离子、蛋白质及氨基酸、糖类、脂类、激素、固醇、抗体、维生素以及 O_2、CO_2、N_2 溶解其中。血浆蛋白含量为 6%～8%,主要包括清蛋白、球蛋白、纤维蛋白原,在维持渗透压、物质运输、机体免疫、血液凝固等方面起作用。

血细胞分红细胞、白细胞和血小板 3 类。红细胞的主要功能是运输 O_2 和 CO_2。白细胞保护身体,抵抗外来微生物侵袭。血小板主要在凝血中发生作用。

3.(江西师范大学 2013,暨南大学 2006)血液由_____和血细胞组成,血细胞包括_____。

【答案】血浆,红细胞、白细胞和血小板

4.(江西师范大学 2014,华南理工大学 2005)血浆的主要成分是_____。

A. 蛋白质　　　　　　　B. NaCl　　　　　　　C. 水　　　　　　　D. 胆固醇

【答案】C

5.(江西师范大学 2013,云南大学 2007)与血红蛋白的亲合力最大,但又不容易分离的物质是_____。

A. O_2　　　　　　　B. CO　　　　　　　C. CO_2　　　　　　　D. NO

【解析】血红蛋白和 CO 的亲和力远比和 O_2 的亲和力大。CO 和 O_2 都是能在血红蛋白的 Fe 原子上结合的,血红蛋白分子一旦和 CO 结合,便不能再和氧结合。即使空气只含有少量的 CO,人的血红蛋白分子也将有一半被 CO 占据,CO 与血红蛋白的结合虽然是可逆的,但 CO 从血红蛋白分子上脱下的反应却是很慢的,需要较长时间才能完成。煤气中毒指的就是 CO 中毒。

【答案】B

6.(江西师范大学 2014)试述血液凝固的主要过程。

【答案】血液由流动的液体状态变为凝胶状态的过程称为血液凝固,简称凝血。血液凝固的本质是在凝血因子的作用下发生一系列酶促生化反应,使血浆中的可溶性纤维蛋白原转变为不溶性纤维蛋白的过程。纤维蛋白交织成网,将很多血细胞网罗在内,形成血凝块。

凝血过程分为三个步骤:①凝血酶原复合物的形成。可通过内源性凝血途径和外源性凝血途径生成,进而激活凝血酶原。②凝血酶原的激活。凝血酶原在凝血酶原复合物的作用下激活成为凝血酶。③纤维蛋白的生成。在凝血酶的作用下,使纤维蛋白原转变成不溶的纤维蛋白。

7.(四川大学 2013,武汉大学 2007)通常的 ABO 血型是指_____。

A. 红细胞上受体类型　　　　　　　B. 红细胞表面特异凝集素的类型

C. 红细胞表面特异凝集原的类型　　　　　　　D. 血液中特异凝集素的类型

【答案】C

8.(南京大学 2013)输血时应注意什么? 献血会影响健康吗?

【答案】输血时必须血型相符。由于血液中存在多种血型系统,即使是 ABO 血型系统,也存在着多个亚型,为避免亚型之间发生凝集反应,必须进行交叉配血试验。在生育年龄的妇女和需要反复输血的病人,还须使供血者与受血者的 Rh 血型相合。

人体内的血液总量约占体重的 8%,一般成人的血液总量为 4000～5000ml,一次献血 200～300ml 不会影响身体健康。实际调查发现,一个 50～60kg 体重的成年人,一次抽血 200～300ml,血液中的红细胞在一个月内可以完全恢复,甚至超过抽血前的水平。这是由于失血造成缺氧,引起肾产生的促红细胞生成素增多,加速红细胞生成。

9.(中国科学院研究生院 2012)人的红细胞表面带有抗原物质,称为_____。

【答案】凝集原

10.(暨南大学 2012)人类红细胞上的凝集原是由_____和_____形成的。

【答案】糖蛋白、糖脂

11.(西南大学 2012)同血型的人之间由于血液中的凝集原与_____相同,可以相互输血。

【答案】凝集素

12.(浙江师范大学 2011)请介绍人体血液的双循环过程。

(中国科学技术大学 2013)请简述体循环和肺循环的过程。

【答案要点】血液循环可分为体循环和肺循环。

左心室收缩,多氧血进入大动脉。大动脉沿胸腹背面正中线后行,一路分支,从大动脉到动脉、小动脉,最后形成毛细血管网而深入到各器官组织中。毛细血管中的血液在完成了和各器官组织之间的气体和物质交换之后,从毛细血管经小静脉、静脉、大静脉,而流回右心房。这就完成了一次体循环(systemic circulation)。

肺循环(pulmonary circulation)是右心室的缺氧血从肺动脉流入肺。肺动脉在肺中多次分支,最后成为毛细血管网,其中血液从肺泡吸收 O_2,将 CO_2 排入给肺泡。多氧血经肺静脉而流回左心房,再入左心室,开始新的一轮体循环。

13.(西南大学 2011)每次心脏搏动,由收缩到舒张的过程,称为_____。

【答案】心动周期

14.(清华大学 2013)简述心脏的传导途径。

【答案】哺乳动物的心肌分化出一类心肌细胞,构成特殊传导系统。心脏传导系统功能是发生冲动并传导到心脏各部,使心房肌和心室肌按一定节律性收缩,包括窦房结、房室结、房室束和浦肯野纤维。正常心脏兴奋由窦房结产生后,一方面经过心房肌传导到左右心房,同时传到房室结引起房室结兴奋。兴奋在房室结延搁约 0.07s,使整个心房可完全收缩把全部血液送入心室。然后兴奋通过房室束及其左束支、右束支以及蒲肯野纤维迅速传播到两个心室的全部细胞,引起心室收缩。

15.(西南科技大学 2012)心脏的起搏点位于_____。

A. 房室结　　　　　　　B. 窦房结　　　　　　　C. 房室束　　　　　　　D. 蒲肯野纤维

【答案】B

气体交换与呼吸

1.(西南科技大学 2012)简述呼吸系统的结构和功能。

【答案】呼吸系统包括口、鼻、咽、喉、气管、支气管和肺等器官。其功能是与外界进行气体交换,吸进氧气,呼出二氧化碳。

鼻是呼吸道的起始部分,是气体进出的门户。气管由半环状的气管软骨做支架,纤毛上皮细胞协同运动通过咳嗽排出异物。肺是最主要的呼吸器官,主要由反复分支的支气管及其最小分支末端膨大形成的肺泡共同构成。肺泡壁只有一层上皮细胞,分布着毛细血管。肺泡是进行气体交换的场所。肺的换气活动依靠胸廓的运动,骨骼肌的收缩和舒张。

2.(西南科技大学 2012)动物进行气体交换的部位是_____。

A. 鼻　　　　　　　　　B. 肺　　　　　　　　C. 气管　　　　　　　D. 支气管

【答案】B

3.(云南大学 2010)哺乳类肺的功能单位是_____。

【答案】肺泡

4.(浙江师范大学 2011)在不限时间的情况下,作一次最大的吸气后,再尽力呼气时所能呼出的气体量称为_____。

A.肺活量   B.潮气量   C.补吸气量   D.补呼气量

【答案】A

5.(西南大学 2011)肺通气量是指单位时间内进入肺的气量。(　　)

【答案】错。肺通气量是指单位时间内进出肺的气量。可分为每分通气量、最大通气量和肺泡通气量等。

内环境的控制

1.(华东师范大学 2012)动物体温调节有哪几种途径,恒温动物如何调节体温?

【答案】动物按照调节体温的能力分为变温动物、异温动物和恒温动物 3 类。变温动物通过动物的行为来调节体温,为行为性体温调节。恒温动物主要是通过调节体内生理过程来维持相对稳定的体温,称为生理性体温调节。在变温动物与恒温动物之间还有一类为数很少的异温动物,包括很少几种鸟类和一些低等哺乳动物。它们的体温调节机制介于变温动物与恒温动物之间。

恒温动物调节体温的中枢位于下丘脑。包括视前区——下丘脑前部和下丘脑后部。恒温动物通过调节供热与散热来维持稳定的体温。视前区——下丘脑前部接受温度刺激后,把信息传到下丘脑后部进行整合,调节产热和散热的过程,使体温保持相对稳定。

2.(湖南农业大学 2011)恒温动物体温调节方式为_____,而变温动物体温调节方式为_____,而异温动物体温调节方式为_____。

【答案】生理性体温调节,行为性体温调节,介于变温动物与恒温动物之间。

3.(南京大学 2014)人体体温是如何保持稳定的? 处于低温状态如何维持体温?

【答案】人体体温能够保持相对稳定,是通过调节其产热和散热的生理活动,使产热和散热保持动态平衡的结果。人体安静时主要由内脏、骨骼肌的代谢提供热量。运动时,骨骼肌收缩产热量剧增。寒冷环境刺激可引起骨骼肌的寒颤反应,使产热量增加。高温时,通过辐射、传导和对流以及蒸发等物理方式散热。环境气温等于或高于体温时,汗和水分的蒸发即成为唯一的散热方式。

低温时,寒冷刺激可引起骨骼肌出现寒颤性收缩,使产热增加 4～5 倍,称为寒颤性产热。体内糖皮质激素、肾上腺素、去甲肾上腺素、甲状腺激素分泌增多,促进机体(特别是肝脏)产热增多;全身脂肪代谢的酶系统也被激活,导致脂肪被分解、氧化,产生热量。

4.(西南大学 2012)_____是人体最重要的体温调节中枢。

(中国科学院研究生院 2012)体温调节中枢的所在地是_____。

【答案】下丘脑

5.(西南大学 2011)发热是一种病理反应,而一定程度的发热是机体对疾病的生理性防御反应。(　　)

【答案】对

6.(中国科学院水生生物研究所 2010)人体参与排泄的器官有哪些? 简述其在维持内环境稳定中的作用。

【答案】排泄是将分解代谢的终末产物排出体外的过程。人体参与排泄的器官包括:呼吸器官,由肺排出 CO_2 和少量的水;消化器官,肝分泌胆色素经肠排出,大肠黏膜排出无机盐;皮肤,通过汗腺排出水、盐和尿素等;肾脏,人体最重要的排泄器官。肾脏清除体内代谢终末产物,如尿素、尿酸等,清除体内异物和它们的代谢产物,维持体内适当的水含量,维持体液中离子适当浓度,维持体液的渗透浓度,在维持内环境稳定中起着重要的作用。

7.(江西师范大学 2013,云南大学 2004)肾单位由_____和_____组成。

【解析】肾脏主要由约 100 万个具有相同结构与机能的肾单位和少量结缔组织所组成,其间有大量血管和神经纤维。肾单位包括肾小体和肾小管两部分。

【答案】肾小体,肾小管

8.(西南科技大学 2013)人体的泌尿系统由_____、_____、_____和_____组成。

【答案】肾、输尿管、膀胱、尿道

9.(浙江师范大学 2012,青岛海洋大学 2001)请介绍人体中尿液形成的过程。

【答案】尿的形成包括超滤、重吸收和分泌 3 个过程。

①肾小球超滤。肾小球毛细血管密,分支多,面积大;入球小动脉直径大于出球小动脉直径,形成有效过滤压。血液流经肾小球时,除了血细胞、大分子蛋白质外,血浆中水分、葡萄糖、无机盐、氨基酸、尿酸、尿素都可以通过肾小球过滤到肾小囊腔内形成原尿。

②肾小管的重吸收。近曲小管是最主要的重吸收部位,近曲小管上皮细胞内侧有许多微绒毛,这种结构大大地增加了重吸收的面积。肾小球滤过流经近曲小管后,滤过液中 67% Na^+、Cl^-、K^+ 和水被重吸收,85% 的 HCO_3^- 也被重吸收,葡萄糖、氨基酸全部被重吸收,近曲小管重吸收的关键动力是基侧膜上的 Na^+ 泵。近曲小管液流经髓袢过程中,约 20% 的 Na^+、Cl^- 和 K^+ 等物质被进一步重吸收。在远曲小管和集合管,重吸收大约 12% 滤过的 Na^+ 和 Cl^-,重吸收不同量的水。原尿流经肾小管时,全部的葡萄糖、氨基酸,大部分的水,部分的无机盐可以通过肾小管重吸收回血液,而剩下部分水分、无机盐、尿酸、尿素经肾小管、集合管流出。

③肾小管和集合管的分泌。H^+、K^+、NH_3、有机酸、有机碱、药物等肾小管上皮细胞自身代谢产物分泌到肾小管液中,与原尿中剩下的其他废物,尿素,一部分无机盐和水,由肾小管流出,形成终尿。

10.(清华大学 2015)肾脏是怎样调节体内平衡的?

【答案】

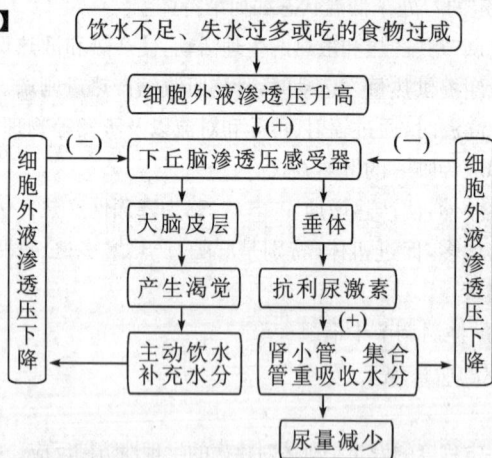

免疫系统与免疫功能

1.①(昆明理工大学 2018)简述人体对抗病原体的三道防线及其各自的特点。

②(华南师范大学 2014)请说明人体对抗病原体侵害有哪三道防线,各道防线的特点与功能是什么?

③(暨南大学 2013)简述人体的三道防线。

④(江苏大学 2010)简述人体对付病原体的侵袭的主要三道防线。

【答案要点】人体对抗病原体的第一道防线是体表的屏障,包括身体表面的物理屏障和化学防御。通常病原体不能穿过皮肤和消化、呼吸、泌尿、生殖等管道的粘膜。角质细胞、分泌的油脂、真皮、溶菌酶都能抑制病原体的生长;体内的先天免疫是人体对抗病原体的第二道防线,包括局灶性炎症反应,补体系统,干扰素;机体针对特定病原体发生的特异性反应为免疫应答,是人体对抗病原体的第三道防线。

2.(江西师范大学 2014,青岛海洋大学 2000)免疫机制有两种:_____和_____。

【答案】非特异性免疫,特异性免疫

3.(江苏大学 2010)病毒感染细胞后,相邻细胞会产生_____。

A. 类毒素 　　　　　　　　　　　　　B. 生长素

C. 外毒素 　　　　　　　　　　　　　D. 干扰素

【解析】干扰素是受病毒感染的细胞所产生的能抵抗病毒感染的一组蛋白质。

【答案】D

4.(江西师范大学 2014,江苏大学 2014)干扰素是治疗_____的特效药。

A. 病毒感染 　　　　B. 细菌感染 　　　　C. 真菌感染 　　　　D. 寄生虫病

【答案】A

5.(江苏大学 2011)干扰素可以杀死病毒。(　　)

【答案】错。干扰素并不直接杀死病毒,而是刺激自身和周围细胞产生另一种能抑制病毒复制的蛋白质,从而抵抗感染。

6.(江苏大学 2014)属于特异性免疫的是_____。

A. 淋巴结对病原菌的过滤 　　　　　　B. 皮肤对痢疾病原菌的屏障作用

C. 患过天花的人对天花病毒具不感染性 　D. 人体唾液中的溶菌酶使大肠杆菌死亡

【答案】C

7.(华侨大学 2012)简述人体的免疫系统。

【答案】免疫系统由免疫器官(骨髓、脾脏、淋巴结、扁桃体、胸腺等)、免疫细胞(淋巴细胞、单核吞噬细胞、粒细胞、肥大细胞、血小板等),以及免疫分子(补体、免疫球蛋白、干扰素、白细胞介素)组成。免疫系统分为固有免疫(又称非特异性免疫)和适应免疫(又称特异性免疫),其中适应免疫又分为体液免疫和细胞免疫。

8.(江西师范大学 2014)属于淋巴器官的是_____。

A. 肝脏 　　　　B. 肾脏 　　　　C. 脾脏 　　　　D. 胰脏

【答案】C

9.(湖南农业大学 2014,暨南大学 2009,中国地质大学 2007)试述免疫应答的特点及类型。

【答案】机体针对特定病原体发生的特异性反应,为免疫应答(immune response)。

免疫应答有 3 个特点:①特异性。淋巴细胞能识别并清除特定的病原体。②记忆。在与一种病原体发生一次对抗后,产生记忆淋巴细胞,一旦相同的病原体重新入侵,保留的淋巴细胞会迅速攻击,将它们清除掉。③识别自身和外物,只消灭外物而不消灭自身。

特异性免疫应答分为体液免疫和细胞免疫。由 B 细胞产生游离于体液的抗体,靠抗体消灭外来物实现免疫的方式是体液免疫(humoral immunity)。由 T 细胞直接攻击外来物的免疫方式是细胞免疫(cellular immunity)。这两种免疫关系非常密切,互相影响。

10.(西南科技大学 2013,西南大学 2007)特异性免疫应答分为_____和_____,参与这两种免疫应答的白细胞分别为_____和_____。

【答案】体液免疫、细胞免疫,B 细胞、T 细胞

11.(西南大学 2012)由抗体介导的免疫应答称为细胞免疫。(　　)

【答案】错

12.(中国科学院水生生物研究所 2011)特异性免疫应答分为两大类:_____和_____。

【答案】体液免疫,细胞免疫

13.(中国科学院研究生院 2012)试述淋巴细胞的发生和发育过程。

【答案】淋巴细胞是具有特异性免疫功能的一种白细胞,分为 T 淋巴细胞、B 淋巴细胞两类。这两类淋巴细胞都来源于骨髓的淋巴干细胞,一部分进入胸腺,分化增殖,发育为 T 淋巴细胞。另一部分在人骨髓内发育为骨髓依赖淋巴细胞(B-lymphocytes),即 B 淋巴细胞。与 T 淋巴细胞相比,它的体积略大。这种淋巴细胞受抗原刺激后,会增殖分化出大量浆细胞。浆细胞可合成和分泌抗体并在血液中循环。

14.(西南大学 2012)除了同卵双胞胎外,没有两个人有相同的主要组织相容性复合体(MHC)标志。(　　)

【答案】对

15.(西南科技大学 2013)简述 B 淋巴细胞和 T 淋巴细胞的功能。

【答案】B 淋巴细胞和 T 淋巴细胞都起源于骨髓中的淋巴干细胞。一部分淋巴干细胞在胸腺内发育为 T 淋巴细胞,其中辅助性 T 淋巴细胞和细胞毒性 T 淋巴细胞对激活细胞免疫和体液免疫具有重要作用。细胞毒性 T 细胞被激活后,可以直接将感染的细胞溶解清除。

另一部分在骨髓内发育为成熟的 B 细胞,直接进入淋巴结、脾脏等器官,当受到病毒等抗原的刺激时,即可进行繁殖和扩增,成熟为浆细胞,产生抗体,中和入侵的病毒或细菌。

16.(中科院 2012)免疫作为一种防疫机制的特点是_____和_____。

【答案】特异性,记忆

17.(昆明理工大学 2013,华南理工大学 2005)简述抗体对细菌和病毒的杀灭机制。

【答案】①沉淀和凝集。已知每一个抗体分子至少有 2 个结合点。一个抗原分子常有多个能与抗体结合的部位,即常有多个抗原决定子。因此,一个抗体可和 2 个以上抗原结合,而一个抗原则可和多个抗体结合。于是,多个抗体和多个抗原可辗转结合形成大而复杂的结合网。如果抗原分子是可溶蛋白质,抗体的结合就使抗原分子失去溶解性而沉淀;如果抗原分子是位于细胞上的,抗体的结合就使这些细胞凝集成团而失去活动能力,如血液凝集。血液中的单核细胞可长大而成吞噬能力强大的巨噬细胞。免疫反应能刺激巨噬细胞和粒细胞的吞噬能力,将抗原抗体反应形成的沉淀或细胞集团吞噬(吞噬作用)。至此,侵入的抗原分子被彻底清除。

②补体反应。对于细菌等细胞性质的抗原,只靠抗体的作用往往不能消灭,必须有"补体"(complement)产生的破膜复合体的参加才能使它们溶解死亡。补体是存在于血清、体液中的蛋白质分子。补体系统不是抗体,也不是单一的蛋白质,而是相对分子质量在 24 000～400 000 之间的一系列蛋白质分子,分别称为 C_1～C_9、B 因子、D 因子等。此外,还包括许多调节蛋白分子。C_1～C_4 和 B 因子、D 因子都是酶原分子,在正常情况下,没有活性。只有在发生了免疫反应之后,或在细菌等抗原直接刺激下,才陆续被激活。这个激活过程十分复杂,其终产物是使细菌等抗原外膜穿孔而死亡的破膜复合体。

③K 细胞(杀伤细胞)的激活。抗体的作用除与抗原结合,使各种吞噬细胞和补体活跃起来而使抗原被消灭外,还有另一种作用,就是促进杀伤细胞活跃起来,将抗原杀死。K 细胞在形态上和淋巴细胞相似,也存在于血液之中,但 K 细胞既非 T 细胞,也非 B 细胞。抗体与抗原结合后,K 细胞的表面受体能和抗原表面的抗体结合,即将抗原杀死。除 K 细胞外,巨噬细胞以及中性和嗜酸性粒细胞也同样可被抗体激活,杀死抗原。

18.(西南科技大学 2012,浙江林学院 2007)下列物质中不属于抗原的物质是_____。

A. 毒素　　　　　　　B. 微生物　　　　　　　C. 植物花粉　　　　　　　D. 生理盐水

【答案】D

19.(暨南大学 2015)免疫系统被外来抗原激活的基本过程。

【答案】B 细胞表面的受体分子与遇到的抗原的决定子结合,B 细胞被活化,并长大和分裂形成有同样免疫能力的细胞群,又继续分化为浆细胞群和记忆细胞群。巨噬细胞和助 T 细胞参与 B 细胞的活化。记忆细胞寿命长,对抗原十分敏感(本身也分泌抗体),能记住入侵的抗原。并且在同样抗原第二次入侵时,记忆细胞能更快地作出反应——能很快地分裂产生新的浆细胞和记忆细胞,浆细胞再产生抗体以消灭抗原,这就是二次免疫反应。

带有不同 MHC 分子的外源细胞,如移植器官,在植入动物体后,体内带有特异受体的 T 细胞分裂产生大量新的 T 细胞,其中胞毒 T 细胞有杀伤力,使移植器官的细胞破裂而死亡。助 T 细胞分泌物质使胞毒 T 细胞、巨噬细胞以及各种有吞噬能力的白细胞活化起来,大量集中于移植器官区域,与胞毒 T 细胞合作,将移植器官吞噬消灭。在这一免疫反应完成时,抑 T 细胞开始发挥作用,抑制助 T 细胞和其他淋巴细胞的活动,从而终止这一免疫活动。此时如果再次植入同一来源的器官,初级免疫活动产生的记忆 T 细胞立即分裂而产生新的效应细胞,使移植的器官迅速被排斥,同时产生新的记忆细胞保持记忆,是次级免疫反应。次级免疫反应比初级免疫反应发生得快,效率也更高。

20.(南京大学 2014)简述单克隆抗体。

【答案】由单一 B 细胞克隆产生的高度均一、仅针对某一特定抗原的抗体,称为单克隆抗体。通常采用杂交瘤技术来制备,杂交瘤(hybridoma)抗体技术是在细胞融合技术的基础上,将具有分泌特异性抗体能力的致敏 B 细胞和具有无限繁殖能力的骨髓瘤细胞融合为 B 细胞杂交瘤。用具备这种特性的单个杂交瘤细胞培养成细胞群,可制备单克隆抗体。

21.(四川大学 2014)艾滋病病毒能抑制人体_____。

A. T 淋巴细胞生长　　　　B. B 淋巴细胞生长　　　　C. 记忆细胞形成　　　　D. 抗体的产生

【答案】A

22.(西南科技大学 2013)与免疫系统无关的疾病是_____。

A. 过敏　　　　　　　　B. 艾滋病　　　　　　　　C. SCID　　　　　　　　D. 癌症

【答案】D

内分泌系统与体液调节

1.(中国科学院水生生物研究所 2013,江苏大学 2011)简述激素的主要作用。

【答案】激素的作用有以下 5 个方面:

①维持稳态;

②促进生长和发育;

③促进生殖活动;

④调节能量转换;

⑤调节行为。

2.(江西师范大学 2013,云南大学 2005)下列对激素的性质和特征描述错误的是_____。

A. 作用力强　　　　　　B. 作用有特异性　　　　　C. 可以积累　　　　　　D. 特定细胞合成

【解析】激素作用的一般特征有①特异性:激素随血液运送到全身各处,选择性的作用于某些器官、组织和细胞。②信息传递作用:激素作为"信使",将生物信息传递给靶细胞,只调节靶细胞固有的功能活动或物质代谢反应的强度与速度。③高效生物放大作用:激素与受体结合后,在细胞内发生一系列酶促放大作用,逐级放大,形成一个高效生物放大器。④激素间相互作用:多种激素共同参与某一生理活动的调节时,激素与激素之间往往存在着协同和颉颃作用。这对维持其功能活动的相对稳定有重要作用。激素都是短命的,在细胞中不能积累,很快就被破坏。

【答案】C

3.(中国科学院水生生物研究所 2013)激素根据它们化学结构的不同,可以分为_____、_____、_____和_____。

【答案】蛋白质类,多肽类,氨基酸衍生物,类固醇

4.(南京大学 2011)动物激素分哪几类？它们的作用机制有什么区别？

(西南科技大学 2012,浙江师范大学 2005)简述动物激素的作用机制。

(西南科技大学 2013)简述水溶性激素的作用机制。

(曲阜师范大学 2011)请用第二信使假说解释含氮激素的作用机制。

【答案要点】特定的器官或细胞在特定的刺激(神经的或体液的)作用下分泌某种特异性物质,即激素。根据化学结构分为 4 类:蛋白质类、多肽类、氨基酸衍生物、类固醇。又可归并为两大类:含氮激素和类固醇激素。

①含氮激素的作用机制:第二信使假说。Sutherland 1965 年提出。含氮激素一般分子较大,不易透过细胞膜,而是先与靶细胞膜表面的特异受体结合,激素是第一信使,当激素与细胞膜上的特异受体结合后,激活了与之偶联的 G 蛋白,通过 G 蛋白再激活膜内的腺苷酸环化酶,催化细胞内的三磷酸腺苷转化为环一磷酸腺苷(cAMP),cAMP 作为第二信使,进一步促进蛋白激酶的活化,影响靶细胞内特有的酶或反应过程,引起靶细胞各种生物效应。

②类固醇激素作用机制:基因表达学说。类固醇激素是一类小分子脂溶性物质,至靶细胞后,能透过细胞膜进入胞内,与胞浆内特异性受体结合形成激素受体复合物。后者,在一定条件下,可透过核膜进入核内,形成核内激素受体复合物。该复合物迅速地与染色质的 DNA 分子结合,启动转录过程,形成信使核糖核酸(mRNA),mRNA 在胞浆翻译合成相应蛋白质,引起相应的生物效应。

5.(昆明理工大学 2011)第一类激素作用在靶细胞表面,并不进入细胞内部,而是与细胞膜表面特异的受体结合。这种结合使_____激活产生_____(一种第二信使),第二信使再去激活细胞内的一些特定的_____,从而引起各种生理效应。

【答案】腺苷酸环化酶,cAMP,酶或反应过程

6.(昆明理工大学 2013)举例说明机体的神经调节和体液调节的不同特点及其相互关系。

【答案】神经调节以反射为基本活动方式,其结构基础是反射弧。体液调节存在着下丘脑—垂体—内分泌腺的分级调节机制和反馈调节。激素在内分泌腺细胞中合成以后,通过外排作用分泌到体液中,通过体液的传送,作用于靶细胞、靶器官。神经调节比体液调节更迅速,更准确。体液调节速度较慢但持久,往往又是在神经系统的影响下活动的。神经调节主要控制肌肉系统,范围局限;体液调节范围广泛。

神经调节和体液调节的联系　①大多数内分泌腺受中枢神经系统的控制。②内分泌腺分泌的激素也影响神经系统的发育和功能。③机体的生命活动常常既受神经调节,也受体液调节,密切合作、相辅相成。

7.(浙江师范大学 2012)生长激素能促进个体生长,成年后该激素过多所产生的疾病为_____。

　　A. 侏儒症　　　　　　　B. 肢端肥大症　　　　　　C. 巨人症　　　　　　D. 色盲症

【解析】腺垂体是体内最重要的内分泌腺。它分泌七种激素,均属蛋白质和多肽类物质。生长激素,催乳素,促黑激素不通过靶腺而发挥作用。促甲状腺激素,促肾上腺激素,促性腺激素对相应靶腺的发育及分泌功能起促进作用。人幼年缺乏生长激素将患侏儒症,生长激素分泌过多则患巨人症。成年后该激素分泌过多形成肢端肥大症,由于垂体生长激素分泌过多开始于青春期后,骨骺已融合,骨不可能再变长,其变化就仅仅表现在头部,手部和足部。表现为头颅增大,耳鼻增大,舌体肥厚,眼眶上缘和颧部突出;手足增大增厚,变宽。

【答案】B

8.(西南大学 2012)人体的生长激素主要是在内分泌器官_____分泌的。

【答案】腺垂体

9.(浙江师范大学 2012)甲状旁腺能分泌_____,其作用与降钙素相互拮抗,能提高血钙含量,降低血液中磷酸盐的含量。

　　A. 甲状腺素　　　　　　B. 甲状旁腺素　　　　　　C. 增钙素　　　　　　D. 增高素

【解析】甲状旁腺分泌甲状旁腺素,促进骨钙溶解,促进小肠从食物中吸收钙,结果使血钙浓度上升。甲状腺滤泡旁细胞分泌降钙素,其生物学作用是降低血钙和血磷。这种作用是通过降钙素对骨髓和肾脏的作用来实现的,其对骨髓的作用是抑制破骨细胞的活性、骨溶作用减慢、并使破骨细胞数量减少。与甲状旁腺素作用相反相成。

【答案】B

10.(中国科学院水生生物研究所 2010)胰岛素是如何降低血糖的?

【答案】胰岛素降低血糖的作用是多方面结果:①促进肌肉、脂肪组织等处的靶细胞细胞膜载体将血液中的葡萄糖转运入细胞。②通过共价修饰增强磷酸二酯酶活性、降低 cAMP 水平、升高 cGMP 浓度,从而使糖原合成酶活性增加、磷酸化酶活性降低、加速糖原合成、抑制糖原分解。③通过激活丙酮酸脱氢酶磷酸酶而使丙酮酸脱氢酶激活,加速丙酮酸氧化为乙酰辅酶 A,加快糖的有氧氧化。④通过抑制 PEP 羧激酶的合成以及减少糖异生的原料,抑制糖异生。⑤抑制脂肪组织内的激素敏感性脂肪酶,减缓脂肪动员,使组织利用葡萄糖增加。

11.(华侨大学 2012)哪些激素参与血糖浓度调节?它们的功能是什么?

【答案】胰岛素和胰高血糖素是调节血糖浓度的主要激素。

胰岛素:体内唯一降低血糖的激素。

胰高血糖素:可以使血糖升高。

糖皮质激素和生长激素主要刺激糖异生作用,肾上腺素主要促进糖原分解。这三个激素和胰高血糖素的主要作用是为细胞提供葡萄糖的来源。

12.(西南大学 2012)2 型糖尿病的病因是胰岛细胞的分泌活动下降,或者机体组织对胰岛素的敏感性降低所致。(   )

【答案】对

13.(云南大学 2013,华东师范大学 2007)人体内分泌激素的最高调节部位是_____。

A. 脑干   B. 垂体   C. 大脑   D. 丘脑下部

【答案】D

神经系统与神经调节

1.(西南科技大学 2014,中科院水生所 2011)神经细胞又称神经元,一般包含_____、_____和_____。

【答案】胞体,树突,轴突

2.(浙江师范大学 2012)人体中直接与感受器联系,把信息从外周传向神经中枢的神经元称为运动神经元。(   )

【答案】错。人体中直接与感受器联系,把信息从外周传向神经中枢的神经元是感觉神经元。

3.(暨南大学 2012,中国科学院研究生院 2007)神经系统的静息电位和动作电位是如何产生的?

【答案】钠—钾泵将 3 个 Na^+ 泵出时将 2 个 K^+ 泵入,膜外 Na^+ 浓度大,膜内 K^+ 浓度大;而神经细胞膜静息时对 K^+ 通透性大,对 Na^+ 通透性小,膜内的 K^+ 扩散到膜外,膜内的负离子不能扩散出去,膜外的 Na^+ 也不能扩散进来,加强了膜外的正电性;细胞内有很多带有负电的大分子,加强了膜内的负电性;从而形成外正内负的电位差,即静息电位。

神经冲动的到达,使神经元细胞膜上的透性发生急剧的变化,Na^+ 通道打开,胞外 Na^+ 大量拥入,使膜电位一下子从 -70 mV 升为 $+35$ mV,称为反极化现象。但在很短的时间内 Na^+ 通道关闭,K^+ 通道打开,K^+ 顺浓度梯度从膜内流出,出现了膜的再极化,即膜恢复原来的静息电位。动作电位产生后,局部的细胞膜的膜内外电荷分布与邻侧差别悬殊,从而引发邻侧细胞膜也发生上述的变化,即产生动作电位,于是刺激所激发的神经冲动,便沿神经纤维迅速传布开去。

4.(四川大学 2011)处于静息态的神经细胞,由于其膜内有大量的 Na^+,跨膜电势差约为 60mV。（　　）

【答案】错

5.(清华大学 2013)简述动物神经系统的演化。

(云南大学 2012)请比较各类动物的神经系统。

【答案要点】单细胞动物和低等的多细胞动物(如海绵)无神经系统,由细胞本身对外界环境的变化作出反应。在动物的进化过程中,神经系统的结构和机能逐渐演变、发展起来。刺胞动物的神经网是最早出现的神经系统,其神经细胞彼此交织成网,无中枢和周围之分,冲动传导无方向,常"牵一发而动全身"。扁形动物的神经细胞,初步开始集中成神经节,特别是在身体前端有一对脑神经节和两条腹神经索。环节动物和节肢动物形成链状神经系统,其特点是神经细胞体集中成神经节,神经纤维聚集成束而成神经。如蚯蚓的神经节按体节分布,神经节之间有神经纤维相联系,形成一条贯穿全身的神经链。在头部有一对脑神经节与咽下神经节相连,下接神经链。随着刺激的部位和强度的不同,动物既可发生局部反应,也可发生全身性的反应。脊椎动物的神经系统高度集中,形成了中空的背神经管。神经管的前部发育成脑,后部发育成脊髓。

比较不同动物的神经系统,可以明显的看到由简单到复杂的进化过程。从神经系统整个来看,简单的神经系统呈全身网状分布。渐渐表现出神经细胞集中的趋势,形成神经节和神经索,再进一步形成脑。就神经通路来看,最简单的只涉及一个神经细胞,复杂的有多个神经元参与,并有感觉、中间、运动神经元的区分。

6.(湖南农业大学 2012)人的神经系统高度发达,它由哪些部分组成?

【答案】人的神经系统分为中枢神经系统和周围神经系统两部分。

$$
\begin{cases}
\text{中枢神经系统}
\begin{cases}
\text{脑}
\begin{cases}
\text{大脑(两个半球)}
\begin{cases}
\text{表面：灰质(大脑皮层),有沟和回}\\
\text{内部：白质,联系两半球(胼胝体)及小脑、脑干和脊髓}
\end{cases}\\
\text{小脑}
\begin{cases}
\text{表面：灰质(小脑皮层),有平行的浅沟和叶片}\\
\text{内部：白质及少数神经核(灰质块)}
\end{cases}\\
\text{脑干(间脑、中脑、脑桥和延髓)：灰质和白质排列不规则}
\end{cases}\\
\text{脊髓}
\begin{cases}
\text{内部：灰质(蝴蝶形),前角粗、后角细;前根出、后根进}\\
\text{周围：白质(由许多神经纤维组成)}
\end{cases}
\end{cases}\\
\text{外周神经系统}
\begin{cases}
\text{脑神经12对}\\
\text{脊神经31对}
\end{cases}
\end{cases}
$$

从功能上划分,周围神经系统(外周神经系统)分为传入神经和传出神经,传出神经分为躯体神经系统和内脏神经系统。分配到心、肺、消化管及其他脏器的神经属自主神经(植物性神经系统),又分为交感神经和副交感神经。

7.(西南大学 2012)脊髓位于脊椎管中,是一种造血组织。（　　）

【答案】错。骨髓具有造血功能。

8.(西南科技大学 2012)神经系统活动的基本方式是_____。

A.反射　　　　　　　B.反馈　　　　　　　C.反应　　　　　　　D.兴奋

【答案】A

9.(云南大学 2013,浙江师范大学 2005)简述反射弧的组成。

【答案】反射活动是神经系统的基本活动,它必须由若干神经元按一定形式连接、配合才能完成。从接受刺激到作出反应的全部神经传导途径称为反射弧。可以看出,一个反射弧通常包括感受器、传入神经元、神经中枢(中间神经元及突触连接)、传出神经元、效应器 5 个环节。

10.(西南科技大学 2014,中科院水生所 2012)反射的结构基础是反射弧。反射弧包括＿＿＿＿、＿＿＿＿、＿＿＿＿、＿＿＿＿和＿＿＿＿五个部分。

【答案】感受器、传入神经、神经中枢、传出神经、效应器。

11.(中国科学院研究生院 2012)请简述自主神经系统的功能特点。

【答案】自主神经系统的功能特点是双重神经调节。大多数内脏器官既有交感神经支配,又有副交感神经支配。这两种作用是拮抗性的,内脏器官的功能状态决定于这两套神经紧张性发放的平衡。交感神经主要参与应急反应,而副交感神经主要在于保护机体、休整、恢复、贮存能量,二者共同维持内环境的稳定。

12.(清华大学 2015)简述交感神经与副交感神经的异同。

【答案】交感和副交感神经系统都是调节内脏功能的植物性神经系统,又称自主神经系统。

表 6.1　交感神经和副交感神经的结构

区别	交感神经	副交感神经
节前神经元位置	胸、腰部脊髓灰质中	脑和骶部脊髓灰质中
节后神经元位置	脊髓左右侧交感神经链(节)中(每侧 18 个)	在所支配的器官附近
释放的递质	去甲肾上腺素	乙酰胆碱

表 6.2　交感神经和副交感神经的主要功能

器官	交感神经	副交感神经
循环器官	心跳加快、加强,血压升高;皮肤及腹腔血管收缩	心跳减慢、减弱(—)
呼吸器官	支气管平滑肌舒张(管腔变粗)	支气管平滑肌收缩(管腔变细,促粘液分泌)
消化器官	胃肠运动减弱;消化腺分泌(—)	胃肠运动加强;胃液、肠液分泌加强
泌尿器官	膀胱平滑肌舒张	膀胱平滑肌收缩
男生殖器	血管收缩	生殖器血管扩张
女生殖器	血管收缩,有孕子宫收缩	子宫收缩弛缓
内分泌腺	促进肾上腺分泌	促进胰岛素分泌
代谢	促进糖原分解,血糖升高	血糖降低
眼瞳孔	散大(扩瞳肌收缩)	缩小(缩瞳肌、睫状肌收缩,促泪腺分泌)
皮肤	汗腺分泌、竖毛肌收缩	

交感神经系统与副交感神经系统的活动有拮抗作用。交感神经的作用在于促使机体能够适应环境的急剧变化;副交感神经的作用在于促使机体休整恢复、促进消化、积蓄能量、加强排泄和生殖。

13.(浙江师范大学 2012)周围神经系统有一类不受意识控制的传出神经,叫动物性神经。(　　)

【答案】错

14.(云南大学 2012,中国科学院研究生院 2007)含有多种"活命中枢"的部位是＿＿＿＿。

A.中脑　　　　　B.下丘脑　　　　　C.边缘系统　　　　　D.延髓

【解析】脑干中有许多重要的内脏反射中枢。延髓含多种"活命中枢",如呼吸中枢、心搏和血压中枢,是维持内稳态的重要器官。下丘脑是调节内脏活动的高级中枢。同时,它把内脏活动与其它生理活动联系起来,成为躯体性、植物性和内分泌性功能的重要整合中心。下丘脑有调节体温、摄食行为、水平衡、腺垂体的分泌、情绪与行为反应和调控机体昼夜节律等功能。

【答案】D

15.(西南科技大学 2013)生命中枢位于_____。

　A. 大脑　　　　　　　B. 间脑　　　　　　　C. 脑干　　　　　　　D. 小脑

【答案】C

16.(江西师范大学 2013)调节心血管活动的基本中枢位于_____。

　A. 脊髓　　　　　　　B. 延髓　　　　　　　C. 下丘脑　　　　　　D. 大脑

【答案】B

17.(西南科技大学 2013)维持身体平衡的中枢位于_____。

　A. 大脑　　　　　　　B. 间脑　　　　　　　C. 脑干　　　　　　　D. 小脑

【参考】小脑对运动的调控作用 (1)维持身体平衡;(2)调节肌紧张;(3)协助大脑调节骨骼肌随意运动

【答案】D

18.(西南科技大学 2012)学习和记忆是_____的形成和巩固过程。

　A. 非条件反射　　　　B. 条件反射　　　　　C. 思维　　　　　　　D. 意识

【答案】B

19.(中南大学 2014)什么是睡眠,睡眠缺乏会有什么严重后果?

【答案】睡眠是高等脊椎动物周期性出现的一种自发的和可逆的静息状态,表现为机体对外界刺激的反应性降低和意识的暂时中断。睡眠时,脑电图出现睡眠梭形波——δ波的变化,慢波睡眠状态和快波睡眠状态交替出现,每 90~100min 重复一次。

　　睡眠缺乏时,情绪变化是最早出现的副作用,如烦躁、欣快和抑郁快速交替出现,对环境缺乏兴趣等;注意力不集中、行动迟缓。被剥夺睡眠者手脚有刺痛感,对疼痛更加敏感,还会发生眼睛烧灼感、眼睛刺痛、复视和幻觉等各种视觉障碍;被剥夺睡眠者的思维紊乱,对最近发生的事情健忘,最终可导致精神失常。

感觉器官与感觉

1.(浙江师范大学 2012)能感受接触和压力刺激,在人体的指尖、皮肤等处有大量分布的感受器是物理感受器。(　　)

【答案】对

2.(中国科学技术大学 2013)眼球的前后径过短可引起_____。

　A. 近视　　　　　　　B. 远视　　　　　　　C. 散光　　　　　　　D. 干眼症

【解析】散光、远视眼和近视眼由于眼的折光系统或眼的形状发生异常,平行光不能聚焦于视网膜上引起的异常眼。

　　近视是平行光线聚焦于视网膜前,远处物体成像模糊。大都由于眼的前后径过长或角膜曲度增大。在眼前加一凹透镜矫正。远视是平行光线聚焦于视网膜后,近处物体成像模糊。大都由于眼的前后径过短或角膜曲度减小所致。在眼前加一凸透镜矫正。散光多由于角膜表面经线和纬线的曲度不一致所致。用圆柱形透镜矫正。

【答案】B

3.(浙江师范大学 2011)近视是有眼球前后径过短或角膜曲度过小,近物在视网膜后方成像造成的。
(　　)

【答案】错

4.(西南科技大学 2012)人眼能够感知颜色主要是有视网膜中的_____。

【解析】视网膜中的感光细胞可分为视杆细胞和视锥细胞两种。视杆细胞对光很敏感,但不能辨色;视锥细胞能感知强光和辨别颜色。

表 6.3　两类感光细胞的比较

	视杆细胞	视锥细胞
分布	视网膜周边多,中央凹处无	视网膜中心部多
外段形状	杆状	锥状
视觉	对光敏感度高	对光敏感度低
色觉	无	有
视色素	视紫红质	视锥色素(3 种)
空间分辨能力	弱	强

【答案】视锥细胞

5.(江西师范大学 2013)感光细胞位于眼球内的_____上。
A.角膜　　　　　　B.巩膜　　　　　　C.脉络膜　　　　　　D.视网膜

【答案】D

6.(浙江师范大学 2010)视网膜上正对瞳孔的部位有一个黄色区域,叫_____。其中央有一个凹陷,叫中央凹,它是视觉最敏锐的部分,其中的感光细胞全是_____。

【答案】黄斑,视锥细胞

7.(四川大学 2010)人听觉的外周感受器是_____,它是由_____、_____和_____组成。

【答案】耳,外耳、中耳、内耳

8.(江西师范大学 2013)外耳收集声波以后产生听觉的正确途径是_____。
A.声波→鼓膜→耳蜗内听觉感受器→听神经→听小骨→大脑皮层听觉中枢
B.声波→鼓膜→听小骨→耳蜗内听觉感受器→听神经→大脑皮层听觉中枢
C.声波→鼓膜→听神经→大脑皮层→听觉中枢→耳蜗内听觉感受器
D.声波→鼓膜→耳蜗内听觉感受器→听小骨→听神经→大脑

【答案】B

9.(西南科技大学 2012)属于内耳的结构是_____。
A.耳蜗　　　　　　B.听小骨　　　　　　C.耳廓　　　　　　D.外耳道

【解析】耳蜗是内耳的听觉部分,是一螺旋形骨管。由蜗轴向管的中央伸出一片簿骨,叫骨质螺板。骨质螺板的游离缘连着一富有弹性的纤维膜,称为基底膜。螺旋器(Corti 氏器)是感受声波刺激的听觉感受器,由支持细胞和毛细胞等组成,毛细胞为声波感受细胞,每个毛细胞均与神经纤维形成突触联系。毛细胞的上方有鼓膜,与毛细胞的纤毛相接触。外界声波通过淋巴液而震动鼓膜,鼓膜又触动了毛细胞,最后由毛细胞转换成神经冲动经听位神经而传到听觉中枢。

【答案】A

动物如何运动

1.(西南大学 2011)液压骨骼是最简单的骨骼。(　　)

【答案】对

2.(江西师范大学 2013,中科院水生所 2010)人体全身共有骨_____块,由骨连接结合成骨骼。骨骼按其所在部位可分为_____、_____和_____。

【答案】206,颅骨,躯干骨,四肢骨

3.(暨南大学 2012,浙江师范大学 2010,中科院 2007)肌肉单收缩的全过程可分为三个时期:即_____、_____和_____。

【答案】潜伏期,收缩期,舒张期

4.(浙江师范大学 2012)肌肉接受一次刺激,引起一次收缩,若在前一次收缩尚未完成时,再接受一个刺激,则两次刺激所引起的收缩可以重叠,该现象叫收缩的总和。(　　　)

【答案】对

5.(中国科学院研究生院 2007)骨骼肌收缩和扩张的基本功能单位是_____。

A. 肌原纤维　　　　　　B. 肌小节　　　　　　C. 细肌丝　　　　　　D. 粗肌丝

【解析】构成骨骼肌的细胞称为肌纤维,由若干肌原纤维平行排列构成。肌原纤维由粗、细肌丝组成的肌小节构成。肌小节是肌肉进行收缩和舒张的基本功能单位。

【答案】B

6.(厦门大学 2005)试述骨骼肌收缩单位的结构和收缩机理。

【答案】骨骼肌肌细胞呈纤维状,不分支。肌细胞内有许多沿细胞长轴平行排列的肌原纤维。肌原纤维由肌球蛋白、肌动蛋白有序排列组成,呈现规则的明带、暗带交替;在暗带中央,一段相对透明的区域,称为 H 带;在 H 带中央亦即整个暗带的中央,又有一条横向的暗线,称为 M 线。明带中央也有一条横向的暗线,称为 Z 线。两条 Z 线之间的区域,是肌肉收缩和舒张的最基本单位,它包含一个位于中间部分的暗带和两侧各 1/2 的明带,合称为肌小节(sarcomere)。

用干涉显微镜或相差显微镜可以观察到,肌肉收缩时暗带宽度不变,明带变窄,其中粗细肌丝的长度都未变,只是两种肌丝的重叠程度发生变化。根据这些证据,提出肌肉收缩的肌丝滑行学说:肌纤维的缩短是肌节中粗肌丝和细肌丝相对运动的结果。引起肌丝滑行的结构是从粗肌丝上突起的横桥,当横桥与细肌丝某位点接触便发生摆动,推着细肌丝使之滑行。每次横桥摆动引起的细肌丝位移很小,因此一次肌肉收缩时横桥要更换与细肌丝的接触位点反复摆动多次。

生殖与胚胎发育

1.(湖南农业大学 2012)简述无性生殖和有性生殖的区别和各主要类型。

(湖南农业大学 2013)比较生物有性生殖与无性生殖的类型与特点。

【答案要点】无性生殖指不经过生殖细胞的结合,由亲体直接产生后代的生殖方式。这种繁殖方式简单、快速,亲代与子代遗传物质完全相同,有利于保存亲代的优良特性;但是,由于无性生殖的后代来自同一个基因型的亲体,遗传变异较小,因此对于外界环境变化的适应性受到一定的限制。主要类型:①营养生殖:植物(插枝、落地生根)。②出芽生殖:酵母,水螅。③裂殖:细菌。④孢子生殖:真菌。

有性生殖是通过两性细胞(配子)结合成合子(受精卵),合子进而发育成新个体的生殖方式。配子是单倍体性细胞,其形成要经历减数分裂过程。有性繁殖实现遗传物质的重组,是提高生命质量,促进生命发展的战略性手段。主要类型同配生殖、异配生殖、卵式生殖,接合生殖是有性生殖的初级阶段,有遗传物质的交换,但还没有雌雄区分。

2.(昆明理工大学 2010)生物繁殖包括_____、_____等形式。

【答案】无性生殖,有性生殖

3.(南京大学 2011)与无性生殖相比,有性生殖有什么优点?

【答案】有性生殖将亲代的遗传物质结合起来产生的后代具有更多的变异,因而具有更大的生活力和变异性。有性生殖对于生物的生存和进化是非常有利的。

4.(浙江师范大学 2011)凡是从母体上长出芽,由芽发育成新个体的生殖方式,统称为孢子生殖。(　　)

【答案】错

5.(湖南农业大学 2014,暨南大学 2006)以人为例简述高等动物的生殖和发育过程。

【答案】高等动物的生殖是有性生殖细胞产生的过程。精子的发生在曲细精管内进行。性成熟后,精原细胞连续进行有丝分裂而形成许多精原细胞,其中一部分体积增大成为初级精母细胞,初级精母细胞进入减数分裂形成 4 个单倍体精细胞。精细胞经形态分化发育成精子。卵子的发生在卵巢内进行,卵巢内二倍体的卵原细胞活跃地进行有丝分裂,卵原细胞进入减数分裂前期 I,转变为初级卵母细胞。性成熟开始,在激素作用下,初级卵母细胞继续发育进入减数分裂形成单倍体卵细胞和 3 个极体。

人的发育包括在母体内进行的胚胎发育和从母体分娩后继续进行的胚后发育。发育从受精卵开始,精子和卵子融合形成受精卵,受精后卵裂开始进行,经历囊胚形成,原肠形成以及三胚层的形成和分化等阶段,形成与亲代相似的个体,再经历幼年、成年、衰老直到死亡的复杂过程。根据人体各器官发育的特点,可分为初生期和初生后期。初生后期的生长发育可分为 4 个时期。第一期为胎儿期,该期生长占优势,机能分化少。第二个时期为初生儿到成人时期。第三个时期为成人期,绝大部分组织、器官生长仅限于对损伤和废弃组织的修复和更新及疾病后的康复。第四个时期为老年期,该期各种机能缓慢衰退。经生长发育成为性成熟的成体后,又能通过生殖产生新的后代,从而使种族生生不息,代代相继。

6.(清华大学 2014)黄体生成素、促卵泡生成素是怎样作用于雄雌哺乳动物的? 有什么相似的? 什么不同的?

【答案】黄体生成素、促卵泡生成素两者都是由脑垂体分泌的。

促卵泡激素(FSH)在雄性哺乳动物体内,其功能是促进睾丸曲细精管的成熟和精子的生成;在雌性哺乳动物体内,FSH 的功能是促进卵泡发育和成熟。它的产生受下丘脑促性腺释放激素的控制,同时受卵巢雌性激素的反馈调控。

黄体生成素在有促卵泡激素存在下,与其协同作用,刺激卵巢雌激素分泌,使卵泡成熟与排卵,使破裂卵泡形成黄体并分泌雌激素和孕激素。刺激睾丸间质细胞发育并促进其分泌睾酮。

7.(中科院水生所 2012)动物受精卵的早期发育一般都要经过_____、_____、神经胚和中胚层发生等阶段。

【答案】桑椹胚,囊胚,原肠胚

8.(暨南大学 2015)受精卵的分裂称为_____,产生的细胞称为_____。

【答案】卵裂,分裂球

9.(厦门大学 2013)多细胞动物胚胎发育主要经过_____、_____、_____、中胚层与体腔的形成和_____几个时期。中胚层与体腔的形成有两种方式;环节动物、软体动物和节肢动物等原口动物为_____法。棘皮动物、半索动物等后口动物为_____法。

【答案】受精、卵裂、囊胚期、原肠胚期、胚层的分化。端细胞法(裂体腔法)。体腔囊法(肠体腔法)。

10.(昆明理工大学 2011)骨骼属于_____组织,来源于_____胚层,神经系统来源于_____胚层。

【解析】由于遗传性、环境、营养、激素、细胞群间的相互诱导因素,胚胎进一步分化为组织、器官。外胚层主要分化成表皮和所有表皮层的衍生物,分化出神经系统和主要的感觉器官、消化道的前后两端,包括口腔和肛门。中胚层具有多能性,分化成动物的大部分器官,如动物的真皮及其衍生物、肌肉、结缔组织、骨骼、血管;囊胚内的上皮内衬、多数动物的生殖系统、排泄器官的大部分和其它进行分泌和渗透调节的器官等。内胚层分化成消化道中肠的上皮、原肠的突出物,如消化道衍生物肝脏、胰腺,还有鳃、肺、甲状腺、甲状旁腺、胸腺、膀胱等,以及呼吸道和尿道的上皮。

表 6.4　器官分化

胚层	分化的组织器官
外胚层	皮肤、神经组织、感觉器官、消化管两端
中胚层	肌肉、骨骼、血液、排泄与生殖器官的大部分
内胚层	消化器官大部分上皮,肝、胰、呼吸器官、排泄与生殖器官的小部分

【答案】结缔,中胚层,外胚层

11.(江西师范大学 2014)人从受精卵到出生,共约_____天,可分为三期,在_____期胚胎初具人形,在_____期胎儿从母体获得抗体。

【答案】266,胚胎期,胎儿期

模考精练

一、填空题

1.(华东师范大学 2007)肌体通过反馈使原调节效应减弱的属于_____。

【答案】负反馈

2.动物自身不能合成维生素,必须从食物中摄取,或由其体内_____的_____提供。

【答案】共生、微生物

3.人体患佝偻病是由于缺乏维生素_____,体内缺乏维生素 A 时,影响_____的合成,可引起_____症。

【答案】D,视紫红质,夜盲

4.必需氨基酸包括 Val,Ile,Thr,Lys,Met,His,Phe,_____,_____。

【答案】Leu,Trp。

5.(云南大学 2005,2000)消化过程中,人的营养吸收主要是在_____中完成的。

【答案】小肠

6.(西南大学 2007)人的十二指肠与胃的_____相连。人血浆蛋白主要包括_____、_____、_____。

【答案】幽门。清蛋白、球蛋白、纤维蛋白原。

7.胆汁是由_____分泌而成的弱碱性液体,包括胆盐和胆色素的部分。胆盐的功能有:(1)_____、(2)_____、(3)_____。

【答案】肝脏。乳化剂、聚合形成微胶粒、运载脂肪水解产物。

8.(青岛海洋大学 2000)完整的血液循环系统包括_____、_____、_____、_____和_____等部分。

【答案】血管、淋巴管、心脏、血液和淋巴。

9.(云南大学 2002)哺乳动物的血液循环可分为_____循环、_____循环和_____循环。

【答案】体,肺,冠状动脉。

10.(青岛海洋大学 2001)血细胞包括_____、_____和_____,三者均源自骨髓中的_____。

【答案】红细胞,白细胞,血小板,造血干细胞

11.(中国科学院研究生院 2007)无颗粒淋巴细胞可分为_____和_____。

【答案】NK 细胞,T 细胞

12.血液凝集实质上是一种_____反应。

【答案】免疫

13.级联反应是多级反应,其特点是_____、_____。

【答案】逐级引发、逐级扩增

14.A 型血的人的红细胞外表带有_____,具有_____特性。他的血浆中含_____。A 血型和 B 血型男女结婚,其子女的血型可能有_____。新生儿溶血症,其母血型为_____,血浆中含_____。

【答案】A 凝集原,抗原。抗 B 凝集素。A、B、O、AB。Rh 阴性,抗体。

15.人群中少数人的血型为 Rh_____性,其血浆中_____相应的抗体存在。

【答案】阴,无

16.CO_2 在红细胞内的溶解度远远_____于在血浆的溶解度,是因为红细胞内存在_____。

【答案】大,碳酸酐酶

17.(云南大学 2013)哺乳动物横隔膜升降引起的呼吸动作称为_____呼吸。

【答案】腹式

18.由肋间肌舒缩引起的呼吸动作为_____呼吸。

【答案】胸式

19.(青岛海洋大学 2001)陆生动物通过排泄_____或_____来排出体内的 NH_3。

【答案】尿酸、尿素

20.(暨南大学 2009)淋巴系统包括_____和_____。

【答案】淋巴管,淋巴器官

21.(西南大学 2006)人体的淋巴器官包括_____、_____、_____和_____。

【答案】骨髓、胸腺、脾,淋巴结。

22.无抗原性的物质,与载体蛋白结合后就有了抗原性,这类物质称之为_____。

【答案】半抗原

23.抗原分子的某些化学基团其分子构象与抗体或淋巴细胞表面受体互补结合,从而能引发免疫反应,这些基团叫做_____。

【答案】抗原决定子或抗原决定簇

24.细胞免疫由_____性抗原引起。被病毒感染的细胞(如癌细胞)表面具特殊的分子标记,即_____与抗原的结合物,从而胞毒 T 细胞可以识别并攻击之。

【答案】细胞,MHC

25.IgM 是具有_____个抗原结合部的_____抗体。

【答案】10、复合

26.病原体经过处理,致病性_____,此过程称之为_____。

【答案】减弱,弱化

27.抗原所含的某种物质与机体自身所含的某种物质十分相似时,淋巴细胞失去了_____能力,导致抗体同时攻击两者,称之为_____。

【答案】识别,自身免疫疾病

28.病人缺乏淋巴细胞,叫做_____症,是一种先天、遗传性疾病。艾滋病,即_____综合症,英文缩写为_____,其病原体的英文缩写为_____。致病的主要原因是这种病毒攻击助 T 细胞、巨噬细胞和 B 细胞。传播途径为_____、_____和_____。

【答案】免疫缺乏。获得性免疫缺乏,AIDS,HIV。血液、性生活、母婴传染。

29.内分泌腺产生的激素由_____运输至靶器官或靶细胞。

【答案】体液、血液和淋巴

30.激素可调控细胞本身_____的反应,不能引发细胞本身不存在的反应;激素也不是_____物质。

【答案】存在,能量

31.固醇类激素的分子可直接进入靶细胞、甚至核内发挥作用,存在_____的过程。而含氮激素的分子则通过启动_____间接发挥作用。

【答案】基因活化。第二信使

32.肾上腺素分子与靶细胞表面的_____结合后,激活膜内面的腺甘酸环化酶,催化产生_____,后者则作为_____在细胞内继续传递信息。而固醇类激素的分子可直接进入靶细胞内发挥作用,存在_____活化的过程。

【答案】受体,cAMP,第二信使,基因。

33.(云南大学 2002)人体的肾上腺、胰脏和肝脏所共有的生理功能是_____。

【答案】调节血糖水平

34.下丘脑分泌释放、抑制因子控制_____的活动;后者则通过_____调控内分泌腺的活动。

【答案】腺垂体;促激素

35.(云南大学 2001)腺垂体不通过靶腺而发挥作用的激素有_____,_____和_____。

【答案】生长激素、催乳素、促黑素细胞激素

36.(厦门大学 2006)水溶性的激素如肾上腺素的作用过程中,起第一信使作用的是_____,而起第二信使作用的是_____。

【答案】激素,环—磷酸腺苷(cAMP)

37.(上海交通大学 2006)呆小症是由于幼年_____缺乏所引起的,而侏儒症是由于儿童生长期_____分泌的_____缺乏导致的。

【答案】甲状腺素,垂体、生长激素

38.(华东师范大学 2007)与调节血钙浓度有关的一对拮抗激素分别是降钙素和_____。

【答案】甲状旁腺素

39.(西南大学 2006)肾上腺皮质从组织学上可分为三层,即球状带、_____和_____。其中球状带合成分泌影响电解质代谢的盐皮质激素,主要是_____。

【答案】束状带、网状带,醛固酮

40.(云南大学 2000)神经系统的基本结构和功能单位是_____。

【答案】神经元

41.(云南大学 2004)神经细胞,又称神经元,胞体向外延伸形成许多突起。这种突起可分两种,一种为树状多分支,称为_____,另一种细而长,称为_____。

【答案】树突,轴突

42.动作电位的特点是_____反应,即:或者不能产生,一旦产生始终以_____传遍整个神经细胞。

【答案】全或无,恒定大小

43.神经细胞的轴突末梢与下个神经元的_____接合形成_____,这个部位受生物电刺激主要产生出_____使生物电继续往下传。

【答案】突起或胞体,突触,神经递质

44.(云南大学 2006)突触是指_____与_____相连接处。

【答案】神经元,神经元或效应细胞、感受细胞

45.突触的兴奋性和抑制性取决于神经递质的性质和突触后膜上_____的性质。

【答案】受体

46.(中央民族大学 2005)根据神经冲动通过突触的方式的不同,突触可分为_____和_____两种类型。无脊椎动物主要以_____方式传导神经冲动,脊椎动物主要以_____方式传导神经冲动。

【答案】电突触,化学突触。电突触,化学突触

47.(云南大学 2005)反射弧是从接受刺激到发生反应的全部_____。

【答案】神经传导途径

48.(云南大学 2005)人的神经系统包括中枢神经系统、_____和_____等三部分。

【答案】脑神经、脊神经。

49.(云南大学 2000)脊椎动物的中枢神经系统是指_____。

【答案】脑和脊髓

50.脊髓灰质前角内含_____神经元。

【答案】运动

51.人脑除_____和_____以外的部分称为脑干,它的生理功能主要有_____和_____。

【答案】大脑、小脑。维持呼吸,维持心血管运动

52.动物越高等,大脑皮质联络区所占比例越_____。

【答案】大

53.(云南大学 2002,青岛海洋大学 2000)自主神经系统分为_____神经系统和_____神经系统。

【答案】交感,副交感

54.(云南大学 2002)动物的感受器可分为_____和_____两大类。

【答案】物理感受器,化学感受器。

55.听小骨的作用是传导和_____声波。

【答案】扩大

56.(昆明理工大学 2007)人体耳蜗的基膜上有_____,其中的_____受到刺激引起其上的离子通透性改变,最终导致听神经上冲动的产生。

【答案】螺旋器,毛细胞

57.耳蜗内基底膜的震动使覆膜与毛细胞摩擦接触,产生兴奋,从而在_____产生听觉。

【答案】大脑皮质

58.(云南大学 2001)视锥系统对光的敏感度_____,辨别物体细微结构的能力_____。

【答案】低,强

59.肌原纤维的_____丝和_____丝有规律的排列形成了横纹肌的明暗带,而肌肉的收缩则是由于这两种肌丝_____的结果。

【答案】肌动蛋白(细肌)、肌球蛋白(粗肌),相对滑动

60.肌肉动作的力度与准确性取决于参与反应的_____的_____及_____。

【答案】运动单位,数目、大小

61.(云南大学 2000)无性生殖方式有_____、_____、_____等。

【答案】裂殖,出芽生殖,孢子生殖。

62.(云南大学 2004,2005)有性生殖根据生殖细胞的大小、形态和运动能力等特点,可以分为_____生殖、_____生殖和_____生殖等三种类型。

【答案】同配,异配,卵式

63.(暨南大学 2006)两个_____,即_____和_____结合,成为_____长成一个个体。

【答案】有性生殖细胞,精子,卵子,受精卵

64.(云南大学 2006)在性别进化过程中,_____表现了初步的性别分化、有性生殖发展到_____阶段,性别分化才算完善。

【答案】接合生殖,卵式生殖

65.(暨南大学 2006)_____、_____、_____等构成了雌性生殖系统。

【答案】卵巢,生殖管道,外生殖器

66.哺乳动物排卵后,排空的次级卵泡演变为_____,它可分泌_____激素。

【答案】黄体,雌激素、孕激素或孕酮

67.(厦门大学 2005)精卵接触时引起的变化有_____、_____、_____和_____。

【答案】精卵识别、顶体反应、皮层反应、雌雄原核结合

68.(厦门大学 2000)哺乳动物的精子经生殖道分泌物激活称为精子的_____,这是精子成熟的最后阶段。精子头部上的_____与卵识别后释放出_____水解透明带,打开通道。

【答案】获能,顶体,顶体酶

69.受精时精子发生_____反应,从而穿过卵黄膜;精子进入卵子后,卵子质膜发生去极化,同时卵子发生_____反应,形成受精膜,阻止其他精子再进入卵子。

【答案】顶体,皮层

70.广义的发育包括_____发育和个体发育两方面;个体发育分胚胎发育和_____发育两阶段,而后者包括从出生到_____的全过程。

【答案】系统;胚后(生后),衰老死亡

71.(中国地质大学 2007)尽管各种动物原肠胚的形态各不相同,但原肠胚具有_____、_____和_____是多数动物共同的特点。

【答案】原肠腔、胚孔、内外胚层

72.动物胚胎的外胚层主要分化为动物体的_____、_____、_____及消化道前后两端。

【答案】皮肤及其衍生物、神经系统、感觉器

73.脊椎动物中枢神经系统是由胚胎时期来源于_____胚层的_____形成的。

【答案】外、神经管

74._____是心脏的启搏器,_____是心脏的另一个启搏器。

【答案】窦房结,房室结

二、判断题

1.结缔组织的特点是有发达的细胞间质,细胞分散于细胞间质之中。

2.异养生物的营养主要分为吞噬营养和腐生营养两种类型。

3.吞噬营养是动物的营养方式,即吞食固体有机食物,在体内将这些食物消化、吸收。

4.碳水化合物是人类食物中的主要供能者。

5.必需脂肪酸与必需氨基酸都是人体不能合成的,必须从食物中取得。

6.非必需氨基酸即是人体不需要的氨基酸。

7.水是人体重要的组分,是身体不可缺少的营养素。

8.(四川大学 2005)软骨中无血管及神经,细胞营养物通过在基质中的扩散而达软骨细胞。

9.动物消化食物的方式有两种,即细胞内消化和细胞外消化。

10.(云南大学 2001)在生物的系统发育过程中,最早出现细胞外消化的动物是腔肠动物。

11.(厦门大学 2004)结肠前接盲肠,后接直肠,是大肠的主体。

12.(四川大学 2007)ABO 血型和 Rh 血型都是红细胞上的凝集原决定的。

13. A 型血的血浆中含有 A 凝集素,红细胞上带有 B 凝集原。

14. (厦门大学 2004)血红蛋白是由 2 条 α 多肽链和 2 条 β 多肽链组成的四聚体。

15. (云南大学 2007)我国人口中 Rh 因子阳性的人居多(99%)。

16. 心动周期指心房收缩,心室收缩,然后心房舒张,心室舒张的过程。

17. 煤气中毒的原因是 CO 和血浆蛋白结合力强,不易分离。

18. (云南大学 2000)淋巴液都是向心流动的。

19. (厦门大学 2004)血小板富含血纤维蛋白原,在封堵破损血管时发挥关键作用。

20. (云南大学 2007)哺乳动物的气体交换主要在呼吸性细支气管中进行。

21. (厦门大学 2004)CO_2 在人体内主要靠血浆运输。

22. (云南大学 2001)人体的呼吸运动决定于横隔肌的活动,吸气时横隔肌收缩,横隔膜向下,呼气时,横隔肌松弛,横隔膜上升。

23. 胸腔与腹腔之间有肌肉质的横膈膜为哺乳动物所特有的。

24. 人肺中的气体交换既有单纯的扩散,又有主动运输。

25. 肺位于胸腔中,与胸腔并不相通,随胸腔的涨大或缩小而被动地吸气和呼气。

26. (云南大学 2001)体液也称为细胞外液,三胚层的动物和高等植物的器官、系统都是包围在特定的体液之中的。

27. (云南大学 2007)原尿(滤液)中含有蛋白质和葡萄糖,而终尿中则不含有。

28. (厦门大学 2001)肾单位中的远曲小管能大量吸收葡萄糖、氨基酸和 NaCl 等物质。

29. T—淋巴细胞是细胞免疫的细胞,B 淋巴细胞是体液免疫的细胞。

30. 抗原决定子是抗原分子上能与抗体或与淋巴细胞表面受体结合的特定部位。

31. (云南大学 2001)每一种 B 细胞的表面只有一种受体分子,只能和一种抗原结合。

32. (厦门大学 2001)抗原大多是蛋白质或多糖,其分子量通常在 6 000 以下。

33. (四川大学 2005)抗体能通过刺激补体蛋白形成破膜复合体而使入侵的细菌溶解死亡。

34. (厦门大学 2002)过敏反应是由于组织中的肥大细胞突发释放出组织胺刺激皮下组织所引起。

35. (云南大学 2000)脂溶性固醇类激素的受体在靶细胞膜的表面,水溶性激素和前列腺素的受体在靶细胞内部。

36. (厦门大学 2004)胰岛中的 α 细胞能分泌胰岛素。

37. (云南大学 2007)在激素分泌的反馈调节中,负反馈更为常见。

38. (云南大学 2007)肾上腺皮质激素属于固醇类物质。

39. 水螅的神经系统是一种链状神经系统。

40. (四川大学 2005)最简单的反射活动只涉及感觉细胞和传导细胞这两个神经元。

41. (云南大学 2007)夜盲症患者是因为视网膜中缺乏视杆细胞或因视杆细胞功能丧失。

42. (四川大学 2005)骨骼肌收缩是耗能的过程,需要分解葡萄糖产生能量,所以,葡萄糖是肌肉收缩的总能量。

43. (四川大学 2007)肌丝滑行学说认为,肌纤维的缩短是肌动蛋白和肌球蛋白共同收缩并导致肌原纤维滑行的结果。

44. (四川大学 2006)在生物界中,无性繁殖普遍发生;主要形式有:裂殖、出芽、孢子生殖和再生作用。

45. 无性生殖速度慢,耗能少,后代的变异性弱。

46. (云南大学 2007)黄体和胎盘都能产生孕酮和雌激素。

47. (厦门大学 2004)成年男子睾丸中的曲细精管是生成精子和分泌雄性激素睾酮的场所。

48. (四川大学 2005)从女性卵巢中排出的"卵"实际上是次级卵母细胞,它需要经过减数分裂,产生一个较大的细胞,即卵细胞以及三个不能受精的极体。

49.(四川大学 2007)动物受精卵的早期发育一般顺序如下阶段:原肠胚、桑葚胚,囊胚、神经胚和中胚层发生等。

50.(厦门大学 2004)人类的胚后发育是在子宫中完成的。

三、选择题

1.(云南大学 2007)下面哪一种腺体属于管泡状腺(既有管状腺也有泡状腺)？_____

A. 汗腺管　　　　　　　B. 皮脂腺泡状　　　　　　C. 乳腺　　　　　　　D. 臭腺

2.(四川大学 2007)结缔组织由多种细胞、3 种蛋白质纤维和无定形基质构成,包括_____等多种类型。

A. 腺体　　　　　　　　B. 软骨　　　　　　　　C. 脂肪　　　　　　　D. 血液

3.(云南大学 2007)闰盘是一种肌肉组织中表示两条肌纤维的界限,但它仅存在于_____中。

A. 横纹肌　　　　　　　B. 心肌　　　　　　　　C. 平滑肌　　　　　　D. 移变上皮

4.(中国科学院研究生院 2007)维持内环境稳定的主要调节机制是_____。

A. 代谢　　　　　　　　B. 反馈　　　　　　　　C. 信号转导　　　　　D. 诱导

5.(三峡大学 2006)动物所需的营养物质共有六类,其中_____是能源物质。

A. 糖　　　　B. 脂肪　　　　C. 蛋白质　　　　D. 水　　　　E. 维生素　　　　F. 矿物质

6.脂溶性维生素包括_____等。

A. 维生素 C　　　B. B 族维生素　　　C. 维生素 A　　　D. 维生素 D　　　E. 维生素 E　　　F. 维生素 K

7.(云南大学 2004)人体对食物的消化始于_____。

A. 胃　　　　　　　　　B. 肠　　　　　　　　　C. 食道　　　　　　　D. 口腔

8.(浙江林学院 2007)胃蛋白酶原转变为胃蛋白酶的激活物是_____。

A. Na^+　　　　　　　　B. K^+　　　　　　　　C. HCl　　　　　　　　D. Cl^-

9.(云南大学 2007)人的消化道哪一段既是营养物质的主要消化场所,又是主要吸收部位_____。

A. 口腔与食道　　　　　B. 胃　　　　　　　　　C. 小肠　　　　　　　D. 大肠

10.(武汉大学 2007)小肠上皮绒毛和微绒毛的主要作用在于_____。

A. 研磨食物　　　　　　B. 分泌消化液　　　　　C. 保护小肠上皮　　　D. 增加吸收面积

11.(武汉大学 2007)下列哪种腺体不属于消化腺？_____

A. 唾液腺　　　　　　　B. 甲状腺　　　　　　　C. 胃壁主细胞　　　　D. 小肠腺

12.(云南大学 2007)下列血管中哪一条血管内流的是动脉血(含氧血)_____。

A. 前腔静脉　　　　　　B. 肺静脉　　　　　　　C. 肺动脉　　　　　　D. 后腔静脉

13.脊椎动物血液的血红蛋白存在于_____中。

A. 血细胞　　　　　　　B. 血浆　　　　　　　　C. 血细胞或血浆　　　D. 血细胞和血浆

14.(云南大学 2004)人体的二氧化碳产生于_____。

A. 静脉毛细血管　　　　B. 肺泡　　　　　　　　C. 细胞液　　　　　　D. 细胞

15.(武汉大学 2007)内呼吸是指_____。

A. 肺泡与肺毛细血管血液之间的气体交换

B. 毛细血管血液和组织细胞之间的气体交换

C. 细胞器之间的气体交换

D. 细胞内的生物氧化过程

16.一般说来,排泄_____是卵生动物的特点。

A. 尿酸　　　　　　　　B. 氨基酸　　　　　　　C. 氨　　　　　　　　D. 尿素

17. 属于特异性免疫的是_____。

A. 白细胞吞噬病菌 　　　　　　　　　　B. 皮肤的屏障作用

C. 注射狂犬疫苗 　　　　　　　　　　　D. 唾液中的溶菌酶杀菌作用

18. (武汉大学 2007)机体特异性免疫作用主要由下列哪一类细胞执行的？_____

A. 中性粒细胞 　　　　B. 单核细胞 　　　　C. 淋巴细胞 　　　　D. 血小板

19. (中国地质大学 2007)下面细胞不是免疫细胞的是_____

A. NK 细胞 　　　　　　B. T 细胞 　　　　　C. 巨噬细胞 　　　　D. 红细胞

20. (云南大学 2007)细胞免疫是通过_____来实现的。

A. T 细胞 　　　　　　　B. 巨噬细胞 　　　　C. 细胞 　　　　　　D. 浆细胞

21. (厦门大学 2000)抗原的化学本质一般是_____。

A. 分子量大于一万的蛋白质 　　　　　　B. 分子量大于一万的多糖

C. 分子量大于一万的蛋白质和多糖 　　　D. 分子量小于一万的蛋白质和多糖

22. (华南理工大学 2005)抗原抗体的反应和酶与_____物质的结合最相似。

A. 维生素 　　　　　　　B. 核糖体 　　　　　C. 底物 　　　　　　D. 激素

23. (浙江林学院 2007)免疫球蛋白是一种_____。

A. 铁蛋白 　　　　　　　B. 糖蛋白 　　　　　C. 核蛋白 　　　　　D. 铜蛋白

24. (四川大学 2007)单克隆抗体的制备源于_____融合产生的杂交瘤细胞。

A. 肿瘤细胞与 B 淋巴细胞 　　　　　　　B. 肿瘤细胞与 T 淋巴细胞

C. 单倍体细胞与 B 淋巴细胞 　　　　　　D. 单倍体细胞与 T 淋巴细胞

25. (清华大学 2006)对艾滋病的不正确描述是_____。

A. 可通过血液传染 　　　　　　　　　　B. 可通过性接触传染

C. 由 RNA 病毒引发的疾病 　　　　　　D. 与反转录酶无关

26. (华东师范大学 2007,浙江林学院 2007)促使人体产生热量的最重要激素是_____。

A. 生长激素 　　B. 胰岛素 　　C. 性激素 　　D. 甲状腺激素 　　E. 肾上腺素

27. (清华大学 2006)甲状腺的滤泡旁细胞分泌的降钙素_____。

A. 可以抑制骨质的降解 　　　　　　　　B. 可以促进骨质的降解

C. 可促进肾小管对钙的重吸收 　　　　　D. 可由低浓度的血钙引起释放

28. (浙江林学院 2007)人在发怒时,分泌量明显增加的激素是_____。

A. 甲状腺素 　　　　　　B. 胰岛素 　　　　　C. 肾上腺素 　　　　D. 胰高血糖素

29. (华南理工大学 2005)肾上腺髓质分泌的激素被_____修饰。

A. 脂肪酸 　　　　　　　B. 氨基酸 　　　　　C. 单糖 　　　　　　D. 类固醇

30. (云南大学 2007)哺乳动物的雄性激素是由_____分泌而来。

A. 曲细精管 　　　　　　B. 间质细胞 　　　　C. 附睾 　　　　　　D. 精囊腺

31. (中国科学院研究生院 2007)下面激素属于性激素的是_____。

A. 雌激素 　　B. 皮质腺激素 　　C. 肾上腺素 　　D. 黄体生成素 　　E. 睾酮

32. (厦门大学 2000)调节胰岛素分泌的最重要因素是_____。

A. 迷走神经 　　　　B. 血糖浓度 　　　　C. 血中游离氨基酸 　　　D. 胃肠激素

33. 支配肾上腺髓部分泌功能的神经是_____。

A. 副交感神经 　　　　　B. 交感神经 　　　　C. 迷走神经 　　　　D. 植物性神经

34. (四川大学 2005)神经信号的跳跃式传导与具有_____的神经纤维有关。

A. 电突触 　　　　　　　B. 化学突触 　　　　C. 效应器 　　　　　D. 朗飞氏节

35. (浙江林学院 2007)肌细胞兴奋—收缩的耦联因子是_____。

A. Ca^{2+}　　　　　　　　　B. Na^+　　　　　　　　　C. Mg^{2+}　　　　　　　　D. K^+

36.(武汉大学 2007)一个神经元轴突末梢和另一个神经元胞体或树突间神经信息载体是_____。

A. 静息电位　　　　　　B. 动作电位　　　　　　C. 神经递质　　　　　　D. 钙离子

37.(浙江林学院 2007)神经——肌肉接头处兴奋传递的神经递质是_____。

A. 去甲肾上腺素　　　　B. 多巴胺　　　　　　　C. 乙酰胆碱　　　　　　D. 肾上腺素

38.(云南大学 2005,2004)脊椎动物中,_____动物的大脑半球最早出现了新皮质。

A. 哺乳类　　　　　　　B. 鸟类　　　　　　　　C. 爬行类　　　　　　　D. 两栖类

39.(浙江林学院 2007)最先开始出现脑皮层的动物是_____。

A. 节肢动物　　　　　　B. 鱼类　　　　　　　　C. 两栖类　　　　　　　D. 鸟类

40.(浙江林学院 2007)爬行类的高级中枢位于_____。

A. 大脑　　　　　　　　B. 间脑　　　　　　　　C. 中脑　　　　　　　　D. 小脑

41.(云南大学 2007)巴甫洛夫认为大脑皮质的最基本活动是信号活动(妈妈条件反射),试问下列信号中,哪一种属于第二信号_____。

A. 铃声　　　　　　　　B. 灯光　　　　　　　　C. 食物的气味　　　　　D. "食物"这个词

42.(浙江林学院 2007)迷走神经的兴奋性占优势时,可引起_____。

A. 心率加快　　　　　　B. 心率减慢　　　　　　C. 胃肠运动加强　　　　D. 血压升高

43.(云南大学 2007)下列器官中哪一种属于听觉大器官的一部分_____。

A. 耳蜗　　　　　　　　B. 前庭　　　　　　　　C. 半规管

44.(中国科学院研究生院 2007)由中胚层发育而来的哺乳动物身体组分是_____。

A. 结缔组织　　　B. 血管　　　C. 肾　　　D. 胆囊内皮　　　E. 牙齿珐琅质

45.动物的内呼吸道上皮是由_____。

A. 中胚层分化形成　　　　　　　　　　　　B. 内胚层分化形成

C. 外胚层分化形成　　　　　　　　　　　　D. 内、外胚层共同分化形成

【参考答案】

扫码获取正版答案

四、问答题

1.根据外界吸收物质和能量的方式,生物可以区分为哪两类?

【答案】一类是绝大多数的植物,他们只从外界吸收简单的无机物,还吸收日光作为能源,通过光合作用在体内制造有机物,提供植物本身代谢活动所需的有机物和能量。这种方式是生物自身供养自己,不依赖其他的生物,称为自养。这类生物称为自养生物。

另一类生物自身不能从简单的无机物制造有机物,也不能从日光中获得能量,必须从外界环境中获得有机物,并从这些有机物中获得生命活动所需的能量。这些有机物是其他生物制造的,因此这种方式称为异养。这类生物称为异养生物。动物、真菌和细菌是异养生物。异养生物摄取的有机物都是来自自养生物的。

2.(浙江师范大学 2010)生物体的内环境的稳定性起到什么作用?

【答案】内环境是细胞直接生活的环境。细胞代谢所需要的氧气和各种营养物质只能从内环境中摄取,而细胞代谢产生的二氧化碳和代谢终末产物也需要直接排到细胞外液中,然后通过血液循环运输,由

呼吸和排泄器官排出体外。内环境还是细胞生活与活动的地方。因此内环境对于细胞的生存及维持细胞的正常生理功能非常重要。

3.(四川大学 2008)试述肝脏的功能作用。

【答案】肝脏是人体中最大的腺体,具有很多重要的功能。

①肝脏的助消化作用。肝脏分泌胆汁,可作为乳化剂,减低脂肪的表面张力,使脂肪乳化成微滴,分散在肠腔内,这样便增加了胰脂肪酶的作用面积,使其分解脂肪的作用加速。促进脂肪分解产物的吸收,对脂溶性维生素(维生素 A、D、E、K)的吸收也有促进作用。

②肝脏有合成多种蛋白质及其他物质的功能。多种血浆蛋白在肝脏中产生,某些固醇类物质如胆固醇也是在肝脏中产生的。肝脏有调节血中胆固醇含量的作用。在胚胎时期,肝脏还是产生红细胞的器官。

③肝脏贮存多种营养物质。糖原、维生素 A、D、E、K 和维生素 B 中的硫胺、烟酸、核黄素、叶酸以及 B_{12} 等都是在肝中储存的。红细胞死后遗留的铁也是以铁蛋白的形式储存于肝中的。

④肝脏的解毒作用。血液从消化道带来的一些有毒物质,在肝中可经氧化等过程而减轻毒性,一些药物如磺胺药在肝中可和乙酰辅酶 A 结合而随尿排出。

⑤吞噬功能。肝脏中有吞噬细胞。衰老的红细胞被这种吞噬细胞所吞食,而由造血组织产生新的红细胞加以补充。

⑥肝脏对体液的调节作用。肝门静脉系统是肝脏血液循环的特征,调节糖类代谢、脂类代谢、氨基酸代谢。

4.(青岛海洋大学 2001)人的血液循环系统中哪些结构的存在保证了血液循环按一定方向而不回流?

【答案】人的血液循环系统中瓣膜保证了血流方向而不回流。

心房和心室间的瓣膜称为房室瓣,左心房和左心室之间,右心房和右心室之间的瓣膜称为二尖瓣,三尖瓣。心室收缩时,心室血液压迫瓣膜使之恢复到原来部位,而将房室间大门关闭,因而血液不能流回心房。左心室和大动脉之间,右心室和肺动脉之间也都有瓣膜,称为半月瓣。它们也是单向的。心室收缩时,血液可无阻地流入动脉。而当心室舒张,心房血液流入心室时,此时虽然大动脉和肺动脉的血压很高,甚至高过心室的血压,血液也不能回流,因为半月瓣受动脉血的压迫,把动脉和心室间的通路关闭了。

5.(首都师范大学 2008)简述人体血压形成的基本要素,并以此为线索阐述常用的充气式血压计配合听诊器测量血压的基本原理。

【答案】血压是指血液对血管壁的压力。人体血压形成的基本要素有血流、压力、血管。

人体血压一般测定肱动脉的血压,血压计的橡皮袖带缠在手臂上部,充气使带内压力升高到 200 mmHg 左右,完全阻断血流。配合听诊器,逐渐放出带内空气,当袖带压刚低于心脏收缩压,即动脉压的高峰大于袖带压时,血液以很高的速度穿过部分阻塞的动脉,高速的血流产生喘流和振动,可听到第一声,这时血压计上的压力读数相当于收缩压。继续降低带内压力,血液流过袖带阻滞区的时间延长,产生的声音增大。当袖带压相当于舒张压时,听到的声音低沉,持续时间更长。袖带压刚低于心脏舒张压,声音全部消失。

6.(厦门大学 2005)简述氧离曲线的影响因素及其生理意义。

【答案】氧离曲线的影响因素:氧分压,pH。

当外界氧的含量高,即分压高时,血红蛋白就吸收氧而成氧合血红蛋白,当外界氧的分压低时,氧合血红蛋白就放出氧而恢复成血红蛋白。肺中氧的分压高,血红蛋白和氧结合而成氧化血红蛋白。血液流到组织中时,组织代谢产生 CO_2,氧的分压低,氧合血红蛋白就释放氧供组织之用,自身又恢复成血红蛋白。

血红蛋白与氧的亲和力随 pH 的变化而改变。细胞代谢产生的 CO_2 溶于组织液中,使组织液的 H^+ 浓度增加,而 H^+ 浓度的增加使血红蛋白与氧的亲和力降低,因而氧被放出。相反,血进入肺微血管后,由于 CO_2 的放出,血中酸度降低,这时血红蛋白与氧的结合能力提高,因而与氧结合而成氧合血红蛋白。

有了这双重的调节作用,就使血红蛋白和氧的结合与释放能够很好地适应身体的需要。

7.(中国科学院研究生院 2007)氧气如何在血液中进行运输?

【答案】血液中的 O_2 只有少量溶于血浆中,大部分都与血红蛋白结合,靠血红蛋白运输。血红蛋白分子是含 4 条肽链的球蛋白,由 2 条 α 多肽链和 2 条 β 多肽链组成。每一肽链含一个血红素分子,每一血红素分子含一个亚铁离子,每一个亚铁离子可携带 1 个氧分子。血红蛋白和氧分子的结合是很不稳固的。当外界氧的含量高,即分压高时,血红蛋白就吸收氧而成氧合血红蛋白,当外界氧的分压低时,氧合血红蛋白就放出氧而恢复成血红蛋白。

8.试述人肺的呼吸运动。

【答案】吸气时,膈肌收缩,横膈下降,扩大胸腔垂直径;肋间外肌收缩,肋骨上提,胸骨前推,增加胸腔前后径和左右径,胸腔扩大,肺随之扩张,肺内压低于大气压,空气入肺;呼气时反之。

9.简述过敏反应的原因。

【答案】过敏反应是一种免疫反应,引起过敏反应的物质称为过敏原(allergens)。花粉、青霉素以及某些食物,如菌类、草莓以及牡蛎等的某些成分对于敏感的人都是过敏原。过敏原与呼吸道粘膜接触或与皮肤接触,或被吞入消化管,都可引起过敏反应。过敏反应的第一步是与过敏原互补的体液抗体,主要是 IgE,大量增生。IgE 抗体是一种亲细胞抗体,能附着在肥大细胞和嗜碱性粒细胞表面,使这些细胞变为敏感细胞。接受了 IgE 抗体的敏感肥大细胞再遇过敏原时,过敏原即与肥大细胞上的受体结合,释放组胺(histamine)等。组胺有舒张血管的作用,使毛细血管渗透性增大,渗出液体增多,出现局部红肿、灼热、流鼻涕、流泪、喷嚏等症状。给以抗组织胺药剂,症状可以缓解。过敏性哮喘是另一种过敏反应,肥大细胞不分泌组织胺,而分泌一种慢反应的肽(slow reaching substance,SRS),它的作用是使平滑肌收缩,严重时可使呼吸道平滑肌持续收缩 1～2 h。注射肾上腺素可得到缓解。

10.(云南大学 2006)在人体内,激素与酶有何异同?

【答案】激素和酶都是由人体内的活细胞产生的,酶一般都是蛋白质,但激素的化学本质很复杂,有蛋白类或肽类激素,如胰岛素、生长激素;类固醇激素,如性激素、肾上腺皮质激素;氨基酸衍生物激素,如肾上腺髓质激素、甲状腺激素。酶的生理功能是催化机体内的各种化学反应,使生物体内的各种化学反应能够顺利进行,激素的生理功能是对机体的各种化学反应进行调节,促进或抑制这些反应的过程,从而达到某种生理效应。激素只能对复杂的细胞结构起作用,不能在破坏了细胞结构的组织匀浆中发挥作用。

11.(四川大学 2005)健康人体的血糖值(空腹时)为 $3.33～5.55$ mmol/L,请阐述健康人体保持血糖浓度的机制。

【答案】胰腺中存在着两种能够对血糖水平调节激素产生反应的细胞。β 一细胞生成胰岛素,促进肝细胞和肌肉细胞将葡萄糖合成糖原,降低血糖水平;而 α 一细胞生成胰高血糖素,促进肝糖原和脂肪分解,升高血糖水平。肾上腺分泌肾上腺素,促进糖原分解而增高血糖。通过胰岛素、胰高血糖素、肾上腺素之间相互协同、相互拮抗以维持血糖浓度的恒定。肝脏是调节血糖浓度的最主要器官。当血糖浓度过高时,肝通过将血液中的葡萄糖转化为肝糖原来降低血糖浓度;当血糖浓度偏低时,肝脏通过糖原分解及糖异生升高血糖浓度。

12.(云南大学 2004)糖尿病是怎么回事?

【答案】糖尿病是一组以高血糖为特征的内分泌代谢疾病。由于胰岛素的绝对或相对不足和靶细胞对胰岛素的敏感性降低,引起糖、蛋白质、脂肪、电解质和水的代谢紊乱。糖尿病分胰岛素依赖型糖尿病(即Ⅰ型糖尿病)和非胰岛素依赖型糖尿病(即Ⅱ型糖尿病)。Ⅰ型糖尿病是一种遗传性自身免疫性疾病。其发病的原因,就是因为自身的基因中存在缺陷,胰岛中的 β 细胞被自身免疫反应破坏,只产生少量或不产生分泌胰岛素,从而导致疾病的发生。通常发生在婴儿或儿童。Ⅱ型糖尿病是由于胰岛 β 细胞分泌活动下降或机体组织对胰岛素的敏感性降低,发生在成人。

13.（四川大学 2003）简述神经信号产生和传导过程。

【答案】神经冲动的到达，使神经元细胞膜上的 Na^+ 通道打开，胞外 Na^+ 大量拥入，使膜电位一下子从 -70 mA 升为 $+35$ mA，称为动作电位。动作电位产生后，局部的细胞膜的膜内外电荷分布与邻侧差别悬殊，从而引发邻侧细胞膜也发生上述的变化，即产生动作电位，于是刺激所激发的神经冲动，便沿神经纤维迅速传布开去。

突触中前后两个细胞膜之间的缝隙很小，仅仅宽约 20～50 nm，通过化学物质（信使分子、神经递质）在细胞之间传递神经信息。基本过程如下：①神经冲动抵达突触前轴突末梢，②突触前神经元的跨膜电位改变，Ca^{2+} 内流，③突触前膜释放递质到突触间隙，④ 递质与突触后膜受体结合，突触后神经元兴奋或抑制。过剩的神经递质以各种方式从突触缝隙中清除，以便使突触后细胞可以很快从兴奋中恢复，准备迎接下一次刺激。

14. 保证神经冲动在一个神经元上和在突触处单向传导的机制如何？

【答案】①神经冲动在一个神经元上传播时，动作电位产生后，钠离子通道全部关闭，此时即使再有刺激，也不能产生动作电位，即出现了一个短暂的不应期；②神经冲动在两个神经元之间突触处传播时，只有突触前膜内才有突触囊泡、神经递质，故神经冲动只能由突触前膜向突触后膜传递。

15.（云南大学 2006）为什么说与无脊椎动物相比较，脊椎动物的神经系统是进化的最高峰？

【答案】脊椎动物代表着发育进化的最高层次，脊椎动物的神经系统高度集中。形成了中空的背神经管。神经管的前部发育成脑，后部发育成脊髓。

整个神经系统区分为两大部分：中枢神经系统包括脑、脊髓。外周神经系统由脑、脊髓延伸出来的成对神经索组成，伸向身体各处。

16.（厦门大学 2004）解释现象：动物误食了含有有机磷杀虫剂的食物后出现痉挛并死亡。

【答案】有机磷杀虫剂是胆碱酯酶的抑制剂，胆碱酯酶被抑制，突触中过剩的神经递质乙酰胆碱便不能迅速被清除，神经经常处于兴奋中，使昆虫震颤、痉挛致死。

17. 神经系统与内分泌系统是如何密切配合的？

【答案】形态结构上的联系：垂体后叶与下丘脑两者发生上同源、通过垂体柄相通；肾上腺髓质来源于外胚层，与神经细胞同源。

功能上的联系：下丘脑：神经分泌细胞分泌激素；其他神经细胞也有分泌功能，如神经递质；有些神经递质、神经调节物就是激素（白细胞介素；去甲肾上腺素等）；神经递质与激素的作用、作用机制相同；激素的活动受神经系统的调控，下丘脑是内分泌系统的最高统帅，控制内分泌系统的司令部、中心垂体控制内分泌系统；激素也对神经系统的活动产生影响。

18.（厦门大学 2004）举例说明人体哪些神经结构既有神经传导功能又有内分泌功能。

【答案】垂体是人体主要的内分泌腺体，不仅有独立的作用，还分泌几种激素分别支配性腺、肾上腺皮质和甲状腺的活动。垂体的活动受到下丘脑的调节，因此下丘脑与垂体是神经系统和内分泌系统联系的重要环节。下丘脑与垂体既有神经传导功能又有内分泌功能。

19.（厦门大学 2004）说明下列现象发生的原因，从明亮的室外走进光线较弱的房间往往要过一阵子才能看清东西。

【答案】人在亮处视杆细胞的视紫红质大量分解，剩余量少，从亮处突然进入暗室，视锥状细胞处于不工作状态，只有视杆细胞起作用，不足以产生兴奋，所以最初几乎看不清任何物体。视紫红质对弱光敏感，在暗处它可以逐渐合成，经过一定时间后视紫红质合成增强，绝对量增多时，逐渐恢复了在暗处的视力。

20.（首都师范大学 2008）试述人耳在什么部位、通过什么方式把振动频率转换为听神经动作电位的？

【答案】在人体内耳通过电位转换把振动频率转换为听神经动作电位。振动通过鼓膜听骨系统后增强外来的压力，当镫骨在卵圆窗振动时，使耳蜗发生振动，沿着蜗管引起一个行波，行波沿着基膜由耳蜗底部向顶部传播。频率不同时,行波所能到达的部位和最大行波振幅出现的部位有所不同。当基膜振动时,由于基膜和覆膜的支点位置不同,使柯蒂氏器官与覆膜之间发生相对位移,使毛细胞上的纤毛弯曲,引起毛细胞上离子通透性的改变,最终导致听神经上冲动的发放。

21. 简述人类骨骼的组成和特征?

【答案】人全身共有骨 206 块,通过骨连接构成人体骨骼,按其所在部位,可分为颅骨、躯干骨和四肢骨。颅骨连接成颅,可分为脑颅和面颅。躯干骨包括椎骨、肋骨和胸骨。椎骨又可分为颈椎(7 块)、胸椎(12 块)、腰椎(5 块)、骶椎和尾椎,他们通过骨连接构成脊柱。胸椎、胸骨和肋骨通过骨连接构成胸廓。四肢骨包括上肢骨和下肢骨,上肢骨和下肢骨又分别可分为上(下)肢带骨和上(下)肢游离骨。上、下肢带骨分别把上、下肢骨与躯干骨相连结。全身骨的结构特点是与人类直立行走、劳动和中枢神经系统发达相适应的,如颅骨的脑颅发达,上肢骨轻巧,下肢骨粗壮等,骨盆和足弓也有相应的形态特征与之相适应。

22. 骨骼肌肌肉收缩的机械变化特征如何?

【答案】骨骼肌的收缩会引起一系列的变化,其机械变化包括等张收缩、等长收缩、单收缩与强直收缩等。肌肉收缩时也发生一系列的能量代谢,包括无氧代谢和有氧代谢两种形式。持久的活动可引起肌肉的疲劳。

23. 何谓男性生殖系统? 睾丸是怎样产生精子的?

【答案】男性生殖系统由内生殖器和外生殖器组成。内生殖器由睾丸、附睾、输精管和附属性腺,外生殖器有阴茎和阴囊。在神经和内分泌系统的精密调节下,这些器官协调工作以产生有功能的精子,并将这些精子输送到雌性生殖道内。

精子发生在睾丸曲细精管中,精原细胞增殖更新,精母细胞经过一次复制和两次连续成熟分裂,形成单倍体的精子细胞,再经变态形成精子。正常生精过程还有赖于睾丸间质细胞合成雄性激素。而雄激素释放受下丘脑和垂体调控。支持细胞除支持、营养生殖细胞外,还能分泌抑制素和雄激素结合蛋白。雄激素主要维持、促进生精作用,促进机体生长发育和男性副性征的出现。

24. 雌激素和孕激素各有哪些生物学作用?

【答案】黄体细胞分泌孕激素和雌激素。雌激素的主要作用是促进女性生殖器官的发育和副性征的出现。孕激素的主要作用是排卵后促进子宫内膜增生,为受精卵着床做准备,并"封锁"子宫颈,使精子不得入内。雌、孕激素一起建立和调节子宫周期,刺激子宫颈黏液的变化。

25. 妇女妊娠期间内分泌有何变化? 胎盘有何功能?

【答案】胎盘是重要内分泌器官。胎盘分泌雌激素、孕酮和促性腺激素。在妊娠早期,绒毛膜促性腺激素有效延长了卵巢的黄体功能。在妊娠晚期,孕酮和雌激素替代了卵巢功能,使子宫内膜的结构能长时间维持,以适应胚胎发育的需要。

26. 何谓分娩,分娩是如何发生的?

【答案】分娩是成熟胎儿从子宫经阴道排出体外的过程。分 3 个时期:子宫颈扩张,娩出胎儿,娩出胎盘。整个过程是通过胎儿和母体间的相互作用,调节子宫肌收缩而完成的。

27. (西南大学 2006)简述 AIDS 的传播途径和预防措施。

【答案】艾滋病(AIDS)的传播途径有 3 种:性接触,血液传播,母婴传播。

预防措施①预防艾滋病的性传播:洁身自爱,保持忠贞单一的性关系;发生危险性行为时正确使用避孕套;及时治疗性病。②预防艾滋病的血液传播:不使用未经检测的血液及血液制品。不吸毒,不与别人共用针具吸毒。穿耳或身体穿刺、文身、针刺疗法或者任何需要侵入性的刺破皮肤的过程,都有一定的艾滋病病毒传播危险。③母婴传播预防:艾滋病病毒可在怀孕、分娩或者孩子出生后的母乳喂养过程中传播。感染艾滋病病毒的妇女应避免怀孕,如怀孕应人工流产。孕产妇在分娩前、后使用抗病毒药物,可降低母婴传播的几率。采用人工喂养,也可减少艾滋病病毒感染的危险性。

课后习题详解

高等动物的结构与功能

1.（华侨大学 2012）试简述动物的多层次结构。

答 细胞是构成动物体的基本单位,一种或多种细胞组合成组织,在机体中起特定的作用。几种组织可结合形成有特定功能的器官。若干个相关的器官组成一个能完成特定功能任务的系统。

2.哪些动物没有多层次结构?

答 原生动物是动物界里最原始、最低等的动物,它们的身体由单个细胞构成,常称为单细胞动物,没有多层次结构分化。从细胞结构上看,原生动物的单细胞相似于多细胞动物身体中的一个细胞,也可以区分成细胞质(cytoplasm)及细胞核(nucleus),细胞质表面有细胞膜(cell membrane)包围。从机能上看,(原生动物)细胞又是一个完整的有机体,它能完成多细胞动物所具有的生命机能,例如营养、呼吸、排泄、生殖及对外界刺激产生反应,这些机能由细胞或由细胞特化而成的细胞器(organelles)来执行。所以不同的细胞器在机能上相当于多细胞动物体内的器官及系统。它们是在不同的结构水平上执行着相同的生理机能。极少数原生动物是由几个或许多个细胞组成,细胞之间没有形态与机能的分化,也可能出现了初步的形态机能分化,但每个细胞仍然保持着一定的独立性。

多孔动物(海绵动物)可以说是最原始、最低等的多细胞动物。没有器官系统和明确的组织,没有多层次结构分化。

3.动物为什么必须维持体内环境的相对稳定?

答 动物的细胞生活在体内的液体环境中,除了表面的几层角质化的死细胞和空气直接接触外,内部细胞无一例外都是浸浴在体液之中。体液是细胞的分泌产物,血浆、淋巴、脑脊髓液以及器官组织之间的组织液(tissue fluid)都是体液。体液构成了多细胞生物体的内环境(internal environment)。动物维持内环境的相对稳定原因有以下三点:

(1)热力学第二定律:能的每一次转化总要失去一些可用的自由能(所以生物要吸收物质),总要导致熵的增加,而熵的增加则意味着有序性的降低,所以生物要通过代谢将吸收的低熵物质转变为高熵排出体外,以维持有序性,而有序性是动物得以存活的必需条件。

(2)虽然动物身体的外部环境变化较大,但其身体内环境的变化不大,这就给细胞提供了一个比较稳定的物理、化学环境。

(3)生命活动主要表现为细胞的代谢,而细胞的代谢主要是酶促反应,酶促反应要求一定的温度,一定的底物浓度,一定的 pH,离子浓度等较为稳定的物理条件和化学条件。

4.（中科院水生所 2011）为什么负反馈会在维持内环境的稳定中起重要作用?

答 (1)生物内环境的稳定是维持生存的重要条件,动物保持它的内环境稳态的能力是它生存的条件。

(2)负反馈是维持内环境稳定的重要途径,例如夏日炎炎体内产生的热引起发汗而使体温不至上升;各种酶促反应的产物累积到一定数量时,反应就达到平衡,如果产物消耗,反应又可进行。

(3)生物摄取营养的多少与排除多余物质的量,内环境中激素、离子的浓度都是通过负反馈控制的,由此避免了过多造成的浪费和过少造成的功能降低,符合生物进化的"节约原则"。

5.稳态与化学平衡有什么不同?

答 (1)稳态除了受底物、产物的浓度和温度、pH 等因素影响外,还受到酶作为蛋白质特殊性质的影响,而化学平衡主要受底物、产物的浓度和温度、pH 等因素影响。

(2)稳态受激素的正反馈和负反馈调节在一定的动态范围内维持,化学平衡受催化剂等影响是正反应速率和逆反应速率达到平衡时的状态。

营养与消化

1.米饭中含有哪些营养素?

答 米饭含有水、糖类、蛋白质、脂质等营养素,100g 籼米含 77.3% 糖类、7.6% 蛋白质、1.1% 脂肪。

2.馒头中含有哪些营养素?

答 馒头中含有水、糖类、蛋白质、脂质等营养素,100g 标准粉含 74.6% 糖类、9.9% 蛋白质、1.8% 脂肪。

3.蔬菜中含有蛋白质吗?

答 蔬菜中含有蛋白质,但是很少。蔬菜中含蛋白质多的有豆角类、根茎蔬菜类。豆类、花生含蛋白质较高。

4.什么是"三高"膳食,有什么危害?

答 "三高"膳食指的是高热量、高脂肪、高蛋白质的食品。过量摄入热量、脂肪、蛋白质,加之缺乏运动,会造成营养过剩,导致"文明病"。高热量引起冠心病、糖尿病、动脉血管硬化和心肌梗塞。高脂肪主要为饱和脂肪酸,胆固醇含量高,易在血管壁上沉积导致动脉硬化和高血压疾病。癌症的发生率高也与"三高"膳食多而纤维素摄入少有关。

5.(湖南农业大学 2014)为了身体健康,在膳食方面应该遵守哪些原则?

答 合理营养是健康的物质基础,而平衡膳食是合理营养的唯一途径。为了身体健康,在膳食方面应该遵守原则:①食物多样、谷类为主。②多吃蔬菜、水果和薯类。③常吃奶类、豆类或其制品。④常吃适量的鱼、禽、蛋、瘦肉,少吃肥肉和荤油。⑤食量与体力活动要平衡,保持适宜体重。⑥吃清淡少盐的膳食。⑦如饮酒应限量。⑧吃清洁卫生、不变质的食物。

6.什么实验可以证明人从口腔吞咽进食管的食物是由于食管的蠕动向胃推移的,不是地心引力拉动的结果呢?

答 将食物放入口腔,现在舌头不搅拌,食物不会因为地心引力向胃推移。吞咽其实是一个复杂的反射动作,需要一系列肌肉有序地收缩。动物实验证明使食团由口腔经食管入胃,主要动力是食管的蠕动。箭毒是横纹肌松弛药,注射箭毒到食管上部,食管停止蠕动,食物不会向胃推移。

7.为什么胃液不消化壁自身呢?

答 胃粘膜的屏障作用。因为胃粘膜表面有一层由上皮细胞产生的脂蛋白层,形成一个保护屏障。胃表面呈星罗棋布的小凹,几乎占表面积的一半。仔细一数,每平方毫米有 100 多个。胃小凹分泌胶冻样的黏液,稠度是水的 30~260 倍。这些黏液好像机器的油封,有 1mm 以上的厚度,涂于黏膜表面,作为有效的屏障,保护胃免遭损害。

8.胃在消化过程中起哪些作用?

答 胃的作用如下:

(1)暂时储存:胃可容纳几倍于初体积的食物,食物进入胃中,由空胃时的 50~60 ml 的容积可扩张到几千毫升的容积。

(2)消化:分物理性消化和化学性消化两种,依靠胃的蠕动和胃腺分泌胃液完成。胃的蠕动是胃有节律地波浪式运动,人频率 3 次/min,一波未平,一波又起。纵行肌层内的起搏细胞自发产生基本电节律,引起膜电位节律性变化、平滑肌收缩。这种自发的运动受神经和激素的影响。胃的蠕动波向幽门推进时幽门同时缩小,所以每一个蠕动波只能将几毫升的食糜挤过幽门进入十二指肠,大部分的食糜仍被挤回胃窦。这样每次胃的蠕动只能将几毫升的食糜挤入十二指肠,使食糜能在小肠中被充分消化。食物在胃内停留的时间为 3~4h。如果没有胃的存储食物并控制食糜进入小肠的速率,那么大量的食物将快速通过小肠,不能被小肠充分消化和吸收,就会产生营养不良的后果。胃腺还分泌胃蛋白酶,使蛋白质变为多肽。

（3）胃还有另一个重要作用，即分泌内因子。内因子是胃黏膜壁细胞分泌的。缺少内因子，维生素 B_{12} 便不能被吸收，而维生素 B_{12} 对红细胞的形成是必须的。它可在肝中大量贮存。因此切除胃的人在短期内不会出现恶性贫血症，会在手术几年之后出现此病。

9.哪些营养素可以在胃内吸收？

答蛋白质被胃蛋白酶分解的产物多肽和唾液淀粉酶分解淀粉产生的双糖都不能被胃吸收。胃仅能吸收少量水和酒精。空腹时饮酒，酒精很容易被胃吸收，进入血液循环。

10.（江西师范大学 2014，曲阜师范大学 2011）试述小肠在消化过程中的重要作用？

答小肠是消化食物和吸收营养素的主要器官。小肠长 5～7 m，分为十二指肠、空肠、回肠三部分。胰、肝向小肠分泌消化液；小肠的多种运动形式有利于食物的消化吸收；小肠具有的特殊结构有利于吸收营养素。小肠粘膜的环状皱褶——绒毛——微绒毛可使小肠吸收面积达 200 m^2，比小肠管的内表面增大600 倍，极大地提高了小肠消化和吸收的效率。被分解成的小分子物质在小肠内停留时间最长，绒毛内神经、毛细血管、毛细淋巴管丰富，不同部位吸收的物质不同。

血液与循环

1.为什么成年女人体内的水比成年男人体内的水要少一些？

答由于成年女性体重较轻，体内的脂肪含量稍高，脂肪中不含水，所以成年女人体内的水比成年男人体内的水要少一些。成年男子体内含水量为体重的 60% 左右，成年女性体内含水量为体重的 50% 左右。

2.简述组织液在人体内的重要作用。

答组织液是存在于组织间隙中的体液，是细胞生活的内环境，为血液与组织细胞间进行物质交换的媒介。组织液是血浆在毛细血管动脉端滤过管壁而生成的，在毛细血管静脉端，大部分又透过管壁吸收回血液。除大分子的蛋白质以外，血浆中的水及其他小分子物质均可滤过毛细血管壁以完成血液与组织液之间的物质交换。滤过的动力是有效滤过压。

3.为什么营养不良会出现水肿？

答组织液的病理性增加的状态，称为浮肿或水肿（edema）。营养不良时，血浆中蛋白质含量过低，导致血浆渗透压下降，引起组织液中水分增多。

4.为什么适量献血有益健康？

答对于健康的成年人来说，一次抽取 10% 左右的血（200～400 mL）对身体完全无碍。因为献血后组织液会迅速进入血管，补充血浆中的水分和电解质，补足血液总量。肝脏加速蛋白质的合成，经过 1 天左右，血浆中的蛋白质可以恢复。健康人献血后，白细胞、血小板几天内就可代偿，红细胞 1 个月可恢复正常。献血造成缺氧，肾产生的促红细胞生成素增多，会加速红细胞生成。由于人体机能及时补充所损失的血液，所以健康成年人一次献血 200～300 mL 不会影响身体健康。

适量献血有益健康。首先，对于血脂高的人来说，定期献血可以降低血脂和胆固醇，减缓人的衰老。其次，通过定期献血不断刺激骨髓的造血系统，可以不断产生年轻的血细胞，降低血液的粘稠度，减少冠心病等心脑血管系统疾病的发生。据《国际癌症》期刊报导，如果男子体内的铁质含量超过正常值的 10% ，患癌症的机率就会提高。男子通过献血排除过多的铁质，可以减少癌症的发病率。

5.Rh 阴性妇女结婚后应该注意什么问题？

答 Rh 阴性的妇女与 Rh 阳性的男子结婚，由于 Rh 因子是显性遗传，胎儿可能是 Rh 阳性。Rh 阳性胎儿的红细胞上的 Rh 因子如果由于某些原因进入母体血液，会使母体产生抗 Rh 凝集素。抗 Rh 凝集素经胎盘进入胎儿循环，使胎儿红细胞凝集、破坏，可导致胎儿严重贫血，甚至死亡。这种严重的胎儿贫血症往往发生在第二胎，因为第一胎分娩时胎盘从子宫分离，引起流血，一部分胎儿的血液进入母体循环，使母体产生抗 Rh 凝集素再作用于第二胎产生严重后果。这位妇女由于血液中已有抗 Rh 凝集素，如果再输入

Rh 阳性者的血液也会使红细胞凝集,发生严重的反应。

6. 为什么心脏病患者不宜洗蒸气浴?

答 蒸气浴时产生的热刺激,会使心脏病患者体内血流加速,进而增加血液对血管的压力。当血流通过某些局部病变部位时,容易发生血管破裂。

7. 微循环在体内起什么作用?

答 人体血液流经动脉末梢端,再流到微血管,然后汇合流入静脉,这种在微动脉和微静脉之间血管里的血液循环,称为微循环。血液和组织液之间的物质交换是通过微循环中的毛细血管进行的,微循环的基本功能是供给细胞能量和营养物质,带走代谢废物,保持内环境的稳定,保证正常的生命活动。微循环起着"第二心脏"的作用,因为仅靠心脏的收缩力是不可能将心脏内的血液输送到组织细胞的,必须有微血管再次调节供血,才能将血液灌注进入细胞。微循环同人体健康息息相关。微循环障碍如发生在神经系统,就会使脑细胞供血、供氧不足,引起头痛头晕、失眠多梦、记忆不好,甚至中风;发生在心血管系统,心肌细胞营养不良,就会发生胸闷、心慌、心律不齐、心绞痛,甚至心肌阻塞;发生在呼吸系统,就会气短、憋闷、咳嗽、哮喘,重者呼吸骤停;发生在消化系统,胃肠功能则减弱、紊乱,引起胃肠道疾病;其它脏器、肌肉和骨骼、关节等出现微循环障碍,都会发生病症。微循环障碍还直接影响着人的寿命。在长寿的诸多因素中,良好的微循环功能是最基本的生理条件。微循环功能良好的人身体一定健康,也必定会长寿。

8. 人体毛细血管一般长约 1 mm,遍布全身,形成一个庞大的毛细血管网。在体内很少有细胞与毛细血管的距离超过 25 μm 的。试计算一个体重 60 kg 的人全身毛细血管的总长度。

答 体重 60 kg 的人,毛细血管的总面积可达 6 000 m²,毛细血管管径一般为 7～9 μm,长度可达 96 000 km。

气体交换与呼吸

1. 人体肺泡的直径为 75～300 μm,总数约为 3 亿个。试计算人体呼吸表面的总面积。

答 球体表面积的计算公式 $S=4\pi r^2=\pi D^2$。

$S_1=4\pi r^2=4\times3.14\times(75\times10^{-6}/2)^2=1.8\times10^{-8}(m^2)$

$S_2=4\pi r^2=4\times3.14\times(300\times10^{-6}/2)^2=2.8\times10^{-7}(m^2)$

$3\times10^8\times1.8\times10^{-8}m^2=5.4\ m^2$

$3\times10^8\times2.8\times10^{-7}m^2=84\ m^2$

肺泡是真正进行体内外气体交换的地方,估计总面积为 50～100 m²。

2. 为什么吸烟危害健康?

答 吸烟产生的烟气危害人体健康。烟气中含有尼古丁、CO、烟碱等全身性有害毒物,苯并芘、苯并蒽等致癌物质。

吸烟使血红蛋白及血中游离 CO 含量增加,大脑组织常处于缺氧状态,影响脑的高级功能。吸烟后血中尼古丁含量增加刺激主动脉和颈动脉化学感受器,引起动脉压暂时反射性上升,心率增高,增加了心血管系统的负担,是促使心肌梗塞和突然死亡的重要原因。烟碱能使吸烟者神经冲动发生紊乱,损害神经系统,使人记忆力衰退,过早衰老。烟草中含有许多致癌物以及能够降低机体排出异物能力的纤毛毒物质。这些毒物附在香烟烟雾的微小颗粒上,到达肺泡并在那里沉积,彼此强化,大大加强了致癌作用。吸烟引起呼吸道炎症反应,长期吸烟引起终末细支气管阻塞和肺泡破裂,引发慢性肺气肿。

3. 为什么运动员要到高原去训练?

答 高原缺氧,长期在高原生活的人心肺功能会比在平原地区生活的人更强。在高原训练,可以最大程度的激发潜能,让心肺功能得到极限锻炼。人在高原低氧条件下,红细胞生成增多,呼吸循环功能增强,机体通过神经反射和高层次神经中枢的调节、控制作用使心输出量和循环血容量增加,补偿细胞内降低了的氧含量,从而提高耐受缺氧的能力,适应恶劣的低氧环境,以维持正常的生命活动。从目前的研究结果分析,高原训练对有氧代谢能力的提高有积极作用,其机制可能是高原训练可改善心脏功能及提高红细胞和血红蛋白水平,有利于氧的传送;同时,红细胞内 2,3－二磷酸甘油酸浓度增加及骨骼肌毛细血管数量和形态的改善,有利于氧的释放和弥散,从而导致机体的运输氧气的速率增加。另外,高原训练可使骨骼肌线粒体氧化酶活性升高,导致机体利用氧的能力及氧化磷酸化能力增加。

4. 人体左肺有两叶,右肺有三叶,因病切除一叶肺的人还能正常地生活吗? 为什么?

答能正常生活。人的呼吸系统包括口、鼻、喉、气管、肺。肺由肺叶组成,右肺分上叶、中叶和下叶,左肺分上叶和下叶。肺泡是气体交换的基本单位。因病切除一叶肺,仍保留有 $50m^2$ 的气体交换总面积,剩余的正常肺组织能够维持较好的肺功能。

内环境的控制

1.(云南大学 2012,河南师范大学 2012)试述人体是怎样通过反馈调节机制来维持体温的稳定的。

答体温恒定是通过调节人体的产热和散热两个生理过程处于动态平衡实现的,人体最重要的体温调节中枢位于下丘脑。下丘脑中存在调定点机制,即体温调节类似恒温器的调节机制。恒温动物有一确定的调定点的数据(如37℃),如果体温偏离这个数值,则通过反馈系统将信息送回下丘脑体温调节中枢。下丘脑体温调节中枢整合来自外周和体核的温度感受器的信息,将这些信息与调定点比较,相应地调节散热机制或产热机制,维持体温的恒定。

当人体处在寒冷的环境中,寒冷刺激了皮肤里的冷觉感受器,感受器发出的兴奋传入下丘脑的体温调节中枢,引起产热中枢兴奋和散热中枢抑制,从而反射性地引起皮肤血管收缩,使皮肤散热量减少;同时,皮肤的立毛肌收缩(发生所谓"鸡皮疙瘩"),骨骼肌也产生不自主地战栗,使产热量增加。这样,人体通过对产热过程和散热过程的反馈调节,在寒冷环境中维持正常的体温。相反,人处在炎热的环境中,皮肤里的热觉感受器受刺激后所发出的兴奋传入体温调节中枢,引起散热中枢兴奋和产热中枢抑制,从而反射性地使肌肉松弛,皮肤血管扩张,汗液分泌增多等,这样散热增多,产热减少,体温仍维持正常。

2. 为什么在高温环境中从事体力劳动的工人常饮用含食盐 0.1% ～0.5% 的清凉饮料?

答在高温高热环境中工作中进行过量体力劳动的人,为调节体温,会排出大量的汗液,这时饮含食盐 0.1% ～0.5% 的清凉饮料能很快补充人体所需的水分、钠盐,降低血液浓度,加速排泄体内废物。

3. 大量喝水则引起大量排尿,不饮水或少饮水则尿量减少,试述其调节机制。

答肾具有强大的根据机体需要调节水排泄的能力,以维持体液渗透浓度的稳定。从肾小球滤出的水分近 80% 在近曲小管及髓袢降支被重吸收。大量喝水,溶质的渗透势小,水大量从终尿排出,则引起大量排尿;不喝水或少喝水则反之。

喝水影响肾小球有效滤过压:当肾小球毛细血管血压显著降低或囊内压升高时,可使有效滤过压降低,尿量减少。肾血流量:肾血流量大时,滤过率高,尿量增多;反之尿量减少。

4. 在海上遇难的人为什么不能靠喝海水维持生命?

答海水中含有大量盐份,它的平均盐度是 3.5% ,高于人体盐度的 4 倍,人喝了后,虽可解一时之渴,但不久就会大量排尿,使人体内水分大量丧失,脱水而亡。人体为了要排出 100 克海水中含有的盐类,就要排出 150 克左右的水分。所以,饮用了海水的人不仅补充不到人体需要的水分,反而脱水加快,最后造成死亡。据统计,在海上遇难的人员中,饮海水的人比不饮海水的死亡率高 12 倍。

免疫系统与免疫功能

1. 免疫系统怎样识别侵入身体的病原体?

答人体所有细胞的细胞膜上都有不同的蛋白质,包括主要组织相容性复合体(MHC)的分子标记。白细胞认识自身的身份标签,在正常情况下不会攻击带有这些标签的自身细胞。病毒、细菌和其它的致病因子在它们的表面也带有自身的分子标记。当"非我"标记被识别后,B淋巴细胞和T淋巴细胞受到刺激,开始反复分裂,形成巨大的数量。同时分化成不同的群体,以不同的方式对入侵者作出反应。

2. 试述T淋巴细胞在细胞免疫和体液免疫中的作用。

🅐成熟的T淋巴细胞分成不同的群体:辅助性T淋巴细胞、细胞毒性T淋巴细胞。这些淋巴细胞成熟后离开胸腺进入血液循环。在血液循环中,活化的辅助性T细胞可分泌多种蛋白质,包括白细胞介素-2,促进淋巴细胞的增殖和分化。B细胞分裂分化启动体液免疫,产生和分泌大量的抗体分子与抗原结合便于巨噬细胞和补体蛋白质来消灭它。活化的细胞毒性T淋巴细胞遇到与它的受体相适应的抗原,而且是呈递在抗原——MHC复合体上时,这个T细胞受刺激分裂形成一个克隆。这个T细胞的后代分化为效应细胞群和记忆细胞群。效应细胞群分泌穿孔蛋白,在靶细胞膜上形成孔道,分泌毒素进入细胞扰乱细胞器和DNA,破坏消灭之,这就是细胞免疫。

3. 何谓免疫系统地"记忆"?

🅐在对付一种抗原的免疫应答中并不是全部克隆出来的T淋巴细胞和B淋巴细胞都消耗干净,有一部分保留在血液循环中成为记忆细胞。一旦再遇到同一抗原,这些记忆细胞便会更快速更大规模地增殖,表现"记忆"的特征。

4. 如何确定患者是否感染过某种传染病?

🅐在一次免疫应答中产生的抗体不会全部用完。检查血液中某一种抗体便可确定一个人是否感染过某种特定的传染病。

(河南师范大学2012)为什么免疫接种可以预防传染病? 你接种过哪些疫苗?

🅐免疫接种是以诱发机体免疫应答为目的的接种疫苗预防传染疾病。主动免疫通过注射或口服灭活的微生物、分离的微生物成分或产物、减毒的微生物,使机体产生初次或两次免疫应答。被动免疫通过接受针对某种病原体的抗体而获得免疫力。

我接种过乙肝疫苗、卡介苗、脊灰疫苗、百白破疫苗、麻疹疫苗、流脑疫苗、乙脑疫苗、麻腮风疫苗。

内分泌系统与体液调节

1. 神经系统与内分泌系统在动物体内的调节控制中是怎样分工合作的?

🅐神经系统与内分泌系统在机体生命活动的调节中都有重要作用。下丘脑的神经分泌细胞分泌多种下丘脑调节激素。经下丘脑一垂体门脉到达腺垂体,调节控制腺垂体的激素分泌。腺垂体分泌的促激素又调节控制靶腺体的激素分泌。下丘脑一腺垂体一靶腺体形成了一个神经内分泌系统。

2. 内分泌系统内部是怎样调节控制的?

🅐垂体包括腺垂体和神经垂体,垂体的调节是内分泌系统内部的调节。神经垂体释放抗利尿激素和催产素。腺垂体分泌生长激素、催乳素、促甲状腺激素、促肾上腺皮质激素、促卵泡激素和黄体生成素等,分别支配性腺、肾上腺皮质和甲状腺的活动。促甲状腺激素可促进甲状腺生长、发育和分泌甲状腺激素,实现甲状腺激素的各种生理功能。促肾上腺皮质激素,促进肾上腺皮质分泌糖皮质激素和性激素。

下丘脑可促进腺垂体的分泌,腺垂体分泌的促激素又促进靶腺激素的分泌;靶腺激素对下丘脑——腺垂体的分泌也有影响。

负反馈调节:下丘脑——腺垂体激素促进靶腺的分泌,但当血液中的靶腺激素增多时,能反过来抑制下丘脑——腺垂体激素的分泌。如促肾上腺皮质激素释放激素。

正反馈作用:当血液中的靶腺激素增多时,对下丘脑——腺垂体起兴奋作用。如性腺激素。

3. 试述内分泌系统在维持稳态中的作用。

🅐内分泌腺(内分泌细胞)分泌的激素通过体液传送至其他部位或细胞来调节动物的生命活动。调节激素水平的平衡,维持代谢的相对稳定,调节发育与生殖,应急反应。

4. 在遇到突发的危急情况时，人体内分泌系统有哪些反应?

答 机体遇到缺氧、创伤、精神紧张等有害刺激时，引起腺垂体促肾上腺皮质激素分泌增加，导致血中糖皮质激素浓度升高，并产生一系列代谢改变和其它全身反应，称为机体的应激。同样，在机体遇到特殊紧急情况时，如畏惧、焦虑、剧痛等，引起肾上腺素和去甲肾上腺素的分泌大大增加，发生一系列反应，称为应急反应。应激反应和应急反应的刺激相同；但应激反应是下丘脑－腺垂体－肾上腺皮质活动为主，而应急反应则是交感－肾上腺髓质系统活动为主；当机体受到应激刺激时，同时引起应激反应和应急反应，两者相辅相成，共同维持机体的适应能力。

5. (四川大学 2014，河南师范大学 2012，湖南农业大学 2012)哪些激素与调节浓度水平有关，它们分别起什么作用?

答 调节血糖水平的激素主要有胰岛素、胰高血糖素、糖皮质激素、肾上腺素；此外，甲状腺激素、生长素、去甲肾上腺素等对血糖水平也有一定作用。①胰岛素：能促进肝糖原和肌糖原的合成，促进组织对葡萄糖的摄取利用；抑制肝糖原异生及分解，降低血糖。②胰高血糖素：能促进糖原分解和葡萄糖异生，使血糖升高。③糖皮质激素：能促进肝糖原异生，增加糖原贮存；有抗胰岛素作用，降低肌肉与脂肪等组织细胞对胰岛素的反应性，抑制葡萄糖消耗，升高血糖。④肾上腺素和去甲肾上腺素：能促进糖原分解，使血糖水平升高；此外，还能抑制胰岛素的分泌。⑤甲状腺激素：能促进小肠黏膜对糖的吸收，增强糖原分解，抑制糖原合成，并加强肾上腺素、胰高血糖素、皮质醇和生长素的升糖作用，故有升高血糖的作用；此外，还可加强外周组织对糖的利用，也有降低血糖的作用。⑥生长素：能抑制外周组织对葡萄糖的利用、减少葡萄糖的消耗，有升糖作用。

6. 饮水和食物中缺碘会产生哪些后果?

答 碘缺乏可引起甲状腺功能减退症，没有碘甲状腺不能合成甲状腺激素，不能发挥生理效应。正常人的甲状腺内都储存一定量的碘，供合成甲状腺激素之用，但当较长时间得不到碘的补充时，甲状腺激素的合成和分泌都随之减少，由于血中甲状腺激素水平的降低反馈地使脑垂体分泌促甲状腺激素(TSH)，促使甲状腺滤泡上皮细胞增大，增多以至发展成甲状腺肿，同时肿大的甲状腺也可造成激素的合成障碍，因而加剧了因缺碘引起的碘代谢紊乱，促使甲状腺肿的发展。严重缺碘病区常发现地方性克汀病，患者出现呆、小、聋、哑、瘫等症状，成为家庭的灾难，社会的负担。另外还有一大批因缺碘而造成的智力迟钝、体格发育落后的儿童。缺碘同时与乳腺癌、卵巢癌及子宫内膜癌的发生有一定的关系。

神经系统与神经调节

1. (中国科学研究院水生所 2011，河南师范大学 2012)神经细胞的极化状态是怎样产生的?

答 静息的神经细胞膜呈极化状态，主要是由于神经细胞膜内外各种电解质的离子浓度不同，膜外 Na^+ 浓度大，膜内 K^+ 浓度大，而神经细胞膜静息时对 K^+ 通透性大，对 Na^+ 通透性小，膜内的 K^+ 扩散到膜外，膜内的负离子不能扩散出去，膜外的 Na^+ 也不能扩散进来，因此出现极化状态。

2. 动作电位是怎样产生的?

答 静息的神经细胞膜呈极化状态，主要是由于神经细胞膜对 Na^+、K^+ 离子通透性不同。对 K^+ 的通透性大，对 Na^+ 的通透性小，膜内 K^+ 扩散到膜外，而膜内的负离子却不能扩散会出去，膜外的 Na^+ 也不能扩散进来，呈现极化状态，即外正内负的电位差。

细胞膜受刺激时，膜极化状态被破坏(去极化)，在短时间内膜内电位高于膜外电位，即内正外负，膜内达到 $+20 \sim +40$ mV(反极化)。主要因为细胞膜对 Na^+ 的通透性突然增大，超过对 K^+ 的通透性，大量 Na^+ 进入膜内。膜内正电位达到一定的值，就变成阻止 Na^+ 进入的力量，膜对 Na^+ 的通透性降低，而对 K^+ 的通透性增加，K^+ 又涌向膜外，结果恢复到静息电位(复极化)。

3. 神经冲动是怎样在神经细胞之间传递的?

㈜ 神经冲动在一个神经元上以动作电位的形式传导。一个神经元的轴突末梢和另一个神经元胞体或树突相连的部位就是神经突触。神经突触的结构包括:

突触前膜:末梢轴突膜,7 nm。

突触间隙:两膜之间,20 nm,其间含有粘多糖、糖蛋白。

突除后膜:下一个神经元胞体或树突膜,7 nm。

突触前膜胞体含有许多突触小泡,包含多种多样的神经递质。突触后膜上有许多特异性的蛋白质受体。突触传递过程:末梢动作电位→Ca^{2+}进入膜内→突触小泡贴于前膜并融合于前膜→小泡破裂,结合处出现裂口→递质进入间隙→递质与后膜受体结合→后膜离子通透性改变→突触后电位,引起兴奋性或抑制性信号传递。

4. 你知道人体有哪些反射?

㈜ 反射是神经系统活动的基本形式。简单的反射有咀嚼反射、吞咽反射、瞬目反射、瞳孔反射、膝反射、屈反射等。复杂的反射有跨步反射、直立反射、性反射等。

5. 一位脑出血患者发病时右手、右腿出现运动障碍,后来逐渐康复,只剩下右手手指不能运动。脑出血可能发生在大脑的什么部位?

㈜ 脑出血发生在左大脑皮层运动区,中央前回中部控制右手活动的区域,引起相应运动障碍。大脑皮层运动区对躯体运动的调节是交叉性的,但对头面部的支配主要是双侧性的。有精细的功能定位,其安排大体呈身体的倒影,而头面代表区内部的安排是正立的。运动愈精细复杂的躯体的代表区也愈大,例如手和五指的代表区很大,几乎与整个下肢所占的区域同等大小。

　　感觉器官与感觉

1. 测试你自己的盲点。

㈜ 视网膜的感光成分是视锥细胞和视杆细胞。在视网膜后部视神经穿出的部位,叫做视神经乳头,这里没有视锥细胞和视杆细胞,当物像落在这里时,不能引起视觉作用,生理学上叫做盲点。

材料器具:长和宽为 15×8 cm 的白纸,铅笔。

步骤:

(1)主试者取一张白纸,贴在墙上,在纸的左边同眼相平处用黑墨水作"＋"号。

(2)受试者站在距纸 30 cm 处,用手遮掩左眼,右眼注视"＋"号。主试者取一支用白纸包裹只露黑色笔尖的铅笔,让笔尖自"＋"号处向右缓缓移动。这时,受试者的右眼应始终注视"＋"号而不随笔尖移动。当笔尖移动到一定距离时,受试者忽然不见笔尖,主试者即在该处作一记号,然后让笔尖继续向右移动,当受试者又看见笔尖时,再作一记号。上述两记号就是盲点投射在这一线上的起点和终点,这两点间的距离就是在眼盲点在水平方向的投射直径。

(3)然后,让笔尖向右以各种不同角度移动,同样得各线上盲点的起点和终点,最后以曲线连接各点,得出一个不规则的圆圈,这就是受试者右眼盲点的投射区(见图 6.4)。

(4)同上法,测定左眼盲点的投射区。

(5)依照下列公式,计算盲点的大小:

$$\frac{实际盲点的直径}{测得盲点投射区的直径} = \frac{调节点到视网膜的距离(15 \text{ mm})}{调节点到白纸的距离(30 \text{ mm})}$$

2. 测试人体不同部位的两点阈。

㈜ 两点阈指能分辨皮肤上两点刺激的最小距离。同时刺激皮肤上的

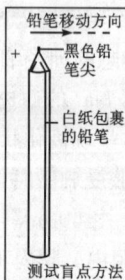

图 6.4　盲点测试方法示意图

两个点,当两点的距离小于一定程度时,会被感觉成一个点。能辨别的两点距离越近,表明两点辨别能力越精确。两点阈是对触觉空间辨别能力的度量。身体不同部位的两点阈是不一样的。其规律是,运动能力越高的部位两点阈越低。另外,肢体上横向的两点阈一般也低于纵向的两点阈。

3.**讨论感觉与刺激的关系。**

答 感觉会对一种形式的能量刺激特别敏感,当刺激强度加大,膜电位达到阈值时,就会在传入神经上引起一系列的冲动发放。这种敏感性最高的能量形式的刺激,就称为适宜刺激(adquate stimulus)。其他不发生反应或敏感性很低的能量形式的刺激,称为不适宜刺激。

由于感受器对于适宜刺激非常敏感,可以感受到极微弱的能量。经过换能后形成的神经冲动的功率放大了很多倍。刺激作用于人的感受器最初可以得到清晰的感觉,但是当刺激持续作用时,感觉逐渐减弱,有时甚至消失。这个过程称为感觉的适应(adaptation)。适应是主观感觉的复杂变化,它的生理基础首先是感觉器官发放动作电位的频率降低。

4.(河南师范大学 2012)**比较人眼与照相机的异同。**

答 人眼可看作单透镜,工作原理与照相机相似。透镜(晶状体)可以将光线聚焦在视网膜上,而视网膜上有感光细胞,如同照相机的感光胶片。

人眼与照相机在调节机理上却是不同的。人眼能看清远近不同的物体,主要是通过睫状体调节晶状体的凸度来实现的,而照相机能拍摄出远近不同景物的清晰照片,主要是通过对焦器调节像距来实现的。

与照相机只是把外界景物的图像映在照相软片上不同,人眼并不是把投射到视网膜上的图像一点不漏地传给大脑,而是先对图像进行信息加工,抽取线段、角度、弧度、运动、色度和明暗对比等包含重要信息的简要特征,并把它们编制成神经密码信号,再传给大脑。这使人眼有特殊功能,可以对比周围的景物,使人感知自身的运动和位置状态,确定物体的距离、形状和相对大小。

5.**空气的振动是怎样转变成听觉的?**

答 声波从体外传入外耳道(auditory cansl),使外耳道顶端的鼓膜(eardrum)振动。鼓膜的振动又推动了中耳中 3 块小听骨:锤骨(hammer)、砧骨(anvil)和镫骨(stirrup)。最后,镫骨通过卵圆窗(ovalwindow)把振动传送给内耳中的液体。振动通过鼓膜听骨系统后可以增强外来的压力。当镫骨在卵圆窗振动时,使耳蜗发生振动,沿着蜗管引起一个行波,行波沿着基膜由耳蜗底部向顶部传播。频率不同时,行波所能到达的部位和最大行波振幅出现的部位有所不同。当基膜振动时,由于基膜和覆膜的支点位置不同,使柯蒂氏器官与覆膜之间发生相对位移,使毛细胞上的纤毛弯曲,引起毛细胞上离子通透性的改变,最终导致神经上冲动的发放。冲动传到大脑皮层听区产生听觉。

动物如何运动

1.**穿高跟鞋对人体有什么影响?**

答 脚被称为人体"第二心脏",其健康状况可以直接影响身体机能。穿高跟鞋时,人体为了保持平衡,身体会向前倾,背部肌肉、腰肌、髂腰韧带、臀大肌、臀中肌、臀小肌以及大腿、小腿后面的肌肉群始终保持着收缩的紧张状态,久而久之会产生腰痛,如果走路时不小心还容易造成脚扭伤甚至踝关节骨折。穿高跟鞋,身体重量集中在脚趾和前脚掌上,容易造成足畸形,足趾长期受挤压使局部血液循环不畅,有可能发生足趾溃疡和坏死。而又尖又窄的高跟鞋,可造成脚拇指外翻和锤状指畸形。这些症状即是所谓的"高跟鞋病"。妇女长期穿鞋跟过高的高跟鞋,会引起脚拇指骨头旁突、锤子形脚趾和脚趾甲病变等。尤其是 20 岁以下的少女,更不宜穿高跟鞋,因为少女的盆骨骨质柔软,常穿高跟鞋会令盆骨入口变窄,导致将来分娩时出现困难。

2.**为了防治骨质疏松症应该多吃哪些食品?**

答 从食品中补充钙质,扩展食物种类,多食含钙食物,如菠菜、韭菜、蘑菇、动物肝脑、鱼类、骨汤、牛奶等。其次是补充维生素 D,多晒太阳促进钙质吸收。

3. 与其它的四肢着地的哺乳动物比较,人类的骨骼有哪些变化?

答 人的头部位于躯干上部,颅骨的脑颅发达。人颅骨基部的枕骨大孔在颅基中央,脊柱上方。上肢骨轻巧,颈椎和腰椎少,躯干结构紧凑;肢体相对于躯干较长,婴儿期甚至上肢比下肢长;手的抓握力很强;双目前视,具立体视觉;爪变为扁平的指甲,可剥、刻、抓、摘果实和种子。下肢骨粗壮,人的股骨在行走时与躯干垂直形成一定角度,使身体重心接近中轴。人脚大趾与其他 4 趾并列,称为行走时的着力点。脚底有足弓,增加站立的稳定性,缓冲行走跳跃时足底着地对躯干和头脑的冲击。人手短而宽,指骨直,指尖较宽,大拇指发育很好。骨盆也有相应的形态特征与之相适应。

4. 人体内有哪几种骨骼肌肉组成的杠杆系统?

答 人体活动是由骨、关节和骨骼肌共同完成的。它们在神经的调节和各系统的配合下,对人体起保护、支持和运动的作用。在运动中,骨骼起杠杆作用,关节是运动的枢纽,骨骼肌是动力,肌肉所产生的动力主要是使骨骼绕轴旋转而引起转动或杠杆作用。

杠杆作用的形式如下:①平衡杠杆运动——支点在重点和力点之间,即动力臂等于阻力臂。如环枕关节进行的仰头和俯首运动。②省力杠杆运动——重点位于支点和力点之间,即动力臂大于阻力臂,动力小于阻力。如支撑腿在起步抬足跟踝关节的运动,这种杠杆运动比较省力,但幅度小。③速度杠杆运动——力点位于重点和支点之间,即动力臂小于阻力臂,动力大于阻力。如举起重物时,肘关节的运动。这种杠杆运动是费力运动,是以力的消耗换取较快的运动速度的。

5. 简述肌肉收缩的分子生物学机制。

答 骨骼肌收缩的分子生物学机制是肌丝滑动学说(sliding filament theory),肌纤维的缩短是肌节中粗肌丝和细肌丝相对运动的结果。其过程大致如下:①运动神经末梢将神经冲动传递给肌膜;②肌膜的兴奋经横小管迅速传向终池;③肌浆网膜上的钙泵活动,将大量 Ca^{2+} 转运到肌浆内;④肌原蛋白与 Ca^{2+} 结合后,发生构型改变,进而使原肌球蛋白位置也随之变化;⑤原来被掩盖的肌动蛋白位点暴露,迅即与肌球蛋白头接触;⑥肌球蛋白头 ATP 酶被激活,分解了 ATP 并释放能量;⑦肌球蛋白的横桥摆动,将肌动蛋白拉向 M 线;⑧细肌丝向 A 带内滑入,I 带变窄,A 带长度不变,但 H 带因细肌丝的插入可消失,由于细肌丝在粗肌丝之间向 M 线滑动,肌节缩短,肌纤维缩短;⑨收缩完毕,肌浆内 Ca^{2+} 被泵入肌浆网内,肌浆内 Ca^{2+} 浓度降低,肌原蛋白恢复原来构型,原肌球蛋白恢复原位又掩盖肌动蛋白位点,肌球蛋白与肌动蛋白脱离接触,肌纤维则处于松弛状态。一次肌肉收缩,横桥要更换与细肌丝的接触位点反复摆动多次。

生殖与胚胎发育

1. 有性生殖的生物学意义是什么?

答 由遗传组成存在差异的两性配子结合成合子,使合子发生遗传物质的重组,从而使后代产生了丰富的遗传性变异,提高了生活力和对环境的适应能力,在自然选择中更为有利。

2. 试述卵巢、子宫周期性变化与内分泌的关系。

答 在卵巢中卵泡的发育、成熟和排放呈月周期变化。卵巢周期开始时下丘脑释放促性腺激素释放激素(GnRH)的水平升高,刺激腺垂体产生和释放促卵泡激素(FSH)和黄体生成素(LH)。FSH 和 LH 刺激卵泡生长和成熟,在它们的共同影响下卵泡分泌雌激素,子宫内膜呈增生期变化。排卵前一天左右,高水平的雌激素增强 GnRH 和 FSH、LH 分泌。LH 使成熟卵泡排卵,并维持黄体功能,分泌大量雌、孕激素。子宫内膜呈分泌期变化。排卵后,黄体分泌的雌、孕激素反馈抑制 GnRH 和 FSH、LH 分泌,使黄体退化,雌、孕激素浓度随即下降,子宫内膜剥落流血。下一个月经周期又开始。

3. 如何预防性传播疾病?

答 性传播疾病主要通过性接触而传染,由细菌、病毒或寄生虫引起。引起这些疾病的病原体一般通过阴道、尿道、肛门、口腔的温暖而潮湿的黏膜表面进入。预防性传播疾病的措施：

（1）杜绝不良的性行为。提倡建立文明的行为方式，增进健康，节制性乱交。在性交过程中应戴避孕工具，性交后用肥皂水冲洗和解小便，能够起到预防感染性病的作用。

（2）杜绝间接感染的渠道。应做到不共用毛巾和浴巾、浴盆，最好用淋浴洗澡，不穿他人的内裤和游泳裤。

（3）杜绝垂直感染的渠道。如果一旦发现孕妇患有性传播疾病，可根据情况采取措施，以预防新生儿感染性传播疾病。

4. 试述生育控制的原理。

答 有效的生育控制基于对受精过程机制的深入了解，其原理是干扰精子、卵子的生成与发育，或阻断精子和卵子的结合，或干扰受精卵的种植方法。

（1）口服避孕药（oral contraceptive）含有少量的雌激素和孕激素（黄体酮），每天服用一片，但在 28 天的月经周期的最后 5 天停服。它可以提高血液中雌激素水平，足以抑制腺垂体释放 FSH。卵巢中的卵泡停止生长发育，停止排卵。其中的孕激素使子宫黏液的粘稠度增加，障碍精子进入子宫。

（2）宫内节育器促进子宫收缩，使胚胎很难种植在子宫内膜上或引起子宫腔内膜轻度局部感染，造成不合适胚胎生长发育的环境，终止种植，受精卵被排出。

（3）阴道隔膜、宫颈帽、阴道套等是使用屏障法阻止精子进入子宫。

（4）节育是用外科手术结扎输精管（男性）或输卵管（女性），阻止精子或卵子的输出以达到避孕的目的。

（5）人工流产是在避孕失败后不得已而采取的人工终止妊娠的措施。

5. 胎儿的血液能与母亲的血液直接交流吗？

答 胎儿的绒毛膜绒毛是浸浴在母体血液中的，但胎儿的血液并不直接与母体的血液相通。这样，母体的部分蜕膜和子体的绒毛膜结合起来，形成胎盘。胎盘的主要功能是实现胎儿与母体间的物质交换与分泌激素。

6. 你赞成克隆人吗？为什么？

答 不赞成。克隆人的核心是复制"自己"。但后天的思想与自我意识是不能复制的。克隆出来的人已经是另一个"自我"，不管是通过一个卵细胞、还是一个体细胞克隆出来的个体，他的"自我意识"肯定不会与他的"供体"的"自我意识"重合为同一个"自我"。从技术角度看克隆人是否健全，对人类物种的安全有没有危害，还不清楚。从伦理观念来看，克隆人社会学意义是不健全的，会带来负面影响。

植物的形态与功能

7

考点综述

植物进行光合自养,有细胞、组织、器官等结构层次,根、茎、叶担负水分、无机盐和有机营养的吸收和运输,与其形态结构相适应。植物的有性生殖是植物繁衍后代的主要方式,它是通过传粉、识别反应、花粉萌发、花粉管伸长和受精作用等来实现的。植物激素调控植物的生长发育。

本章考点:①高等植物组织的类型、在植物体内的分布及其作用;②植物根、茎结构的形成及组成;③双子叶植物根、茎的初生结构与次生结构的差异;④单子叶植物与双子叶植物在根、茎结构上的差异;⑤植物叶片的结构及其对生理功能的适应;⑥植物的生活周期,重点掌握被子植物的生活史,认识各阶段的核相变化;⑦被子植物的生殖过程,重点掌握雌、雄配子体的发育过程及其结构;⑧果实和种子的形成过程,了解雌蕊、子房、胚珠、胚囊、胚、种子之间的关系;⑨种子萌发的方式;⑩植物对养分的吸收和运输;⑪导管与筛管在形态、构造、功能、分布等方面的异同;⑫气孔的结构,气孔开关的机制以及对二氧化碳吸收和水分散失的调节;⑬根吸收水分和无机盐的途径及方式;⑭根压、蒸腾作用在水的运输中的作用,内聚力学说,压流模型的主要内容;⑮植物生长发育所需要的必需元素;⑯菌根,根瘤与生物固氮作用;⑰植物激素的种类、在植物体内的分布及其主要作用;⑱生长素的作用机制;⑲光周期对植物开花的影响,长日植物、短日植物;⑳植物对植食动物和病菌的防御。

本章以被子植物为对象,介绍植物的结构、生殖和个体发育过程,植物的营养和植物的调控系统。重点掌握植物营养器官根茎叶的结构与功能,被子植物的生殖与发育过程,水、无机盐、二氧化碳的吸收与运输,植物激素的种类及生理作用。考查形式多样,不同学校出题形式、考查侧重点有所不同。

名词术语

【术语题库 扫码获取】

1. **分生组织**(meristem):未特化、能分裂的细胞群,这些细胞分裂产生更多的细胞,使植物生长。包括顶端分生组织、侧生分生组织、居间分生组织。

2. **平周分裂和垂周分裂**:平周分裂即切向分裂,是细胞分裂产生的新壁与器官表面最近处切线相平行,子细胞的新壁为切向壁。平周分裂使器官加厚。垂周分裂指细胞分裂时,新形成的壁垂直于器官的表面。垂周分裂一般指径向分裂,新壁为径向壁。分裂的结果使器官增粗。

3. **定根和不定根**:发生位置固定的根,称为定根,包括主根和侧根两种。在主根和主根所产生的侧根以外的部分,如茎、叶、老根或胚轴上生出的根,因其着生位置不固定,故称不定根。

4. **直根系和须根系**:有明显的主根和侧根区别的根系称直根系,如松、棉、油菜等植物的根系。无明显的主根和侧根区分的根系,或根系全部由不定根和它的分枝组成,粗细相近,无主次之分,而呈须状的根系,称须根系,如禾本科植物稻、麦的根系。

5. **初生生长**(primary growth):来自顶端分生组织产生的细胞使植物体的长度增加,称为初生生长。

6. **初生结构**:在植物体的初生生长过程中所产生的各种成熟组织,共同组成的结构称为初生结构。

7. **形成层**(cambium):多年生植物根、茎内部围绕中轴排成一环分生组织层。

8. **维管组织**(vascular tissue):又称输导组织,由多种类型的细胞组成的复合组织,分为木质部和韧皮部两部分。

9. **维管束**:由原形成层分化而来,以输导为主的复合组织,由木质部和韧皮部或加上形成层共同构成的束状结构。

10. **维管组织系统**:植物体各器官中的由维管束构成的一个连续统一的系统,主要行使输导水分、矿物质和同化产物的功能。包括输导水分和无机盐的木质部和输导有机养料的韧皮部。

11. **次生生长**:维管形成层和木栓形成层分裂、分化形成各种成熟组织,使根茎等器官加粗,称为次生生长。

12. **次生结构**:在植物的次生生长过程中所产生的各种成熟组织,共同组成的结构称为次生结构。包括次生维管组织和周皮。

13. **凯氏带**(casparian strip):双子叶植物和裸子植物在根的内皮层细胞处于初生状态时,其细胞的径向壁和横向壁上形成木栓质的带状增厚。对根内水分吸收和运输具有控制作用。

14. **树皮**:双子叶植物木本茎的维管形成层以外的部分,包括木栓层、木栓形成层、栓内层、次生韧皮部。

15. **年轮**(annual ring):多年生的木本植物茎干横断面上由于维管形成层细胞的分裂活动受季节的影响出现的若干同心轮纹,由春材(早材)和秋材(晚材)组成。

16. **髓射线**:初生维管束之间的薄壁组织,位于皮层和髓之间,具有横向运输和贮藏营养物质的功能。

17. **花**:被子植物的生殖器官,由花柄、花托、花萼、花冠、雄蕊群和雌蕊群五个部分组成的花称为完全花,缺少一种或几种花器官的的花称为不完全花。

18. **花序**:植物的花聚生成簇,按一定的排列格式,生长在共同的花轴之上。

19. **心皮**(carpel):心皮是构成雌蕊的单位,是具生殖作用的变态叶。

20. **传粉**(pollination):指花粉粒由花粉囊中散出,经媒介的作用而传送到柱头上的过程。

21. **双受精**(double fertilization):花粉管到达胚囊后,释放出二精子,一个与卵细胞融合,成为二倍体的受精卵(合子),另一个与两个极核(或次生核)融合,形成三倍体的初生胚乳核,卵细胞和极核同时和二精子分别完成融合的过程称双受精。双受精是被子植物有性生殖特有的现象。

22. **单性结实**:不经过受精作用,子房就发育成果实,这种现象称单性结实。单性结实过程中,子房不经过传粉或任何其他刺激,便可形成无子果实,称为营养单性结实,如香蕉。若子房必须通过诱导作用才能形成无子果实,则称为诱导单性结实(或刺激单性结实),如以马铃薯的花粉刺激番茄的柱头可得到无籽果实。

23. **上位子房**:花萼、花冠和雄蕊着生点都排在子房的下面,称之为子房上位或称下位花。

24. **下位子房**:花托凹下成各种形状,子房隐陷于托内,花萼、花冠和雄蕊都着生于子房之上,称之为子房下位或称上位花。

25. **真果**:仅由子房发育形成的果实。如桃、棉的果实。

26. **假果**:除了子房外,花的其他部分如花托、花萼、花冠及整个花序等其他结构共同参与果实形成,如苹果的肉质部分主要来自花托。

27. **聚花果**:果实由整个花序发育而来,花序也参与果实的组成部分,称为聚花果或花序果、复果,如桑、菠萝、无花果等植物的果。

28.**聚合果**:一朵花中有许多离生雌蕊,以后每一雌蕊形成一个小果,相聚在同一花托之上,称为聚合果,如白玉兰、莲、草莓的果。

29.**世代交替**:生物的生活史中有性世代与无性世代有规律地交替进行的现象。植物的有性世代从孢子开始,到由其萌发形成配子体,并行有性生殖产生配子;无性世代从配子结合形成的合子开始,到由其萌发形成孢子体,直至行无性生殖产生孢子。

30.**生活史**:生物在一生中所经历的发育和繁殖阶段,前后相继,有规律地循环的全部过程,称为生活史。从种子开始至新一代种子形成所经历的全过程,称为种子植物的生活史或是生活周期。

31.**蒸腾作用(transpiration)**:植物的叶或其他暴露在外面的部分丢失水分的过程。

32.**共质体**:细胞间通过胞间连丝将原生质连接成的整体。

33.**根压**:根细胞会主动将无机离子泵入木质部,而内皮层会使离子在木质部中积累。当离子积累到一定程度时,水分就会通过渗透作用进入木质部,从而推动木质部汁液向上移动的压力。

34.**压流模型**:植物体内有机分子在韧皮部运输的机制;运输的动力来源在运输的两端存在蔗糖浓度的压力差;受蔗糖浓度的压力差驱动,蔗糖液从浓度高处向浓度低处流动;同时可不断从运输途径的周围组织补充水分,确保运输流不断流动。

35.**必需元素(essential element)**:完成植物的生活周期所必需的元素。

36.**水培法(hydroponics)**:将植物的根部浸泡在溶液中并通入空气进行培养的方法。

37.**根瘤**:植物根上常形成各种形状的瘤状突起,根与土壤中的固氮菌互惠,具有固氮的功能。

38.**菌根**:有些植物根常与土壤中的真菌结合在一起,形成一种真菌与根的共生体,称为菌根。

39.**顶端优势**:植物顶芽分泌抑制腋芽生长的激素而导致只有顶芽更易生长的现象。

40.**向光性(phototropism)**:植物的枝叶向着光的生长。

41.**春化作用**:一些植物必须经历一定的低温,才能形成花原基,进行花芽分化。低温诱导花原基形成的作用称为春化作用。

42.**光敏素(phytochrome,Phy)**:一种对红光和远红光的吸收有逆转效应、参与光形态建成、调节植物发育的色素蛋白。

43.**光周期(photoperiod)**:生物对昼夜光暗循环格局的反应。

44.**长日植物(Long−day plant,LDP)**:在 24 小时昼夜周期中,日照长度长于一定时数才能成花的植物。如延长光照或在暗期短期照光可促进或提早开花,相反,如延长黑暗则推迟开花或不能成花。典型的长日照植物有天仙子、小麦等。

45.**短日植物(short−day plant,SDP)**:24 小时昼夜周期中,日照长度短于一定时数才能成花的植物。如延长黑暗或缩短光照可促进或提早开花,相反,如延长日照则推迟开花或不能成花。典型的短日植物有晚稻,菊花等。

考研精粹

植物的结构和生殖

1.①(浙江海洋大学 2019)简要介绍被子植物两个纲(单子叶植物纲和双子叶植物纲)的主要特征比较。

②(赣南师范大学 2019)根据植物在结构上的特点,植物学家把被子植物分为哪两大类?

③(云南大学 2014)单子叶植物和双子叶植物的主要区别。

④(曲阜师范大学 2011)请比较双子叶植物和单子叶植物的主要不同点是什么?

【答案要点】(1)子叶数目:单子叶植物胚中一片子叶,双子叶植物胚中有两片子叶。

　　(2)根系:单子叶植物的根系为须根系,双子叶植物根系为直根系。

　　(3)茎内维管束:单子叶植物的茎内维管束是散生的;双子叶植物的茎内维管束排列成圆筒状;单子叶植物的茎原形成层全部分化为初生木质部和初生韧皮部,茎只有初生生长,无次生生长。而双子叶植物茎初生木质部和初生韧皮部之间有原形成层保留部分,其茎可进行次生生长,使茎加粗。

　　(4)叶脉:单子叶植物的叶脉为弧形或平行脉,双子叶植物的叶脉序为网状脉。

　　(5)花:单子叶植物的花通常为 3 基数,双子叶植物的花通常为 5 或 4 基数;单子叶植物的花粉具单个萌发孔,双子叶植物的花粉具 3 个萌发孔。

　　2.(西南科技大学 2014)论述被子植物营养器官的结构和功能。

　　【答案】被子植物营养器官包括根、茎、叶 3 种。

　　根是植物在长期适应陆生生活过程中发展起来的器官,构成植物体的地下部分。根尖附近有大量根毛,是表皮细胞的突起,增大吸收表面积,有利于根行使固着、支持功能、吸收水分和矿物质的功能。

　　茎是植株地上部分的主轴,着生并支撑叶、芽、花或果。茎有输导、支持、贮藏、繁殖的生理功能。

　　叶一般分为叶片、叶柄和托叶三部分,主要生理功能是光合作用。

　　3.(浙江师范大学 2012)陆生植物与外界进行气体交换的主要器官是_____。

　　A.根　　　　　　　　B.花　　　　　　　　C.叶　　　　　　　　D.果实

　　【答案】C

　　4.(浙江师范大学 2012)主根生出后很快退化,由胚轴和茎基部的节上生出的不定根所组成的根系叫须根系,如雪松、棉花等植物。(　　)

　　【解析】有直根系和须根系两种类型。大多数裸子植物和双子叶植物的主根继续生长,明显而发达。由主根及各级侧根组成的根系,称为直根系。如:棉花。大多数单子叶植物的主根在生长一个短时期后,即停止生长而枯萎,并由茎基部节上产生大量不定根,这些不定根也能继续发育,形成分枝,整个根系形如须状,称须根系。如:小麦、水稻、玉米。

　　【答案】错

　　5.(中国科学技术大学 2013)下列组织中,_____是永久组织。

　　A.根尖　　　　　　　B.形成层　　　　　　C.维管组织　　　　　D.茎尖

　　【解析】植物组织可分为两大类:分生组织和永久组织。

　　植物发育时期的胚细胞都具有分裂能力,是分生组织。有些分生组织常处于活跃状态,不断分裂产生新细胞,如茎尖、根尖。有些分生组织常处于潜伏状态,只在条件适宜时才活跃起来,如腋芽内的分生组织,单子叶植物的居间分生组织。多年生植物的根、茎内部还有围绕中轴排成一环的分生组织层,称为形成层。

　　在生长发育过程中,细胞陆续分化而失去分裂的能力,成为有特定功能的细胞群体,即永久组织。包括薄壁组织,保护组织,维管组织,机械组织,在植物体内分布广泛。

　　【答案】C

　　6.(浙江师范大学 2012)在结构上具有细胞壁薄、细胞质浓厚、无明显液泡、细胞之间紧密连接,无细胞间隙等特征的组织称为_____。

　　A.机械组织　　　　　B.分生组织　　　　　C.输导组织　　　　　D.表皮组织

　　【答案】B

　　7.(江苏大学 2014)大多数植物的代谢活动在哪一种组织中进行?_____

　　A.表皮组织　　　　　B.厚壁组织　　　　　C.厚角组织　　　　　D.薄壁组织

　　【答案】D

　　8.(西南大学 2010)纤维和石细胞属于厚角细胞。(　　)

　　【答案】错。纤维和石细胞属于厚壁细胞。有次生壁,含木质素。

9.(江西师范大学 2014)发育成熟的导管分子是_____。

  A.无核的生活细胞   B.真核细胞   C.死细胞   D.原核细胞

【答案】BC

10.(西南大学 2012,2011)植物器官基本上都由 3 类组织参与构建,分别是表皮、_____和基本组织。

【解析】所有植物的成熟器官基本上由 3 种组织系统所组成:皮组织系统、维管组织系统和基本组织系统。皮组织系统包括表皮和周皮。表皮覆盖于植物表面,是植物初生保护层。周皮是植物次生保护层,是替代表皮的保护组织。维管组织系统包括两类输导组织,输导有机养分的韧皮部和输导水分、矿物质的木质部。基本组织系统位于皮组织系统和维管组织系统之间。主要的基本组织系统包括各种各样的薄壁组织、厚壁组织和厚角组织。另外萌发的种子和胚中还有分生组织,其中的细胞经过反复的分裂产生大量的细胞。

【答案】维管组织

11.(南京大学 2014)举例比较初生生长和次生生长。

【答案】由顶端分生组织及其衍生细胞的增生和成熟所引起的生长过程是初生生长,如位于根尖或茎尖的分生组织产生的细胞使根或茎长度增加。由于形成层的活动产生各种次生组织,使植物体直径逐年加粗的生长称为次生生长。大多数双子叶植物和裸子植物的根,在完成初生生长后,由于维管形成层和木栓形成层的活动使根长粗。

在木本植物体内,初生生长与次生生长在不同的位置同时发生。初生生长限于幼嫩部分,如茎尖,这里有顶端分生组织。次生生长在根茎较老的部分,距顶端稍远处。

12.(浙江师范大学 2011)根的根尖部分执行吸收功能的区域是_____。

  A.根冠   B.分生区   C.伸长区   D.根毛区

【解析】根尖可分为四部分。

(1)根冠:多层疏松薄壁细胞组成的罩状结构,保护根的顶端分生组织。根在土壤里生长时,外层细胞不断脱落,内部分生组织不断产生新的细胞进行补充,同时分泌粘液,起润滑作用。根冠可以使顶端免于被土壤颗粒擦伤。

(2)分生区:分生组织细胞组成,所占根尖比例很小,根的生长是分生区细胞不断分裂的结果。分裂产生的细胞少数向下加入根冠,多数向上发展。

(3)伸长区:在分生区之后,细胞生长快,使根在土壤中前进,伸长区后方细胞已停止分裂而开始分化,已有维管束形成。

(4)根毛区(又叫成熟区):细胞产生分化,根的各种组织形成,有吸收、输导、贮藏等功能,显著的特点是外表密被根毛,根毛是由一部分表皮细胞突出形成的管状物,根毛的产生大大增加了根的吸收面积,根毛寿命短,几天至几周,有新的不断补充。

【答案】D

13.(昆明理工大学 2012)根尖是指根的顶端到生有根毛的一段,它的结构从顶端依次是_____、_____、_____、_____。

【答案】根冠、分生区、伸长区、根毛区

14.(云南大学 2010,华东师范大学 2007)种子植物根毛区横切面上由外而内的组织结构依次为_____、_____和_____。

【解析】植物根毛区横切面的结构从外到内依次为表皮、皮层和维管柱三种初生组织。

【答案】表皮、皮层、维管柱

15.(武汉大学 2013)根的木栓形成层最早起源于中柱鞘细胞。(   )

【答案】对

16.(湖南农业大学2011)茎的形态结构如何与其功能相适应?

【答案】茎的初生结构从外向内分为表皮、皮层和中柱(维管柱)三部分。茎的初生结构与其支持和输导的主要生理功能是统一的。

(1)表皮——保护功能。表皮是由一层原表皮发育而来的初生保护组织细胞构成,细胞呈砖形,长径与茎的长轴平行,外壁较厚,并角化形成角质膜,表皮常有气孔和表皮毛。

(2)皮层——支持、同化、贮藏、通气、分泌等多种功能。皮层位于表皮和中柱之间,主要由薄壁细胞组成。但在表皮的内方,常有几层厚角组织的细胞,担负幼茎的支持作用,厚角组织中常含叶绿体,使幼茎呈绿色。一些植物茎的皮层中,存在分泌结构(棉花、松等)和通气组织(水生植物)。茎的皮层一般无内皮层分化,有些植物皮层的最内层细胞富含淀粉粒,称为淀粉鞘。

(3)中柱(维管柱)——支持、输导、贮藏、形成形成层等功能。中柱是皮层以内的中轴部分,由维管束、髓射线和髓三部分组成。维管束由初生韧皮部、束内形成层和初生木质部组成。多数植物的韧皮部在外,木质部在内。初生韧皮部由筛管、伴胞、韧皮薄壁细胞和韧皮纤维组成,分为外方的原生韧皮部和内方的后生韧皮部。筛管主要担负输导有机物质的功能。初生韧皮部主要功能是输导和支持。初生木质部位于维管束内侧,由导管、管胞、木薄壁细胞和木纤维组成,由内部的原生木质部和外方后生木质部二部分组成。导管主要担负输导水分和无机盐的功能。初生木质部主要功能是输导和支持。束中形成层位于初生韧皮部与初生木质部之间,它是茎进行次生生长的基础。髓和髓射线均来源于基本分生组织,由薄壁细胞组成。髓位于幼茎中央,其细胞体积较大,常含淀粉粒,有时也含有晶体等物质。髓射线位于维管束之间,其细胞常径向伸长,连接皮层和髓,具有横向运输作用。髓射线的部分细胞将来还可恢复分裂能力,构成束间形成层,参与次生结构的形成。

17.(昆明理工大学2013)法国梧桐的茎能够不断加粗,是因为形成层细胞不断分裂,向外形成_____,向内形成_____。

【解析】多年生木本植物的根和茎完成初生生长后,由于形成层和木栓层的活动,直径加粗,称为次生生长,由此产生的结构称为次生结构。

【答案】次生韧皮部,次生木质部

18.(浙江师范大学2012)大多数单子叶植物的茎,木质部和韧皮部之间没有形成层,因而只有初生结构,没有次生结构。(　　)

【答案】对

19.(西南大学2012)植物根部内皮层细胞存在一圈_____,迫使进入木质部的水分或溶液必须通过质膜进入到内皮层细胞内,完成选择性吸收。

【答案】凯氏带

20.(西南科技大学2013)植物体周皮通气结构是_____。

A.气孔　　　　　　　B.皮孔　　　　　　　C.穿孔　　　　　　　D.纹孔

【答案】B

21.(浙江师范大学2012)树皮是多年生树干的木质部,主要是次生木质部。(　　)

【答案】错

22.(暨南大学2012,昆明理工大学2012,南京大学2011)树皮环剥后,为什么树常会死亡? 有的树干中空,为什么能茂盛生长?

【答案】树皮环剥后,由于环剥过深,损伤形成层,通过形成层活动使韧皮部再生已不可能;环剥过宽,切口处难以通过产生愈伤组织而愈合。韧皮部不能再生,有机物运输系统完全中断,根系得不到从叶运来的有机营养而逐渐衰亡。随着根系衰亡,地上部分所需水分和矿物质供应终止,整株植物完全死亡。

树干中空,遭损坏的是心材,心材是已死亡的次生木质部,无输导作用。"空心"部分并未涉及其输导作用的次生木质部(边材),并不影响木质部的输导功能,所以"空心"树仍能存活和生长。

23.(华东师范大学 2012)论述为什么通过年轮可以推测过去的气候和环境情况?

【答案】因为在春、夏季,气候适宜,水分充足,老树的木质部形成层活动旺盛,所形成的导管细胞多,管腔大,木纤维成分少,材质疏松而颜色较浅,称为早材。入秋随着气候变冷,雨量减少,形成层活动减弱甚至停止,所形成的导管细胞少,管腔小,木纤维成分多,材质紧密而颜色较深,称为晚材。同一年的早材和晚材界限不明显,但第一年的晚材和第二年的早材界限明显,由于维管形成层在一年中周期性的活动,多年生老树的树干上出现年轮(annual ring)。根据年轮可以算出树的年龄,根据某一年的宽窄也可推测出该年的气候特征,如雨量多少、气温高低等。考古学上甚至可利用年轮及木材的结构来推测文物的年代。这就是年轮用于推测以前的气候和环境状况的原因。

24.(昆明理工大学 2010)下列物体中,不属于变态茎的是_____。

A. 番薯块   B. 马铃薯   C. 水仙花球   D. 洋葱头

【答案】A

25.(江西师范大学 2014,2013)双子叶植物茎、单子叶植物茎结构及特点。

【答案】双子叶植物茎的初生结构由表皮、皮层、维管柱等部分组成,髓射线明显,有初生结构与次生结构之分。

单子叶植物茎终身只有初生构造,一般没有形成层和木栓形成层。茎最外层为表皮,通常不产生周皮。有限外韧型维管束散生于薄壁组织中,无皮层和髓及髓射线之分。

表 7.1　单子叶植物与双子叶植物茎的比较

	双子叶植物的茎	单子叶植物茎
形成层存在与否	初生木质部与初生韧皮部之间有初生形成层,还有束间形成层	无初生形成层
表皮层	壁较薄	壁较厚
皮层、髓、髓射线的可区分性	可明显的区分皮层、髓、髓射线	皮层、髓、髓射线之间分界不清楚或不存在
维管束的排列方式	维管束排列成环,韧皮部位于木质部外侧	维管束成束分散排列,在每束中外周的韧皮部将中部的木质部围成一圈
次生结构的有无	有	无

26.(中国科学技术大学 2013)试比较茎和根的解剖结构的差异。

【答案】

表 7.2　茎、根结构差异比较

	髓	维管组织排列	内皮层	中柱鞘
茎	双子叶的中心	同心环排列(双)不规则散布(单)	不明显或无	不发达或无
根	一般无	韧皮部和木质部相间排列	有	有

27.(昆明理工大学 2012)简述旱生植物叶的形态结构特点。

【答案】旱生植物叶的表皮细胞壁厚、角质层发达。有些种类表皮常是由多层细胞组成,气孔下陷或局限于局部区域。栅栏组织层数较多,海绵组织和胞间隙不发达。机械组织的量多。叶脉稠密。这些形态结构上的特征,或者是减少蒸腾面,或者是尽量使蒸腾作用的进行迟滞,再加上原生质体的少水性,以及细胞液的高渗透压,使旱生植物具有高度的抗旱力,以适应干旱的环境。

28.(武汉大学 2013)植物完全叶应包括_____、_____和_____三部分。

(昆明理工大学 2013)一片完全叶由三部分组成,即_____、_____和_____。

【答案】叶片、叶柄、托叶

29.(中国科学技术大学 2013)叶的内部结构都是由_____、_____和_____三部分所构成。

【答案】表皮、叶脉和叶肉

30.(西南科技大学 2013)叶片中进行光合作用的结构是_____。

A. 栅栏组织
B. 海绵组织
C. 栅栏组织和海绵组织
D. 栅栏组织、海绵组织和保卫细胞

【答案】D

31.(武汉大学 2013)叶主脉的韧皮部靠近上表皮一侧,木质部靠近下表皮一侧。(　　)

【答案】错。叶脉是叶的输导和支持结构,主脉由一至数个维管束组成,通常由木质部、韧皮部和维管束鞘组成。木质部靠近上表皮,韧皮部靠近下表皮。二者之间有少量的形成层,活动弱。

32.(浙江师范大学 2011)花被着生在花托外围或边缘,是花萼和花冠的总称,主要对花起保护作用,有的还有助于传粉。(　　)

【答案】对

33.(中国科学院水生生物研究所 2010)_____是构成雌蕊的基本单位,其顶端是_____,是接受花粉粒的部位。

【答案】心皮,柱头

34.(清华大学 2015)向日葵的管状花的雄蕊群属于_____。

A. 聚药雄蕊　　　　B. 单体雄蕊　　　　C. 两体雄蕊　　　　D. 多体雄蕊

【答案】A

35.(浙江师范大学 2011)如果除子房外,还有其它部分参与果实的组成,如花被、花托、花序轴等,这类果实叫做真果。(　　)

【答案】错

36.(武汉大学 2013)果实大体可分为_____和_____两大类。梨和苹果的可食部分来自_____和_____。

【答案】真果,假果。花被,花托

37.(中国科学院水生生物研究所 2010)简述被子植物的受精过程。

(武汉大学 2013,昆明理工大学 2010)简述高等植物双受精过程及其生物学意义。

【答案要点】双受精是 2 个精细胞分别与卵细胞、中央细胞相融合的现象。花粉管穿过柱头、花柱、珠孔,经助细胞进入胚囊,到达胚囊后,两个精子从花粉管释放,一个与卵细胞融合,成为二倍体的受精卵(合子),另一个与两个极核(或次生核)融合,形成三倍体的初生胚乳核。

双受精是被子植物有性生殖特有的现象,也是系统进化上高度发展的一个重要的标志,在生物学上具有重要意义。通过雌雄配子结合,恢复原有染色体数目,保证物种的稳定性;来自不同亲本的遗传信息既加强了后代的生活力和适应性,又为后代提供了可能出现新的变异的基础;形成三倍体的胚乳,同样兼具双亲的遗传性,为受精卵的发育提供营养,使子代的生活力更强。双受精是植物界有性生殖中最进化、最高级的形式,是被子植物兴旺发达的主要原因之一。

38.(西南大学 2010)被子植物的受精过程为双受精作用。(   )

【答案】对

39.(西南大学 2010)胚珠发育的结果是形成种子。(   )

【答案】对

40.(昆明理工大学 2012)简述种子的基本结构,并指出各部分的主要作用。

【答案】种子的基本结构包括种皮、胚两部分,有些有胚乳,有的无胚乳。

种子	种皮		保护功能
	胚	胚芽	由生长点和幼叶组成。禾本科植物有胚芽鞘。
		胚轴	连接胚根、胚芽和子叶。
		胚根	由生长点和根冠组成。禾本科植物有胚根鞘。
		子叶	有单,双和多数,功能是贮藏(大豆),光合作用(棉),消化吸收转运胚乳物质(水稻,蓖麻)
	胚乳		有或无。功能是贮藏营养物质(糖类—淀粉,糖,半纤维素)油脂和蛋白质。

41.(暨南大学 2012)一般植物的种子包括_____、_____和_____。

【答案】胚、胚乳、种皮

42.(陕西师范大学 2014)影响种子活力的因素?种子为啥会休眠?如何打破休眠?

【答案】影响种子活力的因素有种子遗传特性和种子的成熟程度、贮藏期的长短、贮藏条件的好坏等。影响种子活力的外界条件主要表现在三方面,水、氧气和温度。

休眠是植物抵御不良环境的一种自身保护性的生物学特性。种子形成后虽已成熟,即使在适宜的环境条件下,也往往不能立即萌发,必须经过一段相对静止的阶段才能萌发。种子休眠的原因有:①种皮障碍(不透水、不透气,对胚具有机械阻碍作用);②种子未完成后熟;③胚未完全发育;④含有抑制萌发的物质。

打破或解除休眠的方法:①低温处理。松科、柏科的种子可采用沙土层积法,在低温(0~10℃)、湿润和通气良好的层积下经过一段时间便可萌发。②干燥处理。大麦种子在40℃高温下处理3~7天,禾谷类和棉花等种子在播种前晒种,均可促进萌发。③曝光处理。如莴苣种子发芽需要曝光。④冲洗处理。多用于因种子内存在抑制剂而造成的休眠。通过浸泡冲洗种子,可促进发芽。⑤机械处理。对硬实种子采用机械处理种皮可打破其休眠。⑥药剂处理。常用的化学药剂有过氧化氢等氧化剂和赤霉素、乙烯等激素。赤霉素可逆转脱落酸引起的效应,打破由后者诱导的休眠;三叶草种子可用极低浓度的乙烯解除休眠。

43.(浙江师范大学 2012)下列因素中,不是种子萌发所必要条件的是_____。

A. 氧气   B. 温度   C. 水   D. 阳光

【答案】D

44.(浙江师范大学 2012)生物的生殖分有性生殖和无性生殖,下列类型中不属于无性生殖的是_____。

A. 双受精   B. 出芽   C. 压条   D. 裂殖

【答案】A

植物的营养

1.(清华大学 2015)土壤中的水怎样从根部流到地上部分？机制是什么？途径以及动力都是什么？

【答案】植物的根部从土壤吸收水分，通过茎转运到其它器官，供植物各种代谢的需要或通过蒸腾作用散失到体外。水分在整个植物体内运输的途径为：土壤水→根毛→根皮层→根中柱鞘→根导管→茎导管→叶柄导管→叶脉导管→叶肉细胞→叶细胞间隙→气孔下腔→气孔→大气。水分在茎、叶细胞内的运输有二种途径：①胞外途径，即经过维管束中的导管或管胞(死细胞)和细胞壁与细胞间隙，即胞外体部分。②胞内途径，这一途径包括根毛→根皮层→根中柱以及叶脉导管→叶肉细胞→叶细胞间隙，必须通过细胞膜以渗透方式进行运输。

水分沿导管或管胞上升的动力有二种。一是根压。根压不是主要动力。只有多年生树木在早春芽叶没有舒展时，以及气温高、水分充足、大气相对湿度大、蒸腾作用很小时，根压对水分上升才有较大的作用。二是蒸腾拉力。蒸腾拉力是水分上升的主要动力。在导管或管胞中，水分向上转运的动力是由导管两端的水势差决定的。由于叶片因蒸腾作用不断失水，水势下降，叶片与根系之间形成一水势梯度。在这一水势梯度的推动下，水分源源不断地沿导管上升。蒸腾作用越强，此水势梯度越大，则水分运转也越快。

这种对汁液上升的解释为蒸腾作用－内聚力－张力机制(内聚力学说)。这一学说强调水在导管中的连续性。导管中的水流，一方面受到这一水势梯度的驱动，向上运动；另一方面水流本身具有重力作用。这两种力的方向相反，故使水柱受到一种张力。同时水分子间内聚力很大，水分子与导管内纤维素分子之间还有附着力。所以，导管或管胞中的水流可成为连续的水柱。

2.(浙江师范大学 2012)从受伤或折断的植物组织溢出液体的现象叫_____。
　　A.根压　　　　　　　B.伤流　　　　　　　C.吐水　　　　　　　D.渗透
【答案】B

3.(浙江师范大学 2010)植物产生伤流和吐水现象的动力是_____。
　　A.蒸腾拉力　　　　　B.吸胀作用　　　　　C.根压　　　　　　　D.渗透作用
【答案】C

4.(西南大学 2011)使高等植物根部吸收的水分和矿质在木质部中向上运输的拉力是_____。
【答案】蒸腾拉力

5.(中国科学院研究生院 2012)蒸腾作用将植物根系吸收的水分从根部拉到叶片，主要是通过水的_____和_____。
【答案】内聚力，黏附力

6.(浙江师范大学 2015)介绍影响根吸收矿质元素的因素。
【答案】根对矿质元素的吸收既受自身影响，也受环境条件如温度、土壤等的影响。

(1)载体：根细胞膜上载体的种类和数量是由遗传物质决定的，不同植物的根细胞膜上的载体种类是不同的，运载同种矿质元素的载体数量也不相同。由于载体具有高度的专一性，所以植物吸收的离子的种类与数量和溶液中的离子种类与数量不成比例。植物根细胞膜上某种载体多，吸收的该离子就多，否则就少，即在外界条件适宜的情况下，植物对某种离子的吸收速率与对应载体的数量成正比。

(2)温度：在一定范围内，根吸收矿质离子的速率随土壤温度的增高而加快。这是由于温度影响了根部的呼吸速率，从而影响主动运输。但温度过高，作物吸收矿质离子的速率则会下降。这是因为高温使酶的活性受到影响，从而影响呼吸作用。温度过低时，矿质元素吸收减少是因为低温导致酶的活性降低从而使代谢减弱。

(3)土壤的通气状况：土壤通气状况能直接影响根对矿质离子的吸收。

(4)土壤溶液的 pH：一是通过影响根细胞中酶的活性，影响呼吸作用，从而影响根对矿质离子的吸收；

二是土壤 pH 的变化可以引起溶液中矿质元素的溶解或沉淀,影响矿质元素在土壤中的存在状态从而影响根对其的吸收。

(5)土壤溶液中离子的浓度。

7.(中国科学院研究生院 2012)植物光合作用形成的糖类主要通过_____运输到根部。

A. 木质部　　　　　　B. 胞间连丝　　　　　　C. 韧皮部　　　　　　D. 皮层

【答案】C

8.(浙江师范大学 2012)维管组织导管细胞中运输有机物,运输方向从根部向茎叶单向运输。(　　)

【答案】错

9.(浙江师范大学 2012)压力流学说认为,有机物在筛管中随着液体的流动而移动。这种液体的流动是由于输导系统两端的压力差所引起的。(　　)

【答案】对

10.(华东师范大学 2012)植物吸收运输营养物质的途径,各个运输的机制是什么?

【答案】植物分化发展营养物质的运输系统——维管系统。茎的维管系统和根的维管系统相通,两者和叶中的叶脉共同构成植物体的运输系统和支架。

土壤中的水液渗浸到根毛及根表皮细胞的细胞壁,在相邻细胞的细胞壁和细胞间隙中)运行,即胞外途径。内皮层上有木栓质的凯氏带,水液不能穿过,因而必须穿过内皮层的细胞才能进入中柱,即胞内途径运输到内皮层细胞,将溶质释放到木质部。土壤中的水从植物根部进入中柱后,经根、茎、叶的导管和管胞而上升,从叶蒸发出去,这一过程即蒸腾作用。水中的无机盐在这一运输过程中可为各种细胞所吸收利用。水则可供叶和其他绿色部分光合作用之用。矿物质或无机离子在植物体内都是溶于水中,由运输到植物各部分的。

植物叶中光合作用的产物是由韧皮部运输的,运输有机物质的管道是筛管。压流学说认为,有机物在筛管中随着液体的流动而移动。这种液体的流动是由于输导系统两端的压力差所引起的。

11.(浙江师范大学 2012)请说明植物必需矿质元素的条件。

【答案】判断一种元素是否是植物必需元素主要基于下列三个条件:

(1)不可缺少性,植物如果缺乏这种元素就不能进行正常的生长发育,甚至不能完成其生活史;

(2)不可替代性,植物缺乏该元素就会呈现出特有的缺乏症,只有加入该元素后才能预防或恢复,加入其他任何元素均不能替代该元素的作用;

(3)直接功能性,这种元素对植物生长发育的影响必须是该元素直接作用的效果,而不是由于该元素通过改变土壤或培养基等条件所产生的间接效果。

12.(西南大学 2011)植物养分缺乏,会影响其正常生长。如果先在老叶中出现植株矮小,叶片发黄的现象,就应该适当添加_____素营养。

【答案】氮

13.(西南科技大学 2013)根瘤细菌与豆科植物根之间关系_____。

A. 共生　　　　　　B. 寄生　　　　　　C. 互生　　　　　　D. 竞争

【答案】A

14.(暨南大学 2015)异养植物有 2 类:_____和_____。

【答案】寄生植物,食虫植物。

植物的调控系统

1.(浙江师范大学 2011)生物学史中,最早发现植物的向光性现象的科学家是_____。

A. 达尔文　　　　　　B. 温特　　　　　　C. 库格　　　　　　D. 希尔

【答案】A

2.(浙江师范大学 2010)最早证明影响植物向光性的原因并命名生长素的科学家是_____。

A. F. Went　　　　　　B. F. Kogl　　　　　　C. A. Paal　　　　　　D. Boysen-Jensen

【答案】A

3.(河南师范大学 2014)植物激素种类和作用有哪些？

(中国科学院水生生物研究所 2010)植物体内的激素主要有哪些？简述其主要功能。

(湖南农业大学 2013)常用的植物激素有哪些？它们对植物生长发育起什么作用？

(西南大学 2011)请简述各类植物激素对植物生长发育的影响。

【答案要点】植物激素有传统的五大类，即生长素(Auxin)、赤霉素(Gibberellins, GA)、细胞分裂素(Cytokinin,CTK)、脱落酸(Abscisic acid，ABA)、乙烯(ethyne,ETH)和最新确定的油菜素甾醇(Brassinosteroids,BR)。

表 7.3　植物激素

名称	主要作用	存在部位
生长素	促进器官伸长,促进细胞的分裂与分化,向光性和向重力性	茎尖和根尖的分生组织、幼叶,胚
细胞分裂素	影响根的生长和分化,促进细胞分裂的分化,促进萌发,延缓衰老	根、叶、种子、果实中合成,由根向上运到茎叶
赤霉素	促进种子萌发、茎伸长、芽发育和叶的生长,促进开花和果实发育,影响根的生长和分化	幼根、幼叶、幼嫩种子和果实等部位
脱落酸	抑制生长,维持休眠,促进叶和果实的脱落和衰老	广泛存在于植物的各种组织、器官中,未成熟的果实
乙烯	促进果实成熟,促进器官脱落和衰老	成熟中的果实、茎的节和失水的叶子
油菜素甾醇	促进细胞伸长和细胞分裂、促进维管分化、促进花粉管伸长而保持雄性育性、加速组织衰老、促进根的横向发育、顶端优势的维持、促进种子萌发等生理作用。	广泛分布于高等植物中

4.(中国科学院研究生院 2012)植物激素主要包括_____、_____、_____、_____和_____。

【解析】植物激素有五大类,即生长素、赤霉素、细胞分裂素、脱落酸和乙烯。其中种数最多的激素是赤霉素,分子结构最简单的激素是乙烯。不同的激素生理功能具有各自的特点,但也有些相似的地方。如生长素、赤霉素和细胞分裂素都具有促进生长、延缓衰老的作用,而脱落酸和乙烯都有抑制生长、促进衰老的功能。植物激素的生理功能是多种多样的,涉及到植物生长发育的各个方面。

【答案】生长素、赤霉素、细胞分裂素、脱落酸、乙烯。

5.(浙江师范大学 2012)请阐明生长素促进植物细胞生长的酸生长学说。

【答案】生长素刺激植物细胞膜中的质子泵,把质子(H^+)泵入细胞壁衬质溶液,活化酶降解细胞壁中纤维素分子交联的氢键,细胞壁松弛、细胞吸水膨胀,开始伸长。细胞进一步合成壁物质和细胞质。

6.(四川大学 2011)生长素和赤霉素都能促进细胞伸长。(　　)

【答案】对

7.(浙江师范大学 2012)植物激素中的细胞分裂素能阻止细胞中叶绿素、核酸、蛋白质等物质被破坏,并使所在器官的代谢增强,成为生长中心,延缓其衰老。(　　)

【答案】对

8.(清华大学 2015)植物受旱时,叶片内源激素变化会怎样?

A.叶子变黏　　　　B.生长素含量升高　　　　C.脱落酸含量升高　　　　D.细胞分裂素含量升高

E.赤霉素含量升高

【答案】C

9.(西南科技大学 2012)能促进果实成熟的植物激素是_____。

A.赤霉素　　　　　　B.细胞分裂素　　　　　C.乙烯　　　　　　　D.生长素

【答案】C

10.(湖南农业大学 2014,四川大学 2003)举例说明植物激素和动物激素的特点和功能。

【答案】植物激素是由植物产生的调节剂,它们在低浓度时调节植物的生理过程。如生长素在植物体生长旺盛的部位产生,然后输送到其它部位上促进细胞生长,它的化学成分为吲哚乙酸,一种有机小分子。表现了植物激素内生,能移动,低浓度,普通存在,调节生理过程等特征。

　　动物激素的种类比植物激素多,如甲状腺素、胰高血糖素、胰岛素、性激素、肾上腺皮质激素和肾上腺素等。动物激素的特异性远比植物激素的特异性高,而且每种激素一般只作用一定的靶器官或靶细胞而不会对其他器官或细胞发生直接的影响。动物激素大多由专门的内分泌腺产生。动物激素有调节动物生长发育的作用。

11.(清华大学 2015)光敏色素、光周期以及花开机制原理。

【答案】植物开花时间受到日照长短季节性变化的调节,植物体内存在有 2 种光敏色素蛋白,一种形式吸收红光,称为 Pr;一种形式吸收远红光,称为 Pfr。Pr 吸收红光后转变为 Pfr,Pfr 吸收远红光后转变为 Pr。白天照射的太阳光中,红光比远红光多得多,Pr 都转变为 Pfr;在夜间,则 Pfr 转变为 Pr。生物钟感知的时间就是从 Pfr 转变为 Pr 到 Pr 迅速转变为 Pfr 之间的时间,恰好与一天的昼夜同步。植物光敏素的转化引发开花的响应。

12.(西南科技大学 2012)与植物生物钟有关的物质是_____。

A.光敏素　　　　　　B.赤霉素　　　　　　C.细胞分裂素　　　　　D.乙烯

【答案】A

13.(河南师范大学 2011)就开花和光周期的关系来说,可将植物分为两大类:短日植物和长日植物,我们常见的冬小麦是_____,菊花是_____。

【答案】长日植物,短日植物

14.(江苏大学 2014)菊花通常在秋天开放,若打算使菊花提前开放,应采取的措施是_____。

A.增加灌溉　　　　　B.喷施生长素　　　　　C.提高温度　　　　　D.通过覆盖,缩短日照

【答案】D

15.(陕西师范大学 2014)植物感知日照周期的是_____。

A.芽　　　　　　　　B.茎　　　　　　　　C.叶　　　　　　　　D.根

【答案】C

16.(浙江师范大学 2012)诱导长日植物开花所需的最短日照时数,或诱导短日植物开花所需的最长日照时数是临界日长。(　　)

【答案】对

17.（浙江师范大学 2012）某些植物,必须经历一个低温时期才能开花。用低温促使植物开花的作用,叫做_____。

　　A. 光周期现象　　　　　　B. 低温效应　　　　　　C. 春化作用　　　　　　D. 性别分化

【答案】C

18.（清华大学 2014）春化作用感受低温的部位是_____。

　　A. 叶　　　　　　　　　　B. 根部　　　　　　　　C. 茎尖

【答案】C

19.（西南大学 2011）植物抗性基因的产物_____可以和病原体的 Avr 蛋白发生专一性结合,使植物在受到病原体侵害时产生抗性。

【答案】R 蛋白

模考精练

一、填空题

1. 植物组织可分为成熟组织和分生组织两大类,其中分生组织的细胞具有_____、_____、_____等特点;成熟组织可分为_____、_____、_____、_____等组织。这些组织各有特点,执行着不同的功能。

【答案】细胞壁薄、细胞质浓厚、液泡无或不明显;表皮组织、薄壁组织、机械组织、维管组织。

2.（厦门大学 2002）茎尖分生组织不仅是茎本身生长的细胞源泉,而且_____、_____和_____等器官也是从这里发生的。

【答案】侧枝、叶、花

3.（云南大学 2004）筛管分子就是一个细胞,成熟时,其_____消失,两端壁特化而具许多细孔,称为_____

【答案】细胞核,筛板

4.（西南大学 2007）维管组织包括_____和_____两部分,它们分别是运输_____和_____的通道。

【答案】木质部,韧皮部。水分和矿物质,有机养分。

5.（云南大学 2004）水生植物茎的结构特征是具有发达的_____组织。

【答案】通气

6.（云南大学 2005）多年生木本植物的根和茎都能够逐年加粗生长,这是由于_____生长的结果。

【答案】次生

7. 多年生植物根、茎的周皮是由木栓、_____和_____共同组成的。

【答案】木栓形成层、栓内层

8.（云南大学 2004）多年生的木本植物,其树干的生活组织可通过周皮上的_____进行气体交换。

【答案】皮孔

9.（云南大学 2007）变态为刺的植物器官可有_____和_____。

【答案】叶,茎

10. 典型的花着生在花柄顶部膨大的花托上,由_____、_____和_____等部分组成。

【答案】花被、雄蕊群、雌蕊群

11. 花萼是由不同数目的_____组成的,花冠是由不同数目的_____组成的。

【答案】萼片、花瓣

12.（厦门大学 2002）子房在花托上着生的方式大体上有三种，即_____、_____、_____。

【答案】子房上位、子房周位、子房下位

13.（华东师范大学 2007）植物花按一定排列格式生长在共同花轴上的这种簇生形式为_____。

【答案】花序

14.（云南大学 2005）被子植物在完成_____作用后，胚珠中的_____发育成胚，_____发育成胚乳。

【答案】双受精，受精卵，受精极核

15.被子植物的成熟胚囊为含_____个细胞或_____个细胞核的_____子体，它包括_____细胞、_____细胞、_____细胞和_____细胞（或两个极核）。

【答案】7、8、雌配、卵、助、反足、中央

16.（云南大学 2004）从一个具多个离生心皮的单花形成的果实称为_____果。

【答案】聚合

17.果实就是由_____和_____两部分构成的。

【答案】果皮、种子

18.种子植物受精卵细胞分裂、组织分化，建成胚器官，其中包括_____、_____、_____和_____等部分。

【答案】胚芽、胚轴、胚根、子叶。

19.（云南大学 2001）水及无机盐离子由植物根的表皮进入到根的中部_____（内皮层之外）的主要有两条运输途径：_____途径和？_____途径。

【答案】凯氏带，质外体，共质体。

20.植物叶的形态是多样的，但内部结构基本相同，都是由_____、_____和_____三部分组成，气孔通常在叶的_____，是植物的气体通道，它的开张与关闭和_____、_____、_____、_____因素有关。

【答案】表皮组织、基本组织、维管组织，下表皮；含水量、CO_2 浓度、淀粉含量、保卫细胞中 K^+ 浓度。

21.（云南大学 2006）叶片光合作用的产物通过_____运输到植物体利用和贮存产物的部分。

【答案】韧皮部筛管

22.（青岛海洋大学 2000）植物激素主要包括_____、_____、_____、_____、_____五大类，而动物激素则包括_____、_____、_____、_____等多种，与植物激素相比，动物激素的不同在于_____、_____、_____以上三点。

【答案】生长素、赤霉素、细胞分裂素、脱落酸、乙烯。甲状腺素、胰高血糖素、胰岛素、性激素、肾上腺皮质激素和肾上腺素，①动物激素的种类比植物激素多。②动物激素的特异性远比植物激素的特异性高，而且每种激素一般只作用一定的靶器官或靶细胞而不会对其他器官或细胞发生直接的影响。③动物有专门产生激素的器官——内分泌腺。

23.（云南大学 2002）植物的向光运动是由于_____所致。

【答案】生长素不均匀分布

24.细胞分裂素和生长素的共同作用能诱导体外培养的植物愈伤组织生根或出芽，细胞分裂素浓度比生长素浓度_____时，愈伤组织分化生根；细胞分裂素浓度比生长素浓度_____时愈伤组织分化出芽。

【答案】低；高

25.生长素诱导产生无籽果实的机理在于_____；而赤霉素诱导产生无籽果实的机理在于_____。

【答案】生长素抑制离层的产生；抑制种子形成。

26.(华东师范大学 2007)将成熟的苹果与未成熟的香蕉密封在一起，可使香蕉成熟，这是由于苹果放出了_____。

【答案】乙烯

27.光敏素以_____和_____两种形式存在。

【答案】红光吸收形式、远红光吸收形式

28.在光周期中决定植物开花的关键是_____，感受光周期刺激的植物器官是_____。

【答案】黑暗期的长短，叶片。

29.(云南大学 2005,2001)植物的光周期反应可能涉及的两种机制是_____机制和_____机制。

【答案】光敏素转化，生物钟

30.(暨南大学 2009)在侵害植物的微生物中，除细菌外还有_____、_____，植物为抵抗侵害采取_____、_____。

【答案】真菌、病毒，阻止或避免侵害、对抗入侵的病原体。

二、判断题

1.植物的主要组织可以归纳为皮系统、维管系统和基本系统三种系统。

2.(云南大学 2001)维管系统不仅运输水分、无机盐和营养物质，而且还是支持身体的支架。

3.筛管分子是活细胞，但细胞核退化，细胞两端的端壁特化成筛板。

4.永久组织就是植物体内不再发育和发生变化的组织。

5.非草本被子双子叶没有侧生分生组织，禾本科植物没有居间分生组织。

6.(厦门大学 2004)根冠中心细胞含有可移动的淀粉体，它们是细胞中的重力传感器。

7.多年生植物的老枝表面，是木栓化的周皮，周皮来自皮层薄壁细胞。

8.(云南大学 2000)单子叶植物的维管束中没有形成层。

9.碗豆的卷须和叶子虽然形态和功能各异，但它们可称为同源器官。

10.(厦门大学 2004)单子叶植物叶肉中一般可以区分出栅栏组织和海绵组织。

11.(云南大学 2000)植物气孔的保卫细胞中没有叶绿体。

12.气孔是表皮上的通气组织，皮孔是周皮上的通气组织。

13.(云南大学 2000)花粉量大质轻；花无芳香或蜜腺的，多是风媒花。

14.被子植物胚囊的反足细胞位于卵细胞两侧，具协助卵细胞受精的功能。

15.高等植物在形成胚囊时，1个大孢子母细胞经减数分裂形成 4 个单倍体的大孢子，由大孢子连续 3 次核裂而形成 8 核胚囊。

16.土壤中的水液进入根中后，可通过质外体途径和共质体途径直接进入维管组织。

17.水液在相邻细胞的细胞壁和细胞质中运行的途径是共质体途径。

18.陆生植物主要靠叶片摄取 CO_2，靠根吸收土壤中的水分和溶于水的矿物质。

19.(云南大学 2000)植物在体内运输有机分子的速度很低，大约是 2 cm/h。

20.(云南大学 2001)植物激素是由植物分泌组织中的内分泌腺细胞所产生。

21.叶片不是感受光周期刺激的器官。

22.(四川大学 2005)在高等植物的花药中，绒毡层细胞为花粉粒的发育提供营养物质。

23.(云南大学 2007)子房本质上是一种变态叶所构成的。

24.(四川大学 2006)保卫细胞中的含水量，CO_2 浓度，K^+ 浓度，淀粉含量等多种因素，都可能影响到气孔的开闭。

25.(西南大学 2012)植物的抗性表现原因在于植物的 R 蛋白与病原物的 Avr 蛋白之间发生专一性结合。

三、选择题

1. 植物体内最多的组织是_____。

A. 表皮组织　　　　　　　　B. 薄壁组织　　　　　　　　C. 机械组织　　　　　　　　D. 维管组织

2. (云南大学 2004)种子植物体内起着水分和无机盐长途运输的主要复合组织是_____。

A. 筛管　　　　B. 木质部　　　　　C. 导管　　　　　D. 薄壁组织　　　　　E. 纤维

3. 导管分子的端壁上具有_____。

A. 穿孔　　　　　　　　　　B. 纹孔　　　　　　　　　　C. 气孔　　　　　　　　　　D. 筛孔

4. 筛管分子最明显的结构是_____。

A. 侧壁具筛域　　　　　　　　　　　　　　B. 端壁具筛域

C. 是具细胞核的生活细胞　　　　　　　　　D. 是有筛域、筛板而没有核的生活细胞

5. (浙江林学院 2007)下列植物细胞吸水能力最强的是_____。

A. 根尖根毛区细胞　　　　　　　　　　　　B. 根尖伸长区细胞

C. 未死的已质壁分离的细胞　　　　　　　　D. 质壁未分离的细胞

6. 韭菜叶剪去上部后还能继续生长,是由于_____活动的结果。

A. 顶端分生组织　　　　B. 侧生分生组织　　　　C. 居间分生组织　　　　D. 薄壁组织

7. (四川大学 2008)根的伸长主要通过_____的活动实现。

A. 根尖　　　　　　　　　　B. 根毛　　　　　　　　　　C. 根冠　　　　　　　　　　D. 表皮

8. (厦门大学 2001)多年生木本植物的根中,由于某些细胞进行_____分裂分化,产生维管形成层,进而产生次生韧皮部和次生木质部。

A. 纵向　　　　　　　　　　B. 切向　　　　　　　　　　C. 横向　　　　　　　　　　D. 不定向

9. 单子叶植物的茎没有髓、髓射线和皮层之分,茎内的薄壁组织被称为_____。

A. 基本组织　　　　　　　　B. 分生组织　　　　　　　　C. 维管形成层

10. 关于叶子上下表皮的论述中哪一选项是不正确的? _____

A. 角质化局限在细胞的外表面

B. 表皮细胞因具有角质化加厚,所以是死细胞

C. 上下表皮细胞内不具叶绿体,而保卫细胞内却有叶绿体,能进行光合作用

D. 表皮细胞在横切面上呈扁砖形,保卫细胞的正面观呈半月形。

11. (武汉大学 2007)下列关于植物根和茎的特征哪一项是不对的? _____

A. 双子叶植物根中央为次生木质部

B. 双子叶植物茎中央为髓,髓周围为初生木质部

C. 单子叶植物茎的维管束散生于基本组织中

D. 单子叶植物茎只有初生结构,没有次生结构

12. (三峡大学 2006)下列对被子植物描述不正确的有_____。

A. 具有典型的根、茎、叶、花、果实、种子　　　B. 可以分为单子叶植物和双子叶植物

C. 子房发育成果实　　　　　　　　　　　　　D. 松树、紫荆都是被子植物

13. (云南大学 2007)双受精是_____的特征。

A. 蕨类　　　　　　　B. 裸子植物　　　　　　C. 被子植物　　　　　　D. 苔藓植物

14. (武汉大学 2007)种皮来自_____。

A. 子房壁　　　　　　　　　　　　　B. 子房壁和花的其它部分

C. 胚的珠被　　　　　　　　　　　　D. 胚乳

15. (四川大学 2007)利用组织培养技术,可以把_____培养成单倍体植株。

A. 去壁叶肉细胞所形成的原生质体　　　　　　　B. 小孢子母细胞

C. 花粉　　　　　　　　　　　　　　　　　　　D. 单个的茎尖组织细胞

16.(浙江林学院 2007)果树一般不用种子繁殖的原因是_____。

A. 繁殖速度慢　　　　　B. 后代变异性大　　　　C. 结实率低　　　　D. 后代生活力弱

17.(四川大学 2007)种子植物运输水分和无机盐的管道是_____。

A. 筛管和伴胞　　　　　B. 筛管和导管　　　　　C. 导管和管胞　　　　D. 筛管和管胞

18.(四川大学 2006)植物茎运输有机养分的管道是_____。

A. 筛管　　　　　　　　B. 导管　　　　　　　　C. 伴胞　　　　　　　D. 乳汁管

19. 不利于气孔打开的因素是_____。

A. CO_2 浓度升高　　　　　　　　　　　　　　　B. 淀粉水解为葡萄糖

C. K^+ 浓度升高　　　　　　　　　　　　　　　　D. 保卫细胞含水量升高

20. 下列关于维管组织运输途径的论断正确的是_____。

A. 木质部、韧皮部的运输途径都是单向的

B. 木质部、韧皮部的运输途径都是双向的

C. 木质部的运输途径是双向的,韧皮部的运输途径是单向的

D. 木质部的运输途径是单向的,韧皮部的运输途径是双向的

21.(厦门大学 2001)细胞分裂素由植物的_____细胞合成。

A. 根尖及胚　　　　　　B. 叶片　　　　　　　　C. 胚珠　　　　　　　D. 幼芽

22.(西南科技大学 2012)用浓度适宜的_____处理,可加速甘薯插条生根。

A. 赤霉素　　　　　　　B. 生长素　　　　　　　C. 细胞分裂素　　　　D. 乙烯

23.“肥料三要素”是指_____。

A. 钙　　　　　　　　　B. 磷　　　　　　　　　C. 钾　　　　　　　　D. 氮

24.(四川大学 2006)光周期的形成是因为植物体内存在_____,它们能感知光的性质。

A. 叶绿素　　　　　　　B. 光敏素　　　　　　　C. 成花素　　　　　　D. 花青素

25. 利用暗期间断抑制短日植物开花,选择下列_____最有效。

A. 红光　　　　　　　　B. 蓝紫光　　　　　　　C. 远红光　　　　　　D. 绿光

【参考答案】

扫码获取正版答案

四、问答题

1. 简述分生组织的特点,按位置和来源划分,分生组织各有几种? 各有何生理功能?

【答案】分生组织的特点是具有持续分裂能力。

按在植物体上的位置分为:①顶端分生组织:位于根、茎主轴及侧枝顶,其活动使之伸长,在茎上形成侧枝和叶,以后产生生殖器官。②侧生分生组织:位于根和茎的侧方的周围部分。包括形成层和木栓形成层,其活动使根茎加粗和起保护作用。③居间分生组织:夹在成熟组织之间,是顶端分生组织在某些器官中局部位域的保留。

按来源的性质分为:①原分生组织:直接由胚细胞保留下来的,一般具有持久而强烈的分裂能力,位于根

茎端较前的部分。②初生分生组织:由原分生组织刚衍生的细胞组成,位于顶端稍下的部分。边分裂边分化,是由分生组织向成熟组织过度的类型。③次生分生组织:由成熟组织的细胞,经历生理和形态上的变化,脱离原来成熟的状态(即反分化)重新转变而成的组织。一般而言侧生分生组织属于次生分生组织。

2.植物的永久组织分为哪几类? 各有何特点和功能?

【答案】表皮组织:大多扁平,紧密镶嵌,具角质层,有气孔,保护作用;

薄壁组织:壁薄,有较大胞间隙,具多种生理功能的基本组织;

机械组织:细胞壁增厚,支持作用;

维管组织:复合组织,输导作用。

3.机械组织有什么共同特征? 如何区别厚角组织与厚壁组织?

【答案】对植物起主要支持作用的组织称为机械组织,主要有厚角组织与厚壁组织两大类。一般机械组织有细胞壁加厚的共同特征。厚角组织细胞壁不均匀增厚,增厚的部分多在细胞的角隅处,不木质化,是活细胞;而厚壁组织是指细胞具有均匀增厚的次生壁,并且常常木质化,是死细胞。常常可通过看细胞壁的特点和细胞的死活来区别厚角组织与厚壁组织。

4.从输导组织的结构和组成来分析,为什么说被子植物在演化上比裸子植物更高级?

【答案】植物的输导组织包括木质部和韧皮部两类。裸子植物木质部一般由管胞组成;管胞担负了输导与支持双重功能。被子植物的木质部中,导管分子专营输导功能,木纤维专营支持功能,所以被子植物木质部分化程度更高,而且导管分子的管径一般比管胞大,因此输水效率更高,被子植物更能适应陆生环境。被子植物韧皮部含筛管分子和伴胞,筛管分子连接成纵行的长管,适于长、短距离运输有机养分,筛管的运输功能与伴胞的代谢密切相关。裸子植物的韧皮部无筛管、伴胞,而具筛胞,筛胞与筛管分子的主要区别在于,筛胞细的胞壁上只有筛域,原生质体中也无 P 一蛋白体,而且不象筛管那样由许多筛管分子连成纵行的长管,而是由筛胞聚集成群。显然,筛胞是一种比较原始的类型。所以被子植物的输导组织比裸子植物更高级。

5.试述双子叶植物根的初生结构与主要生理功能的统一。

【答案】根的初生结构就是成熟区的结构,由外至内明显地分为表皮、皮层和维管柱(中柱)三个部分。根的初生结构与其吸收的主要生理功能是统一的。

(1)表皮:表皮包围在成熟区的外方,常由一层细胞组成,细胞排列紧密。表皮细胞的细胞壁不角化或仅有薄的角质膜,适于水和溶质通过,部分表皮细胞的细胞壁还向外突出形成根毛,以扩大根的吸收面积。对幼根来说,表皮的吸收作用显然比保护作用更重要,所以根的表皮是一种吸收组织。

(2)皮层:皮层位于表皮与中柱之间,由多层体积较大的薄壁细胞组成,细胞排列疏松,有明显的细胞间隙。有些植物细胞内可贮藏淀粉等营养物质成为贮藏组织。水生和湿生植物在皮层中可形成气腔和通气道等通气组织。皮层最内一层排列紧密的细胞成为内皮层,在其细胞的径向壁和横壁上有一条木化和栓化的带状加厚区域,称为凯氏带。内皮层的这种特殊结构,阻断了皮层与中柱间通过质外体运输途径,进入中柱的溶质只能通过内皮层细胞的原生质体,从而使根对物质的吸收具有选择性。

(3)维管柱(中柱):由中柱鞘、初生木质部、初生韧皮部和薄壁细胞组成,少数植物的根内还有髓。中柱鞘通常由 1~2 层排列整齐的薄壁细胞组成,少数植物有多层细胞,中柱鞘有潜在的分裂能力,可产生侧根、木栓形成层和维管形成层的一部分。初生木质部位于根的中央,主要由导管和管胞组成,提高了水分输导效率。初生韧皮部一般由筛管和伴胞组成,输导有机物。薄壁细胞分布于初生韧皮部与初生木质部之间,在次生生长开始时,其中一层由原形成层保留下来的薄壁细胞,将来发育成维管形成层的主要部分。

6.试述双子叶植物根的次生生长和次生结构(或详述双子叶植物根的加粗生长过程。)

【答案】在根毛区内,次生生长开始时,位于各初生韧皮部内侧的薄壁细胞开始分裂活动,成为维管形成层片段。之后,各维管形成层片段向左右两侧扩展,直至与中柱鞘相接,此时,正对原生木质部外面的中柱鞘细胞进行分裂,成为维管形成层的一部分。至此,维管形成层连成整个的环。维管形成层行平周分裂,向内、向外分裂的细胞,分别形成次生木质部和次生韧皮部,与此同时,维管形成层也行垂周分裂,扩大其周径。在表皮和皮层脱落之前,中柱鞘细胞行平周分裂和垂周分裂。向内形成栓内层,向外形成木栓层,共同构成次生保护组织周皮。

7.双子叶植物茎的维管形成层是怎样产生的? 如何使茎增粗?

【答案】茎维管束初生韧皮部和初生木质部之间的薄壁细胞恢复分裂能力,形成束中形成层;和连接束中形成层的那部分髓射线细胞也恢复分裂性能,变成束间形成层,束中形成层和束间形成层连成一环,共同构成维管形成层。维管形成层随即开始分裂活动,较多的木本植物和一些草本植物,维管束间隔小,维管形成层主要部分是束中形成层,束中形成层分裂产生的次生韧皮部和次生木质部,增添于维管束内,使维管束的体积增大,束间形成层分裂的薄壁组织增添于髓射线。维管束增大,茎得以增粗。许多草本植物和木本双子叶植物,茎中维管束之间的间隔较大,束中形成层分裂产生的次生木质部和次生韧皮部,增添于维管束内,而束间形成层分裂产生的次生木质部和次生韧皮部则组成新的维管束,添加于原来维管束之间,使维管束环扩大。双子叶植物茎在适应内部直径增大的情况下,外周出现了木栓形成层,并由它向外产生木栓层向内产生栓内层,木栓形成层、木栓层、栓内层三者共同构成次生保护组织——周皮。双子叶植物茎的次生结构包括周皮和次生维管组织。

8.(华东师范大学 2003)叶的形态结构是如何适应其生理功能的?

【答案】叶的形态多种多样,但内部结构基本相同,都是由表皮组织、基本组织和维管组织3部分所组成。叶的上下表面是一层扁平透明,彼此紧密相接的表皮细胞。表皮细胞分泌蜡质的角质层,把叶面严密封盖,水分蒸发和气体出入的唯一通道是气孔。水从根部上升至叶,并从气孔蒸发出去,一方面供光合作用之需,一方面排散热量,使植物在暴晒之下仍保持较低体温。叶的上下表皮上都有气孔,陆生植物一般都是下表皮气孔多。水生植物气孔集中在叶的上面。

上下表皮之间是叶的基本组织,称为叶肉。叶肉通常是由薄壁细胞所组成,含叶绿体,光合作用就是在这里进行的。双子叶植物的叶肉大多分为2层。上层栅栏组织,之下海绵组织。海绵组织的细胞形状不规则,彼此相接成网,留有很多空隙,空气从气孔进入这些空隙,叶肉细胞呼吸和光合作用所需的气体都来自这些空隙中的空气,细胞排放的气体也都通过这些空隙从气孔逸出。

叶脉是叶的输导组织。叶脉在叶中的分布情况随植物而不同。松、杉等针叶一般只有一个中央长脉,叶肉细胞围绕这个中脉排列。单子叶植物的长叶片有多个并列的长脉。双子叶植物叶脉多呈网状。叶脉除运输外,还有支持的功能。叶脉经过叶柄而和茎的维管组织——中柱相连,茎的维管组织和根的维管组织也是相连的。所以,植物体的维管组织是一个从根到叶的连续输导系统。叶脉维管组织的外围有一薄层细胞包围,即维管束鞘。C_4 植物如玉米等,维管束鞘发达,细胞中有叶绿体,能进行光合作用。叶肉细胞常围在维管束鞘的外面成"花环"状,有叶绿体,也进行光合作用。在 C_3 植物,如小麦、水稻等,维管束鞘细胞中没有或很少叶绿体。

9.试述(或用表解说明)成熟花药的发育及花粉粒的形成过程。

【答案】

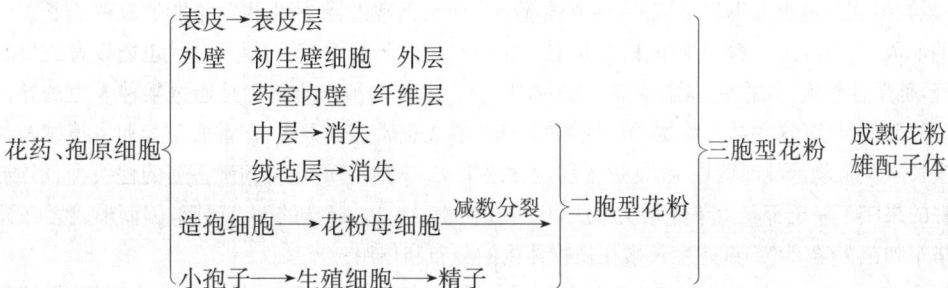

10.简要说明被子植物成熟胚囊(以蓼型胚囊为例)的结构,并列简表说明成熟胚囊的发育过程。

【答案】成熟蓼型胚囊的基本结构包括了1个卵细胞、2个助细胞、2个极核(1个中央细胞)、3个反足细胞。

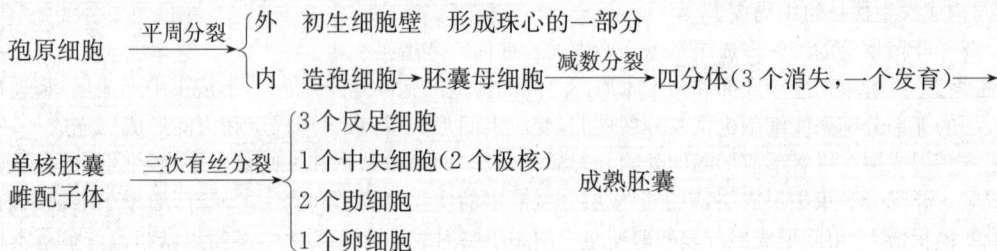

孢原细胞 —平周分裂→ ⎰ 外　初生细胞壁　形成珠心的一部分
　　　　　　　　　　 ⎱ 内　造孢细胞→胚囊母细胞 —减数分裂→ 四分体(3个消失,一个发育)——

单核胚囊
雌配子体 —三次有丝分裂→ ⎧ 3个反足细胞
　　　　　　　　　　　　 ⎪ 1个中央细胞(2个极核)
　　　　　　　　　　　　 ⎨　　　　　　　　　　 成熟胚囊
　　　　　　　　　　　　 ⎪ 2个助细胞
　　　　　　　　　　　　 ⎩ 1个卵细胞

11.什么叫传粉?传粉有哪些方式?植物有哪些适应异花传粉的性状?

【答案】传粉指由花粉囊散出的成熟花粉,借助一定的媒介力量,被传送到同一花或另一花的雌蕊柱头上的过程。传粉的主要方式有自花传粉和异花传粉。植物适应异花传粉的性状有:花单性、雌雄异株、雌雄蕊异熟、雌雄蕊异长或异位、以及花粉落到本自花柱头上不能萌发、或不能完全发育达到受精结果等。

12.(青岛海洋大学 2000)以被子植物为例,说明高等植物生殖发育的全过程。

【答案】种子在适宜的条件下萌发成幼苗,长大分化为根、茎、叶等营养器官,植物体开花,花是被子植物的繁殖器官,一朵完整的花由花柄、花托、花被、雄蕊群和雌蕊群五个部分组成。其中雄蕊的花药是产生花粉粒的地方,成熟的花粉粒中含有雄配子即精子。雌蕊的柱头是接受花粉的地方,花柱是花粉管进入子房的通道。子房中胚珠的胚囊内形成雌配子即卵细胞,受精也在胚囊内完成。被子植物生殖时,一个精子与卵结合发育成胚(2n),另一个精子与两个极核结合形成三倍体的胚乳(3n)。受精以后,子房和胚珠继续发育成果实和种子。种子在适宜的条件下萌发成幼苗。

这样,由种子萌发形成幼苗,幼苗继续成长为成年植物,成年植物生长发育到一定阶段,通过繁殖(开花、传粉、受精),又产生新一代的种子果实。

13.(厦门大学 2002)解释下列现象发生的原因:市场上常常可以买到无籽西瓜、无籽西红柿等果蔬。

【答案】无籽西瓜的培育属于人工诱导多倍体的应用,其原理是染色体变异。培养无籽西瓜的方法:普通西瓜为二倍体植物,即体内有2组染色体(2N=22),用秋水仙素处理其幼苗,令二倍体西瓜植株细胞染色体成为4倍体(4N=44),这种4倍体西瓜能正常开花结果,种子能正常萌发成长。然用4倍体西瓜植株做母本(开花时去雄)、二倍体西瓜植株做父本(取其花粉授4倍体雌蕊上)进行杂交,这样在4倍体西瓜的植株上就能结出3倍体的植株,在开花时,其雌蕊要用正常二倍体西瓜的花粉授粉,以刺激其子房发育成果实。由于胚珠不能发育为种子,而果实则正常发育,所以这种西瓜无籽。我们平时所吃的西瓜是二倍体西瓜,就是说其细胞核内有两个染色体组,这样的西瓜的减数分裂因有同源染色体而能正常进行,所以,也就能形成正常的种子。而无籽西瓜是三倍体的,也就是说其细胞核内有三个染色体组,因为染色体组数是奇数,在减数分裂是就会发生联会紊乱,导致减数分裂无法正常进行,所以也就不能形成种子了。

果实的形成,需要经过传粉和受精作用,但有些植物只经过传粉而未经受精作用,也能发育成果实,这种果实无籽,称单性结实,如香蕉、无籽葡萄、无籽柑桔等。也有些植物的结实是通过某种人为诱导,形成具食用价值的无籽果实,这种结实称诱导单性结实,如培养无籽番茄的方法:在番茄花蕊期去掉雄蕊,用适宜浓度的生长素类似物涂抹雌蕊柱头,促进子房发育成果实。马铃薯的花粉刺激番茄的柱头,而形成无籽番茄。无籽的果实不一定都是由单性结实形成,也可在植物受精后,胚珠的发育受阻,因而形成无籽果实。

14.(华东师范大学 2002)试述生长素在植物体内的分布和作用。

【答案】在植物体内,生长素大多集中在生长旺盛的部位(如胚芽鞘、芽尖、根尖的分生组织、形成层、受精后的子房和发育着的种子),而趋向衰老的细胞组织和器官中则较少分布。生长素的生理作用表现如下：

①促进细胞和器官的伸长,细胞体积的增大(有浓度效应)。②促进细胞分裂,促进插条不定根的形成。③诱导单性结实。④控制顶端优势:生长的顶端对侧芽、侧枝有抑制作用,IAA 是造成顶端优势的一个原因。⑤抑制离区的形成,防止叶子脱落。⑥影响植物的向心运动(向光性,向地性)

15.(华东师范大学 2001)请叙述植物根的形态结构如何适应其生理功能?

【答案提示】根由初生组织分化而来,由外至内分为表皮、皮层和维管柱(中柱)三个部分。表皮细胞的细胞壁不角化或仅有薄的角质膜,适于水和溶质通过,部分表皮细胞的细胞壁向外突出形成根毛,扩大了根的吸收面积,有利于根吸收水分和矿物质。对幼根来说,表皮的吸收作用显然比保护作用更重要。皮层由多层体积较大的薄壁细胞组成,可贮藏淀粉等营养物质,具有贮藏作用。水生和湿生植物在皮层中可形成气腔和通气道等通气组织。内皮层凯氏带使根对物质的吸收具有选择性。根的薄壁组织,还有合成氨基酸、植物激素、植物碱、有机氮的功能。维管柱担负物质运输,支持固定作用,还参与代谢反应。

16.(首都师范大学 2007)种子的各部分是由花的哪些结构部分发育而来的? 无胚乳种子是否产生胚乳? 无胚乳种子萌发时营养来自哪个部分?

【答案】

胚珠
- 珠心内的胚囊母细胞 ——减数分裂—→ 四分体(3 个消失,一个发育)——→ 单核胚囊
- ——3 次有丝分裂—→ 成熟胚囊(雌配子体)
  - 3 个反足细胞:
  - 1 个中央细胞(2 个极核)——精子—→ 受精极核——→ 胚乳 ⎫
  - 2 个助细胞: ⎬ 种子
  - 1 个卵细胞:——精子—→ 受精卵——→ 胚   ⎭
- 珠被——→ 种皮

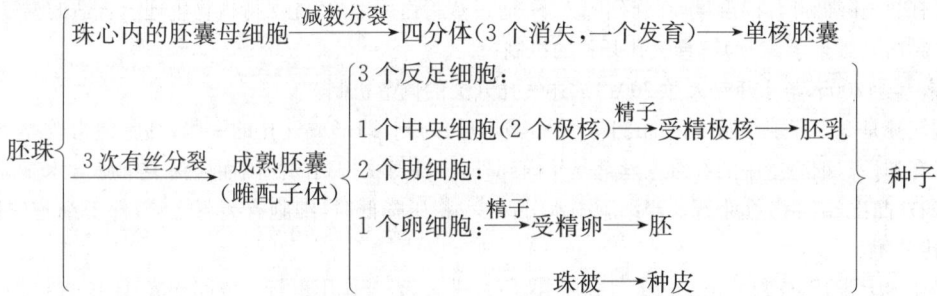

无胚乳种子由种皮和胚两部分组成,缺乏胚乳。如蚕豆种子,它在种子发育时,胚乳已被消耗殆尽,所以没有胚乳。无胚乳种子萌发时营养来自子叶。

17.(南京大学 2005)何谓被子植物? 其生活史有那些特点?

【答案】被子植物是种子有子房包被的植物,具有真正的花,又称有花植物。

从种子萌发形成幼苗,经过营养生长,然后开花、传粉、受精、结实并产生新一代种子的全部历程,称为被子植物的生活史。被子植物的生活史包括两个基本阶段,即二倍体(2N)阶段和单倍体(N)阶段。两个阶段的转折点是双受精和减数分裂。二倍体阶段(无性世代)从双受精形成的合子开始,至形成胚囊母细胞和花粉母细胞止,植物体细胞染色体数为 2N,故称二倍体,也称孢子体。单倍体阶段(有性世代)从胚囊母细胞和花粉母细胞减数分裂分别形成单核胚囊(大孢子)和单核花粉粒(小孢子)开始,至形成 7 细胞胚囊(雌配子体)和含 3 个细胞的成熟花粉粒或花粉管(雄配子体)止,这个阶段细胞的染色体数目为 N,故称单倍体。被子植物生活史特点:①二倍体阶段占生活史的优势,单倍体退化,依附在二倍体上生存。②二倍体阶段和单倍体阶段,在生活史中交替出现,称世代交替。

18.(云南大学 2006)为什么说被子植物的生活史其有世代交替现象?

【答案】被子植物一生包括两个阶段,第一阶段是从受精卵(合子)开始直到花粉母细胞(小孢子母细胞)和胚囊母细胞(大孢子母细胞)进行减数分裂前为止,这一阶段的细胞内染色体的数目为二倍体,称为二倍体阶段(或孢子体阶段、孢子体世代、无性世代),这个阶段时间较长,并占优势,能独立生活;第二个阶段是从花粉母细胞和胚囊母细胞进行减数分裂形成单核花粉粒(小孢子)和单核胚囊(大孢子)开始,直到各自发育为含精子的成熟花粉粒或花粉管,以及含卵细胞的成熟胚囊为止,此时,这些有关结构的细胞内染色体数目是单倍的,称为单倍体阶段(或配子体阶段、配子体世代、有性世代),此阶段时间较短,结构简

化,不能独立生活,寄生在孢子体上来获取营养。被子植物在生活史中,二倍体的孢子体阶段和单倍体的配子体阶段有规律地交替出现的现象,称为世代交替。被子植物的生活史中,减数分裂和受精作用是两个重要的环节和转折点。

19. 简述植物蒸腾作用的原理和生物学意义。

【答案】蒸腾作用的原理①当气孔张开时,水分子由叶内潮湿的细胞间隙与外界比较干燥的空气之间较陡的扩散梯度而被拉出去;②内聚力使水分子黏附在一起,对这种拉出水分子的力有反作用,但不能克服它,水分子扩散出去;③因为内聚力和蒸腾作用的拉动作用却对余下的一长串水分子产生了张力,在张力的作用下,当第一个水分子扩散出去之后,第二个分子就取代其位置,于是水柱就不断被拉上去;④水分子与管壁之间存在着使不同种类的分子粘连在一起的黏附力帮助木质部汁液克服重力而向上移动,不发生蒸腾作用时,黏附力维持水柱不下滑。总之,对这种汁液上升的解释称为蒸腾作用—内聚力—张力机制。可概括为:蒸腾作用拉动一长串水分子,内聚力使这串水分子连在一起,而黏附力则有助于其向上的移动。

蒸腾作用是植物被动吸水的一个主要动力,能促进植物吸收水分和传导水分。其次,蒸腾作用引起水流通过植物能提供一个运输系统,矿质盐随水分从根运至植物上部,有机物也在植物体内运输。第三,蒸腾作用还可有效地降低叶片的温度,在强烈阳光下,通过蒸腾作用散热,能保持植物生理上合适的温度。

20. ①(沈阳农业大学 2018)解释气孔开关的机制。

②(南京大学 2005,华东师范大学 2001)试述气孔开关的调节机制?

【答案】气孔是 2 个保卫细胞之间的缝隙。保卫细胞的内侧,即形成气孔的一侧,细胞壁常较厚,外侧细胞壁薄而有弹性。细胞壁中的纤维素丝都是从内到外,成辐射状排列的。因而当保卫细胞含水多,膨压高时,细胞朝外凸出,结果气孔张开。当细胞中水分减少,膨压降低时,细胞有萎蔫之势,保卫细胞内侧厚壁变直,气孔关闭。

通常气孔白天张开,夜晚关闭。白天气孔张开,CO_2 进入,光合作用进行。夜间无光,不能进行光合作用,气孔关闭节省水分。

保卫细胞中 K^+ 浓度也影响气孔的开关。K^+ 多时,细胞吸水膨胀,气孔张开;K^+ 少时,细胞失水萎蔫,气孔关闭。实验证明,K^+ 进入细胞是一个需能(ATP)的主动运输过程。白天,保卫细胞中 CO_2 因光合作用而减少,H^+ 离子泵出,K^+ 离子逆浓度梯度而在细胞中积累。夜间,光合作用停止,呼吸作用继续进行,细胞中 CO_2 增多,K^+ 离子不再积累,于是气孔关闭。光促进保卫细胞吸收 K^+ 和水,气孔在早晨张开。叶中 CO_2 水平较低也使气孔张开。保卫细胞中的生物钟也影响气孔的开关。

此外,解剖学观察表明,气孔的开关可能不只是保卫细胞单独的作用,而是受整体调节的。保卫细胞和相邻表皮细胞之间有胞间连丝,因此人们认为,保卫细胞可能是通过胞间连丝而从相邻细胞得到信息,从而实现了调节活动。

21. (首都师范大学 2008)描述蚕豆植物叶片气孔结构特点并简述其开闭机理的一种主要学说。

【答案提示】蚕豆植物叶片气孔是由植物叶片表皮上成对的保卫细胞以及之间的孔隙组成的,是植物与外界进行气体交换的门户和控制蒸腾的结构。气孔的开闭是由于保卫细胞的水势变化,由 K^+ 及苹果酸等渗透调节物质进出保卫细胞引起。

(1)淀粉—糖转化学说。气孔开放是光合作用所必需的。淀粉—糖转化学说认为,植物在光下,保卫细胞的叶绿体进行光合作用,导致 CO_2 浓度的下降,引起 pH 升高,淀粉磷酸化酶促使淀粉转化为葡萄糖—1—P,细胞中葡萄糖浓度高,水势下降,周围表皮细胞的水分通过渗透作用进入保卫细胞,气孔便开放。黑暗时,光合作用停止,由于呼吸积累 CO_2 和 H_2CO_3,使 pH 降低,淀粉磷酸化酶促使糖转化为淀粉,保卫细胞里葡萄糖浓度低,于是水势升高,水分从保卫细胞排出,气孔关闭。

(2)无机离子泵学说(inorganic ion pump theory),又称 K^+ 泵假说。该学说认为,保卫细胞的渗透势是由钾离子浓度调节的。光合作用产生的 ATP,供给保卫细胞钾氢离子交换泵做功,使钾离子进入保卫细胞,于是保卫细胞水势下降,气孔就张开。

(3)苹果酸代谢学说(malate metabolism theory)。苹果酸影响气孔的开闭。在光照下,保卫细胞内的部分 CO_2 被利用时,pH 就上升,从而活化了 PEP 羧化酶,它可催化由淀粉降解产生的 PEP 与 HCO_3^- 结合形成草酰乙酸,并进一步被 NADPH 还原为苹果酸。苹果酸会产生 H^+,ATP 使 H^+-K^+ 交换泵开动,质子进入表皮细胞,而 K^+ 进入保卫细胞,于是保卫细胞水势下降,气孔就张开。

22.(四川大学 2008)论述植物体内生长素的作用机理及生长素类调节剂在生产实践上的应用价值。

【答案】生长素的作用机理有两种假说:"酸生长理论"和"基因活化学说"。

(1)酸生长理论(acid growth theory)的要点是:① 原生质膜上存在着非活化的质子泵(H^+-ATP 酶),生长素作为泵的变构效应剂,与泵蛋白结合后使其活化;② 活化了的质子泵消耗能量(ATP),将细胞内的 H^+ 泵到细胞壁中,导致细胞壁基质溶液的 pH 下降;③ 在酸性条件下,H^+ 一方面使细胞壁中对酸不稳定的键(如氢键)断裂,另一方面(也是主要的方面)使细胞壁中的某些多糖水解酶(如纤维素酶)活化或增加,从而使连接木葡聚糖与纤维素微纤丝之间的键断裂,细胞壁松弛;④ 细胞壁松弛后,细胞的压力势下降,导致细胞的水势下降,细胞吸水,体积增大而发生不可逆增长。

(2)基因活化学说认为:① 生长素与质膜上或细胞质中的受体结合;② 生长素-受体复合物诱发肌醇三磷酸产生,打开细胞器的钙通道,释放液泡中的 Ca^{2+},增加细胞溶质 Ca^{2+} 水平;③ Ca^{2+} 进入液泡,置换出 H^+,刺激质膜 ATP 酶活性,使蛋白质磷酸化;④ 活化的蛋白质因子与生长素结合,形成蛋白质-生长素复合物,移到细胞核,合成特殊 mRNA,最后在核糖体形成蛋白质(酶),合成组成细胞质和细胞壁的物质,引起细胞的生长。

生长素类调节剂在农业生产上的应用有:

(1)促进插枝生根。生长素类可使一些不易生根的植物插枝生根,常用的人工合成的生长素是 IBA、NAA、2,4-D 等。

(2)防止器官脱落。在生产上使用 10 mg/L NAA 或者 1 mg/L 2,4-D 可使棉花保蕾保铃。

(3)促进单性结实。用 10 mg/L 2,4-D 溶液喷洒番茄花簇,即可座果,促进结实,且可形成无籽果实。

(4)促进菠萝开花。研究证明,凡是达到 14 个月营养生长期的菠萝植株,在 1 年内任何月份,用 5~10 mg/L 的 NAA 或 2,4-D 处理 2 个月后就能开花。

(5)促进黄瓜雌花分化,用 10 mg/L NAA 或 500 mg/L IAA 喷施黄瓜幼苗,能提高黄瓜雌花的数量,增加产量。

(6)用较高浓度的生长素可抑制马铃薯的发芽,也可疏花疏果,还可杀除杂草。

课后习题详解

植物的结构和生殖

1.植物有一年生、两年生和多年生的。这 3 种寿命各有什么适应意义? 在荒漠、海滩、高山、湖泊和热带雨林中,这 3 种寿命中的哪一种对植物的存活和生殖较有利? 为什么这 3 种植物无论在什么环境中都常常生长在一起?

答根据植物的生活周期来分类,将植物分为一年生植物,二年生植物和多年生植物。

(1)一年生植物:植物的生命周期短,由数星期至数月,在一年内完成其生命过程,然后全株死亡,如玉米、水稻等。在环境恶劣时地上地下各器官都死去,只留下种子(胚)延续生命。适应性强,分布广。繁殖的代数多,可以产生的变异多,物种进化快。

(2)二年生植物:第一年种子萌发、生长,到第二年开花结实后枯死,如萝卜、白菜。花期长,花华丽而有特色。生殖期早,产籽量大,环境恶劣时通过种子休眠度过,可以在别的生物都凋亡的时候占据生存空间和阳光等自然资源。

(3)多年生植物:生活周期年复一年,多年生长,如常见的乔木、灌木都是多年生植物。另外还有些多年生草本植物,能生活多年,或地上部分在冬天枯萎,来年继续生长和开花结实。多年生植物有较强的地域适应性,可以较牢固的占据生存空间。

一、二年生植物的适应性很广。多年生植物有较强的地域适应性要求,适应于高山、湖泊、热带雨林生存。从植物生活史、生殖习性、以及资源(养分)分配方式等方面来分析植物对环境的综合适应特征,3种植物无论在什么环境中都常常生长在一起更有利于资源分配。

2.为什么木质部由死细胞组成而韧皮部则全由活的细胞组成? 试就这两个部分的功能进行解释。

答 木质部从根部向上运送水分及可溶性的矿物质。有管胞和导管分子两种类型的水分输导细胞。许多筒状的、端壁有穿孔的导管分子上下衔接而成导管。导管发育初期,每个导管分子都是生活的薄壁细胞。随着细胞的成熟和特化,原生质体逐渐解体、其端壁部分或几乎全部消失,形成穿孔,故成熟的导管分子是已无原生质体存在的死细胞,彼此通过穿孔沟通,成为中空的管道,以利水和无机盐的输导。另外,在导管分子成熟过程中,细胞的侧壁逐渐木质化,并有程度不同的次生增厚。故导管也有一定的机械支持作用。

韧皮部将糖类从叶或贮藏组织运送到植物的其他部位。筛管是韧皮部中输导有机养料的结构,由多数称为筛管分子的筒状细胞上下承接沟通而成。成熟的筛管分子端壁特化为具有成群筛孔的筛板,细胞核虽已解体,但仍为活细胞。上下邻接的筛管分子有较粗的原生质丝(又称连络索)通过筛孔互相联系。有机物的运输,便是通过筛管分子间原生质体的这种密切联系实现的。

植物的营养

1.将植物移栽时最好带土,即保留根周围原有的土壤。解释其原因(考虑菌根和根毛)。

答 植物地上的枝叶完全依靠根系供给水分和矿物质养料,根毛的存在大大增加了吸收表面,该区是根部行使吸收作用的主要部分。如果根系受到损伤破坏,就会引起枝叶的枯萎和死亡,因此在移植植物时必须注意保护根系。在农业实践上,移植时一方面要尽量不损伤幼苗的根系,假若根系受到损伤破坏,就应当剪去一部分枝叶以减少水分的蒸腾,这样才可以保证移植成功。

菌根是高等植物根部与土壤中的某些真菌形成的共生体。在自然界中,菌根对于很多森林树种的正常生活也是十分必要的,如松树在没有菌根的土壤里,吸收养分少,生长缓慢,甚至于死亡。因此在移栽时,保留根周围原有的土壤,从而提高树苗的成活率,促进其生长。

2.某人找到使植物的气孔整天张开的办法,也找到了使气孔整天关闭的办法。他用这两种办法处理后,植物都死了。试加解释。

答 植物对水分的平衡控制机制就是气孔的运动。气孔通过张开和闭合控制水分以适应环境的变化。白天气孔张开,CO_2 进入,进行光合作用。夜晚气孔关闭节省水分。处理后使植物的气孔整天张开或者关闭,水分的平衡破坏,植物都会死亡。

3.某人栽培一种耐贫瘠土壤的植物。他播了许多粒种子,得到许多株植物,结果发现了一株特别矮小的植株。进行了许多实验后,发现这株植物的叶中发生了突变,有一种蔗糖合成所需的酶功能不正常了。试根据压流学说解释植株的生长何以受阻。

答 压流学说认为韧皮部液体的流动是靠产糖端的压力"推"向另一端的。糖经过筛管"装载"端的主动运输而进入筛管。生长尖以及根等贮存器官需要糖,糖从筛管的"释放"端通过主动运输而流出。叶不断供应蔗糖,根等器官组织又随时收存蔗糖,筛管又可随时从周围组织获得所需的水,筛管中的这一运输流就将不断流动。

这株植物的叶中发生了突变,有一种蔗糖合成所需的酶功能不正常了,叶不能制造糖,液流慢,不能有效运输到植物其它器官,植株的生长受阻。

4.长在贫瘠土壤中的捕蝇草,因缺乏硫酸盐而不能合成甲硫氨酸和半胱氨酸。它会因缺乏蛋白质而死亡吗? 试加解释。

🅐不会。

捕蝇草是食虫植物。叶子的构造很奇特,在靠近茎的部分有羽状叶脉,呈绿色,可进行光合作用;但到了叶端就长成肉质的,并以中肋为界分为左右两半,其形状呈月牙形,可像贝壳一样随意开合,这就是它的"诱捕器"。每半个叶片的边缘都生有10~25根刚毛,其内侧靠近中肋的地方,又生有3根或3根以上的感觉刚毛(或叫激发刚毛)。在叶缘还生有蜜腺,能够分泌蜜汁用以引诱昆虫。平时诱捕器张开,叶片向外弯曲,当上钩的昆虫爬到叶片上吃蜜时,如果其中一根激发刚毛被触动两次或两次以上,或者在数秒钟内至少有两根激发刚毛被触动,那么诱捕器就会在20~40 s内闭合,叶片便向里弯曲,叶缘上的刚毛交叉锁在一起,将猎物囚禁在里面。当昆虫在里面挣扎时,便再次触动激发刚毛,每触动激发刚毛一次,诱捕器就闭合得更紧。同时,激发刚毛受到刺激后,叶片上许多紫红色小腺体就分泌出一种酸性很强的消化液,将虫体消化,然后再由这些腺体吸收。大约5天后,当昆虫的营养物质被吸收干净后,叶子又重新张开,准备捕捉新的猎物。捕蝇草,通过消化动物蛋白质获取甲硫氨酸和半胱氨酸,能适应极端的环境,不会因缺乏蛋白质而死亡。

5.在湿度低和温度高时蒸腾作用最快,但似乎与光也有关系。下表是从早到晚12 h内的测定结果。因为有云,所以光强度变化不定。蒸腾速率的单位是 $g \cdot h^{-1} \cdot m^{-2}$ 叶面积。这些数据是否支持下列假设:光强度越高,蒸腾作用越快? 如果答案是肯定的,光的作用是否与温度和湿度无关? 解释你的答案。(提示:先看每一行的数据,再比较行中和行间的数据)

时刻	温度/℃	湿度/%	光强度占全日照的百分比/%	蒸腾速率/ $g \cdot h^{-1} \cdot m^{-2}$
8	14	88	22	57
9	14	82	27	72
10	21	86	58	83
11	26	78	35	125
12	27	78	88	161
13	33	65	75	199
14	31	61	50	186
15	30	70	24	107
16	29	69	50	137
17	22	75	45	87
18	18	80	24	78
19	13	91	8	45

【答案】从测定数据可以看出,影响蒸腾作用的因素有温度、光强度和湿度。随光强度增高,蒸腾作用加快。温度影响水分蒸发的速度,温度高时水分子运动得快,失水也快。在温度相同的情况下,湿度小促进蒸腾作用。一般情况下,如果气孔周围气温高,光照强,湿度小,气孔开放程度就大,蒸腾作用就越强;如果气孔周围气温低,光照弱,湿度大,气孔开放程度就小,蒸腾作用就越弱。

植物的调控系统

1.菊花是短日植物,在菊花临近开花的季节,存放菊花的屋子夜间不能有照明。有一人在这时偶然将菊花室内的灯开了一下。你想会有什么结果?有什么办法纠正他的错误?

答 菊花是短日植物,在昼夜周期中日照长度短于某临界值时数才能成花。在菊花临近开花的季节,存放菊花的屋子夜间不能有照明。有一人在这时偶然将菊花室内的灯开了一下,因闪光处理中断暗期,使短日植物不能开花,继续营养生长。夜间用短期的远红光照射菊花,可促进开花。

2.玉米矮化病毒能显著抑制玉米植株的生长,因而感染这种病毒的玉米植株非常矮小。你推测病毒的作用可能是抑制了赤霉素的合成。试设计实验来验证你的假设,该实验不能用化学方法测定植株中赤霉素的含量。

答 实验步骤:第一步:选取长势基本相同的被矮化病毒感染的玉米幼苗若干株,将其平均分成甲、乙两组,并在相同的适宜条件下培养。第二步:对甲组幼苗喷施适当浓度的赤霉素溶液,乙组幼苗喷施等量的蒸馏水。第三步:观察并测量两组玉米植株的平均高度。实验结果和结论:甲组玉米植株的平均高度明显高于乙组,说明病毒的作用可能是抑制了赤霉素的合成。

3.一位植物学家发现有一种热带灌木,当毛虫吃掉它的一片叶子之后,不再吃附近的叶子,而是咬食一定距离以外的叶子。他又发现当一片叶子被吃掉后,附近的叶子就开始合成一种拒绝毛虫侵害的化学物质。但人工摘去叶子没有像虫咬伤那样的作用。这位植物学家推测叶片受虫咬伤后,会给附近的叶片发出一种化学信号。如何用实验来检验这种推测。

答 植物在自然环境中也会遇到生物胁迫,主要是植食动物和各种病原微生物的侵害。在进化过程中,植物也发展了许多防御机制。验证叶片受虫咬伤后会给附近叶片发化学信号的实验设计:取毛毛虫咬食叶片,将残余的叶片碾成汁液,涂抹到这株植物距离咬食叶片较远的另一侧;同时取健康叶片碾成的汁液作对照,观察毛毛虫的取食几率。分析实验结果得出结论。进一步从毛毛虫咬伤的叶片中分离提纯这种化学物质,分析其作用的方式与机理。

遗传与变异

⑧

考点综述

遗传与变异是自然界普遍存在的生命现象,也是物种形成和生物进化的基础。没有遗传,就没有相对稳定的生物界;没有变异,生物界就不可能进化和发展。

本章考点:①孟德尔和他的豌豆杂交试验,分离定律,自由组合定律;②基本概念:等位基因,纯合体,杂合体,表型,基因型;③孟德尔定律的扩展:不完全显性,复等位基因,基因的多效性,性状的多基因决定;④人类中的孟德尔式遗传;⑤遗传的染色体基础:染色体学说;⑥性别决定与伴性遗传;⑦遗传学第三定律:连锁交换定律,真核生物的染色体作图,染色体的遗传图谱;⑧遗传物质是 DNA(或 RNA)的证明:Frederick Griffith、Oswald Avery 等的肺炎链球菌的转化实验,赫尔希—蔡斯的 T2 噬菌体的感染实验;⑨DNA 的半保留复制;⑩遗传信息从 DNA 到 RNA 到蛋白质:RNA 的转录和转运,核糖体与蛋白质合成,遗传密码;⑪中心法则及其补充;⑫突变与遗传疾病:染色体结构的改变(缺失、重复、易位、倒位);基因突变(置换、移码突变);人类遗传性疾病;⑬基因表达调控:原核生物的基因表达调控(乳糖操纵子模型),真核生物不同水平上的基因表达调控(DNA 水平上的调控,转录水平上的调控,转录后加工,翻译水平上的调控,翻译后加工);⑭基因工程技术:核酸分子杂交技术,PCR 技术;⑮基因工程原理概念及基本步骤:目的基因的获得,基因工程载体及其特征,重组 DNA 的构建,重组 DNA 的转化、扩增与表达;⑯基因工程应用:基因工程药物,基因工程疫苗,转基因植物,转基因动物,基因治疗;⑰人类基因组:人类基因组组分与特征,癌基因与抑癌基因,人类基因组计划(HGP)产生的背景、HGP 对医学发展的影响、基因资源的保护。

本章主要考查基础知识,要求掌握孟德尔分离定律和自由组合定律的基本内容,能够运用孟德尔定律分析动物、植物及人类遗传学中的实际问题。掌握连锁与互换定律的基本内容,能够利用运用连锁和互换定律分析遗传学问题。了解利用重组率进行基因定位的方法。掌握伴性遗传的基本内容,能够分析位于 X 和 Y 染色体上的基因的遗传特点和系谱特征。掌握缺失、重复、倒位、易位四种染色体结构变异的基本概念。掌握 DNA 是遗传物质的生物学证据;DNA 的分子结构特点和化学组成;mRNA、tRNA、rRNA 主要生物学功能。掌握中心法则的基本内容。掌握基因突变的形式及其突变机理。掌握原核生物乳糖操纵子模型。了解原核生物和真核生物基因表达和调控的一般特点和差异,了解基因突变的一般特点。

名词术语

【术语题库 扫码获取】

1.**遗传变异现象**:生物的亲代与子代之间,在形态、结构和功能上常常相似的现象,称为遗传。生物的亲代与子代之间,子代的不同个体之间,或多或少的存在着差异的现象为变异。遗传是相对的,变异是绝对的,遗传和变异在生物的进化中同等重要。

2.**性状(character)**:生物体在形态、结构、生理等方面所具有的区别性特征。

3.**相对性状(relative character)**:同种生物同一性状的不同表现类型,叫做相对性状。

4. **显性性状**(dominant character)**与隐性性状**(recessive character)：在遗传学上，把杂种 F_1 中显现出来的那个亲本性状叫做显性性状。杂种 F_1 中未显现出来的那个亲本性状叫做隐性性状。

5. **性状分离**(segregation)：在杂种后代中显现不同性状的现象，叫做性状分离。

6. **显性基因**(dominant gene)：控制显性性状的基因，叫做显性基因。

7. **隐性基因**(recessive gene)：控制隐性性状的基因，叫做隐性基因。

8. **等位基因**(allele)：在一对同源染色体的同一位置上的，控制着相对性状的基因，叫做等位基因。

9. **表型**(phenotype)：生物个体所表现出来的性状。如菌落的颜色、大小和形状等。

10. **基因型**(genotype)：是指与表现型有关系的基因组成。在表示基因型时，一般只将突变的基因或与所研究相关的基因列出。

11. **纯合体**：由含有相同基因的配子结合成的合子发育而成的个体。纯合体自交后代不发生性状分离。

12. **杂合体**：由含有不同基因的配子结合成的合子发育而成的个体。杂合体自交后代要发生性状分离。

13. **基因的分离定律**(law of segregation)：在进行减数分裂的时候，等位基因随着同源染色体的分开而分离，分别进入两个配子中，独立地随着配子遗传给后代，这就是基因分离规律。

14. **测交**(test cross)：让杂种子一代与隐性亲本交配，用来测定 F_1 的基因型的方法，回交方式之一。

15. **基因的自由组合规律**：在 F_1 产生配子时，在等位基因分离的同时，非同源染色体上的非等位基因表现为自由组合，这一规律就叫基因的自由组合规律。

16. **基因重组**：是指控制不同性状的基因的重新组合。

17. **性别决定**：一般是指雌雄异体的生物决定性别的方式。

18. **伴性遗传**(sex-linked inheritance)：性染色体上的基因，所控制的遗传性状与性别相联系，这种遗传方式叫做伴性遗传。

19. **连锁**(linkage)：位于同一染色体上的基因总是倾向于联系在一起共同遗传的现象。

20. **细胞核遗传与细胞质遗传**：细胞核遗传指由细胞核的遗传物质控制的遗传现象。细胞质遗传指由细胞质（线粒体和叶绿体）中的遗传物质控制的遗传现象。细胞核遗传遵循孟德尔的遗传定律，细胞质遗传不遵循。两者的遗传物质都是 DNA。

21. **DNA 复制**(replication)：以亲代 DNA 分子为模板来合成子代 DNA 的过程。

22. **半保留复制**(semi conservative replication)：指 DNA 的复制过程中，子代 DNA 分子都保留了亲代 DNA 分子中的一条链，另一条是新合成的。

23. **基因**(gene)：是控制生物性状的遗传物质的功能单位和结构单位，是有遗传效应的核酸片段。基因在染色体上呈线性排列，每个基因中可以含有成百上千个核苷酸。

24. **遗传信息**：基因的脱氧核苷酸排列顺序就代表遗传信息。

25. **转录**(transcription)：以 DNA 的一条链为模板，通过 RNA 聚合酶按照碱基互补配对原则，合成 RNA 的过程。

26. **三联体密码**(triplet codon)：信使 RNA 上由 3 个碱基组合在一起的编码方式。

27. **翻译**(translation)：在核糖体上，以信使 RNA 为模板，转运 RNA 为运载工具，合成具有一定氨基酸顺序的蛋白质的过程。

28. **中心法则**(central dogma)：遗传信息流从 DNA 传递给 RNA，再从 RNA 传递给蛋白质的转录和翻译过程，以及遗传信息从 DNA 传递给 DNA 的复制过程。后发现，某些病毒中 RNA 同样可以反过来决定 DNA，为逆转录，是对"中心法则"的补充和完善。

29. **染色体畸变**(chromosome aberration)：在自然因素或人为因素的影响下，染色体的结构和数目的改变。

30. **单体性**(monosomy)：某对染色体少一条时，构成该染色体的单体性。

31. **三体性**(trisomy)：某对染色体多一条时,构成该染色体的三体性。

32. **基因突变**(mutation)：广义的基因突变指遗传物质的损伤和基因结构的改变,包括染色体畸变和基因的点突变。点突变指的是 DNA 序列中单个或多个碱基对的改变。

33. **碱基置换**：DNA 分子最常发生的基因突变之一,一种碱基为另一种碱基置换。包括转换和颠换 2 种类型。

34. **移码突变**：在 DNA 的碱基序列中插入或删除一个或多个(非 3 的整倍数)的碱基,使编码区该位点后的三联体密码子阅读框架发生改变,导致其后的氨基酸都发生改变。

35. **DNA 损伤修复**(repair of DNA damage)：在多种酶的作用下,生物细胞内的 DNA 分子受到损伤以后恢复结构的现象,是生物体在长期的进化过程中获得的一种重要的安全保护机制。主要的损伤修复方式有错配修复、光复活修复、重组修复、切除修复和易错修复。

36. **基因组**：指单倍体细胞中所包含的整套染色体。

37. **多倍体**：体细胞中含有三个以上染色体组的个体。

38. **单倍体**：是指体细胞含有本物种配子染色体数目的个体叫该物种的单倍体。

39. **基因表达**(gene expression)：通过 DNA 的转录和翻译而产生其蛋白质的产物,或转录后直接产生 RNA 产物的过程。即遗传信息的转录和翻译过程。

40. **基因调控**(gene regulation)：对遗传信息的转录和翻译过程进行的调节,就是基因调控。

41. **操纵子**(operon)：存在于原核生物中,在功能上彼此有关的几个结构基因和控制区组成,包括启动基因、操纵基因和一系列紧密连锁的结构基因。

42. **断裂基因**(interrupted gene)：真核细胞的基因中,编码氨基酸的 DNA 序列,常被一些内含子隔开,断裂基因实质就是由一系列交替存在的外显子和内含子构成。

43. **基因工程**(genetic engineering)：将某特定的基因,通过载体或其他手段送入受体细胞,使它们在受体细胞中增殖并表达的一种遗传学操作。

44. **聚合酶链式反应**(polymerase chain reaction,PCR)：在体外模拟发生于细胞内的 DNA 快速扩增特定基因或 DNA 序列的复制过程的技术。

45. **限制性内切核酸酶**(restriction endonuclease)：一类在特定的 DNA 位点切断 DNA 的酶。

46. **DNA 连接酶**(DNA ligase)：一种能够催化 DNA 中相邻的 $3'-OH$ 和 $5'-$磷酸基末端之间形成磷酸二酯键并把两段 DNA 拼接起来的核酸酶。

47. **反转录酶**(reverse transcriptase)：从反转录病毒中制备得到的,能以 DNA 或 RNA 为模板,以具有 $3'-OH$ 的 DNA 或 RNA 为引物,从 $5'\rightarrow 3'$聚合生成 DNA 链。

48. **载体**(vector)：是一种可将外源 DNA 片段送入宿主细胞进行扩增或表达的运载工具。包括克隆载体和表达载体。常用克隆载体有质粒、噬菌体和病毒。

49. **质粒**(plasmid)：独立于细菌染色体之外,能自我复制的小型双链环状 DNA 分子。酵母的杀伤质粒是 RNA 分子。

50. **基因文库**(gene library)：大量的、代表某生物体整个基因组的 DNA 片段插入到载体 DNA 中,转化受体细胞后收集在一起作永久保存的遗传物质库。

51. **基因治疗**(gene therapy)：向受体细胞中引入具有正常功能的基因,用以纠正或补偿基因的缺陷,或是利用引入基因以杀死体内的病原体或恶性细胞。

52. **基因组学**(genomics)：是研究生物体的基因组的结构、组成和功能的科学。

53. **结构基因组学**(structural genomics)：研究基因和基因组的结构,各种遗传元件的组成物质的序列特征、基因定位、基因组作图等。

54. **功能基因组学**(functional genomics)：在基因组水平上阐明 DNA 序列的功能,着重研究不同的序列结构所具有的不同功能,基因的表达与调控,基因和环境之间的相互作用等。

55. **微卫星 DNA**：由 1~4 个核苷酸的重复单元串联而成,可长达几十个到几百个碱基对,在基因的间隔区和内含子等非编码区广泛存在的串联重复序列之一。

56. **单基因病**(monogenic disorder)：与一对致病基因有关的遗传病，按简单的孟德尔方式遗传。

57. **多基因遗传病**(polygenic disease)：由许多对基因共同控制的疾病，由遗传因素和环境因素共同作用而呈现的性状差变异。

58. **原癌基因**(proto-oncogene)：是维持机体正常生命活动所必需的结构基因，与细胞增殖相关、在进化上高度保守。当原癌基因的结构或调控区发生变异，基因产物增多或活性增强时，使细胞过度增殖，从而形成肿瘤。

59. **抑癌基因**：也称为抗癌基因。正常细胞中存在，在被激活情况下具有抑制细胞增殖作用，但在一定情况下被抑制或丢失后可减弱甚至消除抑癌作用的基因。

考研精粹

遗传的基本规律

1.（云南大学 2013，中科院水生所 2007）什么是遗传和变异？其本质是什么？两者关系和意义如何？

【答案】遗传是生物体繁殖与其自身相似的后代，即亲代性状通过繁殖精确地传递给下一代的过程；变异是后代与亲代、后代各个体之间的差异，即子代性状会发生一定的变化。

遗传的本质是基因准确复制；变异是基因、基因组合变化。

两者的辩证关系：遗传是相对的、保守的，保证物种相对稳定性；而变异是绝对的、前进的，变异是进化原材料；只有遗传没有变异，生物界只能通过遗传进行简单重复，不能进化；只有变异没有遗传，生物界杂乱无章，不能形成稳定新类型，生物也不能进化。遗传与变异是矛盾的对立与统一，作用相反、相辅相成；是生物变化、发展的内在依据。

2.（西南大学 2010）什么是等位基因？什么是复等位基因？什么叫纯合？什么叫杂合？在遗传分析的实验中如何确定两个基因是等位基因还是非等位基因？

【答案】等位基因在同源染色体的同一基因座上，控制着相对性状；复等位基因指在群体中，占据同源染色体某同一基因座位的等位基因数目有两个以上、决定同一性状的基因系列。

如果在同一个基因座上，两个等位基因是相同的，称为纯合。如果在同一个基因座上，两个等位基因是不同的，称为杂合。

遗传分析的实验中确定两个基因是等位基因的依据是控制相对性状，而非等位基因控制不同的性状。

3.（中国科学院研究生院 2012）最早根据杂交实验的结果建立起遗传学基本原理的科学家是_____。

A. James D. Watson　　　　　　　　　B. Barbara McClintock
C. Aristotle　　　　　　　　　　　　　D. Gregor Mendel

【解析】孟德尔(Gregor Mendel，1822～1884)，现代遗传学奠基人。他于 1856～1864 年成功地进行了著名的豌豆杂交试验，并于 1866 年在布隆博物学会会刊上发表"植物杂交实验"一文。在这篇论文中，不但总结出一套科学的杂交实验法，而且提出"遗传因子"假说。孟德尔用豌豆的七对明显、稳定的相对性状，分别进行一对性状的杂交试验、两对性状的杂交试验，发现了性状分离现象，揭示出分离定律和自由组合定律。孟德尔的成就为遗传学的诞生和近代颗粒遗传理论的创立奠定了科学基础，否定了当时流行的融和遗传学说。

【答案】D

4.（四川大学 2012）由于孟德尔遗传定律的发现，证明当时流行的融合遗传概念是错误的。（　　　）

【答案】对

5.(曲阜师范大学 2011)请简述遗传的第一定律、第二定律和第三定律。

【答案】基因的分离定律(孟德尔第一定律):成对的遗传因子(等位基因)在杂合状态时,互不干扰,保持独立性,在形成配子时,成对的遗传因子发生分离,分离后的遗传因子分别进入不同的配子中,随配子遗传给后代。

基因的自由组合定律(孟德尔第二定律):控制两对相对性状的两对等位基因,分别位于不同的同源染色体上。在减数分裂形成配子时,等位基因随着同源染色体的分离而分离,而非等位基因随着非同源染色体的自由组合而自由组合,分别进入配子细胞中。

基因的连锁交换定律(遗传学第三定律):位于同一条染色体上的不同基因,常常连在一起进入配子;在减数分裂形成四分体时,位于同源染色体上的等位基因有时会随着非姐妹染色单体的交换而发生交换,因而产生了基因的重组。重组频率的大小与连锁基因在染色体上的位置有关。

遗传学三大定律的联系:分离定律是自由组合定律和连锁交换定律的基础,而自由组合定律和连锁交换是生物体遗传性状产生变异的主要源泉。区别:自由组合定律、连锁交换定律的区别在于前者不同基因是由非同源染色体传递的,重组类型是由染色体间重组造成的;后者的基因则是一对同源染色体传递的,重组类型是同源染色体内的交换产生的。自由组合受到生物染色体对数的限制,而连锁互换产生则受到染色体本身长度的限制。

6.(西南科技大学 2014)遗传学第一定律、第二定律和第三定律分别称为_____、_____和_____。

【答案】基因的分离定律(孟德尔第一定律),基因的自由组合定律(孟德尔第二定律),基因的连锁交换定律(遗传学第三定律)。

7.(浙江师范大学 2012)回交是将未知基因型的显性个体与隐性纯合体交配,以检定显性个体基因型的方法。(　　)

【答案】错

8.(云南大学 2011)遗传上所谓测交是指用_____与显性表现型交配以检测其基因型。

A. 显性纯合体　　　　　B. 隐性纯合体　　　　　C. 杂合体　　　　　D. 无论纯合体或杂合体

【答案】B

9.(四川大学 2012)一个性状可以受多个基因的影响,一个基因也可以影响多个性状。(　　)

【答案】对

10.(浙江师范大学 2012)首先提出了遗传的染色体学说,认为遗传因子位于染色体上的科学家之一是_____。

A. 萨顿　　　　　　　　B. 孟德尔　　　　　　　C. 摩尔根　　　　　　　D. 华生

【解析】孟德尔豌豆杂交试验论文被重新发现的 1903 年,萨顿(Sutton)和博韦维里(Boveri)根据各自的研究,认为孟德尔"遗传因子"与配子形成和受精过程中的染色体行为具有平行性,同时提出了遗传的染色体学说,认为孟德尔的遗传因子位于染色体上,这个从细胞学研究得出的结论,圆满地解释了孟德尔遗传现象。

【答案】A

11.(西南科技大学 2013)基因在哪里?

A. 细胞质中　　　　　　B. 细胞膜上　　　　　　C. 细胞壁上　　　　　　D. 染色体上

【答案】D

12.(浙江师范大学 2011)生物学研究采用的实验材料很重要,证实基因在染色体的实验材料是_____。

　　A. 豌豆　　　　　　　　B. 果蝇　　　　　　C. 红色面包霉　　　　D. 烟草

【答案】B

13.(浙江师范大学 2013)果蝇作为遗传学研究的材料,具有一些优点。下列特点不是果蝇优点的是_____。

　　A. 不容易变异　　　　　B. 染色体少　　　　C. 体型小　　　　　　D. 分布广

【答案】A

14.(陕西师范大学 2014)性别决定与伴性遗传是在研究下列哪一种生物发现的?

　　A. 豌豆　　　　　　　　B. 拟南芥　　　　　C. 果蝇　　　　　　　D. 人

【答案】C

15.(河南师范大学 2011)红绿色盲是一种常见的人类性连锁遗传病,它是由位于 X 染色体上隐性基因(X^a)控制的。现有一对色觉正常的夫妇即将产下一婴儿,已知他们各自的父亲都是色盲,试从理论上回答:①这对夫妇所生孩子中患色盲的可能性是多少? 其中女儿和儿子患色盲的可能性各是多少? ②如果这对夫妇再生一个儿子患色盲的能性是多少?

【答案】①根据题意,这对色觉正常的夫妇的基因型如下:

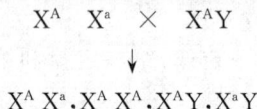

$$X^A \quad X^a \quad \times \quad X^A Y$$

$$\downarrow$$

$$X^A X^a, X^A X^A, X^A Y, X^a Y$$

这对配偶所生的女儿正常,儿子患病的可能性是 50%。

②如果这对夫妇再生一个儿子患色盲的能性仍是 50%。

16.(四川大学 2013)鸡的性别决定是 ZW 型,公鸡的性染色体为两个异型的 ZW。(　　)

【解析】很多物种,是由一对性染色体来决定性别。人类、全部哺乳动物以及某些两栖类、鱼类的性别属于 XY 性染色体系统。蝗虫、蟋蟀、蟑螂等昆虫属于 XO 性别决定系统。蝴蝶、鸟类和鱼中,卵子性染色体组成决定子代性别,雄性性染色体组成为 ZZ,雌性为 ZW。

【答案】错

17.(西南大学 2012)简述伴性遗传的本质是什么? 遗传上有何特点? 怎样可以简单地判定是伴性遗传基因?

【答案】伴性遗传的本质是性染色体上的基因,所控制的遗传性状与性别相联系,又称性连锁。

　　伴性遗传的特点:① X 显性遗传,由位于 X 染色体上的显性基因所引起,连续遗传,男人将此性状传给女儿,不传给儿子,女人(杂合体)将此性状传给半数的儿子和女儿。② X 隐性遗传,由位于 X 染色体上的隐性基因引起,交叉遗传,即母亲的性状传递给儿子,父亲的性状传递给女儿。③存在于 Y 染色体上的基因所决定的性状,仅仅由父亲传递给其儿子,表现为特殊的 Y 连锁遗传。

　　判定伴性遗传的方法:1.首先确定显隐性:①"无中生有为隐性"②"有中生无为显性"2.再确定致病基因的位置:①"无中生有为隐性,女儿患病为常隐"②"有中生无为显性,女儿正常为常显"③"母病子病,女病父病,男性患者多于女性"——最可能为"X 隐"④"父病女病,子病母病,女性患者多于男性"——最可能为"X 显"

18.(西南大学 2010)基因间连锁遗传的基础是_____。

【答案】位于同源染色体上不同座位的基因共同遗传。

19.(中国科学院水生生物研究所 2009)细胞质遗传有哪些特征? 试举例说明。

【答案】细胞质遗传指由细胞质内的遗传物质即细胞质基因所决定的遗传现象和规律,又称非染色体遗传、非孟德尔遗传、染色体外遗传。核外基因在细胞质中随机传递给子代,F_1 通常只表现母方的性状,为母系遗传,杂交后代一般不出现一定的分离比例。

1909 年柯伦斯最早研究了紫茉莉的细胞质遗传现象,发现紫茉莉中有一种花斑植株,着生绿色、白色和花斑三种枝条。用三不同枝条的花相互授粉,结果是,F_1 的性状完全是由母本决定的,决定枝条和叶色的遗传物质是通过母本传递的。

基因的分子生物学、基因表达调控

1.(河南师范大学 2012)哪些试验可以证明 DNA 是遗传物质?

(西南大学 2006)请叙述证明 DNA 是遗传物质的两个经典实验的主要内容。

【答案】①肺炎链球菌的转化实验:1928 年英国细菌学家 Fredrick Griffith 等人研究了肺炎链球菌侵染小白鼠的实验,1944 年美国 Oswald Avery 等人的研究发现导致 R 型细菌转化为 S 型细菌的因子是 DNA。②1952 年赫尔希和蔡斯的噬菌体感染实验:放射性元素 ^{35}S 和 ^{32}P 标记噬菌体去侵染未标记的细菌,进入细菌内的主要是 DNA,而大多数蛋白质在细菌的外面。主要是由于 DNA 进入细胞才产生完整的噬菌体,证明 DNA 是具有决定它的蛋白质外壳特性的遗传物质。

2.(江苏大学 2012)通过肺炎链球菌的转化实验,证明了 DNA 是遗传物质。(　　)

【答案】对

3.(江苏大学 2013)基因的化学实质是_____,在某些病毒中是_____。

【答案】DNA,RNA

4.(江苏大学 2011)遗传物质是 DNA 而不是 RNA。(　　)

【答案】错

5.(南京大学 2013)生物遗传信息如何编码、传递?

【答案】生命的遗传信息以特定的脱氧核苷酸的序列存贮在 DNA 分子中,这些遗传信息通过 DNA 的复制在亲子代细胞或前后代之间传递;同时这些遗传信息通过 RNA 的转录、蛋白质的翻译得以表达,从而控制生物体的性状。这是遗传信息在细胞内生物大分子间转移的基本法则。

以 DNA 为模板合成 RNA 的过程称为转录(transcription)。转录是以 DNA 分子的一条链为模板,通过 RNA 聚合酶使碱基互补配对合成 RNA,合成方向是 $5'→3'$。转录是遗传信息从 DNA 向 RNA 传递过程,也是基因表达的开始。mRNA 在细胞核内形成后,穿过核膜孔进入细胞质。核糖体附着其上,从它的 $5'$ 端开始阅读,即从 mRNA $5'$ 端向 $3'$ 端移行,实现蛋白质的合成。生物遗传信息从 DNA 传递给 RNA,再从 RNA 传递给蛋白质,即完成遗传信息的转录和翻译的过程。

6.(华南师范大学 2014)DNA 合成时,沿着模板链_____方向进行。其中能连续合成的一条链叫_____,另外一条不能连续合成,只能先合成_____,然后再连接成整条链。所有_____的合成延伸方向都是_____。

【答案】$3'→5'$,前导链,冈崎片段,子链,$5'→3'$。

7.(浙江师范大学 2010)DNA 的复制,首先要_____,形成局部单链,然后才能以单链为模板,以细胞核中游离的核苷酸为原料,复制新的 DNA。复制方式为_____。

【答案】解旋,半保留复制

8.(武汉大学 2013)一条线性 DNA 双链分子经 6 次连续复制后原始 DNA 占总 DNA 的_____。

【答案】$1/2^6$

9.(江苏大学 2011)冈崎片段是 RNA 复制过程的产物。(　　)

【答案】错

10.(西南大学 2010)DNA 的复制中,冈崎片段的链接不需要连接酶的参与。(　　)

【答案】错

11. (江苏大学 2011)DNA 复制是半保留半不连续的。(　　　)

【答案】对

12. (浙江师范大学 2012)以 DNA 中的一条链为模板,根据碱基互补配对原则,合成 mRNA,并把 DNA 上的遗传信息传给 mRNA,这个过程叫_____。

　　A. 转录　　　　　　　　B. 翻译　　　　　　　　C. 表达　　　　　　　　D. 复制

【答案】A

13. (江苏大学 2011)遗传信息只能从 DNA 传向 RNA。(　　　)

【答案】错

14. (暨南大学 2015)修补 DNA 螺旋上缺口的酶称为_____,以 RNA 为模板合成 DNA _____酶催化。

【答案】DNA 聚合酶,逆转录

15. (华侨大学 2012)简述 RNA 的种类和功能。

【答案】RNA 是核苷酸的多聚体。一个核苷酸分子由磷酸,核糖和含氮碱基构成。RNA 的碱基主要有四种,即腺嘌呤(A)、鸟嘌呤(G)、胞嘧啶(C)和尿嘧啶(U),另外还有多种特殊碱基存在于特定类型 RNA。已发现的 RNA 有以下几种,它们各自在细胞中发挥不同的功能。

①信使 RNA(mRNA),携带从 DNA 转录来的遗传信息,是蛋白质生物合成的模板。② 转运 RNA(tRNA),负责蛋白质合成时氨基酸的转运。③核糖体 RNA(rRNA),在核糖体中起装配和催化作用。④细胞中还有许多种类和功能不一的小型 RNA,像是组成剪接体(spliceosome)的 snRNA,负责 rRNA 成型的 snoRNA,以及参与 RNAi 作用的 miRNA 与 siRNA 等,可调节基因表达。而其他如 I、II 型内含子、RNase P、HDV、核糖体 RNA 等等都有催化生化反应过程的活性,即具有酶的活性,这类 RNA 被称为核酶。

16. (西南大学 2012)许多蛋白质对转录起始是必需的,但并不是 RNA 聚合酶分子的一部分,这些蛋白质称为_____。

【答案】转录因子

17. (昆明理工大学 2011)遗传密码有哪些特点?

【答案】遗传密码具有以下基本特点:①遗传密码为三联体。②遗传密码间无逗号,即在翻译过程中,遗传密码的译读是连续的。③密码子有简并性,除了 Met 和 Trp 只有一个密码子外,其它氨基酸均有二个及以上密码子,例如 Arg 有 6 个密码子。④密码子有通用性,除线粒体等极少数情况外,遗传密码从病毒到人类是通用的。⑤摆动性。mRNA 密码子与 tRNA 上的反密码子结合时具有一定摆动性,即密码子的第 3 位碱基与反密码子的第 1 位碱基配对时并不严格,配对摆动性完全由 tRNA 反密码子的空间结构所决定。

18. (江苏大学 2012)人类线粒体中使用的密码表和体细胞中使用的遗传密码表是不相同的。(　　　)

【答案】对

19. (江苏大学 2013)真核生物蛋白质翻译过程中,_____是蛋白质起始氨基酸。

　　A. 苏氨酸　　　　　　　B. 丝氨酸　　　　　　　C. 甲硫氨酸　　　　　　D. 组氨酸

【答案】C

20. (四川大学 2012)下列没有密码的氨基酸是_____。

　　A. 脯氨酸　　　　　　　B. 羟脯氨酸　　　　　　C. 赖氨酸　　　　　　　D. 色氨酸

【答案】B

21. (云南大学 2014)携带反密码子的 RNA 是_____。

A. rRNA　　　　　　　B. mRNA　　　　　　　C. tRNA　　　　　　　D. HnRNA

【答案】C

22. (江苏大学 2012)下列哪个三联体密码能够终止蛋白质的合成? _____

A. UUC　　　　　　　B. UGC　　　　　　　C. UGA　　　　　　　D. UAC

【答案】C

23. ①(山东大学 2019)中心法则的主要内容是什么?

②(江苏大学 2012)简述遗传的中心法则。

③(河南师范大学 2012)图示分子生物学的中心法则。

【答案要点】生命的遗传信息以特定的脱氧核苷酸序列存贮在 DNA 分子中,这些遗传信息通过 DNA 的复制在亲子代细胞或前后代之间传递;同时这些遗传信息通过 RNA 的转录、蛋白质的翻译得以表达,从而控制生物体的性状。1956 年克里克提出了遗传信息在细胞内生物大分子间的传递途径,称为中心法则(central dogma)。

中心法则的要点是:遗传信息流的方向由 DNA $\xrightarrow{\text{复制}}$ DNA,DNA $\xrightarrow{\text{转录}}$ RNA,然后 RNA $\xrightarrow{\text{翻译}}$ 蛋白质。

一些病毒的遗传物质是 RNA,它们在感染宿主细胞后,其 RNA 在宿主细胞中以导入的 RNA 为模板进行复制。1970 年特明和巴尔的摩在致癌 RNA 病毒中发现它们了遗传信息以 RNA 为模板,在反转录酶的催化下合成双链 DNA 的过程,称为反转录或逆转录。在实验室中还可以使 DNA 直接翻译成蛋白质。

修改后的中心法则如图所示。

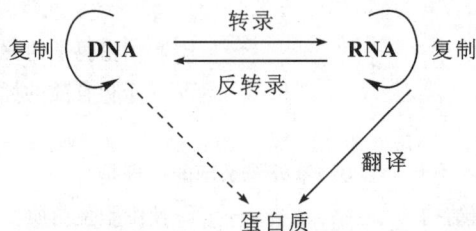

修改后的中心法则示意图

中心法则阐明了在生命活动中核酸与蛋白质的分工和联系。核酸的功能是贮存和转移遗传信息,指导和控制蛋白质的合成;蛋白质的主要功能是作为生物体的结构成分和调节新陈代谢活动,使遗传信息得到表达。中心法则是对遗传物质作用原理的高度概括。

24. (西南大学 2010)根据中心法则,遗传信息流的传递是_____。

【答案】从 DNA 到 RNA 到蛋白质。

25. (江苏大学 2013)反转录酶的作用是_____。

A. 降解 DNA　　　　　　　　　　　　B. 以 DNA 为模板合成 RNA

C. 降解 RNA　　　　　　　　　　　　D. 以 RNA 为模板合成 DNA

【答案】D

26. (西南大学 2012)试论述阮病毒的发现对中心法则的发展及其意义。

【答案】阮病毒的发现对中心法则提出了"挑战"。中心法则认为遗传信息的复制包括 DNA 复制、RNA 复制,是"自我复制",在生命活动中核酸的功能是贮存和转移遗传信息,指导和控制蛋白质的合成;蛋白质的主要功能是作为生物体的结构成分和调节新陈代谢活动,使遗传信息得到表达。而阮病毒蛋白 PrPsc,是基因编码产生的一种正常蛋白质 PrPc 的异构体,本身不能复制,但当一个 PrPsc 分子进入细胞与 PrPc 分子结合形成复合体,导致 PrPc 构象转变为 PrPsc,形成 2 分子 PrPsc 完成增殖。这对遗传学理论有一定的补充作用。但也有矛盾,即"DNA→蛋白质"与"蛋白质→蛋白质"之间的矛盾。

对这一问题的研究会丰富生物学有关领域的内容;对病理学、分子生物学、分子病毒学、分子遗传学等学科的发展至关重要,对探索生命起源与生命现象的本质有重要意义。从实践上讲,其对人畜健康;为揭示与痴呆有关的疾病(如老年性痴呆症、帕金森病)的生物学机制、诊断与防治提供了信息,并为今后的药物开发和新的治疗方法的研究奠定了基础。

27.(西南大学 2010)遗传信息储存在核酸中,因此没有蛋白质成为遗传模板的例子。(　　)

【答案】错

28.(华侨大学 2012)简述 DNA 复制、修复和重组三者的关系。

【答案】DNA 通过半保留复制机制使子细胞中每条双链都与原来的双链一样。复制过程中会发生错误或者损伤,就会进行修复。DNA 修复可能使 DNA 结构恢复原样,重新能执行它原来的功能;但有时并非能完全消除 DNA 的损伤,只是使细胞能够耐受这 DNA 的损伤而能继续生存。重组的本质是基因的重排或交换,即 2 个 DNA 分子间或一个 DNA 分子的不同部位间,通过断裂和重接,交换 DNA 片段从而改变基因的组合和序列。

29.(云南大学 2010)在 DNA 链上发生的一个嘌呤碱基改变为一个嘧啶碱基被称为_____。

A. 转换　　　　　　　　B. 颠换　　　　　　　　C. 转化　　　　　　　　D. 替代

【答案】B

30.(云南大学 2013)如果某基因上的突变对于该基因所编码的多肽无影响,这一突变可能涉及_____。

A. 一个核苷酸的缺失　　　　　　　　B. 起始密码子的移动

C. 一个核苷酸的替代　　　　　　　　D. 一个核苷酸的插入

【答案】C

31.(云南大学 2012,中国地质大学 2007)紫外线杀菌的原理是_____。

A. 破坏细菌细胞壁肽聚糖结构　　　　　　　　B. 使细胞蛋白质变性凝固

C. 破坏 DNA 结构　　　　　　　　D. 影响细胞膜的通透性

【解析】紫外线杀菌消毒的原理是利用适当波长的紫外线破坏微生物机体细胞中的 DNA 或 RNA 的分子结构,诱发基因突变或染色体畸变,造成生长性细胞死亡或再生性细胞死亡。

【答案】C

32.(西南大学 2010)遗传学研究也从经典到现代,以及目前的基因组生物学时代,从不同层次上说明了生物稳定遗传的基础,也深入探讨了生物变异问题。请你根据遗传学理论的发展,分析生物变异发生的原因。

【答案】引起生物可遗传变异的原因有三个,即基因重组、基因突变和染色体变异。

基因的自由组合定律告诉我们,在生物体通过减数分裂形成配子时,随着非同源染色体的自由组合,非等位基因也自由组合,这样,由雌雄配子结合形成是一种类型的基因重组。在减数分裂形成四分体时,由于同源染色体的非姐妹染色单体之间常常发生局部交换,这些染色体单体上的基因组合,是另一种类型的基因重组。基因重组是通过有性生殖过程实现的。通过这种来源产生的变异是非常丰富的。

染色体结构的改变,会使排列在染色体上的基因的数目和排列顺序发生改变,从而导致性状的变异。数目的改变产生可遗传的变异。

基因突变是染色体的某一个位点基因的改变。基因突变使一个基因变成它的等位基因,并且通常会引起一定的表现型变化。它是生物变异的根本来源。

33.(河南师范大学 2011)什么是染色体畸变? 其主要类型有哪些? 简述之。

【答案】染色体畸变(chromosomal aberration)是指生物细胞中染色体在数目和结构上发生的变化。每种生物的染色体数目与结构是相对恒定的,但在自然条件或人工因素的影响下,染色体可能发生数目与结构的变化,从而导致生物的变异。染色体畸变包括染色体数目变异和染色体结构变异。染色体结构畸变主要有缺失、重复、倒位和易位四种类型。染色体数目畸变分整倍体和非整体变异,如多倍体、单体、三体等。

34.(中国科学院水生所 2011)染色体结构畸变有几种类型?各有什么细胞学特征?

【答案】染色体结构畸变指染色体结构发生不正常的变化,主要有四种:缺失、重复、倒位和易位。

染色体发生断裂后,断片未与断端相接,结果造成染色体的缺失。在减数分裂同源染色体联会时,缺失体出现特征性的环状结构→缺失环。重复是两条同源染色体在不同点断裂,交换后重接。重复的细胞学效应是染色体联会时,会出现一环状突起(重复环)。环状结构是重复染色体相应部分。倒位是一条染色体发生两次断裂,中间的断片转动 $180°$ 后重接。倒位不改变染色体基因的数量,只造成基因的重排。倒位的细胞学效应①倒位片段很小:倒位部分不配对,其余区段配对正常;②倒位片段很长:倒位的染色体可能倒过来使其倒位区段与正常的同源区段配对,而未倒位的末端部分不配对;③倒位片段适当大小,联会时倒位染色体与正常染色体所联会的二价体就会在倒位区段内形成"倒位环"。易位(是两条)非同源染色体同时发生断裂,一条染色体的断片接到另一条染色体上。易位的细胞学效应是相互易位杂合体在中期Ⅰ由于同源部分紧密配对而出现特征性的十字形图像。随着分裂进行,十字形图像逐渐开放形成环形或双环状的"8"字形结构。到后期Ⅰ,染色体表现不同分离方式。

35.(暨南大学 2015)染色体结构变异常见的有＿＿＿＿,＿＿＿＿,＿＿＿＿,＿＿＿＿。

【答案】缺失,重复,倒位,易位

36.(浙江师范大学 2011)非同源染色体之间相互交换染色体片段,或一条染色体上的片段连到非同源染色体上,造成染色体间的重新排列的现象称为倒位。(　　　)

【答案】错

37.(清华大学 2015)父亲是色盲,女儿正常但是基因型却是 XO,阐述形成的机理。

【答案】色盲是人类 X 隐性遗传病,分析可知女儿基因型为 X^BO,形成的机理其父亲产生的精子异常,没有 Y 或 X 染色体,当与含有 X^B 染色体的卵细胞结合就得到 X^BO 的个体。

38.(江苏大学 2010)简述 DNA 损伤修复的主要方式。

【答案】DNA 损伤修复(repair of DNA damage)在多种酶的作用下,生物细胞内的 DNA 分子受到损伤以后恢复结构的现象。主要的损伤修复方式:错配修复、光复活修复、重组修复、切除修复和易错修复。

最常见的修复系统是切除修复。主要有以下几个阶段:核酸内切酶识别 DNA 损伤部位,并在 5′ 端作一切口,再在外切酶的作用下从 5′ 端到 3′ 端方向切除损伤;然后在 DNA 多聚酶的作用下以损伤处相对应的互补链为模板合成新的 DNA 单链片断以填补切除后留下的空隙;最后再在连接酶的作用下将新合成的单链片断与原有的单链以磷酸二酯链相接而完成修复过程。

39.(西南科技大学 2013)什么是遗传病,举例说明遗传病的分类,阐述遗传病的诊断和治疗方法。

【答案】遗传病是由于遗传物质改变而造成的疾病。

遗传病可分为三类。①染色体病:由于染色体的结构和数目异常而导致,如 21 三体,又称先天愚型,21 号染色体多 1 条。患儿特殊面颅,两眼距离宽、斜视、伸舌样痴呆、智力低下,通贯手。②单基因病:常表现出功能性的改变,不能造出某种蛋白质,代谢功能紊乱,形成代谢性遗传病。如先天性聋哑,高度近视,白化病等隐性遗传病。③多基因遗传病:多种基因变化影响引起,如唇裂、腭裂。

染色体检查、生化分析、家系分析、基因诊断等是遗传病诊断的常用方法,通过药物、手术、基因治疗。

40.(华侨大学 2012,暨南大学 2009)什么是基因诊断和基因治疗?试就它们的应用前景及其产生的伦理学问题谈谈你的看法。

【答案】基因诊断是利用现代分子生物学和分子遗传学的技术方法,直接检测基因结构及其表达水平是否正常,从而对疾病作出诊断的方法。基因治疗是用具有正常功能的基因整合入细胞,以校正和置换致病基因或利用引入基因杀死体内病原体或恶性细胞的一种治疗方法。

基因诊断和基因治疗已被广泛地应用于遗传病的诊断治疗中。如对有遗传病危险的胎儿在妊娠和产前诊断,对肿瘤进行诊断、分类分型和愈后检测。体细胞基因治疗是符合伦理道德的,但生殖细胞的基因治疗尚有争议。生殖细胞的基因治疗将改变性细胞中的 DNA 序列,并将这种改变传递给后代,将会使人们摆脱家族性遗传紊乱。试图纠正生殖细胞遗传缺陷或通过遗传工程手段来改变正常人的遗传特征对胎儿发育地潜在性破坏作用需要我们关注。在没有安全保障的情况下,改变未来后代的基因带来伦理问题。

41.(湖南农业大学 2012)真核生物的基因表达调控有哪些主要特点?

【答案】特点:①真核基因转录发生在细胞核,翻译在细胞质,转录和翻译分隔进行;②真核基因表达调控的环节更多、更复杂,转录起始是基因表达调控的关键环节,转录后修饰、加工过程最复杂;③活性染色质结构发生变化;④正性调节占主导。

42.(华侨大学 2012,四川大学 2012)原核生物和真核生物基因表达调控的异同(或区别)。

【答案】①原核生物和真核生物基因表达调控的共同点:结构基因均有调控序列;表达过程都具有复杂性,表现为多环节;表达的时空性,表现为不同发育阶段和不同组织器官上的表达的复杂性。②原核生物和真核生物基因表达调控的不同点:原核基因的表达调控主要包括转录和翻译水平,真核基因的表达调控主要包括染色质活化、转录、转录后加工、翻译、翻译后加工多个层次;原核基因表达调控主要为负调控,真核主要为正调控;原核转录不需要转录因子,RNA 聚合酶直接结合启动子,由 σ 因子决定基因表达的特异性;真核基因转录起始需要转录因子,依赖 DNA－蛋白质、蛋白质－蛋白质相互作用调控转录激活;原核基因表达调控主要采用操纵子模型,转录出多顺反子 RNA,实现协调调节,真核基因转录产物为单顺反子RNA,功能相关蛋白的协调表达机制更为复杂。

43.(清华大学 2015)真核生物和原核生物表达调控主要的方式均是转录水平的。（　　）

【答案】错

44.(四川大学 2011)雌性哺乳动物体细胞中 X 染色体失活的表现有_____。

A. 染色体胀泡(puff)　　　　B. 核小体的存在　　　　C. 玳瑁猫　　　　D. 巴氏小体(Barr body)

【解析】雌性哺乳动物在胚胎发育早期,体细胞中两条 X 染色体中会有一条随机失去活性的,X 染色体会被包装成异染色质,此为巴氏小体,进而因功能受抑制而沉默化。玳瑁猫就是雌性哺乳动物体细胞中的一条 X 染色体随机失活造成的。

【答案】CD

45.(西南大学 2011)组合调控是组织特异性基因表达的主要调控方式。（　　）

【答案】对

46.(西南大学 2010)在真核细胞的基因中,编码氨基酸的 DNA 序列,常常被一些非编码区分隔开,有这种情形的基因被称作_____。

【答案】断裂基因(或割裂基因)

重组 DNA 技术、人类基因组

1.①(中科院水生所 2019)简述 DNA 重组的基本步骤。

②(湖南农业大学 2014)简述基因工程的含义和基本操作步骤。

③(西南科技大学 2014)简述基因工程的内容。

④(西南科技大学 2013)简述基因工程的操作过程。

【答案要点】基因工程(genetic engineering),也叫重组 DNA 技术。它是一项将生物的某个基因通过基因载体运送到另一种生物的活细胞中,并使之克隆和表达,从而创造生物新品种或新物种的遗传学技术。

基因工程操作过程一般包括五个步骤:①获得目的基因,②DNA 分子的体外重组,③重组 DNA 分子引入宿主细胞,④筛选鉴定重组体克隆,⑤目的基因的诱导表达,得到基因产物或转基因动物、转基因植物。

2.(江苏大学 2011)限制性核酸内切酶的作用是_____。

A. 降解 DNA   B. 在特异位点切开 DNA 双链

C. 在特异位点打开 DNA 双链中一条链   D. 连接 DNA

【答案】B

3.(西南大学 2012)PCR 即_____反应,是一种体外快速扩增特定基因或 DNA 序列的复制过程的技术。

【解析】PCR,聚合酶链式反应,这是一种在体外模拟发生在细胞内的 DNA 快速扩增特定基因或 DNA 序列的复制过程技术。基本原理是依据细胞内 DNA 半保留复制的机理,以及体外 DNA 分子于不同温度下双链和单链可以互相转变的性质,人为地控制体外合成系统的温度,以促使双链 DNA 变成单链,单链 DNA 与人工合成的引物退火,然后耐热 DNA 聚合酶以 dNTP 为原料使引物沿着单链模板延伸为双链 DNA。

【答案】聚合酶链式

4.(西南科技大学 2013)试述基因工程的应用与发展前景。

(江苏大学 2011)论述 DNA 重组技术的基本步骤及其应用。

(湖南农业大学 2013)简述基因工程相关技术与应用。

(南京大学 2013)试举 DNA 重组技术应用的例子,与传统生物相比优缺点。

【答案要点】基因工程又称 DNA 重组技术,是以分子遗传学为理论基础,以分子生物学和微生物学的现代方法为手段,将不同来源的基因(DNA 分子),按预先设计的蓝图,在体外构建杂种 DNA 分子,然后导入活细胞,以改变生物原有的遗传特性、获得新品种、生产新产品。

获取目的基因是实施基因工程的第一步。基因表达载体的构建(即目的基因与运载体结合)是实施基因工程的第二步,也是基因工程的核心。将目的基因导入受体细胞、检测与鉴定。重组 DNA 分子进入受体细胞后,受体细胞必须表现出特定的性状,才能说明目的基因完成了表达过程。基因工程实施的最后一步是获得转基因产品。

基因工程技术为基因的结构和功能的研究提供了有力的手段。现用于治疗糖尿病的胰岛素都来自一种细菌,其 DNA 中被插入人类可产生胰岛素的基因。基因工程技术使得许多植物具有了抗病虫害和抗除草剂的能力。克隆技术实现了转基因动物的生产。人类基因工程的开展使破译人类全部 DNA 指日可待。尽管有着伦理和社会方面的忧虑,但生物技术的巨大进步使人类对未来的想象有了更广阔的空间。合理地应用基因工程技术造福人类是绝大多数科学家的责任。

基因工程是在分子水平上进行操作,最终是为了创造出人们所需要的新品种,因而它可以突破物种间的遗传障碍,大跨度的超越物种间的不亲和性。

5.(昆明理工大学 2014)基因治疗就是利用_____的手段,通过向人体导入_____,修补、改变相应的_____,对相关疾病进行治疗和预防。

【答案】基因工程,正常功能基因,缺陷基因

6.(西南大学 2012)基因组学研究包括哪些亚领域?其研究内容分别指什么?

【答案】基因组学研究生物基因组和如何利用基因。用于概括涉及基因作图、测序和整个基因组功能分析的遗传学分支。该学科提供基因组信息以及相关数据系统利用,试图解决生物、医学和工业领域的重大问题。

基因组研究应该包括两方面的内容:以全基因组测序为目标的结构基因组学和以基因功能鉴定为目标的功能基因组学,又被称为后基因组研究,成为系统生物学的重要方法。功能基因组学的研究内容:人类基因组 DNA 序列变异性研究、基因组表达调控的研究、模式生物体的研究和生物信息学的研究等。结构基因组学主要目的是试图在生物体的整体水平上(如全基因组、全细胞或完整的生物体)测定出以实验为主、包括理论预测全部蛋白质分子、蛋白质−蛋白质、蛋白质−核酸、蛋白质−多糖、蛋白质−蛋白质−核酸−多糖、蛋白质与其他生物分子复合体的精细三维结构,以获得一幅完整的、能够在细胞中定位以及在各种生物学代谢途径、生理途径、信号传导途径中全部蛋白质在原子水平的三维结构全息图。在此基础上,使人们有可能在基因组学、蛋白质组学、分子细胞生物学以致生物体整体水平上理解生命的原理。

7.(西南大学 2010)基因组学研究基因的结构和功能,不涉及基因与环境的关系。(　　　)

【答案】错

8.(西南大学 2012)有些高度重复 DNA 序列的碱基组成和浮力密度同主体 DNA 有区别,在浮力密度梯度离心时,可形成不同于主体 DNA 的卫星带,称之为_____。

【答案】卫星 DNA

9.(中国科学院水生生物研究所 2009)可作为重要的遗传标志,用于构建遗传图谱的 DNA 序列是_____。

　　A. 小卫星 DNA　　　　　　B. 微卫星 DNA　　　　　　C. 短散在元件　　　　　　D. 卫星 DNA

【答案】B

10.(华侨大学 2012)细胞周期、原癌基因与癌症三者之间关系?癌症治疗的可能途径有哪些?

【答案】细胞周期的正常运转有赖 Cdks−cyclin、原癌基因、抑癌基因和细胞周期调节蛋白彼此相互作用而构成的一个调节网络。原癌基因的激活和高表达的发生,也有抑癌基因和凋亡基因的失活,还涉及大量细胞周期调节基因功能的改变,可能导致癌症的发生。这是一个多阶段逐步演变的过程,细胞通过一系列进行性的改变而向恶性发展。

癌症治疗的可能途径有:①通过增强癌细胞的硬度,阻止它们扩散到机体其他部位。②肿瘤相关基因调控。肿瘤是由于基因突变以及抑制肿瘤的基因失活造成的。扼断肿瘤激活基因表达和作用,提高抑癌基因活性是控制的根本。③多靶点阻断多种导致肿瘤细胞生长及转移的信号传导通路,靶向攻击肿瘤细胞,促使肿瘤细胞凋亡,不损伤正常细胞。④癌细胞能量通路的切断。通过阻断 NFkB、STAT3、EGF、VEGF、Wnt、HER? 等信号转导途径,抑制肿瘤血管生成,从而达到抑制肿瘤增殖及转移的目的。

11.(西南大学 2012)从癌症发病的机理来说,与原癌基因相对的基因称为_____。

【答案】抑癌基因

模考精练

一、填空题

1.(浙江师范大学 2010,青岛海洋大学 2001)_____是现代遗传学的奠基人,他于 1866 年在布隆博物学会会刊上发表了题为_____的划时代论文,他否定了当时流行的_____学说,并发现了遗传中_____和_____两大定律。

【答案】孟德尔,"植物杂交实验",融和遗传,分离规律、自由组合规律。

2.新的表现型可以不通过_____,只通过基因重组就可产生。

【答案】突变

3.基因的化学实质是_____,在某些病毒中是_____。

【答案】DNA,RNA

4.(中国科学技术大学 2003)基因是_____的_____片段。

【答案】有遗传效应,DNA 分子

5.(云南大学 2002)两只基因型为 AaBb 的动物交配,基因 A 和基因 b 位于同一条染色体上。双亲的配子中都有 20% 是重组的,预期"AB"个体是_____% 。

【答案】51

6.(暨南大学 2009)DNA 合成总是_____,这是因为_____只能将_____加到核酸链的_____。

【答案】按 $5'→3'$ 进行,DNA 聚合酶,dNTP,游离 $3'$ 碳原子的羟基(−OH)上。

7.(西南大学 2007)RNA 聚合酶 III 负责_____、_____和其他小分子 RNA 的转录;RNA 聚合酶 I 的转录产物是_____,而 RNA 聚合酶 II 则主要负责_____的转录。

【答案】tRNA,rRNA;tRNA,mRNA。

8.(云南大学 2005,2004)转录过程中信使核糖核酸分子是按_____的方向延长的。

【答案】$5'→3'$

9.(云南大学 2004)在转录最后,hnRNA 要经过一系列的加工过程,其中包括剪切部分序列,而后才成为 mRNA。这些剪切下来的序列称为_____。

【答案】内含子

10.(云南大学 2005,2001)编码 20 种氨基酸的三联体密码有_____种。

【答案】61

11.所有蛋白质的起始密码子都相同,即_____。

【答案】AUG

12.(暨南大学 2009)DNA 主要发生的突变是_____、_____。

【答案】碱基替换,移码突变。

13.染色体数目变异包括_____和_____变异。

【答案】整倍性、非整倍性。

14.(云南大学 2002)DNA 分子最常发生的突变是_____和_____两种,突变可发生于_____细胞中,也可发生于_____细胞中。

【答案】置换、移码,体,生殖。

15.(中国科学院水生生物研究所 2007)从分子内部切割长链分子的酶叫做_____。

【答案】内切酶

16.(云南大学 2006)原核生物基因调控的操纵子是由_____、_____、_____和_____共同构成的一个单位。

【答案】调节基因、启动基因、操纵基因、结构基因。

17.(中央民族大学 2005)基因调控主要发生在三个水平上,即_____、_____、_____。操纵子由_____、_____、_____共同构成一个单位。操纵子调控属于_____。

【答案】DNA 水平、转录水平和翻译水平。结构基因、操纵基因、启动基因。转录水平。

18.(四川大学 2006)基因工程技术一般包括五个步骤:_____、_____、_____、_____以及目的基因的诱导表达等等。

【答案】获得目的基因,DNA 分子的体外重组,重组 DNA 分子引入宿主细胞,筛选鉴定。

19.(西南大学 2006,中国科学技术大学 2003)人类基因组计划的主要内容包括_____　　　　4

个方面。

【答案】(1)绘制人类基因连锁图;(2)绘制物理图;(3)人类基因组测序;(4)其他物种基因组分析。

20.(中国科学技术大学 2003)癌是_____引起的疾病,是体细胞中_____的基因的异常表达。

【答案】基因突变,原癌基因。

二、判断题

1.(四川大学 2005)孟德尔以豌豆为材料进行了长达 8 年的研究,终于总结出了遗传学的连锁和交换定律。

2.孟德尔用豌豆做实验发现了分离和自由组合定律,可见连锁交换定律不适用于豌豆的性状遗传。

3. 同源染色体上的遗传因子连在一起一同遗传的现象称为连锁。

4.(厦门大学 2000)肤色白化是常染色体隐性遗传病。一对肤色正常的夫妇生下白化女孩后,他们再生一个白化女孩的概率为 1/8。

5.(厦门大学 2003)如果夫妇都耳聋,他们生下的孩子也一定耳聋。

6.交换是指成对的染色单体之间遗传因子的相互交换。

7.生物的性状由基因决定,环境不会对基因的表达产生影响。

8.细胞质遗传一般表现为母系遗传特征,但杂种后代的遗传符合经典遗传学三大定律。

9.遗传变异的来源主要有:染色体变异、基因突变、基因重组。

10.(四川大学 2007)Frederick Griffith 和 Oswald Avery 的肺炎链球菌转化实验以及随后 DNA 纯化技术的提高,令人信服地证实了遗传物质是 DNA 而非蛋白质。

11.(云南大学 2000)基因位于染色体上,是由 DNA 分子的片段和组蛋白构成的。

12.(四川大学 2005)真核生物核糖体大小为 80S,由大小分别为 50S 和 30S 的两个亚基组成,是蛋白质合成的场所。

13.核糖体由大、小两个亚单位组成,它们都是由 rRNA 和蛋白质组成的复合体。所谓转译,就是核糖体与 mRNA 结合,按 mRNA 的密码子顺序翻译成氨基酸,并合成蛋白质的过程。

14.构成真核细胞核糖体的 rRNA 为 5S,5.8S,28S 和 16S。

15.真核细胞的 mRNA 在 5' 端有 poly A,在 3' 端有 G—P—P。

16.(华南理工大学 2005)由于内含子的存在,原始转录比较成熟的 mRNA 大很多。

17.(四川大学 2005)无论是原核还是真核,以 DNA 为模板,按照碱基互补配对原则,就产生了与母板 DNA 序列完全一致的 mRNA。

18.(华南理工大学 2005)遗传密码的广泛性表明所有有机体都有共同的祖先。

19.(云南大学 2001)非整倍体生物中,三体通常表示为 2n+1。

20.三体 13 指的是某人的第 13 号染色体有 3 条。

21.(厦门大学 2004)基因可发生突变,也可能再回复突变。

22.(华南理工大学 2005)X 射线可以提高突变率。

23.(云南大学 2001)某些细菌通过噬菌体获得的外源 DNA 片断,经过重组进入自己染色体组的过程称为转导。

24.(厦门大学 2004)真核基因和原核基因都包括启动子、转录区和终止子 3 个区段。

25.(华南理工大学 2005)启动子与转录有关。

26.(四川大学 2007)核酸分子杂交技术的基础是 DNA 的变性与与复性,也就是互补配对的碱基之间氢键的断裂与重新形成。

27.(四川大学 2007)基因工程的一个必需步骤是利用限制性内切酶切割目的基因使其产生粘性末

端,然后连接到载体上。

28.(四川大学 2007)多线染色体因其巨大性而成为研究染色体的结构变异、基因定位以及物种形成等诸多方面的理想材料。

29.(厦门大学 2002)HGP 研究表明,人体的单倍体基因大约由 3×10^8 个碱基对组成。

30.(四川大学 2007)DNA 病毒和 RNA 病毒的致癌作用已经被许多研究证实。

三、选择题

1.(华南理工大学 2005)孟德尔没有处理_____。

    A. 分离   B. 不完全显性   C. 连锁   D. B 和 C

2.(云南大学 2004)一白色母鸡与一黑色公鸡的所有子代都为灰色,对于这种遗传式样的最简单解释是_____。

    A. 基因多效性   B. 性连锁遗传   C. 独立分配   D. 不完全显性

3.(厦门大学 2000)基因 R 表现为红花,基因 r 表现为白花,杂合子 Rr 为粉红色花。基因 N 决定窄花瓣,基因 n 决定宽花瓣,杂合子 Nn 为中间型花瓣,这两对基因不位于同一对染色体上。它们的杂合子自交后,其后代的表型比应为_____。

    A. 9 红窄:3 红宽:3 白窄:1 白宽

    B. 1 红窄:2 红中:1 红宽:2 粉红窄:4 粉红中:2 粉红宽:1 白窄:2 白中:1 白宽

    C. 3 红窄:1 白窄:6 粉红窄:2 白宽:3 白窄:1 白宽

    D. 1 红窄:2 粉红宽:4 白宽:3 红宽:6:红:1 白宽

4.(厦门大学 2000)金丝雀的黄绿色羽毛由性连锁隐性基因控制,绿色羽毛由基因 A 控制。下列交配,哪一种组合会产生所有的雄雀都是绿色,雌雀都是黄棕色的结果:_____。

    A. 黄棕色(♀)×杂合绿色(♂)   B. 绿色(♀)×杂合绿色(♂)

    C. 绿色(♀)×黄棕色(♂)   D. 黄棕色(♀)×黄棕色(♂)

5.(浙江林学院 2007)具有一对等位基因的杂合体,逐代自交 3 次,在 F_3 中纯合体的比例为_____。

    A. 1/8   B. 7/8   C. 7/16   D. 9/16

6. 等位基因的互作不包括:_____。

    A. 共显性   B. 镶嵌显性   C. 不完全显性   D. 上位作用

7. 各种染色体的变化都是起源_____。

    A. 染色体缺失   B. 染色体重复   C. 染色体倒位   D. 染色体断裂

8.(上海交通大学 2006)关于 DNA 复制,下列哪项是错误的?_____

    A. 真核生物 DNA 有多个复制起始点   B. 为半保留复制

    C. 亲代 DNA 双链都可作为模板   D. 子代 DNA 合成都是连续进行的

9. 双链 DNA 中,下列哪一组碱基含量高,则它的 Tm 值也高?_____

    A. 腺嘌呤+鸟嘌呤   B. 胞嘧啶+胸腺嘧啶

    C. 腺嘌呤+胸腺嘧啶   D. 胞嘧啶+鸟嘌呤。

10. DNA 复制时,两条被解开的单链是按什么方向顺序合成互补的核苷酸?_____

    A. $5' \rightarrow 3'$ B. $3' \rightarrow 5'$ C. 1 条是 $5' \rightarrow 3'$,另一条是 $3' \rightarrow 5'$

11. 下列关于 DNA 的高度重复序列的叙述,正确的是_____。

    A. 以串联的方式存在,重复序列的长度为 2~10 个碱基对不等,重复出现的次数可达每个基因组 $10^5 \sim 10^7$

    B. 其退火速度比单一序列慢

    C. 在染色体中均一分布

D. 它们不存在于人体中

12. 转录只发生在某一个基因片段上,RNA 聚合酶沿着 DNA 的什么方向移动合成 mRNA? _____

A. DNA $5'\to 3'$　　　　　B. DNA $3'\to 5'$　　　　　C. 任意方向

13. 下列哪些细胞在转录完成后合成 hnRNA,并经切除内含子、拼接外显子、加头加尾形成 mRNA? _____

A. 细菌　　　　　　B. 酵母菌　　　　　　C. 蓝藻　　　　　　D. 人体细胞

14. 在 tRNA 的 $3'$ 端有一个固有的序列,是活化氨基酸附着的位置_____。

A. CCA　　　　　　B. CAC　　　　　　C. ACC　　　　　　D. CAA

15. (云南大学 2004)在遗传密码的 64 个密码子中,作为起始密码子的是_____。

A. UAG　　　　　　B. AUG　　　　　　C. CCU　　　　　　D. GCA

16. 有三个密码子不编码氨基酸(终止密码子),下列哪个是终止密码子? _____

A. UCG　　　　　　B. UAG　　　　　　C. UGC　　　　　　D. UAA

17. (上海交通大学 2006)tRNA 的三级结构是_____。

A. 三叶草叶形结构　　　B. 倒 L 形结构　　　C. 双螺旋结构　　　D. 环状结构

18. (清华大学 2006)1952 年赫尔希和蔡斯的噬菌体感染大肠杆菌实验中证明 DNA 遗传物质的方法采用了_____。

A. DNA 分子杂交技术　　　　　　　　B. 基因文库构建技术

C. 单克隆技术　　　　　　　　　　　D. 放射性同位素标记技术

19. 与 mRNA 上密码子 UGG 相配对的 tRNA 反密码子为_____。

A. UGG　　　　　　B. ACC　　　　　　C. GGU　　　　　　D. CCA。

20. (华南理工大学 2005)真核生物染色体具有_____。

A. DNA　　　B. 蛋白　　　C. RNA　　　D. 核小体　　　E. 上述全部

21. 大肠杆菌外切核酸酶Ⅲ可作用于_____。

A. 双链 DNA　　　　　B. 单链 DNA　　　　　C. 环状双链 DNA　　　　　D. 超螺旋结构 DNA

22. (云南大学 2004)乳糖操纵子模型中,乳糖首先产生异构件——别乳糖,后者能与结合在_____上的阻遏蛋白结合,使其改变构象,失去活性。

A. 操纵基因　　　　　B. 结构基因　　　　　C. 启动基因　　　　　D. 操纵子

23. (清华大学 2006)玉米单株人工自交产生的后代中常常出现一定比例白化苗,这是由于_____。

A. 隐性基因纯合所引起　　　　　　　B. 强迫自交能够使基因突变率上升

C. 染色体畸变所引起　　　　　　　　D. 异花授粉改为自花授粉后所出现的生理反应

24. 在基因工程中,切割载体和含有目的基因的 DNA 片段中,一般需使用_____。

A. 同种限制酶　　　B. 两种限制酶　　　C. 同种连接酶　　　D. 两种连接酶

25. (中国科学院研究生院 2007)Sutton 在证明基因定位于染色体上时没有使用的证据是_____。

A. 染色体在体细胞中成对　　　　　　B. 染色体在生殖细胞中减半

C. 受精时配子配对　　　　　　　　　D. 染色体编码蛋白质

26. (云南大学 2005)色盲是人类伴性遗传的疾病,如果姐妹几人的父亲和外祖父为色盲,母亲正常,她们患色盲的概率应该是_____。

A. 100%　　　　　　B. 50%　　　　　　C. 25%　　　　　　D. 0%

27. (清华大学 2006)有一对夫妇色觉正常,他们的父亲均是色盲,母亲正常,那么他们的儿子患色盲比率_____。

A. 0. 5　　　　　　　B. 0. 25　　　　　　　C. 0. 333　　　　　　D. 0. 125

28. (四川大学 2005,华东师范大学 2007)能够证实基因的本质是 DNA 的是_____。

A. 1944 年美国 Oswald Avery 等人的研究　　　　B. 1953 年 Waston 和 Crick 的工作

C. 1928 年英国 Fredrick Griffith 等人的肺炎链球菌侵染小白鼠实验

D. 1959 年 M Nireberg 和 S Ochoa 等人的研究

29. (浙江林学院 2007)为一条多肽链的合成而编码的 DNA 最小单位是_____。

A. 操纵子　　　　　　B. 基因　　　　　　　C. 启动子　　　　　　D. 复制子

30. (浙江林学院 2007)关于 DNA 复制的叙述,错误的是_____。

A. 通常为半保留复制

B. 通常按 $5'$ 到 $3'$ 方向合成子链

C. 冈崎片段合成后需 DNA 聚合酶 I 和连接酶参与

D. 真核生物 DNA 上只有一个复制起始点

31. (中国科学院研究生院 2007)下列哪些参与 DNA 的复制?_____

A. DNA 分子　　　　B. 限制性内切酶　　　C. DNA 聚合酶　　　D. DNA 连接酶

32. (清华大学 2006)许多基因中存在一些非编码区,称为内含子,下列对内含子描述正确的有_____。

A. 只存在真核生物中　　　　　　　　B. 通过 RNA 剪接机制被去除

C. 对生物体来说没有任何功能　　　　D. 内含子不能被转录

33. (四川大学 2006)在 mRNA 上的起始密码子和终止密码子可能分别是_____。

A. UAG　CAU　　　B. AUG　UAG　　　C. AUG　UAA　　　D. AUG　UGA

34. (中国科学院研究生院 2007)下列属于终止密码的是_____。

A. AUG　　　　　　B. UAA　　　　　　C. UGA　　　　　　D. UAG

35. (四川大学 2005)遗传密码子 AUG 所对应的氨基酸是_____。

A. 苏氨酸　　　　　　B. 甲硫氨酸　　　　C. 异亮氨酸　　　　D. 苯丙氨酸

36. (上海交通大学 2006)原核细胞中新生肽链的 N—末端氨基酸是_____。

A. 甲硫氨酸　　　　　B. 蛋氨酸　　　　　C. 甲酰甲硫氨酸　　　D. 任何氨基酸

37. (四川大学 2006)如果 DNA 模板链的编码从 $5'$ 端读是 TAC,那么相应的反密码子从 $5'$ 端读其碱基序列应该是_____。

A. UAC　　　　　　B. AUG　　　　　　C. GUA　　　　　　D. ATG

38. (中国地质大学 2007)基因突变的类型包括碱基置换、同义突变、错义突变和_____。

A. 移码突变　　　　　B. 基因重组　　　　C. 染色体畸变　　　　D. 点突变

39. (清华大学 2006)紫外线诱变一般会使 DNA 分子形成_____。

A. G—G 聚合体　　　B. T—T 聚合体　　　C. A—G 聚合体　　　D. 随即形成碱基聚合体

40. (四川大学 2005)原核生物乳糖操纵子调控模型中,调节基因产生阻遏蛋白,阻断_____的作用。

A. 组蛋白　　　　　　B. 启动子　　　　　C. 底物　　　　　　　D. 调节基因

41. (四川大学 2006)真核基因的调控机制复杂,可以在多个环节上进行,但不包括_____。

A. RNA 剪切　　　　B. mRNA 寿命　　　C. DNA 复制　　　　D. DNA 转录

42. (云南大学 2005)多细胞真核生物比原核生物的基因表达调控更复杂是因为_____。

A. 在真核生物,不同的细胞专化而执行不同的功能

B. 原核生物仅限于稳定的环境

C. 真核生物具有较少的基因,所以每个基因必须承担更多

D. 多细胞真核生物具有合成蛋白质所需的基因

43.(四川大学 2008)PCR 技术是一种特异扩增目的基因片段的技术,其技术的关键点在于使用了一种耐高温的酶,这种酶是_____。

    A. DNA 连接酶   B. 解链酶   C. 引物酶   D. DNA 聚合酶

44.(中国科学院研究生院 2007)在基因工程中,取得目的基因片段的方法较多,下列方法不能取得目的基因片段的是_____。

    A. 酶切 DNA 链   B. 机械的方法   C. RNA 反转录   D. DNA 杂交

45.(上海交通大学 2006)对 DNA 片段作物理图谱分析,需要用_____。

    A. 核酸外切酶   B. DnaseI   C. DNA 连接酶   D. DNA 聚合酶 I

E. 限制性内切酶

46.(浙江林学院 2007)将重组 DNA 导入细菌生产多肽或蛋白质制剂的过程一般称为_____。

    A. 基因工程   B. 细胞工程   C. 酶工程   D. 发酵工程

47.(云南大学 2005)生物学家从人细胞中分离出一个基因并将其连接到一种质粒上,而后将该质粒转导入细菌中。该细菌经培养后,经检测证明细菌产生了一种新蛋白质,但是此蛋白质不是人细胞中正常产生的蛋白质。这可能是因为_____。

    A. 细菌经过了转化作用   B. 基因没有粘性末端

    C. 该基因含有内含子   D. 该基因不是来自基因组文库

48.(华南理工大学 2005)人的基因数大约是细菌基因数的_____。

    A. 1 000 倍   B. 10 倍   C. 相同   D. 1/10   E. 1/1 000

49.(清华大学 2006)人类基因中的 ALU 家族属于_____。

    A. 属于基因及基因相关序列   B. 属于假基因

    C. 属于簇状重复序列   D. 属于短分散重复序列

50. 用限制性内切酶将某种生物的 DNA 切成不同片段,并把所有片段随机地分别连接到用同样内切酶切过的基因载体上,然后分别转移到适当受体细胞中,如细菌。通过细胞增殖而构成各个片段的无性繁殖系或克隆。如果所制备的克隆数目已多到可把某种生物的全部基因都包含在内时,这一组克隆就成为该种生物的_____。

    A. 无性繁殖系   B. 基因文库   C. PCR 扩增   D. 基因的物理图谱

【参考答案】

扫码获取正版答案

四、问答题

1.(厦门大学 2003)染色体的自由组合以及染色体的连锁和互换都将导致子代出现亲代未有的基因组合和性状,试举例加比较说明。

【答案】孟德尔的黄色饱满豌豆与绿色皱缩豌豆杂交实验,杂种后代的表现:F_1 都表现为显性状状,F_2 出现四种表现型(两种亲本类型、两种重新组合类型),比例接近 9∶3∶3∶1。结果分析:控制两对相对性

状的两对等位基因,分别位于不同的同源染色体上。在减数分裂形成配子时,同源染色体上相互分离,非等位基因自由组合到配子中。

Morgan 用果蝇为材料研究连锁,灰身残翅与黑身长翅杂交,后代全为灰身长翅;雌性后代与黑身残翅(雄)测交,子二代出现灰身残翅,黑身长翅,黑身残翅,灰身长翅四种表现型(两种亲本类型、两种重新组合类型),两种亲本类型多、两种重新组合类型少,同一染色体上的基因伴同遗传,而且二者有连锁交换。

2.(云南大学 2007)血友病是伴性遗传病,基因型号为 X^h,主要是男性患病(基因型为 X^hY)。今有一女是血友病基因携带者(X^HX^h),但表现型正常即未患血友病。如果她与一个正常男子 X^HY)婚配,其后代遗传情况如何?

【答案】根据题意:　　　　　　　　X^HX^h　　　×　　　X^HY

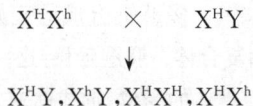

$$\downarrow$$

$$X^HY, X^hY, X^HX^H, X^HX^h$$

这对配偶所生的女儿都表型正常,儿子有一半正常,一半患血友病。

3.(厦门大学 2005)从真实遗传的白眼雌果蝇与野生雄果蝇的单对交配中,获得如下后代:670 红眼雌蝇,658 白眼雄蝇,1 白眼雌蝇,对于例外白眼雌蝇的存在,请给予至少三对可能的解释。

【答案】控制眼色的基因(R、r)只位于 X 染色体上,伴性遗传。

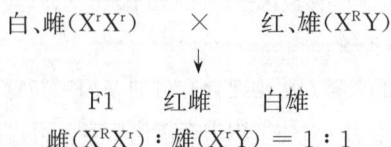

$$白、雌(X^rX^r)　　×　　红、雄(X^RY)$$

$$\downarrow$$

$$F1　　红雌　　白雄$$

$$雌(X^RX^r):雄(X^rY) = 1:1$$

对于例外白眼雌蝇的存在,可能的解释:

(1)基因突变。红眼雌蝇(X^RX^r)的 R 突变为 r。

(2)非正常减数分裂。野生雄果蝇减数分裂时同源染色体未分离,一配子没有性染色体,与雌配子 X^r 结合成少一条 Y 染色体的单体。

(3)染色体结构变异—缺失含 R 基因的片段。

4.(华南理工大学 2005)真核生物的复制(40~50 碱基/秒)较原核生物(500 碱基/秒)的速度慢很多,而真核生物的基因组又更复杂,那么真核生物是以何种机制补偿其较慢的复制速度的?

【答案】真核生物 DNA 复制从许多原点同时开始并双向复制而实现的。放射自显影可见许多的复制泡。每一复制泡有固定的一点(复制原点),然后双向伸展,与相邻的复制泡会合。而原核生物的复制趋向起始于一个位点。

5.(西南大学 2007)简述真核生物 RNA 转录后发生的主要加工过程。

(厦门大学 2005)试述从 hnRNA 至 mRNA 的加工过程。

【答案要点】转录产生初级转录物为 RNA 前体(RNA precursor),它们必须经过加工过程变为成熟的 RNA,才能表现其生物活性。真核生物 RNA 聚合酶Ⅱ合成的 RNA 前体称 hnRNA,需经过戴帽、加尾、甲基化和剪接等加工程序,最后才成为成熟的 mRNA。剪切下来的序列称为内含子,为不编码氨基酸的间隔序列。(a-hnRNA,b-mRNA)

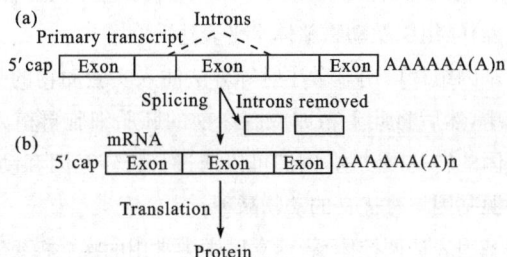

6.(上海交通大学 2006)简述真核生物 mRNA 的结构特点。

【答案】(1)真核生物 mRNA 一般由 5′端帽子结构(m^7G)、5′端不翻译区、翻译区(编码区)、3′端不翻译区和 3′端聚腺苷酸 Poly(A)尾巴构成。(2)真核细胞的 mRNA 多是单顺反子(3)分子中除 m^7G 构成帽子外,常含有其他修饰核苷酸,如 m^6A 等。

7.(厦门大学 2005)试述蛋白质合成的一般过程。

【答案】在真核生物中,mRNA 在细胞核内形成后,穿过核膜孔进入细胞质。核糖体附着其上,从它的 5′端开始阅读,即从 mRNA 5′端向 3′端移行,实现蛋白质的合成。其基本过程如下:①tRNA 携带氨基酸。②核糖体"阅读"密码子,氨基酸连成多肽链。多肽链合成的起始:核糖体的大、小亚基,mRNA 与起始 tRNA 在起始因子的作用下共同构成起始复合体。肽链延长:这一阶段,与 mRNA 上的密码子相适应,新的氨基酸不断被相应特异的 tRNA 运至核糖体的受位,形成肽链。同时,核糖体从 mRNA 的 5′端向 3′端不断移位以推进翻译过程。肽链延长阶段需要的蛋白质称为延长因子(elongation factors),GTP,Mg^{2+} 与 K^+ 的参与。肽链合成的终止:多肽链合成完成,并且"受位"上已出现终止信号,即转入终止阶段。终止阶段包括已合成完毕的肽链被水解释放,以及核糖体与 tRNA 从 mRNA 上脱落的过程。这一阶段需要 GTP 与一种起终止作用的蛋白质因子—释放因子(release factor,RF,或称终止因子)的参与。

8.简述转基因克隆技术的基本步骤。

【答案】①构建基因载体:按分子克隆方法构建含有目的基因和新霉素抗性标记基因的(或融合基因)表达载体。②体细胞的培养和基因转染:对体细胞进行传代培养。然后将传代细胞与构建基因混合,用电转移法转染细胞。再用含有新霉素的培养基进行筛选,挑选出成活的细胞继续培养,形成转基因细胞系。③转染细胞的鉴定:用 PCR 分析或 Southern 杂交确认细胞中含有目的基因。④核移植与克隆:经核移植操作与去核卵母细胞融合,按常规进行克隆。

9.(四川大学 2003)简要回答现代生物工程的形成和发展。

【答案】现代生物工程是以 20 世纪 70 年代 DNA 重组技术的建立为标志,从传统生物技术发展而来。现代生物技术是用"细胞与分子"层次的微观手法来进行操作,不同于传统生物技术以"整体"动物、植物或微生物的饲养、交配或筛选方式。

1944 年 Avery 阐明了 DNA 是遗传信息的携带者。

1953 年 Watson 和 Crick 提出了 DNA 双螺旋结构模型。

20 世纪 70 年代初建立起来的 DNA 重组技术是生命发展中的又一重大突破,诞生了基因工程,它大大推动了分子生物学与分子遗传学的飞速发展。

以基因工程为核心,带动蛋白质工程,发酵工程,细胞工程的发展,在医药工业、农业生产等方面得到广泛的应用。

10.试述转基因动物的概念、原理及应用。

【答案】转基因动物是指用人工方法将外源基因导入或整合到基因组内,并能稳定传代的一类动物。它的特点是"分子及细胞水平操作,组织及动物整体水平表达"。

基本原理:将目的基因或基因组片段用显微注射等方法注入实验动物的受精卵或着床前的胚胎细胞中,使目的基因整合到基因组中,然后将此受精卵或着床前的胚胎细胞再植入受体动物的输卵管或子宫中,使其发育成携带有外源基因的转基因动物,人们可以通过分析转基因和动物表型的关系,揭示外源基因的功能;也可以通过转入外源基因培育优良的动物品种。

应用:建立用于研究外源基因表达调控体系;建立医学中常用的疾病模型;培育动物新品种;药理学和

药用蛋白的生产研究。

11.简述基因治疗的策略。

【答案】①基因置换或称基因矫正:特定的目的基因导入特定的细胞,通过定位重组,让导入的正常基因置换基因组内原有的缺陷基因,不涉及基因组的任何改变。②基因添加或称基因增补:通过导入外源基因使靶细胞表达其本身不表达的基因。③基因干预:采用特定的方式抑制某个基因的表达,或者通过破坏某个基因而使之不能表达,以达到治疗疾病的目的。④基因标记:基因标记实验是基因治疗的前奏,并不在于直接治疗疾病而是期望能够提供有关正常细胞生物学和疾病病理方面的信息。

课后习题详解

遗传的基本规律

1. 你认为孟德尔成功的秘诀是什么?

答 孟德尔成功的秘诀在于①选用适当的研究材料:豌豆闭花授粉,天然纯合的纯种;相对性状差异明显;从 22 个初选性状中选择的 7 个单位性状正好分别位于 7 对同源染色体上;易于种植和进行人工授粉(杂交)操作。②严格的试验方法与正确的试验结果统计与分析方法。有目的的试验设计、足够大的试验群体。有坚实的数理科学基础。③独特的思维方式。由简到繁、先易后难,高度的抽象思维能力,"假设—推理—论证"科学思维方法的充分应用。

2.(河南师范大学 2012)在番茄中,红果色(R)对黄果色(r)是显性。下列杂交 F_1 的基因型和表型及其比率如何? ①Rr×RR;②Rr×Rr;③rr×RR

答 ①Rr×RR 杂交,F_1 的基因型 Rr,RR(1:1),表型红果;②Rr×Rr 杂交,F_1 的基因型 RR:Rr:rr=1:2:1,表型红果对黄果 3:1;③rr×RR 杂交,F_1 的基因型 Rr,表型红果。

3. 一位女士的血型为 AB 型,男士的血型为 O 型,他们的亲生子女将会有怎样的血型? 其基因型又怎样?

答 ABO 血型由三个复等位基因决定,分别为 I^A、I^B、i,但 I^A 与 I^B 间表现共显性,它们对 i 都表现为显性,所以 I^A、I^B、i 之间可组成 6 种基因型,但只显现 4 种表型。ABO 血型系统的遗传,符合孟德尔定律。

根据题意,女士的血型为 AB 型,基因型是 I^AI^B;男士的血型为 O 型,基因型是 ii,

$$I^AI^B \quad \times \quad ii$$
$$\downarrow$$
$$I^Ai : I^Bi(1:1)$$

他们的亲生子女为 A 型或 B 型,基因型是 I^Ai 或 I^Bi。

4. 在南瓜中,白色果实(W)对黄色果实(w)为显性,果实盘状(D)对球状(d)为显性。下列杂交 F_1 产生哪些基因型和表型,其比率如何? ①Wwdd×wwDd ;②WwDd×WwDd

答①

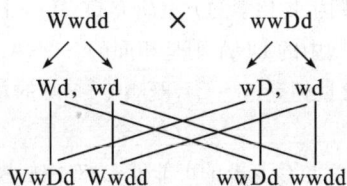

基因型 WwDd:Wwdd:wwDd:wwdd=1:1:1:1,表型白色盘状,白色球状,黄色盘状,黄色球

状,比率1∶1∶1∶1。

②WwDd × WwDd

↓

配子	WD	wD	Wd	wd
WD	WWDD	WwDD	WWDd	WwDd
wD	WwDD	wwDD	WwDd	wwDd
Wd	WWDd	WwDd	WWdd	Wwdd
wd	WwDd	wwDd	Wwdd	wwdd

基因型有 9 种。WWDD,WwDD,WWDd,WwDd,wwDD,wwDd,WWdd,Wwdd,wwdd,比率1∶2∶2∶4∶1∶2∶1∶2∶1。表型白色盘状,白色球状,黄色盘状,黄色球状,比率9∶3∶3∶1。

5.在家禽中,有一对 ZW 性染色体,雄鸡为 ZZ 型,雌鸡为 ZW 型。芦花基因 B 由 Z 染色体携带,决定其羽毛为黑白相间的斑纹,称为"芦花"。bb 基因型为正常的非芦花羽毛。下列杂交 F_1 的性别与"芦花"性状表现怎样?

$$Z^B Z^b \quad \times \quad Z^b W$$

芦花♂   非芦花♀

答 杂交 F_1 $Z^B Z^b$ 雄,芦花;$Z^B W$ 雌,芦花;$Z^b W$ 雌,非芦花;$Z^b Z^b$ 雄,非芦花。

6.运用现代遗传学的观点,如何理解和诠释"颗粒遗传"理论? 为什么遗传物质是颗粒性的?

答 颗粒遗传强调遗传因子是独立遗传的,成对的遗传因子随机地遗传给后代。颗粒遗传理论的提出为孟德尔解释分离定理和自由组合定理提供了强有力的支撑。现代遗传学揭示控制同一性状的等位基因发生分离,分别进入不同的配子中,随配子遗传给后代。控制不同性状的等位基因的分离和组合是互不干扰的;在形成配子时,决定同一性状的成对的遗传因子彼此分离,决定不同性状的遗传因子自由组合。等位基因互不融合、互不干扰、独立分离、自由组合,具有颗粒性。

基因的分子生物学

1. 直接证明 DNA 是遗传物质的实验是如何设计的? 其结果又是怎样分析的?

答 肺炎链球菌的转化实验证实 DNA 是遗传物质。

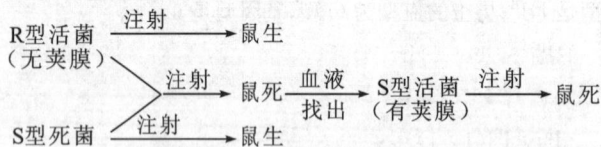

将 S 型细菌中的多糖、蛋白质、脂类和 DNA 等提取出来,分别与活的 R 型细菌进行混合;结果只有 DNA 能使 R 型细菌转化成 S 型细菌,并且 DNA 的含量越高,转化越有效。如果用 DNA 酶处理,便立即失去转化活性。DNA 是转化因子,是使 R 型细菌产生稳定的遗传变化的物质,即 DNA 是遗传物质。

2. 什么是 Chargaff 法则? 有怎样的理论意义?

答 美国的 Erwin Chargaff 等人用生物化学的方法研究 DNA 分子的组成时发现,不同物种的 DNA 分子组成不同,而同一生物体的不同细胞中的 DNA 则是相同的。DNA 中腺嘌呤与胸腺嘧啶的摩尔含量相等(A=T),鸟嘌呤和胞嘧啶的摩尔含量相等(G=C),既嘌呤、嘧啶的总含量相等(A+G=T+C)。这一现象被称为 Chargaff's rules。

当量规律的发现提示了 A 与 T,G 与 C 互补的可能性,为双螺旋模型的建立提供重要依据。这一发现扭转了局面,使得 DNA 是遗传物质的观点迅速成为主流。这一发现为揭示 DNA 分子的结构和 DNA

传递遗传信息之谜提供了有力证据并奠定了理论基础。

3. DNA 分子的 $5'\rightarrow3'$ 和 $3'\rightarrow5'$ 的极性是怎样决定的?

答 DNA 是四种脱氧核苷酸的多聚体,见下图:

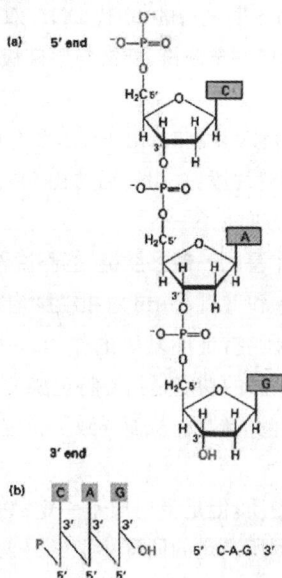

图 8.1 由脱氧核糖核苷酸形成多核苷酸

一个核苷酸的 $5'$ 位磷酸与下一个核苷酸的 $3'-OH$ 形成 $3',5'$—磷酸二酯键,构成不分支的线性大分子。其中磷酸基和戊糖基构成 DNA 链的骨架,可变部分是碱基排列顺序。DNA 链有方向性的分子,通常将 DNA 的羟基(—OH)末端称为 $3'$ 端,而磷酸基的末端称为 $5'$ 端。这两个末端并不相同,生物学特性也有差异。

4. (云南大学 2013)沃森—克里克提出的 DNA 双螺旋结构模型在生物学、遗传学发展历史上为什么是一块具有特殊意义的里程碑?

答 Watson-Crick 提出的 DNA 双螺旋结构模型为遗传学进入分子水平奠定了基础,是现代分子生物学的里程碑,对生命科学、自然科学,乃至社会科学产生深远的影响。

(1)DNA 双螺旋结构的发现揭示了生命的奥秘、揭开了分子遗传学和分子生物学诞生和发展的帷幕。分子遗传学、分子生物学和其它生命科学领域如雨后春笋般迅速成长和发展,先后提出中心法则、"操纵子"学说、"生物调节"的概念,理论标志着人类认识生命、认识自我实现了又一新的飞跃。

(2)DNA 双螺旋结构建立推动了以工具为导向的生物技术革命。限制性内切酶、DNA 连接酶、RNA聚合酶的发现,DNA 测序技术的发明,DNA 自动序列仪的出现并不断升级换代,以及体外快速扩增 DNA的聚合酶链式反应(polymerase chain reaction,PCR)技术的发明与发展,构成了以操作重组 DNA 为核心的重组 DNA 技术学,使科学家们分离、分析及操作基因的能力在实验生物学领域几乎达到无所不能的地步。人类基因组计划(HGP)得以实施,基因组学得以普遍开展。

(3)DNA 双螺旋结构深化了对遗传与变异本质的认识。双螺旋分子模型解释了遗传信息的存储和传递,基因的分离、突变和重组,DNA 的损伤和修复等诸多问题,对基因受控表达各个环节的研究将彻底揭开细胞分裂、生长、分化、凋亡全过程的奥妙所在。人类对疾病的认识也从器官、组织、细胞水平深入到分子水平。

(4)DNA双螺旋结构加深了对生命进化的认识。使用生物大分子序列的分析结果来建立进化树,了解到关于人类起源、进化、迁移等过程的许多细节。

5.(曲阜师范大学 2011)**什么是DNA的半保留复制? DNA复制的不连续性的实质是什么?**

答 DNA的复制是在细胞周期中的 S 期进行的,亲代 DNA 双螺旋被解旋酶分成 2 条单链;以每条单链为模板,按照碱基互补配对的原则,合成一条新链,新链与原模板链再形成双螺旋结构,这种复制方式为半保留复制。

DNA复制是从复制起点开始的。DNA复制时,由于 DNA 合成的方向是 $5'\rightarrow 3'$,所以一条长链是连续合成,另一条为不连续合成,先合成冈崎片段,去引物后再由 DNA 连接酶连成一条长链。DNA 复制的不连续性的实质是 DNA 聚合酶延伸的方向是 $5'\rightarrow 3'$。

6.什么是"一个基因一个酶"和"一个基因一条多肽链"的假说?

答 1941 年美国遗传学家 G.Beadle 和 E.Taturm 对粗糙脉孢霉 X—射线处理后的生化反应遗传控制研究,应用各种生化突变型对基因作用研究,证明基因的作用是决定酶的产生,提出了一个基因一个酶(one gene-one enzyme)的假说,即特定基因的功能是指导特定酶的合成。不仅脉孢霉,而且细菌和酵母菌等各种生物由于生化突变都会引起特定酶的缺损,从而导致了特定的代谢反应阻滞,这进一步证明了这个假说的正确性。

后来人们又发现,所有的酶都是蛋白质,但是蛋白质不一定都是酶;有些酶是由不同的多肽链特异地聚合起来才会呈现有活性,也有一个基因所决定的同样多肽链是两种或两种以上不同酶的组成成分。此外,有的基因能决定具有两种或两种以上作用的酶,也有几个基因所决定的多肽链通过聚合才能发挥作用。随着酶学、蛋白质化学的进展、遗传学方法的进步,进一步弄清楚了基因与酶的关系是建立在基因与多肽链严密对应的关系基础上的。到 1957 年,S·泽尔进一步提出了"一个顺反子一条多肽链"的论断。顺反子是基因的同义语,所以也可以说一个基因一条多肽链。因此 Beadle 和 Taturm 的假说被修改为"一个基因一条多肽链"(one gene—one polypeptide chain)。

7.转录是如何开始,如何结束的? 翻译又是怎样开始,怎样终止的?

答 DNA 分子所带的遗传信息被传递到 RNA 分子中去的过程称为转录。真核细胞 mRNA 转录所需的 RNA 聚合酶是 RNA 聚合酶Ⅱ。转录的第一步是 RNA 聚合酶Ⅱ和启动子(promotor)结合,启动子是 DNA 链上的一段特定的核苷酸序列,转录起点即位于其中。RNA 聚合酶Ⅱ本身不能与启动子结合,只有在另一种称为转录因子的蛋白质与启动子结合之后,RNA 聚合酶才能"认识"并结合到启动子上去,而使 DNA 分子的双链解开,于是转录就从起点开始了。RNA 聚合酶移行到 DNA 上的终点序列(在真核细胞是 AATAAA)后,RNA 聚合酶就停止工作。

在真核生物,mRNA 在核内形成后,即穿过核膜孔进入细胞质。此时核糖体即可附着其上,从它的 5′端开始"阅读",即从 mRNA 的 5′端向 3′端移行,实现蛋白质合成。带有甲硫氨酸的 tRNA,即甲硫氨酰—tRNA(在原核生物是 N—甲酰甲硫氨酰—tRNA)和核糖体的小亚基结合,以其反密码子与 mRNA 上的AUG 连接起来开始多肽的合成。核糖体在 mRNA 分子上移动到终止密码时,多肽合成就终止了。

8.什么是转换? 什么是颠换?

答 一个嘌呤被另一个嘌呤替代(A、G 替代)或一个嘧啶被另一个嘧啶替代(T、C 替代)的过程,称为碱基转换(transition)。而一个嘌呤被一个嘧啶替代或一个嘧啶被一个嘌呤替代的过程,称为碱基颠换(transversion)。碱基转换和碱基颠换总称为碱基置换(substitution)。由于转换和颠换影响一个核苷酸,故其引起的突变称为点突变(point mutation)。

9.简要说明镰形细胞贫血症的分子机制。

答 镰形细胞贫血症是一种遗传性贫血症,是由一个血红蛋白突变基因控制的,带有隐性纯合镰形细胞贫血症突变基因型的人,在临床上便表现为贫血症。在缺氧的情况下,患者原来的圆盘形的红血球变成镰刀形,失去输氧的功能,许多红血球还会因此而破裂造成严重贫血,甚至引起病人死亡。

1957 年英国学者英格兰姆(V. M. Ingram)阐明了它的分子机制。正常成人血红蛋白是由 2 条 α 链和 2 条 β 链相互结合而成的四聚体,α 链和 β 链分别由 141 和 146 个氨基酸顺序连结构成。英格兰姆发现镰形细胞贫血症是因为 β 链中一个碱基改变,CTC 三联体变成了 CAC,正常谷氨酸变成缬氨酸,产生病变。

基因表达调控

1.(河南师范大学 2012)**在大肠杆菌乳糖操纵子中,下列基因的功能是什么?**

a. 调节基因　　　　b. 操纵基因　　　　c. 启动基因　　　　d. 结构基因 Z　　　　e. 结构基因 Y

答 大肠杆菌乳糖操纵子是大肠杆菌 DNA 的一个特定区段,由调节基因 R,启动基因 P,操纵基因 O 和结构基因 Z、Y、A 组成。

a. 调节基因:是参与其他基因表达调控的 RNA 和蛋白质的编码基因。调节基因编码的调节物通过与 DNA 上的特定位点结合来控制转录,是调控的关键。平时 R 基因经常进行转录和翻译,产生有活性的阻遏蛋白。当大肠杆菌在含有葡萄糖而不含乳糖的培养基中培养时,阻遏蛋白与操纵基因结合,从而阻挡了 RNA 聚合酶的前移,使结构基因不能转录,也就不产生利用乳糖的三种酶。当大肠杆菌在只含乳糖而不含葡萄糖的培养基中培养时,乳糖便与结合在操纵基因上的阻遏蛋白以及游离的阻遏蛋白相结合,并改变阻遏蛋白的构型,使其失活,从而使阻遏蛋白不能与操纵基因结合,这时 RNA 聚合酶可以通过 O 区而到达结构基因,使结构基因开始转录和翻译,产生出利用乳糖的三种酶。如果培养基中同时含有葡萄糖和乳糖,细菌只利用葡萄糖而不利用乳糖,原因是在这种情况下 RNA 不能与启动基因结合,因此也就不能使结构基因进行转录和翻译。

b. 操纵基因:不编码任何蛋白质,是 DNA 上一小段序列,它是调节基因所编码的阻遏蛋白的结合部位。操纵基因决定了 RNA 聚合酶是否能够与 DNA 序列上的启动子接触,从而沿着 DNA 分子移动,启动 RNA 的转录。

c. 启动基因(promoter):位于操纵基因之前,二者紧密相邻。启动子是一段短的核苷酸序列,它的作用是标志转录起始的位点。RNA 聚合酶在这一位点与 DNA 接触,并开始进行转录。启动基因由环腺苷酸(cAMP)启动,而环腺苷酸能被葡萄糖所抑制。P 区是转录起始时 RNA 聚合酶的结合部位。

结构基因(structural gene)是一类编码蛋白质(或酶)或 RNA 的基因。Lac Z 基因编码 β-半乳糖苷酶,Lac Y 基因编码 β-半乳糖苷透性酶。β-半乳糖苷酶(β-alactosidase)是一种水解 β-半乳糖苷键的专一性酶,除能将乳糖水解成葡萄糖和半乳糖外,还能水解其他 β-半乳糖苷(如苯基半乳糖苷)。β-半乳糖苷透性酶(β-alactoside permease)的作用是使外界的 β-半乳糖苷(如乳糖)能透过大肠杆菌细胞壁和原生质膜进入细胞内。

2.**操纵子是由几部分组成的?**

答 操纵子(operon)由启动基因、操纵基因和一系列紧密连锁的结构基因组成。

3.(扬州大学 2019,闽南师范大学 2018,河南师范大学 2011,曲阜师范大学 2011)**乳糖操纵子的工作原理是怎样的?**

答 大肠杆菌乳糖操纵子(lactose operon)包括 3 个结构基因:Z、Y 和 A,以及启动子、操纵基因和调节基因。

在细菌的细胞质中没有乳糖时,操纵子关闭,调节基因转录而产生 mRNA,这一特定的 mRNA 是编码阻遏蛋白的。它能识别操纵基因(O),并结合到操纵基因上去,占据了操纵基因,RNA 聚合酶就不能启动基因结合,不能到达结构基因,结果操纵子中全部结构基因不能转录成 mRNA,因而不能产生 3 种特定的酶。

培养基中含有乳糖时,乳糖能和结合在操纵基因上的阻遏蛋白结合,使后者改变构象,失去活性,不能再与操纵基因结合而从操纵基因上脱落下来,导致操纵基因被打开,结果,RNA 聚合酶就能无阻拦地结合到启动子上,RNA 聚合酶首先与启动区(promoter,P)结合,通过操纵区(operator,O)向右转录。转录从 O 区的中间开始,按 Z→Y→A 方向进行,每次转录出来的一条 mRNA 上都带有这 3 个基因,翻译为 3 种独立的多肽。

4. DNA 双链分子是怎样被包装在真核细胞的染色体中的?

答:染色体的主要化学成份是脱氧核糖核酸(DNA)和 5 种组蛋白。核小体是染色体结构的基本单位。核小体的核心是由 4 种组蛋白(H2A、H2B、H3 和 H4)各两个分子构成的扁球状 8 聚体。DNA 双螺旋依次在每个组蛋白 8 聚体分子的表面盘绕约 1.75 圈,其长度相当于 140 个碱基对。在相邻的两个核小体之间,有长约 50～60 个碱基对的 DNA 连接线。在相邻的连接线之间结合着一个第 5 种组蛋白(H1)的分子。密集成串的核小体形成了核质中的 10 nm 左右的纤维,这就是染色体的"一级结构"。在这里,DNA 分子大约被压缩了 7 倍。染色体的一级结构经螺旋化形成中空的线状体,称为螺线体或核丝,这是染色体的"二级结构",其外径约 30 nm,内径 10 nm,相邻螺旋间距为 11 nm。螺丝体的每一周螺旋包括 6 个核小体,因此 DNA 的长度在这个等级上又被再压缩了 6 倍。30 nm 左右的螺线体(二级结构)再进一步螺旋化,形成直径为 0.4 微米(μm)的筒状体,称为超螺旋体。这就是染色体的"三级结构"。到这里,DNA 又再被压缩了 40 倍。超螺旋体进一步折叠盘绕后,形成染色单体——染色体的"四级结构"。两条染色单体组成一条染色体。到这里,DNA 的长度又再被压缩了 5 倍。从染色体的一级结构到四级结构,DNA 分子一共被压缩了 7×6×40×5＝8400 倍。例如,人的染色体中 DNA 分子伸展开来的长度平均约为几个厘米,而染色体被压缩到只有几个微米长。

根据多级螺旋模型,从 DNA 到染色体经过四级包装:

DNA(2nm) —压缩7倍→ 核小体(10nm) —压缩6倍→ 螺线管(30nm) —压缩40倍→ 超螺线管(0.4 μm) —压缩5倍→ 染色单体(2～10 μm)

5. 果蝇多线染色体上 puff 的形成说明了什么重要的事件?

答 基因的转录以染色质结构的一系列变化为前提,活跃转录在常染色体上进行。多线染色体的某些带纹区解浓缩,核蛋白纤丝向外伸展成环,局部疏松膨大形成胀泡(puff),是基因活跃转录的形态学标志,因为胀泡上可见明显带纹,根据带纹可推测是哪种基因正在转录。因此,它们成为基因开启与关闭的信号。

6. X 染色体失活现象发生在哺乳动物(包括人类)的什么性别的什么细胞中,失活的机制是什么?

答 X 染色体失活发生在雌性哺乳动物的体细胞内,仅有一个 X 染色体是有活性的。另一个是浓缩的和无活性的,在间期细胞内表现为性染色质。在胚胎发育早期发生"失活"。在同一个体的不同细胞中,失活的 X 染色体可能来自父亲,也可能来自母亲。

X 染色体上有一个与 X 染色体失活有密切关系的核心区域。这一核心区域称为 X 染色体失活中心(X-chromosome inactivation center,Xic),在 Xic 内有一个重要的基因 Xist(Xi-specific transcript)。该基因表达时,X 染色体失活;而不表达时,X 染色体处于活化状态。

7. RNA 前体的修饰加工体现在几个主要方面? 怎样理解这些过程与基因表达调控的关系?

答 RNA 前体的的修饰加工主要有四项工作:

(1)剪接,真核生物转录产生的 RNA 不是最后翻译时用的模板,其中一些片段会被核酶进行剪切,然后将剩余段落进行拼接形成最终的翻译模板;对应于 DNA,被剪切的部分称内含子,拼接的段落称外显子。

(2)戴帽,真核生物的 mRNA 前体要在 5′端添加 m⁷GpppG(7-甲基鸟苷三磷酸),这种结构使水解酶无法从 5′端进行水解。

(3)加尾,在 3′端添加多聚腺苷酸尾巴(poly A)。多聚 A 的存在保护遗传密码部分不被核糖核酸酶水解,但是多聚 A 的尾巴依然能被水解,所以多聚 A 的长短决定了 mRNA 的寿命。

(4)化学修饰,部分碱基进行甲基化、还原、移位、脱氨基等修饰过程。

动植物等真核生物的基因有很多是断裂基因。即基因的初始转录物(RNA 前体)中,一段段的蛋白质编码区被居间序列分开。只有居间序列被去除后,才能成为蛋白生物合成的模板。这过程称为 RNA 剪接。通过不同方式的 RNA 剪接,一种基因可在不同的发育分化阶段、不同的生理病理条件或不同的细胞、组织中合成不同的蛋白质。果蝇的性别就是通过不同的剪接途径完成的。很多生物 mRNA 的成熟过程中,均需经 RNA 的编辑。一种 RNA 编辑是以另一 RNA 为模板来修饰 mRNA 前体。通过编辑,可以给 mRNA 前体添加新的遗传信息。成熟锥虫 COIII mRNA 的 55% 遗传信息来自其他 RNA,来自原始基因的信息只占 45% 。通常 mRNA 编码区的每三个核苷酸组成一个密码子。此时,编码区的每个核苷酸只能也必须被阅读一次。但在再编码过程中,有的核苷酸被跳过而没被阅读,有的核苷酸却被阅读了两次,有的密码子被用来翻译特殊氨基酸。RNA 通过各种剪接、编辑和再编码方式,调控基因表达的方向,调控遗传信息。包括开放和关闭基因,增加或减少遗传信息,使一种基因合成出多种蛋白质,从而调控生物的不同发育分化等。

8. 简述果蝇胚胎发育过程中决定前、后轴发育的基因的功能。

答 果蝇早期胚胎发育中,基因表达的级联反应和细胞间的信号传递是决定前、后轴发育的重要因素。卵细胞中第一个被活化的基因编码的蛋白质到达临近的滤泡细胞,刺激滤泡细胞开启编码其他蛋白质的基因,产生的蛋白质信号分子传回卵细胞。卵细胞从自身的细胞骨架中形成定向排列的微管,滋养细胞 bicoid 基因产生"头"mRNA 到卵的细胞质,定位在微管　端,预示此处发育成前轴。"头"mRNA 翻译产生的 BICOID 调节蛋白在胚胎头部聚集,密度逐渐向尾端降低。这些蛋白的梯度分布引发胚胎核基因表达的蛋白呈对应的梯度分布,启动分节基因的表达。

9. 什么是同源异形基因? 有何特征?

答 突变后使器官异位表达的基因称为同源异形基因(homeotic gene)。果蝇的同源异形基因都有一个共同的同源异形框,含 180 个核苷酸的序列,编码一个含 60 个氨基酸的多肽片段。在其他许多生物的同源异形基因组中也发现与之一致或相似的同源异形框。同源异形基因在染色体上的排列顺序和体节特征结构的空间表达顺序相对应。

重组 DNA 技术简介

1.(河南师范大学 2012)什么是 DNA 的变性与复性,分子杂交的原理是怎样的?

答 在加热、极端的 pH、有机溶剂、低盐浓度等条件下,DNA 双螺旋链分开成单链的过程,称为 DNA 的变性。变性 DNA 在适当条件下,两条彼此分开的链又重新缔合成双螺旋结构的过程为复性。

具有一定同源性的 DNA 单链分子或 DNA 单链分子与 RNA 分子,在去掉变性条件后互补的区段能够退火复性形成双链 DNA 分子或 DNA/RNA 异质双链分子。我们把这一过程称为核酸的分子杂交。具有互补序列的两条单链核酸分子在一定的条件下(适宜的温度及离子强度等)碱基互补配对结合,重新形成双链;在这一过程中,核酸分子经历了变性和复性的变化,以及分子间氢键的形成和断裂。

2.(湖南农业大学 2012,南京大学 2011)PCR 技术的基本原理是什么?

答 PCR 是在试管中进行的 DNA 复制反应,基本原理是依据细胞内 DNA 半保留复制的机理,以及体外 DNA 分子于不同温度下双链和单链可以互相转变的性质,人为地控制体外合成系统的温度,以促使双链 DNA 变成单链,单链 DNA 与人工合成的引物退火,然后耐热 DNA 聚合酶以 dNTP 为原料使引物沿着单链模板延伸为双链 DNA。PCR 全过程每一步的转换是通过温度的改变来控制的。需要重复进行 DNA 模板解链、引物与模板 DNA 结合、DNA 聚合酶催化新生 DNA 的合成,即高温变性、低温退火、中温延伸 3 个步骤构成 PCR 反应的一个循环,此循环的反复进行,就可使目的 DNA 得以迅速扩增。

DNA 模板变性:模板双链 DNA 解开成单链 DNA,94℃。

退火:引物＋单链 DNA 形成杂交链,引物的 Tm 值确定退火温度。

引物的延伸:温度至 70 ℃左右,Taq DNA 聚合酶以 4 种 dNTP 为原料,以目的 DNA 为模板,催化以引物 $3'$ 末端为起点的 $5' \rightarrow 3'$ DNA 链延伸反应,形成新生 DNA 链。新合成的引物延伸链经过变性后又可作为下一轮循环反应的模板 PCR,如此反复循环,使目的 DNA 得到高效快速扩增。

3. 限制酶酶切 DNA 有几种方式? 平末端与黏性末端是怎样产生的? 举例说明。

答 限制酶在特定切割部位进行切割时,按照切割的方式,可分为错位切和平切两种。

错位切一般是在两条链的不同部位切割,中间相隔几个核苷酸,切下后的两端形成一种回文式的单链末端,这个末端能与具有互补碱基的目的基因的 DNA 片段连结,故称为黏性末端。例如 Pst I 的识别序列

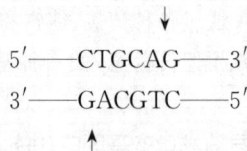

$$
\begin{array}{c}
\downarrow \\
5' \text{——CTGCAG——} 3' \\
3' \text{——GACGTC——} 5' \\
\uparrow
\end{array}
$$

其酶切位点在识别序列内部的 $3'$ 端的 G,产生黏性末端。

另一种切割的方式是平端切割,在识别序列内同一位置上的核苷酸处进行切割,产生平齐末端。如 Sca I 的识别序列

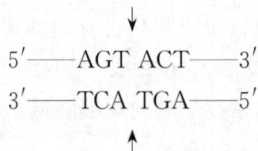

$$
\begin{array}{c}
\downarrow \\
5' \text{——AGT ACT——} 3' \\
3' \text{——TCA TGA——} 5' \\
\uparrow
\end{array}
$$

其酶切位点在 T、A 之间,产生平末端。

4. 作为克隆载体的质粒应有什么特性,为什么? (西南大学 2011,湖南农业大学 2011)

答 (1)必须有自身的复制子;(2)载体分子上必须有限制性核酸内切酶的酶切位点,即多克隆位点,以供外源 DNA 插入;(3)载体应具有可供选择的遗传标志,以区别阳性重组子和阴性重组子;(4)载体分子具有较小的相对分子质量和较高的拷贝数;(5)可通过特定的方法导入细胞;(6) 对于表达载体还应具备与宿主细胞相适应的启动子、前导顺序、增强子、加尾信号等 DNA 调控元件。(7)有安全性。

5. 获得目的基因有几种主要方法?

答 目的基因是人们所需要转移或改造的基因。目的基因可以从以下几个途径获得:

(1)限制性内切酶酶切产生待克隆的 DNA 片段。

(2)人工合成 DNA。根据已知的氨基酸序列合成 DNA。这种方法是建立在 DNA 序列分析基础上的。当把一个基因的核苷酸序列搞清楚后,可以按图纸先合成一个个含少量(10～15 个)核苷酸的 DNA 片段,再利用碱基对互补的关系使它们形成双链片段,然后用连接酶把双链片段逐个按顺序连接起来,使双链逐渐加长,最后得到一个完整的基因。

(3)反转录法。把含有目的基因的 mRNA 的多聚核糖体提取出来,分离出 mRNA,然后以 mRNA 为模板,用反转录酶合成一个互补的 DNA,即 cDNA 单链,再以此单链为模板合成出互补链,就成为双链 DNA 分子。

(4)聚合酶链式反应扩增特定的基因片段。

(5)鸟枪法。用若干个合适的限制酶处理一个 DNA 分子,将它切成若干个 DNA 片段。这些片段的长度相当于或略大于一个基因。然后,将这些不同的 DNA 片段分别与适当的载体结合,形成重组 DNA,再将它导入到相应的营养缺陷型细菌中。把这些细菌中的这段 DNA 分离出来,再进行一系列的操作,就可以获得目的基因。

6.什么是生物"反应器"？举例说明其应用与基因工程成果。

⊗利用转基因动物将它作为专门生产一些特殊药物的生物"反应器"。在绵羊等大型哺乳动物的乳汁中产生要用蛋白的研究取得显著进展,已培育出在乳腺中分泌抗胰蛋白酶的转基因绵羊,能十分经济地提供治疗慢性肺气肿的药物。

7.怎样从遗传学原理的各个层面深入思考和面对转基因及其产品(转基因食物、饲料、药品等)的安全性和可持续应用等问题的争论？

⊗基因工程的安全措施之一是制定一系列严格的实验室操作规定,保护研究者们免受工程微生物的感染和致病微生物的威胁;必须规定用于DNA重组实验的微生物是遗传上具有缺陷的,以保证它们不能在实验室外的环境中存活;最后,必须禁止进行那些具有明显危险性的实验。

转基因食物进入市场前,要进行严格的、长期的监测和安全评估,对生态风险进行长期而又全面的监测研究和严格的审查。

人类基因组

1.应如何正确理解基因组、人类基因组？

⊗基因组就是一个物种中所有基因的整体组成。遗传学定义为一个单倍体细胞核中、一个细胞器中或一个病毒粒中所含的全部DNA(或RNA)分子的总称。

人类核基因组是指单倍体细胞核中整套染色体(22+X+Y)上所具有的全部DNA分子。人类基因组有两层意义:遗传信息和遗传物质。要揭开生命的奥秘,就需要从整体水平研究基因的存在、基因的结构与功能、基因之间的相互关系。人类是在"进化"历程上最高级的生物,对它的研究有助于认识自身、掌握生老病死规律、疾病的诊断和治疗、了解生命的起源。

2.人类基因组的基本特征有哪些？

⊗人类基因组由3164.7Mb组成,约有4万个基因。编码蛋白质的基因数目大约20000～25000个之间。基因外DNA以单一序列、分散重复序列、串联重复序列的形式存在。

项目	特征
基因组大小	2.9～3.2x10⁶ kb
常染色体	2.952x10⁶ kb(占基因组92%)
转录成RNA的序列	占基因组28%
蛋白质的编码序列	占基因组1.1～1.4%
内含子序列	占基因组24%
基因间序列	占基因组75%
基因数目	约40 000个
其中功能未知的	59%
已有诠释的基因数目	26 000个
其中功能未知的	42%
基因数目最多的染色体	19号染色体(23个基因/Mb)
基因数目最少的染色体	13号染色体和Y染色体(5个基因/Mb)
基因的平均大小	2～30 kb
外显子的平均大小	145 bp
基因的外显子平均数	8.8个/基因
外显子数目最多的基因	Titin mRNA中有234个外显子
基因的内含子平均长度	3 365 bp

3. 你对"全人类只有一个共同的基因组"的说法是怎样理解的? 为什么?

答 人类是一个大家庭。人类只有一个共同的基因组,需要大家一起来保护。它的"知识产权"是全人类所有的。人类个体之间的差异是很小的,对人类的生存是必要的。人类的基因都是平等的,因此,没有正常基因组与异常基因组之分,没有"健康基因"与"疾病基因"之分,没有好基因与坏基因之分。迄今所知的大部分,如果不是全部疾病有关的某个基因存在方式——等位基因,对人类的生存都是有意义的。特别是常染色体隐性的那些疾病的有关基因。因此,遗传患者为人类承担了难以避免的痛苦,他们更应受到我们的尊敬与照顾,他们也可以为人类做出很大的贡献。任何"优生""劣生"的观点,是没有科学根据的,更不符人性的,要善待他人。

所有成员在遗传上是平等的,人类的基因是人类的共同财富与遗产。大多数疾病的发生,是基因组的差异与调节基因的环境不协调而引起。基因将成为我们日常生活、饮食起居的参考书。与我们的基因建立和谐关系,善待自己。

一个成员的基因组信息,是一个人最重要的隐私,这是人类基因组的个体概念,关系到一个社会成员全部尊严与一部分命运,要受到社会与他人的尊重。

人类与生物自然的联系,是自然进化的产物。通过比较基因组学、古代 DNA、进化的研究,人类将更了解自己在自然界的位置,更好地建立即符合人性——人文,又与自然和谐的新的文明。

4. 什么是染色体病?

答 由于染色体的结构和数目异常而导致的遗传性疾病称为染色体病(chromosome disorder)。至今已知的染色体病约 300 余种。如第 5 号染色体缺失导致的"猫叫综合征",21 三体,Klinefelter 综合症(XXY),Turner 综合征(XO)。

5. 癌基因分成几类? 什么是抑癌基因?

答 癌基因(oncogene)分为两类,一类是病毒癌基因(viral oncogene,v—onc),编码病毒癌基因的主要有 DNA 病毒和 RNA 病毒,研究得最多是反转录病毒癌基因(retrovirus oncogene);另一类是细胞癌基因(cellular oncogene,c—onc),又称原癌基因(proto—oncogene)。病毒癌基因能使宿主细胞发生恶性转化,形成肿瘤,而正常的细胞癌基因无此能力。当细胞癌基因的表达失控,或因结构改变而致表达产物的活性改变时,则可导致细胞转化,进而形成肿瘤,此种情况叫做癌基因的激活。

癌基因的激活的大体上有以下几种方式,即:①插入强启动子或增强子,②基因突变,③基因扩增,④基因重排或染色体易位。肿瘤的发生与发展往往涉及多种癌基因的激活。已发现的细胞癌基因大都是一些与正常细胞生长增殖、分化和凋亡密切相关的非常保守的"看家基因"。它们的表达产物或是生长因子、生长因子受体,或是小分子 G 蛋白、蛋白激酶,或是转录因子,总之都是各种信号转导途径中的关键分子,有极重要的生理功能。正因如此,它们的表达是受到严密而精细的调控的。

有些基因的存在和表达使细胞不能癌变和机体不长癌,这类基因被称为抑癌基因(tumor suppressor gene)。实验证明,在正常细胞的基因组内广泛存在着抑制肿瘤形成的基因。抑癌基因是一类"管家"基因,为防止细胞癌变,需要它们处于经常性的一定程度的表达。在细胞癌变过程中,除发生某些原癌基因被激活而过度表达外,还发生了由不同原因所导致的抑癌基因失活,使它丧失了"管家"功能而发生恶性肿瘤。已知的抑癌基因有细胞生长抑制基因、诱导细胞分化的基因、癌基因产物的拮抗物的基因。

6. 细胞癌变的遗传学基础是怎样的? 试举一例详细说明。

答 遗传物质的损伤和基因结构的改变是细胞发生恶性转化的必要前提。细胞癌变的遗传学基础是基因突变,多次遗传改变导致癌症。

结肠癌的致癌作用研究表明一旦一个促癌突变发生,它将传给所有子代细胞。前两个突变导致细胞分裂速度增加,同时也改变细胞表型。最后,累积了 4 个致癌突变的细胞开始了分裂失控。突变在一个体细胞中累积,包括原癌基因的激活和两个抑癌基因的失活,促癌突变发生传递给子细胞。细胞分裂异常,息肉生长,最终变为恶性肿瘤。

7.(昆明理工大学 2007)生活方式的改变为什么可以减少癌症的风险?

㈅凡是能够改变 DNA 的结构,引起 DNA 损伤,使细胞癌变的物质,称为致癌物质。生活环境中有许多致癌物质,X 射线、紫外线、化学诱变剂。致癌物质不仅引起基因突变,还可以刺激细胞分裂来引起癌变。是否接触致癌物常常是个人的选择。如吸烟、食用动物脂肪、饮酒和长期进行日光浴都是造成致癌危险的个人行为因素。一些食物能降低癌症的危险性,如植物纤维防止肠癌,水果、蔬菜含有的维生素 C、E 和维生素 A 复合物能防止多种癌症。卷心菜及其近缘种类的蔬菜富含抑癌物质。生活中远离致癌物质,多食抑癌物质能最大限度的降低癌症的发生率,所以说生活方式的改变可以减少癌症的风险。

8. 人类基因组计划是一个怎样的研究计划? 你怎样理解它的深远意义?

㈅人类基因组计划(Human Genome Project,HGP)旨在通过测定人类基因组 DNA 约 3×10^9 对核苷酸的序列,探寻所有人类基因并确定它们在染色体上的位置,明确所在基因的结构和功能,解读人类的全部遗传信息,使得人类第一次在分子水平上全面认识自我。

人类基因组计划对生命科学的研究和生物产业的发展具有非常重要的意义,它为人类社会带来的巨大影响是不可估量的。

(1)获得人类全部基因序列将有助于人类认识许多遗传疾病以及癌症等疾病的致病机理,为分子诊断、基因治疗等新方法提供理论依据。在不远的将来,根据每个人 DNA 序列的差异,可了解不同个体对疾病的抵抗能力,依照每个人的"基因特点"对症下药,这便是 21 世纪的医学——个体化医学。更重要的是,通过基因治疗,不但可以预防当事人日后发生疾病,还可预防其后代发生同样的疾病。

(2)破译生命密码的人类基因组计划有助于人们对基因的表达调控有更深入的了解。人体内真正发挥作用的是蛋白质,人类功能基因组学便是应用基因组学的知识和工具去了解影响发育和整个生物体特定序列的表达谱。有人将 HGP 比作生命周期表,因为它不再是从研究个别基因着手,而是力求在细胞水平解决基因组问题,同时研究所有基因及其表达产物,以建立对生命现象的整体认识。目前,研究者已着手通过 DNA 芯片等新技术对基因的表达展开全面研究,也通过蛋白质芯片的制作,标准化双向蛋白质凝胶电泳、色谱、质谱等分析手段对人类可能存在的几十万种蛋白质或多肽的特征和功能进行研究。科学家预言,蛋白质组的研究将导致药物开发方面实质性的突破,以使人类真正攻克癌症等顽疾。人类基因图谱对揭示人类发展、进化的历史具有重要意义。

生物进化

9

考点综述

进化在自然科学中占有很重要的地位,它标志着人们对自然界认识的一个重要发展。进化的含义,大则包括宇宙的演变,天体的演化;小则包括生物的演变或生物的进化。从进化论创立到现在,随着自然科学的迅速发展,进化论也在不断地丰富、完善和发展,进化机制的深入探讨已成为十分活跃的领域。现代进化生物学将生物进化划分为微观进化和宏观进化两部分,微观进化在物种范围内研究群体遗传结构随时间的变化,宏观进化研究物种及以上分类群的演变过程。

本章考点:①达尔文学说及主要观点:遗传、变异、繁殖过剩、生存斗争、适者生存;②生物进化的证据;③现代综合论:群体是生物微观进化的基本单位,突变、选择和隔离是物种进化、物种形成和新种产生的机制;④自然选择的3个主要模式;⑤哈迪—温伯格(Hardy—Weinberg)定律,平衡群体;⑥物种的概念;⑦物种形成(a)形成的条件:生殖隔离、地理隔离、自然选择;(b)物种形成的方式:渐变式(渐进模式)、爆发式(点断平衡模式);⑧生物的宏进化研究方法:化石、分子生物学;⑨中性突变与分子钟;⑩真核细胞的内共生学说

本章主要包括达尔文学说与微观进化、物种形成、宏观进化与系统发育的内容。要求掌握掌握达尔文自然选择学说的基本要点;Hardy-Weinberg定律的基本内容,并运用该定律分析群体中的基因平衡状况;影响群体基因频率改变的因素;现代综合进化论的基本观点;物种形成;中性突变及其意义;渐变式进化和跳跃式进化的基本概念。

名词术语

【术语题库 扫码获取】

1.**达尔文主义(Darwinism)**:达尔文创立的以自然选择学说为中心的生物进化理论,认为现代所有的生物都是从过去的生物进化而来的;进化是一个渐进的过程。

2.**同源结构**:不同物种某些器官的功能不同,但从它们的结构和发育可以看出它们来自共同祖先,称为同源结构。

3.**古生物学**:是研究地质历史时期生物的发生、发展、分类、演化、分布等规律的科学,它的研究对象是保存在地层中的古代生物的遗体、遗迹或遗物——化石。

4.**胚胎学**:是研究动植物的胚胎形成和发育过程的科学。

5.**比较解剖学**:是对各类脊椎动物的器官和系统进行解剖和比较研究的科学。

6.**生存斗争**:生物个体(同种或异种的)之间的相互斗争,以及生物与无机自然条件(如干旱、寒冷)之间的斗争,赖以维持个体生存并繁衍种族的自然现象。

7. **自然选择**：在生存斗争中，适者生存，不适者淘汰的过程叫自然选择。

8. **物种**(species)：简称"种"。在有性生殖的生物中，物种是互交繁殖的自然群体，一个物种和其他物种在生殖上互相隔离。在无性生殖的生物中，是具有一定的形态特征和生理特征以及一定的自然分布区的生物类群。是生物分类的基本单位。

9. **小进化**(microevolution)：又称微观进化，主要指一个物种内的进化现象。

10. **哈迪－温伯格平衡**(Hardy-Weinberg equilibrium)：对于一个大且随机交配的种群，基因频率和基因型频率在没有迁移、突变和选择的条件下会保持不变。

11. **遗传漂变**(genetic drift)：基因频率在小群体里随机增减的现象。

12. **基因库**：是一种生物群体全部遗传基因的集合，它决定了下一代的遗传性状。

13. **现代综合论**(modern synthesis)：综合了种群遗传学的成就，基于渐进化、自然选择和种群思想，符合已知的遗传学机制，且考虑到环境因素作用的进化理论。又称为现代达尔文主义。

14. **隔离**：是指在自然界中生物不能自由交配或交配后不能产生可育后代的现象。

15. **邻地种形成**(parapatric speciation)：初始种群的地理分布区相邻接，种群间的个体在边界区有某种程度的基因交流，但最终仍导致新种的产生。

16. **同地种形成**(sympatric speciation)：初始种群的地理分布区相重叠，没有地理上的隔离，这种情况下的新种产生就是同地种形成。

17. **异地种形成**(allopatric speciation)：两个初始种群在新种形成前，其地理分布区完全隔开、互不重叠，这种情况下的新种形成就是异地种形成。

18. **中性突变**(neutral mutation)：对生物存活和生殖没有影响的突变，大部分对种群的遗传结构与进化有贡献的分子突变在自然选择的意义上都是中性或近中性的，因而自然选择对这些突变并不起作用；中性的进化是通过随机漂移，或被固定在种群中，或消失。

19. **大进化**(macroevolution)：又称宏观进化，指物种和种以上的高级分类群在地质时间尺度上的进化模式、进化趋势和进化速率。

20. **点断平衡论**(punctuated equilibria)：从古生物学研究中提出的一个进化学说。认为新种只能通过线系分支产生，只能以跳跃的方式快速形成；新种一旦形成就处于保守或进化停滞状态，直到下一次物种形成事件发生之前，表型上都不会有明显变化；进化是跳跃与停滞相间，不存在匀速、平滑、渐变的进化。

21. **常规绝灭**(normal extinction)：指生命史中各个时期都以一定的规模经常性地发生的绝灭，表现为各分类群中部分物种的替代，即新种的产生和某些已有物种的消失。

22. **集群绝灭**(mass extinction)：指大量物种在相对较短的地质时间内的绝灭，其规模和绝灭速率都要大大超过常规绝灭。

23. **趋同进化**：不同的生物，包括亲缘关系很远的生物，如果生活在条件相同的环境中，有可能产生功能相同且形态相似的结构，以适应相同的条件。

24. **趋异进化**：同源生物由于生活环境不同，有不同的进化趋势，某些方面变得不相同的现象。

25. **适应辐射**：一个祖先物种适合多种不同的环境而分化成多个在形态、生理和行为上不相同的种，形成一个同源的辐射状进化系统。

26. **平行进化**：两个或多个系谱，因有大体相近的进化方向而分别独立地进化出相似的特征。

27. **内共生学说**(endosymbiotic theory)：关于真核细胞的一些细胞器起源的一种学说。认为线粒体来源于细菌，即细菌被真核生物吞噬后，在长期的共生过程中，通过演变，形成了线粒体。叶绿体源于内共生的光合自营原核生物的蓝藻。

28. **联适应**：器官功能变化后的适应过程，表现为旧结构对新功能的适应。

考研精粹

1.(南京大学 2011)简述达尔文进化理论。

【答案】达尔文(Darwin)是进化理论的主要创立者,提出了共同由来学说和自然选择学说。

共同由来学说指出所有的生物都来自共同的祖先,多重证据支持共同由来学说。用自然选择(natural selection)学说来解释生物的进化。这个学说归纳起来有如下 5 点:①遗传,②变异,③繁殖过剩,④生存斗争,⑤适者生存。达尔文认为,生存斗争及适者生存的过程,就是自然选择的过程。自然选择过程是一个长期的、缓慢的、连续的过程。由于生存斗争不断在进行,因而自然选择也不断在进行,通过一代代的生存环境的选择作用,物种变异被定向地向着一个方向积累,于是性状逐渐和原来的祖先种不同了,这样就演变成新种了。

2.(云南大学 2010)_____第一个提出较为完整的进化理论。

A. Malthus　　　　　　　B. Linnaeus　　　　　　　C. Lamarck　　　　　　　D. Darwin

【答案】D

3.(四川大学 2014)达尔文进化论的核心是生存竞争。(　　)

【解析】达尔文认为生物具有巨大的繁殖力,而过度繁殖加剧了生存斗争。生物普遍存在着变异,在生存竞争中,对生存有利的变异个体被保留下来,而对生存不利的变异个体则被淘汰,这就是自然选择或适者生存。适应是自然选择的结果。通过自然选择形成新物种。

正是由于变异的不定向性为选择提供了原始材料,而定向的自然选择使适者生存,不适者被淘汰。因此,遗传和变异是生物进化的内在因素,生存斗争是生物进化的动力,定向的自然选择决定着生物进化的方向。自然选择实际上是选择了某些基因,淘汰了另一些基因,因而自然选择势必引起基因频率的改变,导致生物发生进化。达尔文进化论的核心内容是自然选择。

【答案】错

4.(武汉大学 2013)达尔文认为,在自然选择中起主导作用的是_____。

【答案】生存竞争

5.(云南大学 2007)举例论述生物进化的各种主要证据。

【答案】①古生物学证据:化石记载着地球的演化历史,也记载着生物的演化历史。化石是研究宏进化最直接最重要的证据。如始祖鸟化石的研究,具体地说明了鸟类起源于古代爬行类。②比较解剖学证据:脊椎动物的前肢、如鸟翅、蝙蝠的翼、鲸的鳍状肢、马的前肢以及人的手臂都是同源器官,证明它们都是由共同的原始祖先进化而来的。某些蛇类保留着的四肢残余(痕迹器官或退化器官)说明了它们的祖先是四足类动物。③胚胎学证据:比较脊椎动物和人的胚胎发育,它们的早期发育阶段都很相似,例如,都有尾和鳃裂,说明它们都是由古代原始的共同祖先进化而来的,而古代原始的共同祖先是生活在水中的,同时也说明人是从有尾的动物进化而来的。通过脊椎动物和人的胚胎发育的比较,说明了生物界的统一起源,也显示了各种脊椎动物之间有一定的亲缘关系。④生理生化证据:抗原抗体反应,不同物种的同一种蛋白质的氨基酸组成分析,核酸组成分析等可以看出各种生物之间的亲缘关系。⑤细胞学证据:细胞染色体核型分析判断物种的亲缘关系远近。⑥分子生物学证据:根据 DNA 的变异程度,可以判断生物进化的系统关系。如应用 DNA 的分子杂交、限制片段长度分析及 DNA 测定技术,通过鉴别 DNA 基因间的差异等级来测定各种生物之间的亲缘关系及系统分类等。对化石的 DNA 测定可为进化提供进一步的证据。目前从分子水平来研究进化已是十分重要的一个方面,研究大分子的进化具备重要的理论意义和实践意义。

6.(四川大学 2012)豌豆的卷须和叶子虽然形态和功能各异,但它们可称为同源器官。(　　)

【答案】对

7. (华东师范大学 2007)生物进化的基本单位是_____。

A. 个体   B. 种群   C. 群落   D. 生态系统

【解析】一群相互繁育的个体组成种群,种群是生物微进化的基本单位。

【答案】B

8. (四川大学 2011)理想群体遗传结构的哈迪—温伯格平衡往往被_____等因素打破。

A. 遗传漂变   B. 基因流   C. 突变   D. 非随机交配

【解析】1908 年,英国数学家哈迪(G. H. Hardy)和德国医生温伯格(W. Weinberg)分别提出关于基因频率稳定性的见解。他们指出,一个有性生殖的自然种群中,在符合以下 5 个条件的情况下,各等位基因的频率和基因型频率在一个世代到下一个世代的遗传中是稳定不变的,或者说,是保持着基因平衡的。这 5 个条件是:①种群足够大;②种群中个体间的交配是随机的;③没有突变发生;④和其他群体完全隔离,没有基因交流;⑤没有自然选择。这就是哈迪——温伯格定律。

种群基因库平衡发生变迁的主要动因是:①遗传漂变;②种群中个体间的非随机交配;③突变;④自然选择作用;⑤基因流。

【答案】ABCD

9. (西南大学 2012)基因频率在小群体里随机增减的现象称为_____。

【答案】遗传漂变

(浙江师范大学 2012)由于种群较小和偶然事件而造成的基因频率的随机波动,称随机遗传漂变或遗传漂变。( )

【答案】对

10. (四川大学 2010)遗传漂变导致_____改变。

A. 种群大小   B. 基因频率   C. 交配几率

【答案】B

11. (江苏大学 2012)举例说明自然选择如何影响群体遗传结构。

【答案】自然选择的作用在于定向地改变种群的基因频率。例如人的苯酮尿,如果不加治疗,隐性纯合体的病人死亡,这是对隐性纯合体不利的完全选择。选择系数 $s=1$。

基因型	AA	Aa	aa	总计
频率	p^2	$2pq$	q^2	1
选择后	p^2	$2pq$	0	
$q_1 = pq/(p^2+2pq) = q/(1+q)$				
$q_2 = q_1/(1+q_1) = q/(1+2q)$				
……				

a 的起始基因频率为 q_0,则 $q_n = q_0/(1+nq_0)$。

假如一个基因的选择压为 0.001,即 1000 对 999 的选择优势,那么一个频率为 0.00001 的显性基因只要 23 400 代就可增加到 0.99 的频率。

12. (四川大学 2013)自然选择作用下群体水平的进化实质上反映了生物基因库的变化。( )

【答案】对

13. (陕西师范大学 2014)基因型 Aa 的个体,如果显性基因的选择压为 1,则连续自交两代后,A 的基因频率为_____。

A. 1/4   B. 3/4   C. 1/2   D. 3/8

【答案】B

14.（江苏大学 2010）简述自然选择的三个模式。

【答案】自然选择对群体遗传结构的影响,依赖于适合度与表型差异之间的关系,据此将选择模式划分为3种类型:稳定性选择、定向选择和分裂选择。

稳定性选择,把种群中趋于极端变异的个体淘汰,保留那些中间类型的个体,使生物的类型更趋于稳定。定向选择,在群体中保存趋于某一极端的个体,而淘汰另一极端的个体,使生物类型朝着某一变异的方向发展。分裂选择,把一个物种种群中极端变异的个体按不同方向保留下来,而中间常态型个体则大为减少,这样一个物种种群就可能分裂为不同的亚种。

15.（四川大学 2010）不同颜色的英国椒花蛾的相对比例的变化,是_____的一个例子。

A. 定向性选择　　　　　　　B. 稳定性选择　　　　　　　C. 中断性选择

【答案】A

16.（昆明理工大学 2014）同种生物具有一个共同的进化祖先,亲缘关系相近的种构成另一个高一级的分类单元:_____,种既是_____的单元,又是遗传单元和_____。

【答案】属,进化,存在单元

17.（浙江师范大学 2011）种群是一定空间中同种个体的组合,其基本构成成分是有潜在互配能力的个体,它是物种在自然界中具体的存在单位、繁殖单位和进化单位。（　　）

【答案】对

18.①（昆明理工大学 2019）物种是如何形成的? 简述物种形成的 3 个主要环节。

②（西南大学 2010,暨南大学 2006,四川大学 2002）请简述物种的定义及形成的原因。

【答案】在有性生殖的生物中,物种是互交繁殖的自然群体,一个物种和其他物种在生殖上互相隔离。

可遗传的变异是物种形成的原材料,随机突变在群体内积累储存,在外界条件下使群体分化。选择影响物种形成的方向。隔离是物种形成的重要条件。生殖障碍造成物种分离,同一物种的两个亚种隔离很长时间后,产生生殖隔离,就是重新重叠分布也不能交配,它们就成为两个物种。经过地理隔离和生殖隔离形成新种的方式是生物进化过程中形成新物种的主要方式。此外还有没有经过地理隔离也产生新种的同地物种形成。多倍化是快速产生新物种的途径。物种形成是突变、重组、选择、隔离等诸因素共同作用的结果。

19.（四川大学 2014,清华大学 2006）下列哪一种不属于合子前生殖隔离的范畴? _____

A. 群体生活在同一地区的不同栖息地,因此彼此不能相通

B. 杂种合子不能发育或不能达到性成熟阶段

C. 花粉在柱头上无生活力

D. 植物的盛花期的时间不同

【解析】合子形成以前生殖隔离可分为生殖时间隔离、生境隔离、受精隔离等。如不同物种在生殖时间上的差异阻止了彼此间的交配,一些物种表型上的差异阻止相互交配,来自不同物种的配子能相遇但不能融合。

交配后生殖隔离指的是交配后合子不能发育或能发育但不能产生健康而有生殖能力后代的生殖隔离。合子后的生殖障碍都是和杂种合子的命运有关。①杂种不活(hybrid inviability)。杂种可以形成,但杂种合子不能发育或者不能发育到性成熟即死亡。②杂种不育(hybrid sterility)。杂种可以存活,但不育,不能繁殖产生后代。③杂种破落(hybrid breakdown)。第一代杂种能存活而且能发育,但当这些杂种彼此间交配或同任一亲本交配,其后代却是衰弱的或是不育的。

【答案】B

20.（江苏大学 2012,云南大学 2007）生殖隔离是划分物种的唯一标准。（　　）

【解析】物种是一个类群,有形态、地理分布特征,生殖隔离成为有性生殖生物的物种之间的一条明显

的界限。但它不能应用于所有情况,例如保存在地层中已经灭绝的生物形态的分类,只能依据化石的外表和化学分析来确定物种。对于无性生殖的生物,只能将一群具有共同形态和生化性质的家系放在一个物种中。

【答案】错

21.(江苏大学 2011)简述物种形成的方式。

【答案】渐进的物种形成方式:一般是由环境因素引起不同群体间基因交流的中断,通过若干中间阶段,最后达到种群间完全的生殖隔离和新种的形成。包括异地物种形成和同地物种形成。隔离是把一个种群分成许多小种群的最常见的方式。隔离使种群变小了,因而基因频率可以由于偶然的因素(基因漂变等)而改变。基因频率的改变,加上不同环境的选择,使各小种群向不同方向发展,这样就可能形成新种。地理隔离影响选择,选择使地理隔离所造成的各种群增加差异累积就出现了生殖隔离,而一旦出现了生殖隔离,种群之间就没有基因交流了。

骤变式物种形成方式:种群内部分个体由于遗传因素或随机因素(基因突变或遗传漂变)相对快速地获得生殖隔离,并形成新种。多倍体是物种形成的另一种方式,是一种只经过一二代就能产生新物种的方式。由于多倍体生物一旦形成,它和原来的物种就发生生殖隔离,因而它成了新种,所以这种方式被称为爆发式的。多倍体的形成有 2 种方式,一种是本身由于某种未知的原因而使染色体复制之后,细胞不随之分裂,结果细胞中染色体成倍增加,从而形成同源多倍体(autopolyploid);另一种是由不同物种杂交产生的多倍体,称为异源多倍体(allopolyploid)。

22.(四川大学 2010)_____的形成能导致物种的爆发式产生。

A. 多倍体　　　　　　　B. 渐变群　　　　　　　C. 瓶颈效应

【答案】A

23.(昆明理工大学 2007)举例说明分子生物学方法在研究生物进化中的应用。

【答案】分子生物学是研究生物宏进化的有力工具,对不同生物的蛋白质、核酸进行比较研究已经成为研究生物宏进化的重要内容。①中性突变与同源蛋白质的比较。不同生物的细胞色素 C 氨基酸序列很相似,人的细胞色素 C 的氨基酸组成与黑猩猩相同,和狗相差 11 个氨基酸,和金枪鱼相差 21 个氨基酸。比较它们的相似和差别程度,判断生物间亲缘关系的远近即遗传距离:人和黑猩猩亲缘关系最近。②同源DNA 的比较。对不同生物的 DNA 中核苷酸序列进行比较是确定它们亲缘关系的最直接的方法。例如对人和多种灵长类动物编码碳酸酐酶的 DNA 进行测序和比较,以人为标准,黑猩猩核苷酸置换数为 1,猩猩为 4,狒狒为 7,人类与这些高等灵长类之间的进化距离清晰可见。③分子钟。DNA、蛋白质等生物大分子中性突变相对恒定的速率起分子钟的作用,可揭示大熊猫与熊、小熊猫的演化关系。

24.(西南大学 2009)在真细菌的多样性和进化历程中,先出现厌氧代谢的类型,再出现需氧代谢类型。(　　)

【答案】对

25.(三峡大学 2006)早期单细胞生物的进化,包括_____等几个时期(按进化的时间顺序填写)。

A. 最早的生活细胞　　B. 产氧的光合自养细胞　　C. 自养细胞

D. 耐氧和好氧细胞出现　　E. 真核细胞

【答案】A—C—B—D—E

26.(云南大学 2005)在地质年代表中,_____早于侏罗纪。

A. 泥盆纪　　　　　　B. 白垩纪　　　　　　C. 第三纪　　　　　　D. 第四纪

【解析】古生代分为寒武纪、奥陶纪、志留纪、泥盆纪、石炭纪和二叠纪,共 6 个纪;中生代分为三叠纪、侏罗纪和白垩纪,共 3 个纪;新生代只有第三纪、第四纪两个纪。

表9.1　地质年代与进化事件

宙	代	纪	百万年前	生物进化的主要事件
	新生代	第四纪	0—2	被子植物繁盛,人类发展
		第三纪	2—65	鸟类、哺乳动物大发展
	中生代	白垩纪	65—144	出现被子植物,恐龙灭绝
		侏罗纪	144—213	裸子植物和恐龙占优势
		三叠纪	213—248	最早的恐龙、哺乳动物与鸟类
	古生代	二叠纪	248—286	爬行动物适应辐射,海洋无脊椎动物灭绝
		石炭纪	286—360	最早的种子植物,爬行动物起源
		泥盆纪	360—408	最早的两栖动物和昆虫
		志留纪	408—438	鱼类发展演化、维管植物和节肢动物登陆
		奥陶纪	438—505	海洋藻类繁盛
		寒武纪	505—590	无脊椎动物起源,藻类多样化
元古宙			2 500	蓝细菌、真核藻类、真核生物起源
太古宙			3 800	细胞形成
冥古宙			4 600	地球起源,生命起源化学进化

【答案】A

27.(四川大学 2011)寒武纪出现物种的爆发式突增,是由于生物_____的结果。

A.适应辐射　　　　　　　B.生存斗争　　　　　C.定向选择

【答案】A

28.(浙江师范大学 2011)生活在相同环境中的不同生物,虽然亲缘关系较远,但可能产生功能相同或相似的形态结构,以适应相同的环境条件,这种现象叫_____。

A.综合进化　　　　　　　B.协同进化　　　　　C.趋异进化　　　　　D.趋同进化

【答案】D

29.(四川大学 2011)_____之间存在趋同进化。

A.鲨鱼和鲸鱼　　　　　　B.马和虎　　　　　　C.人和黑猩猩

【答案】A

30.(云南大学 2011)关系密切的生物,如虫媒花与传粉的动物、寄生虫和寄主、捕食者和被捕食者等,一方成为另一方的选择力量,因而在进化上发展了互相适应的特性,这种互相适应的现象称为_____。

　　【答案】协同进化

31.(浙江师范大学 2012)在自然界两种关系密切的生物之间,一种成为另一种的选择力量,从而使二者在进化上形成相互适应的特性,这种现象叫趋同进化。(　　　)

　　【答案】错

32.(云南大学 2010,南京大学 2005,云南大学 2004)简述内共生学说。

　　【答案】根据基因 DNA 序列和细胞结构的生化分析,真核生物的线粒体和叶绿体是以内共生方式发展起来的。最早出现的化石是原核生物,年龄至少有 34 亿年,而真核生物的年龄最多不超过 20 亿年;真核生物都是好氧呼吸的,因此它们必然是在还原性大气变为含氧大气之后才出现的。因此多数人主张真核细胞来自原核细胞。1970 年,Lynn Margulls 等人提出真核细胞来自原核细胞的"内共生学说"

(endosymbiotic theory)。这个学说这样描述线粒体的起源:一种需氧的原核生物被某种厌氧原核生物吞入胞内,在进化过程中,吞食者与被吞食者之间发生了共生的关系,逐渐融合为一体,被吞食的原核生物演化为线粒体。按此学说,线粒体来自吞入的需氧的原核生物(细菌),叶绿体来自吞入的蓝藻,这样就出现了真核细胞。

内共生学说的一个主要依据是,真核细胞的线粒体和叶绿体都具有自主性的活动,它们的 DNA 为环状,它们的核糖体为 70 S,这些都是和细菌、蓝藻相似的。

33.(云南大学 2011)内共生学说认为真核细胞的_____来自光合作用原核细胞,而_____来自细菌。

【答案】叶绿体,线粒体。

模考精练

一、填空题

1.(四川大学 2006)达尔文进化论的要点有遗传变异、_____、_____和_____;综合进化论建立在实验和定量分析基础上,主要在下述三个方面对达尔文进化论有所发展:①进化不仅体现在个体上,而且体现在_____,②把自然选择归结为_____,③将自然选择学说与_____结合起来。

【答案】繁殖过剩、生存斗争、适者生存;种群水平上,不同基因型有差异的延续,孟德尔理论和基因论。

2.在生物进化的历程中影响生物进化的因素很复杂主要有_____、_____、_____和灭绝几个方面。

【答案】变异、选择、隔离。

3.(四川大学 2006)物种形成的机制包括_____、_____和多倍化。

【答案】隔离、自然选择。

4.(云南大学 2007)生殖隔离中后合子机制(交配后隔离)有_____、_____、_____三种结果。

【答案】杂种不活、杂种不育、杂种破落。

5.(江苏大学 2014,昆明理工大学 2007,西南大学 2007)自然选择的三种主要模式是:_____、_____和_____。

【答案】稳定性选择、定向选择、分裂选择。

6.(青岛海洋大学 2001)哈迪—温伯格定律是指在以下五个条件_____、_____、_____、_____、_____下,各等位基因的频率和等位基因的基因型频率在一代代遗传中稳定不变。

【答案】种群足够大、和其他群体完全隔离、没有基因交流、随机交配、没有突变发生、没有自然选择。

7.(中国科学院研究生院 2007)在对达尔文进化论进行了多项修订之后,新的进化论被称为_____。

【答案】现代综合论

8.(华东师范大学 2007)由不同物种杂交产生的多倍体称为_____。

【答案】异源多倍体

二、判断题

1.化石种类分古生物遗体化石和古生物遗迹化石。

2.亲源关系相近的生物在它们发育过程中有相似的发育阶段。

3.亲源关系近的生物,其 DNA 或蛋白质有更多相同性。反之亦然。

4.具有同功器官的各种生物,并不能说明它们在进化上有较近的亲缘关系。

5.生物进化往生物个体结构的复杂性和多样性发展。

6. 生物进化是指地球上的生命从最初最原始的形式经过漫长的岁月变异演化为几百万种形形色色生物的过程。

7. 生物进化中，缓慢、渐变的与快速、跳跃式的进化都存在。

8. (厦门大学 2004)分支进化是生物进化的主要方式。

9. 达尔文进化论是已定型的有关生物进化的理论。

10. 一个群落全部个体所带的的全部基因(包括全部等位基因)的总和就是一个基因库。

11. (厦门大学 2004)自然选择是推动生物进化的主要动力。

12. 地理隔离造成生殖隔离，生殖隔离导致新种的形成。

13. 有性生殖的生物，其同种的一群个体与其它个体生殖隔离，则物种形成了。

14. 生物的趋同适应使不同种生物形成相同的生活型。

15. 生物的趋异适应使同种生物的不同个体群产生不同的生态型。

16. Darwin 主义包含了两方面的基本含义：①现代所有的生物都是从过去的生物进化来的；②自然选择是生物适应环境而进化的原因。

17. 进化体现在种群遗传组成的改变，这就决定了进化改变的是整个群体，而不仅仅是个体。

18. 达尔文强调物种形成是渐变式的，因此，物种形成的重要基础是性状分歧。

19. 基因库是一种生物群体全部遗传基因的集合，它决定了下一代的遗传性状。

20. 分子进化中性学说认为生物的进化主要是中性突变在自然群体中进行随机的遗传漂变的结果。

三、选择题

1. 关于地层中生物化石分布情况的叙述，错误的是_____。

A. 在古老的地层中可以找到低等生物的化石

B. 在新近的地层中可以找到高等生物的化石

C. 在新近的地层中可以找到低等生物的化石

D. 在极古老的地层中有时也可以找到一些高等生物的化石

2. 生物进化是指_____。

A. 生物越来越适应环境　　　　　　　　B. 生物的遗传物质越来越不一样

C. 生物的个体数越来越多　　　　　　　D. 生物对环境的破坏越来越大

3. (中国科学院研究生院 2007)哈迪——温伯格定律是关于生物类群的_____。

A. 种群大小的定律　　　　　　　　　　B. 基因频率的定律

C. 种群交配体制的定律　　　　　　　　D. 自然选择的定律

4. 属于哈迪—温伯格定律的条件的是_____。

A. 个体数目较多　　　　　　　　　　　B. 个体间的交配是随机的

C. 有频繁的突变发生　　　　　　　　　D. 有广泛的迁移

5. (四川大学 2013，厦门大学 2001)现代达尔文主义(或综合进化论)主要在_____层次研究进化的机理。

A. 分子　　　　　　B. 细胞　　　　　　C. 个体　　　　　　D. 群体

6. (云南大学 2004)小且隔离的种群(居群)比大的种群更易于发生物种形成事件，这是由于_____。

A. 它含有更多的遗传多样性

B. 它对于基因流动更敏感

C. 它更易于受到遗传漂变和自然选择的影响

D. 它更倾向于在减数分裂中发生错误

E. 它更有可能在新的环境中生存下来

7.(中国科学院研究生院 2007)与物种形成密切相关的有_____。

A. 多倍体的形成　　　　　　　　B. 稳定的环境条件

C. 杂交　　　　　　　　　　　　D. 无竞争者

8.(云南大学 2007)中性突变是_____的核心。

A. 拉马克学说　　　B. 达尔文学说　　　C. 现代达尔文学说　　　D. 非达尔文学说

【参考答案】

（扫码获取正版答案）

四、问答题

1.(厦门大学 2004)说明下列现象发生的原因：人的细胞色素 C 的氨基酸组成与黑猩猩没有差别，和家兔相差 9 个氨基酸，和龟相差 15 个氨基酸。

【答案】细胞色素 C 由 104 氨基酸组成的多肽分子。从进化上看，细胞色素 C 是高度保守的分子，据估计，它的氨基酸顺序每 200 万年才发生 1% 的改变。这也说明，利用细胞色素 C 完成的细胞呼吸是一个古老的过程。细胞色素 C 分子的变化必须是缓慢而不影响细胞呼吸功能的，否则，它在进化中早被淘汰而不能保存到现在。不同生物的细胞色素 C 中氨基酸的组成和顺序反映这些生物之间的亲缘关系。人和黑猩猩的细胞色素 C 完全一样，和家兔相差 9 个氨基酸，和龟相差 15 个氨基酸。这些数据说明了这些生物的同源性，也说明人和黑猩猩的血统关系最接近。

2.解释下列现象：被人血清免疫后的家兔抗血清对人、黑猩猩、大猩猩血清的滴定比值分别为 100% 、97% 和 92% 。

【答案】血清免疫实验是证明动物间亲缘关系远近十分重要的经典方法。它是用异种动物的血清进行免疫反应，从沉淀反应可以看出被测动物间在生理上的亲缘关系远近。

一种动物的抗血清(抗体)除和本种动物的血清发生强沉淀反应外，对其他亲缘关系较近的动物的血清也可发生程度不同的弱反应。将人、黑猩猩、大猩猩的血清注射到家兔体内，使家兔产生相应的抗体，然后将含有不同抗体的血清(抗血清)取出，与人、黑猩猩、大猩猩的血清相遇，反应强度的不同说明人和这些动物的亲缘关系有远近的不同。人和黑猩猩的关系较近，和大猩猩的关系较远。

3. 长颈鹿祖先的脖子并不很长，试述其脖子伸长的可能机理。

【答案】(1)在古代的长颈鹿中，由于个体不同，它们的颈有长有短。在气候干旱，地面青草干枯，灌木死亡的自然条件下，身高脖长的长颈鹿能够吃到身矮脖短的长颈鹿无法吃到的高树木上的叶子，在生存竞争中脖长者得胜而生存下来，逐渐形成今天的长颈鹿。长颈鹿的长脖子可能是竞争导致进化的结果，为自然选择进化的例子提供了证据。

(2)古代的长颈鹿，由于发生各种突然变异而出现了长度不等的脖子。其中，颈长的在生存竞争中有利于摄取食物，经过自然选择发展成为今天具有长颈的长颈鹿。

(3)由于长颈鹿生活环境中的自然条件的变化，或其他因素的影响，引起了长颈鹿生理功能的改变，从而促使其遗传物质基础发生变化，产生了有利于它生存的"长颈性"基因突变。通过自然选择，使这类有利的适应性变异的个体保存下来，经过世世代代的积累和巩固，最终形成了今天长颈鹿的长脖子。这就是长颈鹿长脖子形成的主要原因及物质基础。

4. (云南大学 2000)简述达尔文的自然选择学说和综合进化论。

【答案】达尔文自然选择学说认为自然选择的对象是个体。正是由于物种的个体间存在着适应性、生存和生殖能力上的差异,使得自然选择可以进行。通过自然选择,造成"适者生存发展,不适者被淘汰"。达尔文的自然选择学说至今仍被人们所接受,它回答了生物进化的原因是自然选择,但由于当时科学水平的限制和其它一些原因,尚存在一些不足之处,如对遗传、变异的机制未能阐明;强调物种变化是由微小变异逐渐积累成显著变异而引起的,对突变的作用认识不足等。

现代达尔文主义是在达尔文的自然选择学说、基因学说以及群体遗传学的基础上,结合生命科学其它分支学科的新成就而发展起来的,又称为综合的进化理论。它认为进化是在群体(种群)中实现的,进化的原料是突变,生物类型改变的遗传根据在于种群中基因频率的改变,通过突变和自然选择的综合作用,就可以导致生物新类型的产生。

5. 什么是建立者效应?

【答案】遗传漂变的另一种形式——小种群可以造成特殊的基因频率。

(1)小种群中的几个或几十个个体,迁移到它处定居下来,与原种群隔离开来,自行繁殖形成新的种群;有些等位基因没有带出来,导致新种群与原种群的基因频率的差异。

(2)新种群的基因频率取决于建立者(定殖者)——分离出来的几个或几十个个体。

(3)意义:通过自然选择,有可能形成新物种。

6. 简述进化理论的发展。

【答案】达尔文进化论以自然选择为中心,用丰富事实从变异、遗传、选择、生存和适应等方面论证了生物的进化。综合进化论认为群体是生物进化的基本单位,生物进化的主要因素是突变、选择和隔离,从而丰富和发展了达尔文主义,成为近几十年来得到普遍承认的进化学说。分子进化和中性学说,认为分子水平的进化是中性的或近乎中性的随机固定的结果。中断平衡论认为新种在短期内迅速形成,又长期保持稳定;生物进化趋势的本质是间断的而不是渐进的。

7. (云南大学 2002)一种蛾中,控制深颜色的等位基因是显性,控制浅颜色的等位基因是隐性,现有640 只浅色蛾和369 深色蛾,群体呈 hard−Weinberg 平衡,是杂合子的蛾有多少只?

【答案】哈迪——温伯格定律可用数学方程式表示:

$(p+q)^2=p^2+2pq+q^2=1$

$q^2=640/(640+369)=0.64,q=0.8,2pq=2\times0.8\times0.2=0.32$

杂合蛾有 $0.32\times(640+369)=323$ 只。

8. 人的白化病由隐性基因 b 决定,且纯合子 bb 才表出为白化病。经调查某地区白化病患者与正常人群的比例为 1:10 000,试求:

(1)b 基因的频率。

(2)B 基因的频率。

(3)Bb 基因型的频率。

(4)BB 基因型的频率。

【答案】(1)设隐性基因 b 的基因频率为 q,根据题意,某地区白化病患者与正常人群的比例为 1:10 000,$q^2=1/10\ 000,q=0.01$。

(2)B 基因的频率 $p=1-q,p=0.99$。

(3)Bb 基因型的频率 $2pq=2\times0.99\times0.01=0.0198$。

(4)BB 基因型的频率 $p^2=0.99\times0.99=0.98$。

9. (陕西师范大学 2005)分子进化中性学说的主要内容是什么?

【答案】1968 年日本人木村资生(M. Kimura),根据分子生物学的研究,主要是根据核酸、蛋白质中的核苷酸及氨基酸的置换速率,以及这些置换所造成的核酸及蛋白质分子的改变并不影响生物大分子的功能等事实,提出了分子进化中性学说(Neutral Ttheory of Molecular Evolution)。1969 年美国人 J. L. King 和 T. H. Jukes 用大量的分子生物学资料进一步充实了这一学说。

这一学说认为多数或大多数突变都是中性的,即无所谓有利或不利,因此对于这些中性突变不会发生自然选择与适者生存的情况。生物的进化主要是中性突变在自然群体中进行随机的"遗传漂变"的结果,而与选择无关。

10. 试述多细胞动物起源于单细胞动物的证据。

【答案】(1)古生物学证据:地层愈古老,动物的化石种类越少而且简单。在太古代地层中已有单细胞动物有孔虫的化石,而没有多细胞动物的化石。

(2)形态学证据:现存的介于单细胞动物和多细胞动物之间的中间类型可以推测单细胞动物到多细胞动物演化的途径。

(3)胚胎学证据:多细胞动物的早期胚胎发育基本相似都是由单细胞的受精卵开始的。又根据生物发生律(重演率)可以推测出多细胞动物起源于单细胞动物的途径。

11. (厦门大学 2003)风媒花与虫媒花的结构各自有哪些特点?虫媒花与传粉者之间如何协同进化?

【答案】风媒花一般较小,颜色不鲜艳;雄蕊较大没有蜜腺,没有花香。花粉小而轻、干燥,易于飞扬。虫媒花大多色彩鲜艳,香味浓郁,有蜜腺;花粉相对少一点,黏度小。

关系密切的生物,如虫媒花与传粉的动物,一方成为另一方的选择力量,因而在进化上发展了互相适应的特性。植物的花和采粉昆虫协同进化、互相选择的结果,使不同的植物需要不同的昆虫采粉,而不同的昆虫也以不同的植物为采粉对象。显然,采粉的"专门化"防止了遍身花粉的昆虫飞到其他植物的花中,白白浪费花粉。

课后习题详解

达尔文学说与微进化

1. 达尔文是最伟大的博物学家,_____。

A. 他第一个揭示生物能够变化,或者说进化

B. 他将自己的理论建立在获得性遗传理论的基础上

C. 他提出群体遗传学的基本原理

D. 他创立了作为生物进化机制的自然选择理论

E. 他最早相信地球的年龄达几十亿年

答 自然选择学说是达尔文各种学说中最大胆和最新颖的学说,也是达尔文首创的,所以选 D。

2. 什么是群体思想?为什么说它是自然选择学说的前提?

答 一群能互相繁殖的个体组成群体(population)。有性生殖的生物,只有在群体中才能完成生殖,群体是生殖的基本单位,也是微观进化的基本单位。群体思想,即认为一个生物群体是由同种的而又互有差异的个体所组成,是达尔文自然选择学说的前提。

3. 综合进化论关于适合度的定义对"生存斗争,适者生存"的口号作了哪些修正?

答 在达尔文学说中,自然选择来自繁殖过剩和生存斗争,它是基于繁殖过剩和生存斗争作出的一个推论。综合进化论中,将自然选择归结为不同基因型有差异的延续。在种间或种内的生存斗争中,竞争的胜利者被选择下来,它的基因型得以延续下去,这固然具有进化价值,但除此以外,生物之间的一切相互因频率和基因型频率的变化都具有进化价值、没有生存斗争,没有"生死存亡"问题,单是个体的繁殖机会的

差异也能造成后代遗传组成的改变,自然选择也在进行。不同基因型在存活率和生殖率的差别程度,用适合度表示,是指生物生存和生殖并将基因传给后代的能力。

4. 遗传学家研究一种生活在雨量不稳定地区的草本植物群体。他发现在干旱年份,具有卷曲叶子基因的植株得到很好的繁殖,而在潮湿的年份,具有平展叶子基因的植株得到很好的繁殖。说明群体基因结构有什么特点? 它有什么意义?

答 这一现象说明变异增加了群体基因的多样性和自然选择的空间,有利的变异将由于自然选择的作用得以遗传与保留,群体基因的多样性利于种群的生存发展。

5. 镰状细胞贫血病是由隐性等位基因引起的,大约每 500 名非洲裔美国人中有一人(0.2%)患镰状细胞贫血病。在非洲裔美国人中携带镰状细胞贫血病等位基因的人占百分之几? (提示:$0.002 = q^2$)

答 根据哈迪——温伯格公式:$(p+q)^2 = p^2 + 2pq + q^2 = 1$,设隐性基因 a 的基因频率为 q,显性基因 A 的基因频率为 p,根据题意:

$q^2 = 0.002, q = 0.045$

$p = 1 - q = 0.955$

$2pq = 2 \times 0.955 \times 0.045 = 0.086$

携带者 Aa 的基因型频率占 8.6% 。

6. 为什么必须将自然选择过程理解为重组与选择交替进行的过程,才能认识自然选择在创造新类型、新物种中的意义?

答 基因重组是指非等位基因间的重新组合,其细胞学基础是性原细胞的减数分裂第一次分裂,同源染色体彼此分离的时候,非同源染色体之间的自由组合和同源染色体的染色单体之间的交叉互换。基因重组能产生大量的变异类型,产生新的基因型,使后代产生变异。基因重组为生物的变异提供了极其丰富的来源,通过环境的选择作用,可产生新类型、新物种,是形成生物多样性的重要原因之一,对生物进化具有十分重要的意义。所以必须将自然选择过程理解为重组与选择交替进行的过程。

物种形成

1. 什么是物种? 什么因素使有性生殖生物物种即使其自身进化不致停滞,又不使已获得的适应因种间杂交而失去?

答 物种是生物分类的单位,在有性生殖的生物中,物种是互交繁殖的自然群体,一个物种和其他物种在生殖上是隔离的。

每一个种群都有它自己的基因库,种群中的个体一代一代地死亡,但基因库却在个体相传的过程中保持并发展。在同一空间,物种之间是不连续的,群体的遗传结构却保持相对稳定性,二者相辅相成,一方面使进化不致停滞,另一方面又使已获得的适应不致因种间杂交而失去。

2. 为什么一个小的隔离的群体比一个大的群体更有利于物种形成?

答 隔离使小种群单独繁殖,小的隔离种群,由于它们的基因频率不同于原来的大种群,基因频率更容易由于偶然的因素(基因漂变等)而改变。基因频率的改变,再加上它们被新地区的不同因素所选择而向着不同方向发展,因而比大种群更容易产生新品种或新种。

3. 一个物种有两个亚种。生活在不同地区的两个亚种群体相遇后,不同亚种个体容易交配生殖,而生活在同一地区的不同亚种个体之间比较难于交配生殖。这个差别是什么原因产生的?

答 2 个种群如果只是在地理上被隔离开了,把它们放在一起,它们依然可以彼此交配,因此它们就依然是一个种。如果地理隔离之后,发生了生殖隔离,再把它们放在一起时,它们就不能彼此交配,许多类似种尽管生活在同一地区,但不能彼此杂交,这就是生殖隔离。生活在同一地区的不同亚种已经走到物种分化的边缘,生活在不同地区的两个亚种无生殖隔离。

4. 小黑麦是人工培育的多倍体植物。小黑麦总共有 28 对染色体(2n＝56),其中 7 对为黑麦染色体,21 对为小麦染色体。试列出小黑麦培育过程。

答 小麦有 42 个染色体(6n＝42),黑麦有 14 个染色体(2n＝14)。小麦与黑麦杂交产生含 21＋7 染色体的杂种。由于染色体不能配对,杂种不育。用秋水仙素处理,使染色体数目加倍(42＋14),这样就成了有繁殖能力的异源八倍体的小黑麦新种了。

```
小麦          ×      黑麦
(6n＝42)      ↓     (2n＝14)

      杂种
   (4n＝21＋7)

    ↓(秋水仙素处理)
    小黑麦
   (8n＝56)
```

5. 为什么说物种形成的渐进模式和点断平衡模式对于解释化石记录都是有用的?

答 物种形成的渐进模式认为隔离是把一个种群分成许多小种群的最常见的方式,隔离使种群变小了,因而基因频率可以由于偶然的因素(基因漂变等)而改变。基因频率的改变,加上不同环境的选择,使各小种群向不同方向发展,这样就可能形成新种。按照这种方式形成新的物种一般都需要很久时间,要以万年、10 万年以上的时间来计算。

美国古生物学家艾尔德里奇(Niles Eldredge)与生物学家古尔德(Stephen Jay Gould)在 1972 年提出了间断平衡学说,认为生物进化是一种间断式的平衡,即短时间的进化跳跃与长时间的进化停滞交替发生。

寒武纪后,在约 500 万年的短时间内出现了多种多样的无脊椎的动物化石。中生代末恐龙以及鱼龙、翼龙等突然绝灭。用点断平衡模式能较好的解释我们在化石记录中观察到的这些现象。人们在考察微观进化时,以代为时间尺度,这是缓慢的过程;相对于数百万年的物种历史,新物种看来是突然出现的。多数物种总的历史符合点断平衡模式,而在这模式中也包含了渐进变化的阶段。因此,渐进模式和点断平衡模式对于解释化石记录都是有用的。

宏进化与系统发生

1. 20 世纪 50 年代分子生物学的兴起对宏进化和生物系统发育的研究产生了何种影响?

答 20 世纪 50 年代,分子生物学兴起,人们发现所有生物在基本的组成部分和基本的生命过程上存在着高度的同一性。这都有力地表明,整个生物界有一个共同的由来,另一方面,蛋白质、核酸又是地球上已知最复杂的大分子化合物。在各种生物的蛋白质、核酸分子中蕴含着大量有关生物多样性的信息。对不同生物的蛋白质核酸进行比较研究已经成为研究生物宏观进化的重要内容和有力工具。根据中性突变与蛋白质的比较确定生物亲缘关系的远近;DNA 的比较是一种最精确的测定亲缘关系距离的方法;DNA、蛋白质等生物大分子中性突变相对恒定的速率起了分子钟的作用,在研究生物进化过程时,粗略地估计分歧时间很有意义。

2. 印度的动物、植物和邻近的南亚地区动物、植物有很大不同。试从地球板块移动方面作出解释。

答 我们脚下的陆地是组成地壳的板块的一部分。板块总是以极其缓慢的速度在漂移。在生物学时间尺度里,漂移距离很小,它对环境和生物的影响也很小。而在地质时间尺度上,地球上的陆地曾经大合大分,它对环境和生物进化带来的影响不可低估。2.5 亿年前,接近古生代的末尾,板块移动使所有大陆连续在一起构成泛古陆。中生代早期,大约在 1.8 亿年前,泛古陆开始再一次破碎分开。在 6 500 万年前,现代大陆开始成形。1 000 万年前,印度和欧亚大陆连接。地球"板块"的漂移,印度板块向欧亚大陆板块插入,所以、印度的动物、植物和邻近的南亚地区动物、植物有很大不同。

3.假如你用 DNA－DNA 杂交方法来验证图 25.2(原教材)所示加拉帕戈斯地雀的系统树,你预测哪一种杂交 DNA 将会在最低的温度下分开,为什么?

答 DNA—DNA 分子杂交判定动物亲缘关系的远近的原理和方法:首先从不同生物的细胞中提取可比较的 DNA 片段。第二步,加热使 DNA 双链解旋。再将来自不同物种的 DNA 单链混合,并冷却重新形成双链 DNA,这时的双链已经是杂交 DNA 双链。一个物种的 DNA 单链和另一物种的互补单链能结合多紧,取决于两个物种 DNA 序列的相似程度。两个物种的 DNA 越是相似,在杂交的双链分子中形成的氢链越多,结合得越紧,再加热使杂交分子分开时所需的温度也越高。

加拉帕戈斯地雀同属地雀亚科,从大地雀到仙人掌地雀 6 个属地雀属,食芽雀到啄木鸟雀属树雀属,刺嘴雀属莺雀属,从分支进化上可知刺嘴雀与大地雀亲缘关系较远,杂交 DNA 将会在最低的温度下分开。

4.已经测出一块火山岩含有 0.99g Ar 和 3g 放射性 ^{40}K。^{40}K 的半衰期为 13 亿年。该岩石是在何时形成的?

答 ^{40}K 是钾的放射性同位素,在自然界钾的同位素中占 0.012%,^{40}K 衰变到 ^{40}Ar,并发射出能量为 1.46 Mev 的伽玛射线。火山岩含有 0.99 g Ar 和 3 g 放射性 ^{40}K,表明初形成的火山岩 ^{40}K 约 1/4 衰变。

$$m＝M(1/2)^{(t/T)}$$

其中 M 为反应前原子核质量,m 为反应后原子核质量,t 为反应时间,T 为半衰期。^{40}K 的半衰期为 13 亿年。

$$t＝5.4(亿年)$$

该岩石是在 5.4 亿年前形成的。

5.根据分支顺序和化石记录,鸟类和鳄鱼的关系较近而同蜥蜴和蛇的关系较远,这个现象为什么会给分类学带来难题?

答 用谱系分类方法时,分析的特征是有方向性的。最早的分支发生在龟、鳖与其他各类之间,然后是蛇和蜥蜴先后分出来,而恐龙、鳄鱼与鸟类在最后才陆续分支出来。鸟类与恐龙、鳄鱼的亲缘关系最近,它们有最近的共同祖先。而按表型分类分析,鸟类因其特化的体型、飞翔器官、有羽毛及恒定体温而与恐龙、鳄鱼、蛇、蜥蜴、鱼、鳖差别很大。恐龙和鳄鱼不是更接近鸟类,而是更接近蜥蜴和蛇。这一现象给分类学带来难题,鸟类到底是相对于爬行类的独立一类,还是和鳄鱼以及已灭绝的恐龙构成爬行类中的一小群?

对这个问题有两种不同的主张。分支分类学主张,构建系统树所依据的是系统发育谱系的分支顺序,不需要考虑表型分歧程度等因素。在分支分类学家看来,鸟是恐龙的一支。经典的进化分类学则认为鸟类因适应于飞翔,在体型、前肢构造、皮肤附属物等方面发生了很大变化。从恐龙到鸟类,表型适应进化的速率很快。鸟类和鳄鱼虽然有较近的共同祖先,但在某些表型特征上已经相距甚远,在分类系统中应把它排除在爬行类之外,成为和爬行类并列的一类。

6.一方面化石记录往往表现出某种进化趋势,另一方面进化生物学强调生物进化没有预定的方向和目标,这二者是矛盾的吗?

答 二者不矛盾。自然选择是有方向的,但这种方向不是在生物和环境之间发生相互作用之前被预定的,而仅仅表现在选择的结果之中。一个群体,在每一个世代都可能面临新的选择、新的机遇和新的挑战。不同的群体由于所处的环境不同,它们经受的选择压力不同,向适应各自环境的方向进化,形成不同的新物种。在一个进化谱系中,不同物种之间存在不均等的存活,就能够产生进化趋势。如果存活机会是相等的,物种形成却是不均等的,也会呈现进化趋势。

10

生物多样性的进化

考点综述

生物多样性是地球长期演化的结果,包含原核生物多样性进化、原生生物多样性的进化、绿色植物多样性进化、真菌多样性的进化、动物多样性的进化、人类的进化。

本章考点:①生命的起源及化学进化的4个阶段;②原核生物真细菌的结构特征及多样性进化;③古核生物的特征及多样性进化;④原核生物的重要作用;⑤病毒的结构和增殖,类病毒,朊粒;⑥真核细胞的起源;⑦原生生物的特征和多样性进化;⑧多细胞真核生物的起源;⑨绿色植物的多样性:苔藓植物、蕨类植物、裸子植物、被子植物;⑩真菌多样性的进化;⑪动物的种系发生;⑫动物多样性及进化;⑬人类的起源和进化。

主要植物类群:

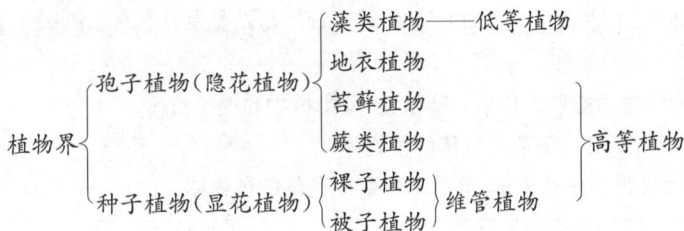

```
                     ┌─ 藻类植物——低等植物
          ┌ 孢子植物  │  地衣植物
          │ (隐花植物) │  苔藓植物          ┐
植物界 ┤            └  蕨类植物          │ 高等植物
          │ 种子植物  ┌ 裸子植物 ┐        ┘
          └ (显花植物) └ 被子植物 ┘ 维管植物
```

主要动物类群:

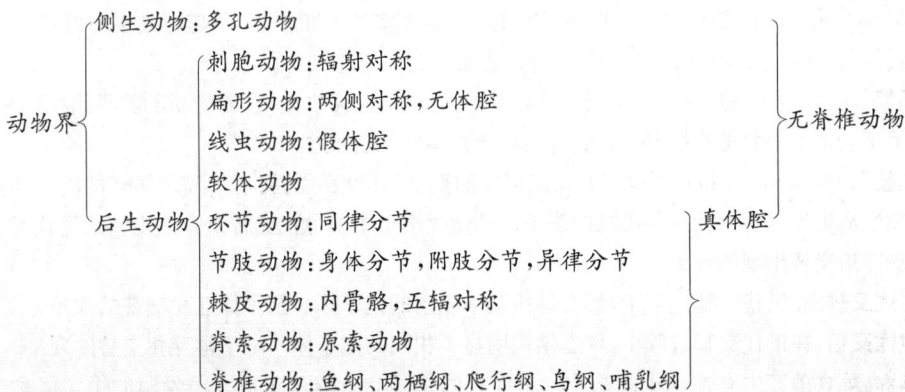

```
          ┌ 侧生动物:多孔动物
          │          ┌ 刺胞动物:辐射对称
          │          │ 扁形动物:两侧对称,无体腔
          │          │ 线虫动物:假体腔                      ┐
动物界 ┤          │ 软体动物                              │ 无脊椎动物
          │ 后生动物 ┤ 环节动物:同律分节          ┐        │
          │          │ 节肢动物:身体分节,附肢分节,异律分节 │ 真体腔 │
          │          │ 棘皮动物:内骨骼,五辐对称    ┘        │
          │          │ 脊索动物:原索动物                    │
          └          └ 脊椎动物:鱼纲、两栖纲、爬行纲、鸟纲、哺乳纲 ┘
```

本部分考试题型多样,考查的知识点也较多较细。建议大家学习时,抓住生物发展演化的主线索,了解生物各分类类群的主要结构特点及相互关系。重点掌握病毒的结构特征,古核生物的特征,原核生物的

主要类群及作用,真菌的主要特征,植物的发展演化历程,有胚植物、孢子植物、种子植物和维管植物所包括的类群,动物的主要类群及特点,植物和动物进化过程中的主要线索及重要事件。

名词术语

【术语题库　扫码获取】

1.**团聚体学说**(coacervate theory):奥巴林提出多肽、蛋白质、核酸等混合可形成团聚体小滴,即多分子体系,具有一定的生命特征。

2.**微球体学说**(microsphere theory):福克斯将类蛋白分子与核酸加热浓缩形成的大小均一、直径几微米的球形物,是一种相当稳定的结构,也具有一定的生命特征。

3.**古核生物域**:根据 16S rRNA 序列分析,生物进化中与真核生物 18S rRNA 序列一致、亲缘关系更密切的一类原核生物。栖息于极端的环境条件下,可再分为 4 亚群:泉古生菌,广古生菌,初古生菌,纳古生菌。

4.**系统树**:按生物亲缘关系的远近和进化历程将不同的生物类群分别标示在一个分支图中,形成系统树。

5.**外毒素**(exotoxin):细菌分泌到介质中的毒素,为毒性很强的蛋白质,随血液和淋巴进入身体各部位。

6.**内毒素**(endotoxin):革兰氏阴性细菌细胞壁脂多糖中的成分(类脂 A),只在细菌死亡溶解后释放出来,引起机体发热、糖代谢紊乱、微循环障碍、内脏出血、中毒休克等症状。

7.**类病毒**(viroid):没有蛋白质外壳,只有裸露的246～375 个核苷酸组成的单链环状 RNA 分子,为专性寄生植物的亚病毒因子。

8.**朊粒**(prion):是一类能引起哺乳动物中枢神经系统病变的传染性的蛋白质分子。

9.**原生生物**(protist):个体微小、多数为单细胞、有细胞核和原生质膜包围的细胞器的真核生物。

10.**孢子植物**:生活史中不形成种子,主要利用孢子进行繁殖的植物。包括藻类植物、菌类植物、地衣植物、苔藓植物和蕨类植物等。

11.**颈卵器植物**:具有颈卵器结构的植物类群。包括苔藓植物、蕨类植物和裸子植物。

12.**孢子体**:植物无性世代中产生的,具有二倍数染色体的植物体。

13.**配子体**(gametophyte):植物有性世代中产生的,具有单倍数染色体的植物体。

14.**原丝体**:苔藓植物的孢子在适宜的环境中萌发成的配子体。

15.**原叶体**:蕨类植物的孢子在适宜的环境中萌发成的配子体。

16.**颈卵器**(archegonium):苔藓植物、蕨类植物和裸子植物产生卵细胞的多细胞雌性生殖器官。

17.**精子器**(antheridum):苔藓植物和蕨类植物产生精子的多细胞结构。

18.**维管植物**(ascular plant):指那些发展出能较好的输导水分、无机盐、营养物质的输导组织的植物,它包括用孢子繁殖的低等维管植物(蕨类植物)和用种子繁殖的维管植物。

19.**世代交替**(alternation of generations):指二倍体的孢子体阶段(无性世代)和单倍体的配子体阶段(或有性世代)在生活史中有规则地交替出现的现象。动物生活史中的世代交替指有性生殖的世代与无性生殖的世代有规律地交替出现的现象。

20.**同形世代交替**:在世代交替过程中,形态结构基本相同的孢子体与配子体互相交替的现象。

21.**异形世代交替**:在世代交替过程中,形态结构明显不相同的孢子体与配子体互相交替的现象。

22.**子实体**:高等真菌产生有性孢子的结构。由能育的菌丝和营养丝组成。子囊菌的子实体称子囊果,担子菌的子实体称担子果,其形状、大小与结构因种类而异。

23.**辐射对称**:通过身体的中轴可以有二个或二个以上的切面把身体分成两个相等的部分。是一种原始的对称形式。

24.**原体腔(假体腔,初生体腔):**动物界最先出现的体腔形式,只有体壁中胚层,无肠壁中胚层。假体腔直接与肌肉为界,无中胚层形成的体腔膜和肠系膜,是一封闭的腔,充满体腔液。体腔的出现,促进肠道与体壁独立运动,使内脏器官具有稳定内环境。

25.**同律分节:**环节动物身体分节,体节在形态和机能上基本相同,称为同律分节。

26.**异律分节:**体节进一步分化,各体节的形态结构发生明显差别,身体不同部位的体节完成不同功能,内脏器官也集中于一定体节中,称为异律分节。

27.**后口动物(deuterostome):**在胚胎发育过程中,胚孔形成动物的肛门,在相反方向的一端由内胚层内陷形成口的动物。后口动物包括棘皮动物和脊索动物。

28.**羊膜动物:**胚胎发育中出现羊膜结构的脊椎动物,可以进行体内受精,进行胸式呼吸。包括爬行纲动物,鸟纲动物,哺乳纲动物。

29.**脊索动物:**动物界最高等的一类动物,都具有脊索(或在演化中脊索退化被脊椎代替)、背神经管、鳃裂三大特征。包括尾索动物、头索动物和脊椎动物三个亚门。

30.**革兰氏染色(Gram's staining):**一种根据细菌细胞壁结构的不同而将细菌区分为两大类的染色方法。染成红色的称为革兰氏阴性,染成紫色的称为革兰氏阳性。

考研精粹

生命的起源及原核生物多样性的进化

1.(西南科技大学 2012)关于生命起源的假说,最令人信服的是_____。

A. 神创论　　　　　　B. 自然发生说　　　　　C. 宇生说　　　　　　D. 化学起源说

【解析】最早关于生命起源假说是"神创论",它把生命起源这一科学命题划入神学领域,是不科学的。

19 世纪前广泛流传自然发生说,认为生命随时从无生命物质自然发生的。实验证明这种结论是错误的。

宇生论这一学说认为地球上的生命来自宇宙间其他星球,这种观点缺乏实验证据;同时这个假说对于"宇宙中的生命又是怎样起源"的问题,仍然是无法解释的。

生命的化学进化论认为生命是从无生命的物质经过化学进化的阶段而来的,生命发生的最早阶段是化学进化,即从无机小分子进化到原始生命的阶段,原始生命即是细胞的开始。细胞的继续进化,从原核细胞到真核细胞,从单细胞到多细胞等。在实验室中,人们早已成功地用无机物合成有机物了;奥巴林和福克斯做了很多实验,分别提出团聚体学说和微球学说,揭示了多分子体系的生成;古生物化石、生理生化实验、细胞分析、分子生物学实验等提供生物进化的证据。

【答案】D

2.(昆明理工大学 2013) 化学进化的全过程可分为 4 个连续的阶段:_____、_____、_____和_____。

【答案】有机小分子的非生物合成、生物大分子的非生物合成、核酸－蛋白质等多分子体系的建成,原始细胞的起源。

3.(四川大学 2011)米勒(Miller)实验证明,在早期地球条件下,由无机分子合成有机分子是可能的,这有力地支持了奥巴林关于生命起源的假说。(　　　)

【答案】对

4.(四川大学 2012)地球上最早诞生的生命形式应该是原核厌氧的多细胞生物。(　　　)

【答案】错

5.(河南大学 2019,湖南农业大学 2012)简要叙述细菌的形态结构、类型及在生态环境中的作用,它们与人类有什么关系?

【答案】大多数细菌个体微小,为单细胞,有球状、杆状或螺旋状三种形态。细菌没有膜包被的细胞核,只有一个环状的 DNA 分子,位于细菌细胞内特定的区域内,称为拟核区。细菌细胞质中有散在的核糖体,没有线粒体等细胞器。除支原体外,细菌有乙酰胞壁酸肽聚糖为主要成分的细胞壁。有些细菌还具有鞭毛、芽孢和荚膜等特殊结构。很多细菌的细胞质中还含有小的环状 DNA 分子,称为质粒,为染色体外的遗传物质。

细菌的营养和代谢类型多样化,根据碳的来源、能量来源及电子供体性质可分为 4 种营养类型。
①光能自养型,以 CO_2 为唯一或主要碳源,以光为能源。②化能自养型,以 CO_2 为主要碳源,自无机物氧化获得能量。③光能异养型,碳来源于有机物,以光为能源。④化能异养型,大多数细菌只能依靠有机物氧化获得能源和碳源。根据细菌对氧的需求,分为需氧菌、厌氧菌、兼性厌氧菌、微需氧菌、耐氧菌 5 大类。不少细菌是厌氧的。其中有些是绝对厌氧的,如甲烷细菌就是专性厌氧的。肉毒梭菌和破伤风梭菌,伤口浅而暴露于外时,破伤风梭菌不能繁殖,只有当伤口深,坏组织多,好氧性细菌繁殖,耗尽了氧,出现了无氧的环境时,破伤风菌才能生长。多数细菌是既能生活在无氧环境,也能生活在有氧环境,这种细菌称为兼性厌氧细菌,如大肠杆菌等。土壤中很多细菌都是兼性厌氧细菌。

细菌是自然界的分解者。细菌的代谢对自然界的物质循环十分重要,自然界如果没有细菌,物质的循环就不可能实现,动、植物的尸体就将堆积如山;由于细菌的作用,尸体被分解,复杂的有机物如蛋白质等分解为简单的化合物,被植物根部所吸收。在氮的循环中,固氮细菌起着重要的作用,空气中有大量的氮气,只有某些细菌、蓝藻和少数真菌能利用空气中的氮,使之转变成可为其他生物利用的化合物。这种细菌统称为固氮菌。有的固氮菌是独立生活于土壤或水中的,有一属固氮菌,即根瘤菌(Rhizobium),是生活在豆科植物根部的,这些固氮菌都能将大气中的氮经固氮酶(nitrogenase)的作用而还原为 $NH_3(NH_4^+)$,供植物合成氨基酸之用。

细菌与人类关系密切。在环境污染检测和治理、工农业、医药上广泛应用,也引发多种疾病。

6.(昆明理工大学 2010)简述三原界学说的内容。

【答案】20 世纪 70 年代伍斯、福克斯等对近 400 种原核生物 16S rRNA 和真核生物 18S rRNA 序列比较同源水平,发现古核生物序列 AAACUUAAAG 与真核生物 18S rRNA 序列一致,而真细菌序列是 AAACUCAAA。根据核糖体小亚基的分子结构,把生物界分为古核生物域(Archaea)、真细菌域(Bacteria)、真核生物域(Eukarya)。

7.(浙江师范大学 2012)原核细胞没有成形的细胞核,也没有内质网、高尔基体、线粒体、叶绿体等细胞器。下列细胞属于原核细胞生物的是_____。

A. 蓝藻   B. 地衣   C. 苔藓   D. 酵母

【答案】A

8.(江苏大学 2014)_____是已知的最小的能在细胞外培养生长的原核生物。

【答案】支原体

9.(中科院水生所 2011)细菌以_____方式繁殖,多数细菌能在环境不良时产生_____以度过不良环境。

【答案】分裂生殖,芽孢。

10.(南京大学 2014)放氧型光能细菌的意义。

【答案】最早地球环境是还原性的,放氧型光能细菌通过光合作用释放大量的氧气,改变了地球面貌,为需氧生物的起源和发展开辟了广阔的前景。大气上层有臭氧层,臭氧层挡住短波紫外线的杀伤破坏力,使生物得以繁衍昌盛。

11.（中国科学技术大学 2013）革兰氏染色（Gram stain）的原理和方法。

【答案】革兰氏染色（Gram stain）是染细菌的细胞壁、鉴定细菌的一个简便方法。先用碱性染料结晶紫染色，经碘液媒染后，再用乙醇退色，用番红复染。

通过结晶紫初染和碘液媒染后，在细胞壁内形成了不溶于水的结晶紫与碘的复合物，革兰氏阳性菌由于其细胞壁较厚、肽聚糖网层次较多且交联致密，故遇乙醇脱色处理时，因失水反而使网孔缩小，再加上它不含类脂，故乙醇处理不会出现缝隙，因此能把结晶紫与碘复合物牢牢留在壁内，使其仍呈紫色；而革兰氏阴性菌因其细胞壁薄、外膜层类脂含量高、肽聚糖层薄且交联度差，在遇脱色剂后，以类脂为主的外膜迅速溶解，薄而松散的肽聚糖网不能阻挡结晶紫与碘复合物的溶出，因此通过乙醇脱色后仍呈无色，再经番红复染，就使革兰氏阴性菌呈红色。引起多种炎症的链球菌，引起化脓的葡萄球菌等都是革兰氏阳性菌；大肠杆菌、沙门氏菌等是革兰氏阴性菌。前者对青霉素敏感（青霉素有抑制肽聚糖生成的作用），后者对青霉素不敏感，但对链霉素敏感。

12.（四川大学 2014，中国地质大学 2007）关于革兰氏阳性菌，下面叙述中正确的是_____。

A. 细胞壁的基本成分是肽聚糖　　　　　　　B. 有蛋白糖脂质外膜

C. 对青霉素不敏感　　　　　　　　　　　　D. 一般不产生外毒素

【答案】A

13.（四川大学 2010）病毒结构非常简单，通常由蛋白质的外壳包被两种核酸——DNA 和 RNA 分子组成。（　　）

【解析】病毒是非细胞形态的亚显微的大分子颗粒。每一病毒粒子都是由一个核酸芯子（DNA 或 RNA）和一个蛋白质衣壳（capsid）所组成。病毒的蛋白质衣壳是由许多亚单位，即衣壳体（capsomeres）按一定的规律排列而成。亚单位有规律的排列使各病毒具有不同的形态。很多动物病毒在衣壳之外还有一层由脂类双分子层构成的包膜（envelope）。包膜实际来自寄主的细胞膜或核膜，其上有特异的糖蛋白分子，可和寄主细胞膜上的受体分子结合，使病毒粒进入细胞。病毒不具备代谢必需的酶系统，或者酶系统很不完全，也不能产生 ATP，所以病毒不能独立进行各种生命过程，只有在进入细胞之后，才能"指导"寄主细胞为它们服务——产生新的病毒粒子。

【答案】错

14.（华东师范大学 2012）T2 噬菌体侵染大肠杆菌分几个步骤，这个实验有什么重大意义？

【答案】病毒在细胞外，是无生命的亚显微的大分子颗粒，不能生长和分裂。它们能够侵染特定的活细胞，借助宿主细胞的能源系统、tRNA、核糖体和复制转录翻译等生物合成体系，复制病毒的核酸和蛋白质，装配成结构完整、具有侵染力的、成熟的病毒粒子。

T2 噬菌体侵染大肠杆菌包括 5 个阶段：吸附，侵入和脱壳，生物合成，组装，释放。T2 噬菌体侵染大肠杆菌时，它的尾部吸附在菌体上。通过溶菌酶的作用在细菌的细胞壁上打开一个缺口，把头部的 DNA 注入细菌的细胞内，其蛋白质衣壳留在壁外，不参与增殖过程。噬菌体利用细菌细胞，大量地复制子代噬菌体的 DNA 和蛋白质，并组装成完整的噬菌体颗粒。噬菌体成熟后，子代噬菌体释放出来，又去侵染邻近的细菌细胞。

1952 年赫尔希和蔡斯以 T2 噬菌体为实验材料，利用放射性同位素标记的技术，完成了 T2 噬菌体侵染大肠杆菌的实验。这个实验证明了 DNA 是遗传物质的结论。

15.（华侨大学 2012）病毒、类病毒和朊粒是什么？它们在生命的起源和进化方面给你什么启示？

【答案】病毒是无细胞结构的感染介质，由核酸和蛋白质构成；不能独立进行各种生命活动，侵入寄主细胞后借助寄主细胞一套生命物质系统复制自己、大量繁殖，表现明显的生命现象特征。病毒给我们的启示：一种不完全的生命形式；或说不是严格意义上的生命形式。生物界（生命）、非生物界（非生命）无绝对界限、无不可逾越的鸿沟。

类病毒（viroid）是比病毒小的颗粒，无蛋白质外壳；300 多个核苷酸构成单链环状或线形 RNA 分子；

类病毒、某些基因中的内含子核苷酸顺序相似；说明类病毒可能来自于基因中的内含子。

阮粒(prion)是一种蛋白质分子，也称蛋白质病毒；无核酸，无复制转录功能；但具信号分子作用，能侵入寄主细胞，产生新的阮粒。疯牛病病原体——蛋白粒子，说明蛋白质可能也含遗传信息，是对中心法则的挑战、补充；也说明生命现象的复杂性有待于探索。

病毒和质粒、转座子一样，是可移动的遗传因子。病毒含有的一些基因，常和寄主细胞的基因相同或相似，而和它种病毒的基因不同。因此，病毒可能来自细胞。

16.(清华大学 2015)导致神经组织受损的阮病毒是一种_____。

A. 细菌　　　　　　　B. 病毒　　　　　　　C. 类病毒　　　　　　　D. 蛋白质

【答案】BD

17.(西南大学 2009)病毒是早于细胞出现的生命形式。(　　　)

【答案】错。病毒是细胞出现后的产物。

原生生物多样性的进化

18.(华中师范大学 2015)为什么说原生动物既是最简单的动物也是最复杂的动物？

【答案】原生动物身体微小，大多数整个身体由一个细胞构成，它们虽然在形态结构上有的比较复杂，但只是一个细胞本身的分化。它们之中也有群体，但是群体中的每个个体细胞一般还是独立生活，彼此间的联系并不密切，因此，在发展上它们是处于低级的、原始阶段的动物。

原生动物作为一个动物体来讲是最简单的，而作为一个细胞来讲是最复杂的。一个细胞就已经能进行取食、消化吸收、呼吸、生殖、运动等活动。原生动物细胞表面差异极大，运动方式和营养类型多样化，摄食方式多样，通过伸缩泡活动排泄，是最全能的细胞。

19.(云南大学 2013)论述藻类植物的世代交替现象。

【答案】藻类植物也有世代交替，生活史上孢子体和配子体外表形状、大小、构造和显著性完全一样，没有区别，并且都能独立生活，只是两个个体的细胞中染色体数量上有二倍体(2n)和单倍体(n)的区别，称为同型世代交替。

20.(江苏大学 2010)藻类不具有下列特征_____。

A. 光合自养　　　　　　B. 根、茎、叶分化　　　　C. 多细胞生殖器官　　　　D. 遗传与进化

【答案】B

21.(四川大学 2011)植物学家主张高等植物由绿藻样祖先进化而来，理由是_____。

A. 两者之间结构相似

B. 两者之间的光合色素和储藏物质相同

C. 两者的生活环境相似

【答案】B

22.(西南大学 2009)原生生物演化出三个多细胞生物的类群；一是_____，进行光能自养，是生态系统中的生产者；一是_____，行吞咽式异养，是生态系统中的消费者；还有一种是_____，营养吸收式异养，是分解者。

【答案】植物，动物，真菌。

绿色植物多样性进化

1.(武汉大学 2013)比较苔藓植物、蕨类植物和种子植物的主要特征，并以这三者的变化关系说明植物界的演化规律。

【答案】苔藓植物出现了茎、叶和假根的构造，但组织比较简单，无维管组织的分化。蕨类和种子植物有根、茎、叶分化，而且内部有维管束和中柱形成，蕨类植物没有形成层和次生生长，种子植物有了形成层和次生生长。因此，随着植物界的不断演化发展，植物体的形态结构由简单到复杂，逐渐趋于完善。

苔藓植物体内没有维管组织的分化，也没有真正的根的分化，只能生活在阴湿的环境里。到蕨类和种

子植物,植物体内有了维管组织的分化,绝大部分植物在干燥的地面上生长,成为陆生植物。另外,在苔藓植物和蕨类植物的有性生殖过程中,受精作用必须借助于水才能完成,到种子植物,有花粉管的产生,精子通过花粉管直接到达胚囊,受精作用不受水的限制,这为植物从水生到陆生创造了条件。

苔藓植物的配子体发达,能独立生活,孢子体简单,不能独立生活,寄生在配子体上。蕨类植物的配子体退化,孢子体发达,两者都能独立生活。到了种子植物,孢子体更加发达,组织分化高更适应陆地生活条件。配子体进一步退化,不形成游动精子,而产生花粉管传送精子,使受精作用摆脱了对水的依赖,这在系统发育史上是一个巨大的转折。其配子体寄生在孢子体上,从孢子体中获得生活所需的水分和养料,使有性生殖过程不受某些不利条件的影响。

苔藓植物和蕨类植物的生殖器官为精子和颈卵器,结构简单,种子植物的生殖器官为雄蕊和雌蕊,结构复杂。苔藓、蕨类产生游动精子,受精过程必须在水的环境中进行;而种子植物出现花粉管,使受精摆脱对水的依赖。种子的出现,使胚包被在种皮内,免受外界不良条件的影响,这对植物适应陆地生活极为有利。被子植物还具有特殊的双受精现象,使胚、胚乳都具有父母双方的遗传性,增强了植物的生命力和适应性,是被子植物繁荣发展的内因,因而,使种子植物,特别是被子植物发展成现代植物中最进化和占优势的类群。

比较三者,植物界的演化规律主要体现在形态结构从简单到复杂,生活环境从水生到陆生,生活史从配子体世代占优势进化到孢子体世代占优势,生殖方式的发展摆脱了对水的依赖。

2.(武汉大学 2013)苔藓植物的配子体占优势,孢子体不能离开配子体生活。(　　)

【答案】对

3.(四川大学 2012)系统植物学的研究认为:苔藓植物是进化的盲枝,其原因是_____。

A. 它们没有真根,只有假根　　　　　　　　B. 它们在生活史中以配子体占优势

C. 它们不具有维管组织　　　　　　　　　　D. 有性生殖依赖水作为媒介

【答案】B

4.(云南大学 2013)简答苔藓植物在植物系统演化中的地位。

【答案】苔藓植物是一类结构比较简单的高等植物,有初步分化的茎叶体,可是还没有真正的根。没有维管组织。有性生殖器官由多个细胞构成。苔藓植物在演化中最大的突破性进展是合子不脱离母体,发育为胚。胚的出现是植物演化到高等植物的标志。

苔藓植物具备一些适应陆地生活的性状,但有性生殖过程不能脱离"水湿"环境,是植物由水生向陆生演化的过渡类型。苔藓植物有很强的吸水能力,遗骸变成泥炭,对环境的影响不可低估。

5.(四川大学 2010)维管植物是如何适应陆地生活的?

【答案】维管植物是植物界最高级的类群,维管植物可分为蕨类(Pteridophyta)和种子植物(Spermatophyta)两类。种子植物又分为裸子植物(Gymnosperms)和被子植物(Angiosperms)两类。

维管植物是孢子体(2n)发达,孢子体有根,能深入土壤吸收水分和矿质元素;有发达的叶,能进行光合作用。由于有了维管系统,具有支持的功能和远距离运输的功能,使枝叶内的光合产物能快捷地被输送到根部,同时根部吸收的水分和矿质营养物能源源不断地供应枝叶。维管植物角质层、气孔、细胞壁木质化等性状的出现,能适应陆地干旱环境,有利于调节体内外水分平衡。这些特性都使维管植物能较好地适应陆地生活。

6.(云南大学 2012)简答蕨类植物在植物系统演化中的重要作用。

【答案】蕨类植物也称无种子维管植物,孢子体有根茎叶的分化。在植物的进化历史上,角质层、气孔、维管系统、细胞壁木质化等性状的出现,对陆地环境比较适应,被称为植物界的"两栖类"。在石炭纪,高大的蕨类植物不仅在当时的生态系统中占很重的位置,而且在煤的形成方面有巨大意义。

7.(西南科技大学 2012)维管植物中用种子繁殖的有_____和_____。

【答案】裸子植物、被子植物。

8.(云南大学 2007)蕨类原叶体的细胞染色体数是 2N。(　　)

【答案】错

9.(华中师范大学 2015)简述孢子植物中,世代交替、胚和维管组织的出现在植物演化过程中的意义。

【答案】(1)因为植物一般都不能运动,行固着生活,只有产生数量多和适应性强的后代,才能维持种族的繁衍和发展。无性世代和有性世代的交替,一方面可借数量多的孢子大量繁殖后代,同时也在有性世代中由于配子的结合丰富了孢子体的遗传基础,加强其适应性,从而更加保证了植物种族的繁衍和发展。

(2)胚是由受精卵发育的幼小植物体的雏形,胚在形成过程中由母体提供营养,并得到母体的更好保护,对于植物界在陆生环境中繁衍后代具有重要意义,是植物界系统演化中的一个新阶段的标志之一。

(3)从蕨类植物开始,植物界出现了维管组织,对于水分、无机盐和营养物质运输的机能和效率大大提高了,同时也增强了支持作用,对于适应陆生环境具重大意义。

10.(湖南农业大学 2012)与裸子植物相比,说明被子植物更能适应陆生环境的特征。

【答案】(1)被子植物最显著的特征是具有真正的花;

(2)被子植物的胚珠包藏在心皮构成的子房内,经受精作用后,子房形成果实,种子又包被在果皮之内。果实的形成使种子不仅受到特殊保护,免遭外界不良环境的伤害,而且有利于种子的散布;

(3)被子植物的孢子体(植物体)高度发达,在生活史中占绝对优势,木质部是由导管分子所组成,并伴随有木纤维,使水分运输畅通无阻;而且机械支持能力加强。产生真正的花,有子房及果实的形成;

(4)被子植物的配子体进一步简化。被子植物的配子体达到了最简单的程度。小孢子即单核花粉粒发育成的雄配子体只有 2 个细胞或者 3 个细胞。大孢子发育为成熟的雌配子体称为胚囊,胚囊通常只有 7个细胞:3 个反足细胞、1 个中央细胞(包括 2 个极核)、2 个助细胞、1 个卵细胞。颈卵器消失。可见,被子植物的雌、雄配子体均无独立生活能力,终生寄生在孢子体上,结构上比裸子植物更加简化;

(5)出现双受精现象和新型胚乳。被子植物生殖时,一个精子与卵结合发育成胚(2n),另一个精子与两个极核结合形成三倍体的胚乳(3n)。所以不仅胚融合了双亲的遗传物质,而且胚乳也具有双亲的特性,这与裸子植物的胚乳直接由雌配子体(n)发育而来不同;

(6)被子植物的生长形式和营养方式具有明显的多样性。被子植物的生长形式有木本的乔木、灌木和藤本,它们又有常绿的和落叶的;而更多的是草本植物,又分多年生、二年生及一年生植物,还有一些短生植物。被子植物大部分可行光合作用,是自养的,也有寄生和半寄生的、食虫的、腐生的以及与某些低等植物共生的营养类型。而裸子植物均为木本植物。

从被子植物的形态结构可见被子植物比裸子植物更适应性陆生环境。

11.(江西师范大学 2013)请具体讨论被子植物的生活史,划分有性世代和无性世代。

【答案】被子植物生殖时,胚囊母细胞和花粉母细胞经过减数分裂形成成熟胚囊(雌配子体)和 2 个或3 个细胞的花粉粒(雄配子体)。这时细胞内染色体的数目是单倍体(N)的,称为单倍体阶段,或称配子体阶段或配子体世代(gametophyte)。从合子开始,直到胚囊母细胞和花粉母细胞减数分裂前为止,这一阶段细胞内染色体的数目为二倍体(2N),称为二倍体阶段,或称孢子体阶段或孢子体世代(soprophyte)。被子植物生活史中,无性世代和有性世代交替出现,具世代交替现象。

12.(河南师范大学 2011)分析说明被子植物成为植物界最繁盛类群的原因。

(西南大学 2007)为什么说被子植物是当今最繁盛最进化的植物?

(三峡大学 2006)被子植物为什么能成为当今植物界最繁盛的类群?

【答案要点】被子植物孢子体高度发达,组织分化细致,生理机能效率高。具有真正的花,胚珠被心皮包被,具有双受精现象,具有果实、高度发达的输导组织,被子植物是植物发展最高级、最繁茂和分布最广的一个类群。

13.(四川大学 2010)高等植物又称_____植物,包括_____植物门和维管植物门。维管植物含_____植物和_____植物,后者包括_____植物和_____植物。

【答案】有胚、苔藓、蕨类、种子、裸子、被子。

14.(云南大学 2013)请你论述高等植物孢子体和配子体的演化关系。

【答案】高等植物包括苔藓植物、蕨类植物和种子植物。

苔藓植物配子体发达,孢子体寄生在配子体上,生活史具有明显的世代交替。蕨类植物是介于苔藓植物和种子植物之间的一大类群。该类植物也具有明显的世代交替现象。蕨类植物的孢子体发达,并且有根、茎、叶的分化,内部有维管系统,配子体虽然不如孢子体发达,但也能独立生活。蕨类植物也具有胚,但不产生种子,而以孢子繁殖后代,蕨类植物的受精仍离不开水。种子植物的生活史中孢子体发达,并占绝对优势,配子体简化,寄生在孢子体上。

真菌的多样性进化

1.(昆明理工大学 2010)真菌类细胞属于_____细胞,它们具有植物细胞的某些特征,如有_____,同时又行_____生长。

【答案】真核,细胞壁,异养。

2.(西南大学 2011)除少数单细胞真菌外,绝大多数真菌的生物体由_____构成。

【答案】菌丝

3.(湖南农业大学 2012)谈谈真菌在生态环境中的作用及与人类的密切关系。

【答案要点】真菌是生态环境中重要的分解者,降解有机物,促进物质循环。在食品、医药、化工、有害生物防治、科学试验材料中起着有益的作用。也引起植物病害、动物疾病和中毒、食品和物品腐烂。

4.(江苏大学 2010)真菌的营养方式为_____。

A. 寄生　　　　　　B. 腐生　　　　　　C. 腐生和寄生　　　　　　D. 腐生、寄生和化能自养

【答案】C

5.(西南大学 2011)青霉菌的有性生殖器官是_____。

【答案】子囊孢子

6.(武汉大学 2013)地衣是藻类和真菌的共生体,分为壳状地衣、枝状地衣和叶状地衣。(　　)

【答案】对

7.(西南大学 2011)地衣是绿藻和_____的共生体,前者可通过光能自养合成营养物质,后者可吸收水和矿物质,并防止水分过度蒸发。

【答案】真菌

动物多样性的进化、人类的进化

1.(云南大学 2013)最早出现细胞外消化的动物是_____。

【答案】刺胞动物

2.(浙江师范大学 2012)腔肠动物有最原始的神经系统,即梯形神经系统。(　　)

【答案】错。腔肠动物有最原始的神经系统,即网状神经系统。

3.(西南大学 2012)最简单的两侧对称动物是_____。

【答案】扁形动物

4.(西南大学 2012)节肢动物的特征是身体同律分节。(　　)

【答案】错。节肢动物的特征是身体异律分节。

5.(浙江师范大学 2012)昆虫和甲壳类动物外骨骼的主要成分为_____。

A. 粘多糖　　　　　　B. 果胶　　　　　　C. 几丁质　　　　　　D. 木质素

【答案】C

6.(浙江海洋学院 2013)蜘蛛的呼吸器官有气管和_____。

A. 书鳃　　　　　　B. 书肺　　　　　　C. 毛细血管网　　　　　　D. 体壁

【答案】B

7.（中国科学院研究生院 2012）蜘蛛的主要含氮排泄物是_____。

A. 氨　　　　　　　　B. 尿素　　　　　　　　C. 尿酸　　　　　　　　D. 鸟嘌呤

【答案】C

8.（浙江师范大学 2012）有些生物在发育过程中，幼体和成体的形态结构存在较大差异，这种发育方式叫_____。

A. 生长　　　　　　　　B. 形态建成　　　　　　　　C. 变异　　　　　　　　D. 变态发育

【答案】D

9.（中国科学院研究生院 2012）以下昆虫中，不属于完全变态的是_____。

A. 蚊　　　　　　　　B. 蜂　　　　　　　　C. 蝗虫　　　　　　　　D. 金龟子

【答案】C

10.（中国科学院水生生物研究所 2012，昆明理工大学 2013）脊索动物的共同特征主要表现在_____、_____、_____几个方面。

【答案】具脊索，具背神经管，具鳃裂。

11.（武汉大学 2013）鱼类的心脏由_____和_____构成，出心脏的血是_____血。

【答案】一心房，一心室，多氧血。

12.（陕西师范大学 2014）下列哪一项是淡水鱼保持体液渗透压稳定的适应性特征？_____

A. 淡水鱼从不饮水　　　　　　　　　　B. 淡水鱼排高度稀释的尿

C. 淡水鱼有盐腺　　　　　　　　　　　D. 淡水鱼的鳃上有吸盐细胞

【答案】D

13.（浙江师范大学 2012）两栖类动物幼体心脏的结构是一心房、一心室（类似鱼）。（　　　）

【答案】错。两栖类的心房中有纵隔，为 2 心房 1 心室。

14.（武汉大学 2013）羊膜动物包括_____、_____和_____。

【解析】羊膜动物是真正的陆生动物，可以进行体内受精和发育。它包括爬行纲动物，鸟纲动物，哺乳纲动物。其胚胎外面有四层膜：羊膜、绒毛膜、卵黄囊膜、尿囊膜，羊膜是从胚胎本身发育出来的膜。

【答案】爬行动物、鸟类、哺乳动物。

15.（浙江海洋大学 2014）羊膜卵外面有一层坚硬的石灰质卵壳或柔韧的_____卵壳。

A. 硅质　　　　　　　　B. 蛋白质　　　　　　　　C. 纤维质　　　　　　　　D. 脂质

【答案】C

16.（云南大学 2011）请分析说明爬行动物能够成为真正的陆生脊椎动物的原因。

【答案】（1）皮肤角质化程度加深，表皮有角质层的分化，而且外被角质鳞或角质盾片，能防止体内水分的蒸发。皮肤内缺少腺体，因而皮肤干燥。

（2）五趾型附肢及带骨进一步发达和完善，指趾端具角质的爪，适于在陆地上爬行。

（3）骨骼比较坚硬，骨化程度较高，硬骨的比重增大。脊柱分化为颈、胸、腰、荐、尾五部分：颈椎有寰椎、枢椎和普通颈椎的分化，躯椎有胸椎和腰椎的分化，荐椎数目加多。头骨具单一的枕髁，头骨两侧有颞窝的形成。

（4）成体以后，后肾代替中肾，执行泌尿机能，尿以尿酸为主。

（5）肺呼吸进一步完善，主要表现在吸氧面积的增大（肺内壁的间隔复杂化）和呼吸机械装备的改善（胸廓出现）。呼吸道的增长，支气管出现。没有皮肤呼吸和鳃呼吸。

（6）心脏具二心房一心室，心室中出现了不完全的隔膜（鳄类心室中的隔膜已是完整的）。

（7）大脑皮层开始出现新脑皮，是高级神经中枢集中于大脑的开始。

（8）出现了对陆上繁殖的适应，体内受精，雄性一般具交配器。

（9）爬行类在胚胎发育过程中，出现了羊膜卵，使胚胎有可能脱离水域而在陆地的干燥环境下进行发育。

爬行纲在两栖类的基础上进一步适应陆地生活,完全摆脱了对水生环境的依赖,成为真正的陆生脊椎动物。

17.(浙江师范大学 2012)鸟类的呼吸系统还具有气囊,一般含 9 个气囊,位于内脏之间,能容纳大量空气,并与支气管和肺相通。气囊本身不能进行气体交换,但能暂时储存空气,协助肺进行气体交换。(　　)

【答案】对

18.(武汉大学 2013)试从呼吸、循环系统、附肢结构、生殖方式、皮肤角度比较探讨脊椎动物从水生到陆生的进化规律。

【答案】圆口纲动物是脊椎动物中最原始的类群,没有成对的附肢、终生保留脊索、以囊鳃呼吸、生活在水中。鱼类开始出现了成对的附肢,即水生动物的偶鳍,生活在水中,以鳃呼吸,心脏由一心房一心室组成,受精在水中完成。两栖纲动物是由水生向陆生过渡的类群,发展了肺呼吸。爬行纲动物是真正陆生动物,羊膜卵的出现适于陆生繁殖,鸟类和哺乳动物适应飞行和陆生生活。

除圆口类外,脊椎动物出现了成对的附肢,即水生动物的偶鳍和陆生动物的附肢,大大加强动物在水中和陆地的活动能力和范围,提高了取食、求偶和避敌的能力。鳃作为水生脊椎动物的呼吸器官进一步完善,而陆生脊椎动物仅在胚胎期或幼体阶段用鳃呼吸,成体出现了肺呼吸。肌肉质的有收缩功能的心脏代替了腹大动脉,循环系统进一步完善。高等动物(鸟类和哺乳类)心脏中的缺氧血和多氧血进一步分开,代谢率进一步提高。受精方式从水中体外受精到陆上体内受精,生殖方式从卵生到胎生。从两栖类皮肤裸露到爬行和哺乳类皮肤衍生物鳞、毛的出现,更适于陆生环境。

19.(中南大学 2014)简述脊椎动物心脏演化过程。

【答案】鱼类心脏结构简单,分 4 室,从后往前依次是静脉窦、心房、心室和动脉锥。心脏没有中隔(1 心室 1 心房),动静脉血不分离,身体各部血液从静脉依次流入静脉窦、心房、心室、动脉锥、动脉和鳃。血液在鳃中和水进行气体交换,放出 CO_2,吸收 O_2,然后出鳃,流入身体各部。血液每循环 1 次,经过心脏 1 次,为单循环。

两栖类的心脏包括静脉窦、左心房、右心房、心室、动脉圆锥。心房中有纵隔,为 2 心房 1 心室,出现体循环和肺循环,动静脉血部分分离,血液每循环 1 次,经过心脏 2 次,为不完全双循环。

爬行类心脏包括 2 心房、1 心室,静脉窦不发达,一部分被并入右心房,动脉圆锥退化。心室中出现不完整的纵隔,动静脉血大部分分离,血液仍有混合。爬行类的体循环和肺循环比两栖类分得清楚。为不完全双循环。

鸟类和哺乳类的心脏达到了最高水平,心房和心室都分为彼此完全不通的左右 2 个。这样就使心脏左右两半中的血液完全隔开,不再混合。完全双循环。

模考精练

一、填空题

1.(西南大学 2011)生命进化起源说中,生命起源的最早阶段是_____。

【答案】有机小分子的非生物合成。

2.细菌形态有_____、_____、_____三种。

【答案】球状、杆状和螺旋状。

3.生命三域系统树中,_____是最原始的一个类群,_____为进化程度最高的生物类群。

【答案】古核生物,真核生物。

4.细菌的营养除了吞噬营养外,还有_____、_____和_____三种方式。

【答案】光合自养、化能自养、光能异养。

5.(四川大学 2010)细菌分泌到体外介质中的毒素称_____。它的成分是_____,经热处理后毒性消失,成为_____。

【答案】外毒素。蛋白质、类毒素。

6.细菌病的治疗药物主要有磺胺药和抗生素。此外,对于多种细菌病的预防或治疗,还常用三类物质,其中_____起抗原作用,能使抗体产生;_____没有杀菌的功能,_____和_____含有抗体。

【答案】疫苗、抗毒素、抗毒素、抗血清。

7.(云南大学 2006)革兰氏染色是鉴定细菌的一个简便方法,先用_____和_____将细菌染成紫色,然用乙醇退色,再用_____进行复染。

【答案】结晶紫、碘液、番红。

8.一般病毒的结构是由_____和_____构成。很多动物病毒在衣壳之外还有_____。入侵细菌的病毒称为_____,形态上一般可分为_____和_____两部分。

【答案】核酸芯子、蛋白质衣壳;囊膜;噬菌体、头、尾部。

9.(西南大学 2011)病毒入侵寄主细胞完成复制和增殖的过程可分为五步:_____、_____、_____、_____和_____。

【答案】吸附、侵入和脱壳、生物合成、组装、释放。

10.迄今为止,已发现的 Viroids 都由_____构成,它们都只能侵染_____细胞。

【答案】RNA,植物。

11.(中国科学技术大学 2003)植物生活史中的世代交替是_____的现象。开花植物的孢子体是_____,它的配子体则是_____和_____。

【答案】有性世代与无性世代更迭出现,绿色植物体,成熟花粉粒、胚囊。

12.(昆明理工大学 2007)植物界中,配子体寄生于孢子体上的植物是_____,而孢子体寄生于配子体上的植物是_____。

【答案】种子植物,苔藓植物。

13.粘菌是介于植物和动物之间的一类生物,营养体为一团裸露的_____,可作_____,但在繁殖时能产生有_____细胞壁的孢子,又具有植物的特征。

【答案】多核原生质团,运动取食,纤维素。

14.多数真菌细胞壁的主要成分是_____。

【答案】壳多糖

15.接合菌亚门的代表种类为_____,常生于馒头、面包等富含淀粉的食物上。其菌丝为_____,无性生殖的孢子为_____,有性生殖产生的孢子为_____。

【答案】黑根霉,多核无隔,孢囊孢子,接合孢子。

16.(云南大学 2006)真菌门中_____纲的种类最多。

【答案】子囊菌

17.子囊菌亚门是真菌中种类最多的一类,如用于酿酒的_____、用于提取青霉素的_____,名贵的补肾中药_____。其无性生殖主要是产生_____,有性生殖产生_____。

【答案】酵母菌、青霉、冬虫夏草。分生孢子,子囊孢子。

18.担子菌亚门是我们所熟知的一类真菌,如_____、_____、_____等。

【答案】蘑菇、木耳、植物锈病菌。

19.地衣是真菌与绿藻或蓝藻的共生体。组成地衣的真菌大多是_____,也有_____。

【答案】子囊菌，担子菌。

20.(暨南大学 2006)海绵是_____胚层，_____对称；纽虫是_____胚层，_____对称。

【答案】两、辐射；三，两侧。

21.(厦门大学 2005)海绵动物的空腔是_____，腔肠动物的中央腔是_____，线形动物的体腔是_____，节肢动物的体腔是_____。

【答案】中央腔，消化循环腔，假体腔，真体腔。

22.(厦门大学 2005)辐射对称始于_____，两侧对称始于_____，三胚层始于_____，真体腔始于_____。

【答案】刺胞动物，扁形动物，扁形动物，软体动物。

23.(云南大学 2006)后生动物指_____；而后口动物又则指_____物。

【答案】多细胞动物；在胚胎发育过程中胚孔形成动物的肛门，在原肠的另一端由内胚层内陷形成口的动物。

24.(西南大学 2007)昆虫发育过程中的变态形式为_____、_____、_____。

【答案】半变态，渐变态，完全变态。

25.圆口纲又称无颌类，是无成对_____和_____的低等脊椎动物。

【答案】偶鳍、上下颌。

26.具三个胚层的多细胞动物，只有在解决了_____、_____、_____和_____等问题后，才能由水生完全过渡到陆地生活。

【答案】支持体重、陆上呼吸、保水、陆上繁殖。

27.人科不同于猿科的一个重要特征在于，人科是灵长类中唯一_____的动物。所以，_____是已知的最早的一类人科成员。

【答案】能两足直立行走，南猿。

28.(青岛海洋大学 2000)人类学家将人类从南猿到现代人几乎没有中断的进化历程，分为_____、_____、_____、_____四个阶段。

【答案】南猿阶段、能人阶段、直立人阶段、智人阶段。

29._____和_____是人属的重要特征，_____是现在找到的最早的人属成员。

【答案】脑的扩大，石器的制造，能人。

30.(昆明理工大学 2007)人类进化可分为_____和_____两个阶段。人类基因组中基因及其相关序列只占_____%，而大部分为基因外序列。

【答案】南方古猿，人属。1.5。

31.环节动物具_____式循环系统，即在小动脉和小静脉间有_____相联系。血液循环系统的进化程度与_____系统密切相关。

【答案】闭管，微血管，呼吸。

32.(厦门大学 2002)环节动物形成了由脑神经节、眼部神经节和腹神经索组成的链状神经系统，并分为_____、_____和_____神经系统。

【答案】脑、腹神经索、外围。

33.(华东师范大学 2007)软体动物的排泄器官是_____。

【答案】后肾管

34.(云南大学 2002)节肢动物的神经系统是_____神经系统，位于消化管的_____．

【答案】链状，腹部

35.(云南大学 2002)陆生节肢动物依靠_____将空气直接送到组织。

【答案】气管

36.气体在昆虫体内由_____进行运输。

【答案】气管系统。

37._____动物原肠胚的胚孔发育成动物体的肛门。

【答案】后口

38.(暨南大学 2006)卵生动物排泻的废物是_____,胎生动物是_____。

【答案】尿酸,尿素

39.静脉窦在脊椎动物进化过程中呈现逐渐_____趋势,最后演变为_____,其功能是作为心脏的_____。

【答案】退化,窦房结,起搏器。

40.(云南大学 2006)内热动物是指_____动物。

【答案】恒温

41.(云南大学 2004)鸟类不同于哺乳动物,其呼吸系统有_____的构造,使得鸟类无论吸气还是呼气,都有新鲜空气在肺中进行气体交换。

【答案】气囊

42.昆虫和鸟类均以_____为主要排泄物,这是_____现象。

【答案】尿酸,趋同。

43.鸟类在进化上某些方面甚至比哺乳类先进,如:_____呼吸、某些猛禽的眼具_____调节能力等;但不及后者高等,主要表现在神经系统不及后者发达,特别是大脑无_____。

【答案】双重、双重;大脑皮质、新皮质。

44.鸟类大多_____觉最发达,而兽类则多以_____觉最发达。

【答案】视,嗅。

45.(云南大学 2000)_____动物的心房和心室都分为彼此完全不通的左,右两个。

【答案】哺乳动物、鸟类。

46.人视网膜的黄斑全由_____细胞组成;猫头鹰视网膜全由_____细胞组成。

【答案】视锥;视杆。

47.(厦门大学 2002)人和猿猴的视网膜中有三种视锥细胞,它们分别是_____、_____、_____。

【答案】蓝、绿、黄光敏感的视锥细胞。

48.(厦门大学 2001)蛙的卵裂为_____等的_____分裂,原肠胚的形成是由于_____与_____相结合的结果造成。

【答案】不均,完全,外包,内陷。

49.卵裂是一种特殊的_____。由于不同动物的卵黄在卵内的数量和_____不同,因此卵裂的类型不同。如水母与蛙为_____卵裂,海胆和文昌鱼为_____卵裂,昆虫属于_____卵裂,大部分海产环节动物和软体动物为_____卵裂。

【答案】细胞分裂。分布,(完全)不等,(完全)均等,表面,螺旋。

50.原肠胚期主要形成动物的_____和_____。原肠有不同的形成方式;鸟类主要为_____,环节与软体动物为_____,水母为_____,海胆为_____,鱼类和两栖类为_____。

【答案】内外胚层,原肠腔。分层,外包,内移,内陷,内转。

二、判断题

1.(华南理工大学 2005)核苷酸碱基可能起源于 HCN 的浓缩。

2.原核生物中的支原体无细胞壁,是最小细胞。

3.(厦门大学 2004)病毒一般由核酸芯子和蛋白质组成,不能独立生活。

4.(厦门大学 2003)类病毒都只有裸露的 RNA 没有蛋白质衣壳。

5.硅藻的细胞壁是由上壳和下壳套合而成的。

6.红藻门植物的营养细胞和生殖细胞均不具鞭毛。

7.绿藻细胞的叶绿体和高等植物的叶绿体在形态及结构上均十分相似。

8.苔藓植物是一类小型的具有维管组织的陆生植物,多生活在潮湿环境中。

9.(四川大学 2006)苔藓植物、蕨类植物、裸子植物、被子植物都是维管植物。

10.(厦门大学 2004)裸子植物都是单性花,不具子房,种子裸露。

11.真菌是真核生物,无叶绿素,不能进行光合作用,只能营异养生活。

12.海绵动物是原始的多细胞动物,因体表多孔洞,故又称多孔动物。

13.海绵动物的胚胎发育与其它多细胞动物有很大的差异,可能具有独立的起源。

14.动物进化的趋势之一是身体形态由两侧对称向辐射对称进化。

15.腔肠动物是真正的两胚层多细胞动物,出现了原始的梯状神经系统。

16.(厦门大学 2000)涡虫的消化系统由口、咽、肠和肛门组成。

17.(厦门大学 2003)血吸虫是由钉螺传播的。

18.线虫动物具有假体腔,并出现了完整的消化管道。

19.软体动物身体柔软,首次出现了专职的呼吸器官,但其循环系统效率不高,全都属于开管式循环。

20.环节动物是最早出现身体分节和真体腔的动物。

21.节肢动物因其具有分节的附肢而得名,与环节动物相比,在形态和功能上都有较高的分化,称为同律性分节。

22.棘皮动物属于原口动物,因内骨骼突出体表形成棘状突而得名。

23.尾索动物仅尾部有脊索,而头索动物仅头部有脊索。

24.两栖动物是水生过渡到陆生的第一支动物类群。

25.爬行动物在胚胎发育过程中出现了羊膜卵,摆脱了生殖过程中对水的依赖而成为完全陆生的脊椎动物。

26.两足直立行走是人类区别于现代猿类的一个重要特征。

27.(厦门大学 2004)早期智人已经学会了钻木取火,并能猎获较大型动物。

28.不同人种(白种人、黄种人和黑种人等)属于不同物种。

29.(云南大学 2001)原肾管、后肾管及肾脏的主要功能都是将细胞代谢产生的废物排出体外。

30.(云南大学 2002)软体动物的肺与脊椎动物的肺既是同源器官,也是同功器官。

三、选择题

1.最早出现的细胞型生物是_____。

A.光合细菌　　　　　　B.厌氧菌　　　　　　C.病毒　　　　　　D.古蓝氧菌

2.(清华大学 2006)属于原核生物的是_____。

A.病毒和放线菌　　　　　　　　　　B.霉菌和衣原体

C.蓝藻和细菌　　　　　　　　　　　D.酵母菌和链霉菌

3.(三峡大学 2006)不具有细胞结构的生物_____。

A.病毒　　　　　　B.蓝细菌　　　　　　C.放线菌　　　　　　D.鞭毛虫

4.（华南理工大学 2005）病毒的蛋白质外膜是_____。

A. 衣壳　　　　　　　　B. 细胞壁　　　　　　　　C. 细胞膜　　　　　　　D. 溶原粒子

5.（四川大学 2008）病毒生命活动的进行场所是_____。

A. 血清　　　　　　　　B. 体液　　　　　　　　C. 唾液　　　　　　　　D. 细胞

6. 藻类植物归为一大类的原因是_____。

A. 它们是真正属于单元发生的一个分类群

B. 它们在结构和生理上表现出明显的一致性（光合器、储存物、细胞壁）

C. 它们是多元发生的，并表现出一致的生活史

D. 它们是多元发生的，但都是一群自养的原植体植物

7.（中国地质大学 2007）下列各大类植物组合中，苔藓植物属于_____。

A. 孢子植物 高等植物 有胚植物 隐花植物 维管植物

B. 孢子植物 低等植物 羊齿植物 颈卵器植物 维管植物

C. 羊齿植物 颈卵器植物 有胚植物 隐花植物 维管植物

D. 孢子植物 高等植物 有胚植物 隐花植物 颈卵器植物

8.（清华大学 2006）下面哪种结构不是蕨类具有的？_____

A. 孢子体　　　　　　　　B. 孢子囊　　　　　　　　C. 孢子　　　　　　　D. 胞蒴

9.（华南理工大学 2005）生存着的数目最大的植物是_____。

A. 石松　　　　　　　　B. 裸子植物　　　　　　　　C. 被子植物　　　　　　　D. 蕨类

10.（武汉大学 2007）下列关于植物类群特征的哪一项描述是正确的？_____

A. 藻类和苔藓都为单细胞生物

B. 从苔藓类开始，植物出现真正的根、茎、叶分化

C. 苔藓、蕨类和种子植物都为维管束植物

D. 种子植物的成熟的胚囊、花粉粒分别为其雌、雄配子体

11.（云南大学 2005）从进化角度看，被子植物的胚囊与_____是同源的。

A. 苔藓植物的颈卵器　　　　　　　　B. 苔藓植物的卵

C. 蕨类植物的原叶体　　　　　　　　D. 蕨类植物的胚

12.（云南大学 2004）下列植物中属于维管植物的是_____，属于颈卵器植物的是_____，属于孢子植物是_____，属于种子植物的是_____。

A. 裸子植物和被子植物

B. 蕨类植物、苔藓植物和藻类植物

C. 苔藓植物，蕨类植物和裸子植物

D. 蕨类植物，裸子植物和被子植物

13. 苔藓植物体形很小的主要原因是_____。

A. 它们生长在非常潮湿处，不能得到足够的氧，无法长大

B. 它们生长在非常潮湿处，光线不足，难以自养

C. 它们不具有能够输导水分、无机盐及养分的组织

D. 有性生殖离不开水

14. 苔藓植物和蕨类植物的主要区别是_____。

A. 苔藓植物主要生长在潮湿处，而蕨类植物常生长在干处

B. 苔藓植物不是维管植物而蕨类却是维管植物

C. 苔藓植物没有根茎叶之分而蕨类植物却有根茎叶之分

D. 苔藓植物是颈卵器植物而蕨类植物却不是颈卵器植物

15. 裸子植物的特征_____。

A. 胚珠裸露 　　　　　B. 木质部具筛管 　　　　　C. 双受精现象 　　　　　D. 形成果实

16. 植物从水生环境转移到陆生环境后,在系统发育中出现的最主要进步是_____。

A. 出现机械组织和生殖方式发生变化

B. 出现了同化组织和输导组织

C. 出现了根茎叶的分化

D. 出现了输导组织以及生殖方式发生变化

17. 圆口动物是原始的脊椎动物,其原始性表现在_____。

A. 无上下颌 　　　　　B. 有成对的附肢 　　　　　C. 自由生活

D. 有上下颌 　　　　　E. 没有成对的附肢 　　　　　F. 寄生或半寄生生活

18. (云南大学 2007)酵母菌是有性生殖时产生_____的真菌。

A. 担子 　　　　　B. 子囊 　　　　　C. 配子体 　　　　　D. 菌盖

19. (武汉大学 2007)下列关于真菌的哪一项描述是错误的?_____

A. 构成营养体的基本单位是菌丝体

B. 细胞内通常含叶绿素,能进行光合作用,营养方式为自养型

C. 主要是孢子繁殖,包括无性孢子和有性孢子

D. 广泛分布于各种环境

20. (华东师范大学 2007)蘑菇的可食部分是_____。

A. 共生体 　　　　　B. 菌丝体 　　　　　C. 子实体 　　　　　D. 假原质体

21. (云南大学 2004)扁形动物的出现是动物进化史的一个重要阶段,这是因为扁形动物有_____。

A. 辐射对称的体型,两个胚层 　　　　　B. 两侧对称的体型,三个胚层

C. 辐射对称的体型,三个胚层 　　　　　D. 两侧对称的体型,真体腔

22. (武汉大学 2007)下列关于无脊椎动物的哪一项描述是错误的?_____

A. 原生动物和海绵动物都生活在水中

B. 从扁形动物开始,动物的体型演变到两侧对称

C. 身体分节最早见于环节动物

D. 节肢动物已经具有呼吸器官

23. 蛔虫是_____的生物。

A. 三胚层、真体腔、梯形神经 　　　　　B. 二胚层、无体腔、网状神经

C. 三胚层、假体腔、背腹神经索 　　　　　D. 二胚层、真体腔、链状神经

24. (武汉大学 2007)家蝇从幼体到成体的发育过程属于_____。

A. 直接发育 　　　　　B. 完全变态 　　　　　C. 渐变态 　　　　　D. 半变态

25. (厦门大学 2001)以下哪一组是对脊索动物与高等无脊椎动物共同点的正确描述?_____

A. 脊索、后口、次级体腔 　　　　　B. 肛后尾、三胚层、两侧对称

C. 咽鳃裂、两侧对称、次级体腔 　　　　　D. 后口、三胚层、分节现象

26. (厦门大学 2000)下列哪一组成是脊索动物最主要的共同特征_____。

A. 脊索、闭管式循环系统、鳃裂

B. 脊索、鳃裂、肛后尾

C. 脊索、鳃裂、背神经管

D. 脊索、闭管式循环系统、肛后尾

27.（中国地质大学 2007）两栖类对陆生生活适应不完善处之一是_____。
　　A. 具典型的五趾型附肢　　　　　　　　B. 皮肤裸露,富有腺体
　　C. 出现了中耳　　　　　　　　　　　　D. 出现了泪腺和内鼻孔

28.（云南大学 2005）羊膜是动物在进化过程中为适应陆地生活而发展出来的一种结构,在个体发育过程中羊膜是由_____发生的。
　　A. 母体子宫壁　　　　B. 受精卵的细胞膜　　　　C. 胚胎　　　　D. 卵巢

29.（云南大学 2007）尼人属于哪一个人类发展阶段?_____
　　A. 早期阶段　　　　B. 晚期阶段　　　　C. 早期智人阶段　　　　D. 晚期智人阶段

30.下列哪一组是正确的人进化关系?_____
　　A. 阿法南猿—粗壮南猿—直立人—智人—人
　　B. 阿法南猿—粗壮南猿—智人—直立人—人
　　C. 粗壮南猿—阿法南猿—直立人—智人—人
　　D. 阿法南猿—直立人—粗壮南猿—智人—人

【参考答案】

扫码获取正版答案

四、问答题

1.（武汉大学 2006）从身体结构、繁殖方式、生活环境等方面简述藻类、苔藓、蕨类、种子植物的进化趋势。

【答案】蓝藻、裸藻、金藻(包括硅藻、金藻及黄藻)、甲藻、红藻、褐藻和绿藻都是光自养生物,大部分属于浮游植物。地衣是真菌与藻类的共生复合体。苔藓植物是配子体植物,孢子体寄生配子体上,它包括叶状体的苔类和拟茎叶体的藓类。它们的雌性生殖器官称为颈卵器。维管植物包括蕨类植物和种子植物,均是孢子体占优势的植物,适应陆生环境,表皮细胞形成了角质膜和气孔;发展出了维管组织,植物体更为高大,因此它们是当今地球上占支配地位的植物类群。蕨类植物的孢子体与配子体均能独立生活,通常根状茎发达地上茎不发达,孢子与孢子囊生于叶上,以孢子进行繁殖。种子植物配子体寄生在孢子体上,有发达的根系和直立的地上茎,发展出胚珠、花粉管和种子,形成了单性或两性的花,以种子进行繁殖。

表 10.1　植物界进化综述表

	藻类	地衣	苔藓	蕨类	种子植物
身体组成	单细胞,多细胞	多细胞	多细胞	多细胞	多细胞
器官分化	无	无	初步,假根	有	有
维管束	无	无	无	有	有
生活环境	水	潮湿地带	潮湿地带	耐干旱	各种类型
生殖	生殖细胞有鞭毛	生殖细胞有鞭毛	精子有鞭毛,有胚	精子有鞭毛,有胚	花粉管受精,有胚
进化程度	低等→高等				

2.为什么可以将无种子维管植物称为植物界的"两栖类"?

【答案】蕨类植物有时称为无种子维管植物。在植物的进化历史上,角质层、气孔、维管系统、细胞壁木质化等性状的出现,使维管植物的孢子体有了新的适应特性:植物有了调节和调制体内外水分平衡的能力,从而能够适应陆地干旱环境;植物有了相当坚强的机械支撑力,不需要水介质的支持而直立于陆地上;植物有了有效地运输水和营养物质的特殊系统,因而能有效地利用土壤中的水分和营养物。体内外水分平衡的调节机制,坚强的机械支撑和有效的运输系统三者构成维管植物孢子体对陆地环境比较完整的适应结构。蕨类植物的孢子体世代已适应陆地生活,而有性生殖仍依赖水。所以将无种子维管植物称为植物界的"两栖类"。

3.裸子植物比蕨类植物更适应陆地生活,其适应性表现在哪些方面?

【答案】裸子植物是种子植物,①合子发育为胚,继而发育成种子,植物体中分化出更完善的维管组织。②孢子体发达,高度分化,并占绝对优势;相反配子体则极为简化,不能离开孢子体而独立生活,必须寄生在孢子体上。③受精过程中产生花粉管。

4.比较裸子植物和被子植物的主要区别。

【答案】①裸子植物种子裸露,无果皮包被,不形成果实。被子植物的种子不裸露,有果皮包被,形成果实。②裸子植物木质部大多数只有管胞,极少数有导管。韧皮部中只有筛管而无伴胞。被子植物木质部的组成成分比较复杂,有导管、管胞、木射线、木纤维和木薄壁组织,韧皮部通常有筛管和伴胞。③裸子植物具孢子叶球,无真正的花。被子植物有真正的花。④裸子植物无双受精作用,受精时有新细胞质形成。被子植物具有双受精现象。

5.被子植物比其他类群植物更适应陆地生活,试从孢子体形态、结构和生活史特点分析其适应性。

【答案】①被子植物孢子体高度发达,有导管,配子体极度简化,无颈卵器和精子器,精子无鞭毛;②被子植物具有真正的花;③被子植物具有双受精过程;④被子植物的胚珠包藏,受到保护;⑤被子植物无多胚现象,提高了胚的效率;⑥被子植物具有丰富的体型、生境、营养方式和传粉方式多样化。被子植物的这些特点使其比其他类群植物更适应陆地生活。

6.叙述两侧对称的出现在动物进化史上的重要适应意义。

【答案】从扁形动物开始出现了两侧对称的体型,即通过动物体的中央轴,只有一个对称面将动物体分成左右相等的两部分,因此两侧对称也称为左右对称。

从动物演化上看,这种体型主要是由于动物从水中漂浮生活进入到水底爬行生活的结果。已发展的这种体型对动物的进化具有重要意义。因为凡是两侧对称的动物,其体可明显的分出前后、左右、背腹。体背面发展了保护的功能;腹面发展了运动的功能;向前的一端总是首先接触新的外界条件,促进了神经系统和感觉器官越来越向体前端集中,逐渐出现了头部,使得动物由不定向运动变为定向运动,使动物的感应更为准确、迅速而有效,使其适应的范围更广泛。两侧对称不仅适于游泳,又适于爬行。从水中爬行才有可能进化到陆地上爬行。因此两侧对称是动物由水生发展到陆生的重要条件。

7.(中国地质大学 2007)从消化方式、消化器官的形态结构和功能等方面,谈谈原生动物到脊椎动物消化系统的演化发展。

【答案】单细胞原生动物和海绵都是将食物颗粒吞入细胞内进行消化的,为细胞内消化。腔肠动物是最早出现细胞外消化的动物,但腔肠动物还同时保留着细胞内消化的能力。扁形动物涡虫的细胞外消化有了进一步的发展,消化道既有消化吸收的机能又起着运输的作用。消化道分支越多,消化吸收的面积就越大,运输效率也越高。涡虫的消化道只有一个开口,食物和消化后的残渣都要从这个开口排出,是不完全的消化系统。蚯蚓、昆虫以及其他高等动物消化道有口和排泄废渣的肛门,提高了消化和吸收的效率,是完全的消化道。此外,消化道还分化成几个不同功能的部分。

8.(云南大学 2005)动物的血液循环系统是如何进化的?

【答案】最早最初级的循环系统是纽虫的循环系统,结构简单,没有心脏,只有位于消化管两侧的 2 条血管,在身体前后端互相连通。血管能收缩,但收缩的方向不定,因此血液的流动没有一定方向。纽虫的血管是全部封闭的,血液只在血管中流动而不能流出血管,血液和各种组织的气体和物质的交换通过血管壁进行。

环节动物的循环系统也是封闭的,血液是按一定方向流动的,称得起是真正的"循环"系统,蚯蚓的主要血管有三:位于消化管的背面正中的背血管,血流方向从后向前;位于消化管的腹面正中的腹血管,血流方向从前向后;位于腹神经索的下面的神经下血管,血流方向从前往后。这 3 条血管都分出许多细小血管,分布到消化管、皮肤和其他各部。在身体前部,连接背腹血管之间有 4 对或 5 对弓形的血管,叫心脏。心脏细胞的微丝系统发达,有很强的弹性,背血管壁的上皮细胞也有发达的微丝,也有很强的弹性,心脏和背血管的收缩和舒张使血液能在管内按一定方向流动。

软体动物和节肢动物的循环系统是"开放式"的,血液从心脏流入血管,血管开放到包围在内脏之外的血腔中,从而使内脏浴于血液之中。

各类脊椎动物循环系统的形态结构属于同一类型,它们是同源的器官,它们都是由心脏、动脉(大动脉、动脉和小动脉)、毛细血管、静脉(小静脉、静脉和大静脉)和血液等部分所组成。心脏是循环系统的总枢纽,分化出体循环和肺循环。

9.完全双循环的意义何在?

【答案】完全双循环是鸟类、哺乳类的血液循环特点,心房、心室均分为完全不相通的左右 2 个;心脏左右两半的血液完全隔开,不再混合;大动脉中为含 O_2 血,供氧充足,代谢率高,动物体温高、恒定;维持内环境稳定,减少对环境的依赖;适应剧烈运动,跑、跳、飞、游泳等;适应寒冷季节 ,可不冬眠;适应寒冷地带生活,扩大生活范围;生化反应速度快、稳定;进化快。

10.什么是鸟类的双重呼吸?

【答案】吸气时,前、后气囊扩张,肺内废气进入前气囊储存;外界新鲜空气进入气管,到肺毛细血管网进行气体交换,部分新鲜空气到后气囊储存。

呼气时,前气囊压缩,废气经支气管呼出体外;后气囊压缩,新鲜空气进入肺进行第二次气体交换。

11.(厦门大学 2003)海洋硬骨鱼类如何保持体液中的水盐平衡?

【答案】海洋硬骨鱼类血液和体液中的盐分浓度大大低于海水浓度,低渗体液的海洋硬骨鱼类通过两方面来保持水盐的平衡,一是除从食物中获得水分外还大量吞饮海水,海产鱼类的肾小球多退化或完全消失,使排出与体液等渗的尿量减少。二是鳃部的一些泌盐细胞能将多余的盐分排出体外,肠道还能控制盐分的吸收。

12.(云南大学 2002)动物排泄器官的结构与功能是怎样进化与完善的?

【答案】淡水原生动物和海绵动物以及海产原生动物中的纤毛虫类有伸缩泡。其主要功能是调节水盐平衡(渗透压调节)的胞器,但在排除多余水分的同时,也排出了溶解在水中的代谢废物。伸缩泡中液体的形成是主动转运过程,所需能量由其周围的线粒体提供。

原肾管(protonephridium)是扁形动物、纽形动物、轮形动物、腹毛动物的排泄器官。其特点是具有末端封闭膨大的焰细胞(flame cell),体液通过焰细胞进入管状系统内,绒毛的运动促使管内液体流动,管状系统开口于体外,为肾孔。原肾管的生理功能与伸缩泡相似。

后肾管(metanephridium)的产生与真体腔的出现相关,其特点是两端均开口。由开口于体内的肾口、细肾管、排泄管和排泄孔所组成。软体动物的肾脏、甲壳动物的触角腺也属于后肾管类型,但触角腺的肾口次生性封闭。

马氏管是昆虫和蜘蛛等节肢动物特有的排泄器官,其一端与开口于中肠与后肠之间,另一端为封闭的盲管,位于血腔中。马氏管有回收水和盐分的功能。

脊椎动物的排泄器官——肾(kidney)是最重要的渗透调节和排泄器官。

13.(昆明理工大学 2007)根据进化顺序,说明无脊椎动物的主要类群及其代表动物名称,并注明相应的进化上重要进步特征。

【答案】一般无脊椎动物系指除脊索动物门以外的动物。除单细胞的原生动物外,其它均为多细胞动物,也叫后生动物。主要类群包括:海绵动物门、腔肠动物门、扁形动物门、线形动物门、线虫动物门、轮虫动物门、软体动物门、环节动物门、节肢动物门等。

表 10.2　无脊椎动物主要类群列表

	代表动物	进化上重要进步特征
原生动物	草履虫、变形虫	目前已知最原始的真核生物,多数由单个细胞构成
多孔(海绵)动物	海绵	辐射对称,具有二层细胞的体壁
刺胞(腔肠)动物	水螅	辐射对称或两侧辐射对称体制;具两个胚层;开始出现组织分化和简单的器官
扁形动物	涡虫	两侧对称,有三胚层
线虫动物	线虫	假体腔
软体动物	河蚌	真体腔、不分节动物
环节动物	环毛蚓	同律分节的真体腔动物
节肢动物	蝗虫、虾、蟹	异律分节,有附肢

14.(水生所 2008)叙述鱼类适应水栖生活的进步性特征。

【答案】鱼类是适应水栖生活的低级有颌脊椎动物,具有比圆口类更为进步的机能结构,主要表现在:

(1)脊柱代替了脊索,脊柱由躯干椎和尾椎组成。加强了支持、运动和保护的机能。

(2)出现了上下颌。在脊椎动物进化史上,上下颌的出现是一个重大的转折点。

(3)有了成对的附肢,即一对胸鳍和一对腹鳍。其基本功能是维持身体的平衡和改变运动的方向。偶鳍的出现大大加强了动物的游泳能力,并为陆生脊椎动物四肢的出现提供了先决条件。

(4)脑和感觉器官更为发达,脑分为明显的 5 部分。开始具有一对鼻孔;平衡器官为侧线和有 3 个半规管的内耳。保护脑和感觉器官的头骨也较圆口类更为完整。脑和感觉器官的发达更能促进体内各部的协调和对外界环境的适应能力。

15.(陕西师范大学 2005)两栖动物从水生过渡到陆生所面临的主要矛盾。

【答案】陆地和水域是生存条件具有显著差异的不同环境。水域是由含巨大热能的介质构成,水温的变动幅度不大,一般不超过 25℃～30℃,使它能保持在比较稳定的状态。水又是一种密度大于空气千倍的物体,因而尽管它对于动物运动所产生的阻力要比在空气中大得多,但是水具有浮力,能轻而易举地把沉重的动物体承托起来,使动物能在水中遨游。

两栖动物从水生过渡到陆生所面临的主要矛盾,就是呼吸器官和陆上运动器官的问题。需要用强健的四肢抵抗重力影响和支撑身体,还必须能推动动物体沿着地面移动。在这种机能要求的前题下,陆生动物形成了适应陆生的五趾型附肢,这是动物演化历史上的一个重要事件。陆生动物形成了肺,呼吸空气,同时形成了一系列保水结构和适应陆地生活的感官和繁殖方式。

表 10.3　两栖纲从水生到陆生面临问题列表

	水生	陆生	面临的问题
含氧量	低	高	呼吸
浮力	高	低	支撑身体,克服重力
温度	恒定	变化	体温调节
环境	较单纯	多样	适应,繁殖,生存

16.(西北大学 2007,云南大学 2002)请从维管系统、中胚层、羊膜卵等方面阐述生物从水生到陆生演化过程中的作用和意义。

【答案】在系统演化过程中,植物从水到陆地发生了一系列的变化,植物体的吸收组织(吸收水分)、输导组织和保护组织都发生了很大改变。维管系统(木质部和韧皮部)的发生是植物从水生到陆生长期适应环境的结果。维管系统的有效输导,使维管植物成为最繁茂的陆生植物。

从扁形动物开始出现了中胚层,对动物体结构与机能的进一步发展有很大意义。一方面中胚层的形成减轻了内、外胚层的负担,引起了一系列组织、器官、系统的分化,为动物体结构的进一步复杂完备提供了必要的物质条件,使动物达到了器官系统水平。另一方面,由于中胚层的形成,促进了新陈代谢的加强。中胚层形成复杂的肌肉层,增强了运动机能,再加上两侧对称的体型,使动物有可能在更大的范围内摄取更多的食物。同时由于消化管壁上也有了肌肉,使消化管蠕动的能力也加强了。由于代谢机能的加强,所产生的代谢废物也增多了,因此促进了排泄系统的形成,开始有了原始的排泄系统——原肾管。由于动物运动机能的提高,经常接触变化多端的外界环境,促进了神经系统和感觉器官的进一步发展。中胚层所形成的实质组织有储存养料和水分的功能,动物可以耐饥饿以及在某种程度上抗干旱。因此中胚层的形成是动物由水生进化到陆生的基本条件之一。

爬行类出现之后,卵构造起了很大的变化,此种卵称为羊膜卵,卵外有四层胚外膜,即绒毛膜、羊膜、尿囊膜和卵黄囊膜。羊膜卵外包有一层石灰质的硬壳或不透水的纤维质卵膜,能防止卵内水分的蒸发、避免机械损伤和减少细菌的侵袭。卵壳仍能透气,可使氧气进来和二氧化碳排出,保证胚胎发育时的气体代谢正常进行。卵内有一个很大的卵黄囊,贮藏有大量营养物质,以保证胚胎不经过变态而直接发育的可能性。羊膜将胚胎包围在封闭的羊膜腔内,腔内充满羊水,使胚胎悬浮于自身创造的一个水域环境中进行发育,能有效地防止干燥和各种外界损伤。羊膜卵的出现,动物不需到水中繁殖,使羊膜动物彻底摆脱了在个体发育初期对水的依赖,是脊椎动物从水生到陆生的漫长进化历程中一项重大的突破,确保脊椎动物在陆地上进行繁殖,通过辐射适应向干旱地区分布及开拓新的生活环境创造了条件。

课后习题详解

生命起源及原核生物多样性的进化

1.你怎样理解生命起源是一个自然的、长期的进化过程? 第一个原核细胞出现可能经历了哪些重大系列事件(化学进化过程包括的几个阶段)? 每一阶段的关键产物和作用是什么?

答 生命起源是一个自然的历史事件。生命是在宇宙进化的某一阶段,在特殊的环境条件下由无生命的物质经历一个自然的、长期的化学进化过程而产生的。

生命发生的最早阶段是化学进化,即从无机小分子进化到原始生命的阶段,原始生命即是细胞的开始。细胞的继续进化,从原核细胞到真核细胞、从单细胞到多细胞等,则是生物进化阶段。化学进化的全过程又可分为 4 个连续的阶段:①有机小分子的非生物合成。无机分子生成有机分子的过程,关键产物有氨基酸、核苷酸、单羧酸、核糖、脂肪酸等,是合成生物分子的结构单元。②从有机小分子生成生物大分子,关键产物是蛋白质和核酸,生命物质的最主要的两个基石。③核酸-蛋白质等多分子体系的建成。各种生物大分子在单独存在时,不表现生命的现象,只有在它们形成了多分子体系时,才能显示出生命现象。这种多分子体系就是非细胞形态原始生命的萌芽。关键产物是遗传物质的复制、原始界膜的形成,有了界膜,多分子体系才有可能和外界介质分开,成为一个独立的稳定的体系,也才有可能有选择地从外界吸收所需分子,防止有害分子进入,而体系中各类分子才有更多机会互相碰撞,促进化学过程的进行。④原始细胞的起源。关键产物是密码,转录翻译的完整装置的建成,表现生命的基本特征。

2. 伍斯等提出三域学说的根据是什么? 主要论点是什么?

答根据 16S rRNA、18S rRNA 序列分析,伍斯和福克斯提出生命三域分类学说(三原界学说 Urkingdom hypothesis),将所有细胞生物划分为三域,即真细菌域(Bacteria)、古核生物域(Archaea)和真核生物域(Eukarya)。

在生物进化的早期,存在一类各种生物的共同祖先,由它分 3 条进化路线。最初先分成两支:一支为真细菌域;另一支是古核生物域—真核生物域,它在进化过程中进一步分为古核生物域和真核生物域。古核生物是最原始的一个类群,进化变化最少。真核生物离共同祖先最远,为进化种类最高的生物种类。

3. 原核生物的多样性表现在哪些方面? 你能否从其多样性的特点解释为什么现今的原核生物是地球上数量最多、分布最广的一类生物?

答原核生物是一类由无细胞核的细胞组成的单细胞或多细胞的低等生物。最早发现的化石表明原核生物繁衍于 35 亿年前,在没有真核生物之前,原核生物独领风骚 18 亿年。太古宙和元古宙是原核生物的世界。原核生物进化分为两个主要分支——古核生物和真细菌,真细菌的多样性包括遗传多样性、物种多样性,由于进化的原因,其营养和代谢类型的多样性更为突出,分光能自养型、光能异养型、化能自养、化能异养 4 种。根据 16S rRNA 序列分析古核生物可分为 4 个亚群:泉古菌界、广古菌界、初古菌界、纳古菌界。从原核生物的多样性表现,我们不难理解原核生物是自然界分布最广、个体数量最多的有机体,是大自然物质循环的主要参与者。

4. 病毒有哪些不同于其他生物的特点? 你认为病毒最恰当的定义是什么?

答病毒是非细胞形态的亚显微的大分子颗粒。每一病毒粒子都是由一个核酸芯子(DNA 或 RNA)和一个蛋白质衣壳(capsid)所组成。很多动物病毒在衣壳之外还有一层由脂类双分子层构成的包膜(envelope)。包膜实际来自寄主的细胞膜或核膜,其上有特异的糖蛋白分子,可和寄主细胞膜上的受体分子结合,使病毒粒进入细胞。病毒不具备代谢必需的酶系统,或者酶系统很不完全,也不能产生 ATP,所以病毒不能独立进行各种生命过程,只有在进入细胞之后,才能"指导"寄主细胞为它们服务——产生新的病毒粒子。

病毒是处于生物与非生物间的交叉物质。

真核细胞起源及原生生物多样性的进化

1. 大多数学者认为真核生物细胞是怎样由始祖古核生物细胞起源的? 有什么证据支持这些论点?

答根据 rRNA 分子生物学的研究,多数学者认为 27~30 亿年前真核生物从始祖古核生物进化为独立分支。真核细胞进化包括两个方面:膜内折和内共生。膜内折(membrane infolding)认为真核细胞的内膜系统都是从原核细胞的质膜内折进化而来的。内共生(endosymbiosis)认为真核生物的线粒体和叶绿体是以内共生方式发展起来的。推测线粒体的祖先可能是进行有氧呼吸的、较小的化能异养型原核生物,它们在较大的化能异养型始祖宿主细胞内寄生或被较大的、异养型始祖宿主细胞吞噬,若这种小细胞难被消化,就可能在大的宿主细胞内存活并进行呼吸,于是形成了线粒体。叶绿体也通过类似的途径进化,即是在比较大的宿主细胞中逐渐存活下来的较小的始祖光合原核生物。小细胞从宿主细胞获得所需的营养成分,大宿主细胞则从进行光合作用和呼吸作用的小细胞获得大量 ATP 和光合细胞所制造的食物。两种生物共同生活、相互依存的共生体,在自然选择中是可以突然发展成一种在细胞水平上进一步复杂化、并划分出不同功能区域的单细胞的真核生物。

支持内共生学说的一个主要依据是,现代真核细胞的线粒体和叶绿体都具有自主性的活动,它们的DNA 为环状,它们的核糖体为 70S,均以二分裂的方式增殖,这些都是和细菌、蓝藻相似的。

2. 原生生物最基本的特征是什么? 原生生物多样性表现在哪些方面?

答 原生生物身体微小,多数为单细胞、有细胞核和原生质膜包围的细胞器的真核生物。是最原始、最低级、最简单的生物类群。一个细胞就已经能进行取食、消化吸收、呼吸、生殖、运动等活动,是最全能的细胞。

原生生物系谱是一个并系群,具有多种营养方式、摄食方式多样、细胞表面多样化、运动方式多样化,适应各种生活环境。

3. 多细胞生物是怎样起源的? 有何根据?

答 多细胞生物的出现是生物进化史上的又一次重大事件。一般认为现今的多细胞生物是分别从几类单细胞原生生物祖先起源的。由单细胞原生生物经过群体原生生物再进化到多细胞生物的模式推测有3 个过程:①单细胞原生生物分裂后不分离而形成群体。②群体中的细胞已经分化,既有分工,又互相依赖。③群体中另外的细胞各自分化、发展为体细胞和性细胞。

团藻由 60 万个有鞭毛的细胞排列成集群,细胞分裂产生的子群体经过酶分解粘连的胶体才分开,细胞出现分化;我国贵州中部的磷块岩石中发现 2 种类型植物的化石:细胞集群和细胞分化明显的叶状体植物(叶藻),都是多细胞起源的间接证据。

4. 根据 18S rRNA 序列分析推测真核生物是如何进化的?

答 根据 18S rRNA 序列分析真核生物的进化可能沿 4 条路线:

第一条线路,只有细胞膜包裹的细胞核,具有特化或退化线粒体的双滴虫、微孢子虫和毛滴虫是三个独立的分支,为目前仍生存的古老真核生物。

第二条线路,包括近缘的鞭毛虫、锥虫、类眼虫生物。

第三条线路,黏菌;变形虫。

第四条线路,包括现今的囊泡生物类和多细胞生物,从几类单细胞原核生物祖先起源。海藻可能来自3 种或更多种古代原生生物,植物可能起源于绿藻谱系中的一个分支,真菌可能来自一个共同的原生生物祖先,动物的共同祖先可能是领鞭毛虫。

绿色植物多样性的进化

1. 为什么说绿藻和陆生植物有紧密的关系?

答 (1) 绿藻和陆生植物在质膜上具有有特点的圆形蛋白质环,非绿藻类呈线性排列。

(2)绿藻和陆生植物的过氧化物酶体含有能尽量减少因光呼吸而丢失有机产物的酶。

(3)陆生植物的一些物种有带鞭毛的精子,其结构和绿藻的精子相似。

(4)成膜体为某些绿藻和陆生植物所有。

2. 为什么不能笼统地谈论藻类和陆生植物的关系?

答 藻类是水生的光合自养的真核生物的统称,彼此之间有很大的差异,所以不能笼统地谈论藻类和陆生植物的关系。

3. 植物登陆的第一步是能长时间地生活在水面之上,登陆的植物要有哪些衍生性状才能做到这一点?

答 ①具有维管组织,这样植物才能直立,在地球上生存。②防止和调节水分蒸发以及光合作用的条件。③繁衍后代的能力。

4. 在植物适应陆地生活中，维管系统起了什么作用？

答 维管系统又称维管组织系统(vascular tissue system)，包括植物体内所有的维管组织，是贯穿于整个植株、与体内物质的运输、支持和巩固植物体有关的组织系统。维管组织具支持和输导营养物质的作用，使得水分、矿物质和有机养料能够在植物体内快速运输和分配，从而使植物体摆脱了对水环境的高度依赖性，这就决定了具有维管组织的植物可以在陆地上生活，且可以长得高大。

5. 在种子的形成过程中，哪一个环节使植物的有性生殖摆脱了对水的依赖？

答 在有性生殖过程中出现了花粉和花粉管，种子植物的受精过程是通过花粉管运送精子与卵细胞融合的，摆脱了对水的依赖。

真菌多样性的进化

1. 为什么说真菌不是植物？

答 真菌无叶绿素，进行异养生活；真菌以菌丝作为基本构造，无根茎叶分化；真菌细胞壁主要成分是壳多糖，不同于植物纤维素；真菌有丝分裂过程中没有核膜的破碎和重建；真菌通过不同交配型的菌丝相互接近、融合而实现有性生殖，不同于植物典型的卵式生殖。

真菌是营吸收异养的多细胞真核生物，在一些重要性状上不同于植物，所以说真菌不是植物。

2. 试说明真菌生物体的菌丝结构对吸收营养的适应。

答 真菌是吸收式异养的，它分泌多种水解酶到体外，把食物中的大分子分解成可溶的小分子，然后借助菌丝内较高的渗透压予以吸收。真菌的营养体除极少数为单细胞外，典型的为多分枝、细长的丝状体。菌丝可以发育出巨大的表面积，有利于分泌水解酶到食物中并吸收养料。菌丝的顶端可侵入到植物细胞中或者生长在细胞之间。真菌能集中自身的资源用于菌丝的生长，以极快的速率延伸到食物源。

3. 真菌的生活史有哪些不同于陆生植物的特点？

答 大多数真菌的生活史有 3 个不同的时期，在单倍体时期和双倍体时期之间，具有独特的双核期，细胞中有 2 种不同的核。当不同交配型的核或雌雄核融合成合子后，随即进行减数分裂。

4. 子囊菌的子囊孢子的形成和担子菌的担孢子的形成有什么不同？

答 子囊菌的子囊孢子在子囊内形成，担子菌的担孢子生在担子的外边。

5. 各举两例真菌中的常见食用菌、著名药用菌、农作物的病原菌。

答 香菇、木耳是常见食用菌；灵芝、冬虫夏草是著名药用菌；白粉菌引起麦类白粉病，球壳菌引起甘薯黑斑病，核盘菌引起的油菜菌核病。

动物多样性的进化

1. (中科院水生所 2011)为什么说海绵动物是多细胞动物进化中的一个侧支？

答 海绵的结构与机能很多与原生动物相似，其体内具有与原生动物领鞭毛虫相同的领细胞，因此过去有人认为它是与领鞭毛虫有关的群体原生动物。但是海绵在个体发育中有胚层存在，而且海绵动物的细胞不能像原生动物那样无限制地生存下去，属于多细胞动物。

海绵动物的胚胎发育与其他多细胞动物不同，有逆转现象，具有水沟系、发达的领细胞、骨针等特殊结构，这说明海绵动物发展的道路与其他多细胞动物不同，认为它是很早由原始的群体领鞭毛虫发展来的一个侧支，因而又称为侧生动物。

2. 为什么说三胚层无体腔动物是动物进化中的一个新阶段？

答 身体开始成为两侧对称的体制，具有外胚层、内胚层和中胚层三个胚层，在体壁和消化道之间没有体腔，身体出现了器官系统，是动物进化中的一个新的阶段。

中胚层的产生引起了一系列组织、器官、系统的分化，从而为动物体结构的进一步复杂完备提供了必要的物质条件,使动物达到了器官系统水平;中胚层的形成不仅促进了动物的新陈代谢,并为各器官系统的进一步分化和发展创造了必要的条件;而且也是动物由水生进化到陆生的基本条件之一。

3. 比较软体动物和环节动物结构上的异同。如何看待它们的进化地位?

答 软体动物和环节动物都是两侧对称、3胚层的动物,后肾管排泄。

软体动物:①一般分为头、足和内脏团三部分;②具外套膜;③体外具贝壳;④消化管发达,大多数种类口腔内具颚片和齿舌;⑤次生体腔极度退化,而初生体腔分布于各个组织器官间隙;⑥循环系统由心脏、血管、血窦和血液组成;⑦水生种类用鳃呼吸,陆生种类在外套膜内形成肺呼吸;⑧大部分用后肾管排泄;⑨较高等的种类有四对神经节;⑩大多数雌雄异体,发育经过担轮幼虫和面盘幼虫两个阶段。

环节动物:①身体出现分节现象(同律分节),这是高等无脊椎动物的一个重要标志;②出现次生体腔(发达的真体腔);③开始出现具有附肢形式的疣足、刚毛,增强了运动功能;④出现了闭管式循环系统和初生的心脏结构;⑤后肾管排泄,与软体动物类似;⑥链状神经系统,感官发达;⑦陆生、淡水生的直接发育;海生的则先发育为担轮幼虫,再发育为成虫。

软体动物内脏结构较环节动物复杂,但在进化特征上没有明显的进步。从胚胎发育角度分析,软体动物也经过担轮幼虫期,说明软体动物和环节动物两者亲缘关系极为密切。

4.(中国科学院水生生物研究所2011)节肢动物有哪些特征? 从生物学特征解释昆虫为什么能够在地球上如此繁盛?

答 节肢动物种类繁多,其主要特征有:

(1)异律分节和身体的分部,提高了对环境条件的趋避能力。身体各部分的功能也出现了相应的分化,头部主要功能是感觉和摄食;胸部为运动的中心;腹部主要司生殖及代谢。

(2)分节的附肢提高了灵活性和运动力。附肢分节是节肢动物的又一个关键性的进化特征,它增强了身体运动的灵活性扩大了运动和分布的范围。

(3)发达坚硬的外骨骼,主要由几丁质和蛋白质组成;分为内表皮、外表皮、上表皮三层,具有支持和保护的功能,能有效防止体内水分的散失。

(4)简单的开管式循环系统,混合体腔(真、原体腔合并)内充满血液。

(5)消化系统完全,分前肠、中肠和后肠。某些种类出现发达的中肠突出物(储存养料)和直肠垫(回收水分);不同种类的昆虫还具有不同的口器,可分别适应不同的食物。

(6)呼吸器官多样:鳃、书鳃、气管、书肺,保证了气体交换面积,各种组织能得到更多的氧,代谢活动的水平提高,有利于对陆地环境的适应。

(7)肌肉系统由横纹肌组成,附于外骨骼上,能迅速收缩,增强了运动力。

(8)排泄器官由后肾管发展成为马氏管,排尿酸,而且有很强的回收水分的能力,因而对干旱环境有很强的适应能力。

(9)灵敏的感觉器和链状的神经系统使其能对外界刺激迅速反应。

(10)繁殖方式多样,繁殖周期短,间接发育复杂,也为此类动物适应干燥环境提供了保障。

5. 脊索动物门有哪三个主要共同特征? 形成特征的结构是如何发生的,有何功能,有何进化意义?

答 脊索动物门具有脊索、背神经管和咽鳃裂三大主要特征。

(1)脊索在动物背部,消化管和神经管之间的一条由中胚层产生的棒状结缔组织,坚韧而有弹性。低等脊索动物,大多终生保留,起支撑身体的作用。脊椎动物只在胚胎时期出现脊索,成体时即由分节的脊柱所取代。

(2)背神经索呈管状,位于脊索背方的中空管状的中枢神经系统。脊椎动物的神经索前端扩大并分化为脑,脑后的部分形成脊髓。

(3)消化管前端咽部两侧有成对排列的鳃裂,直接或间接和外界相通,又称咽鳃裂。咽鳃裂是一种呼吸器官,低等脊索动物及鱼类的鳃裂终生存在,高等脊椎动物仅见于某些幼体(如蝌蚪)和胚胎时期有鳃,后完全消失。

6.为何说文昌鱼在动物进化上有重要地位? 有哪些进步特征、特化特征和原始特征?

答文昌鱼(Branchiostoma belcheri)是头索动物的代表种类,共约25种。头索动物文昌鱼在动物进化上有重要地位:①祖先可能是原始的无头类,与无脊椎动物有共同祖先;②由于适应不同生活方式而演变为两支,一支演变为原始有头类,导向脊椎动物进化之路,另一支特化为旁支,演变成头索动物的鳃口科动物;③认为头索动物是当前脊椎动物的原始类群,是脊椎动物的姐妹群。在动物学上占有重要的地位。

进步特征:呼吸在水流经咽部的鳃裂时进行;中空的神经管是文昌鱼的中枢神经系统,但是尚没有脑和脊髓明显的分化;脊索纵贯全身并伸到身体最前端。

特化特征:口部有一套特化的取食和滤食器官;无成对附肢;无心脏,循环系统属于闭管式,血液无色。

原始特征:无头,仍有分节现象存在;生殖、排泄器官多对(无集中的肾),各自开口。

7.(中南大学 2014)两栖类的形态、结构是如何既适应水生生活,又适应陆地生活的? 这样的适应是怎样影响两栖类各个器官系统进化的?

答(1)皮肤较薄,有丰富的粘液腺保持体表湿润,但表皮有轻微角质化。这使得两栖既能在水环境中生活,又可以一定程度上适应潮湿的陆生环境,减少体内水分散失。

(2)同时存在肺呼吸、鳃呼吸、皮肤呼吸等多种呼吸方式,成体主要是肺呼吸,幼体主要营鳃呼吸。

(3)心脏心房出现了分隔,血液循环为不完全的双循环,血液中的多氧血和缺氧血不能完全分开,新陈代谢率较低,不能维持恒定的体温。

(4)脊柱初步分化为颈椎、躯干椎、荐椎、尾椎 4 部分,并演化出典型的五趾型附肢。具有在陆地上支撑身体和运动的能力。

(5)神经系统发育仍处较低水平,视觉和听觉器官已初步具有与陆栖相适应的特点,但调节能力还不强。

(6)两栖类的膀胱重吸收水分的机能使体内水份的保持得到了加强,这种节水作用不足以抵偿由于体表蒸发所造成的大量失水。这就决定了两栖动物虽能上陆生活,却不能长时间地远离水源。

(7)繁殖在水中进行,幼体在水中发育。

8.(西南大学 2011)比较两栖动物和爬行动物的特征。为什么会出现这些不同?

答两栖动物在很多方面表现出既要适应水中生活,又要适应陆地生活,主要表现为:皮肤较薄,有大量黏液腺保持体表湿润,但表皮有轻微角质化。存在肺呼吸、鳃呼吸、皮肤呼吸等多种呼吸方式。幼体主要以鳃呼吸,成体主要以肺呼吸。血液循环为不完全双循环。脊柱初步分化为颈椎、躯干椎、荐椎、尾椎 4 部分,并演化出典型的五趾(指)型四肢。神经系统发育仍处于较低水平,有了适应陆地的各种感觉器官,但幼体仍然保留结构和功能与鱼类相似侧线,有的种类甚至保留至成体。排泄器官对陆地适应尚不完善。受精卵的发育必须在水中进行。

爬行动物与两栖动物相比,身体结构和与之相适应的生理机能已经完全适应了陆地生活。主要表现为:出现羊膜卵。表皮高度角质化,形成角质鳞片。脊柱进一步分化为颈椎、胸椎、腰椎、荐椎和尾椎 5 部分,其中颈椎数目增多,使动物颈部增长,头部更加灵活。出现了由胸椎、肋骨、胸骨围成的胸廓,既保护了内脏,也增强了肺的呼吸。它们具有典型的五趾(指)型四肢,趾(指)端具爪,荐椎承重的增加使动物在陆地运动能力加强。血液循环仍为不完全双循环,心室分隔不完全,血液彼此混合的程度较两栖类低,排泄的最终产物为尿酸,以保存体内的水分的不流失。

羊膜卵的出现,是脊椎动物从水生到陆生进化过程中产生的一个重大适应,它解决了在陆上进行繁殖的问题,使羊膜动物彻底摆脱了水环境的束缚。羊膜卵外包有石灰或纤维质的硬壳,能维持卵的形状,减少卵内水分蒸发、避免机械损伤和防止病原体侵入;卵壳具有通透性,能保证胚胎发育时进行气体交换;卵内贮存有丰富的卵黄,保证胚胎在发育中能得到足够的营养。在胚胎发育早期,胚胎周围的胚膜向上发生环状皱褶,不断向背方生长,包围胚胎,在胚胎外构成两个腔——羊膜腔和胚外体腔,羊膜腔内充满羊水,使胚胎能在液体环境中发育,能防止干燥以及机械损伤。另外,还形成一尿囊,可以收集胚胎发育代谢中产生的废物,另外尿囊与绒毛膜紧贴,其上富有血管,胚胎可通过多孔的卵壳或卵膜,与外界进行气体交换。

9.(华中师范大学 2015,云南大学 2010)鸟类的器官系统及形态结构是如何适应飞翔生活的?

答(1)前肢变为翼,着生羽毛成为飞翔器官。

(2)鸟类身体呈流线型,减少了飞行中的阻力。

(3)薄而松的皮肤,胸部肌肉十分发达,有利于剧烈的飞翔运动。

(4)骨骼轻而坚固,骨骼内具有充满气体的腔隙,有利于减轻体重。

(5)消化能力强、消化速度快,供能迅速;直肠极短,不贮存粪便,且具有吸收水分的作用,有助于减少失水以及飞行时的负荷。

(6)具有非常发达的气囊系统与肺气管相连通,双重呼吸高效。

(7)循环系统更加完善,心室已完全分隔,完全双循环,提高了运输氧气的效率。

(8)排泄尿酸减少失水,鸟类不具膀胱,所产的尿连同粪便随时排出体外,是减轻体重的一种适应。

(9)有发达的神经系统和感官,适应复杂的空中活动。

(10)具有较完善的繁殖方式(造巢、孵卵、育雏),保证后代有较高的成活率。

10.(中国科学院水生生物研究所 2010,湖南农业大学 2014)哺乳动物有哪些重要进步特征? 为什么说哺乳动物是最高等的脊椎动物?

答哺乳动物进步性特征有:①具有高度发达的神经系统和感官,能协调复杂的机能活动和适应多变的环境条件。;②出现口腔咀嚼和消化,大大提高了对能量的摄取;③具有高而恒定的体温,减少了对环境的依赖性;④具有在陆上快速运动的能力;⑤胎生、哺乳,保证了后代有较高的成活率;⑥出现了肌肉横隔膜,提高了空气在肺中流动的效率;⑦循环系统更加完善,提高了运输氧气的效率。

大多数哺乳动物的生殖方式为胎生,胚胎在母体内发育,通过胎盘吸取母体血液中的营养物质和氧气,同时排泄。它为发育的胚胎提供了保护、营养以及稳定的恒温发育条件。哺乳使后代在优越的营养条件下迅速地发育成长,加上哺乳类对幼仔有各种完善的保护行为,因而具有远比其它脊椎动物类群高得多成活率。

哺乳类的皮肤中,表皮和真皮加厚,角质层发达。皮肤衍生物形态复杂,功能多样,在对机体的保护、体温调节、感受刺激、分泌和排泄等方面起着重要作用,如毛、皮肤腺、蹄角等。哺乳类骨骼高度简化和具有灵活性。脊椎仍然分为颈椎、胸椎、腰椎、荐椎和尾椎 5 部分,椎体间有软骨的椎间盘相隔,可吸收和缓冲运动时对椎体的冲击。四肢肌肉发达,以适应哺乳动物高速灵活的复杂运动。消化系统功能完善。消化管包括口腔、咽、食管、胃、小肠(十二指肠、空肠、回肠)、大肠(盲肠、结肠、直肠)和肛门。消化腺有唾液腺、肝、胰。根据食性,哺乳类分为食虫类、肉食类、草食类和杂食类 4 种。哺乳类血管趋于简化,使血液循环速度加快,血液升高,循环效率提高,肺由复杂的支气管树和肺泡构成,气体交换面积增加。腹部具有肌肉质的横隔,隔肌的收缩和舒张协助肋间肌扩张和缩小胸腔,促进呼吸。哺乳动物的大脑特别发达,大脑表面形成沟回,神经元数量大增,感觉器官发达灵敏,行为复杂。

人类的进化

1.选择题:从猿到人的演化过程中,几个重要性状出现的次序是:

A. 脑的扩大→制造时期→直立行走

B. 直立行走→制造石器→脑的扩大

C. 新生儿提前出生→脑的扩大→制造石器

D. 制造石器→直立行走→脑的扩大

E. 走出森林→直立行走→制造石器

答 B。

2. 黑猩猩有哪些行为和人的行为相似,这给我们什么启示?

答 在黑猩猩的生活中,有一定数量的行为不是通过遗传途经从上一代传递给下一代的,而是后天通过模拟和学习而获得。科学家曾记录到非洲野生黑猩猩共计有 39 项行为,其中有一部分属于制造和使用工具的行为。黑猩猩能制造比较简单的工具,也能够学会一定数量的人类手势语。手势语已经是一种具有语法结构的符号通讯。黑猩猩还是能思考和有自我意识的动物。这些启示我们黑猩猩是我们的近亲。

3. 在 20 世纪后叶,人猿超科的分类发生了重大变化,其根据是什么?

答 20 世纪后叶,人猿超科的分类是比较人与几种非人灵长类动物的一组蛋白质氨基酸序列测定,发现人与黑猩猩、大猩猩之间不同氨基酸比例小于 1% ,与猩猩为 2.78% ,与长臂猿为 2.38% 。人与黑猩猩的基因组序列差仅 1.33% 。现在把人猿超科分为 3 个科:长臂猿科、猩猩科和人科。人科又分为 2 个亚科:大猩猩亚科,包括大猩猩和黑猩猩。人亚科包括智人和南方古猿等化石人类。

4. 为什么说南猿和人属是两种不同类型的人亚科成员?

答 南猿是稀树草原上小脑袋的二足猿,脑量 400～500 ml 之间,很多习性似猿。人属脑量明显扩大达 600～800 ml,能制造石器。

5. 为什么说早期人属在稀树草原捡拾尸肉,不是一般动物式搜寻而是富于挑战性的谋生活动。

答 早期人属栖息在森林,有初步的二足行走能力和小尖牙,但仍然具有适应树栖的结构特征,指(趾)骨弯曲、肩关节偏向颅侧,前肢比后肢长,以森林作为庇护所。他们徒手制造石器,捡拾尸肉。

6. 试论述制造石器在人类进化中的意义。

答 正如直立行走是人科的重要特征,石器的制造也是人属的重要特征。能人的石器包括可以割破兽皮的石片,带刃的砍砸器和可以破碎骨骼的石锤,这是一批屠宰工具。这些遗存表明能人在肉食的获取上有了巨大的进步。旧石器时期的早期文化主要是直立人所创造的。代表的工具是手斧(欧洲)和大型砍砸器(亚洲),以及小型的刮削器和尖状器等。人类发明了石器,使他们在获取和利用猛兽遗留下的新鲜尸肉方面得到成功,有效地增强了人的生存能力,深刻地影响人与人的关系。

7. 在匠人/直立人阶段有哪 6 个第一次,说明他们的生活方式,有了从猿的生活方式向人的生活方式的意义重大的转变。

答 ①按规制制造石器,②主动狩猎大型食草动物,③出现家庭基地或营地,④使用火,⑤有漫长的童年,⑥走出非洲。这些第一次说明在体质和生活方式上匠人/直立人已经超越了猿而类似于人。

8. 有什么证据说明现代人类来自非洲?

答 威尔逊(A. Wilson)等人根据来自不同地理群体的 147 个个体线粒体 DNA 的遗传分歧建立起一个人类系谱模型。据此模型,现代智人起源于 10 万年前的非洲,再从非洲扩散出去,最后完全代替了尼人和原来生活其他各地的早期智人。在此以前分布于欧洲、亚洲、澳大利亚的化石人类并不是现代人类的祖先,而是若干已灭绝分支上的远亲。现代人类细胞线粒体 DNA 分析发现,全球人类种群的线粒体 DNA 十分一致。尼人化石中成功地提取到线粒体 DNA,发现它和现代人的线粒体 DNA 之间存在很大差异。

11

生态学与动物行为

考点综述

生物与环境是不可分割的统一体:生物的生存需要一定的环境条件;生物又能影响环境使环境发生变化。生物与环境相互依存、相互制约、相互协调。生态学就是研究生物与环境(包括非生物环境和生物环境)相互关系的科学。生态学的一些原理已深入到其他许多学科之中,并被广泛地接受。学科的互相渗透又反过来促进了生态学的进一步发展。动物的行为学主要是研究动物的行为规律,提示动物行为的产生、发展和进化以及动物行为与动物生活的相互关系。它是生物学的分支学科。

本章考点:

①生态学的基本概念:最小因子法则、耐受性法则、r 对策、K 对策、生态位;②生态因子的种类及作用,重点掌握温度,光,水的作用;③种群的概念和特征(空间特征,数量特征,遗传特征);④种群的数量动态:影响种群数量变动的因素,种群指数增长,逻辑斯蒂增长与环境容纳量;⑤种群的数量调节;⑥群落的结构、类型和基本特征;⑦群落的演替:初级演替,次级演替,顶极群落;⑧生态系统的结构:非生物环境,生产者,消费者,分解者;⑨生态系统的物质循环(水循环,气体循环,沉积型循环)及特点;⑩生态系统的能量流动:食物链,食物网,营养级,能量金字塔;⑪生态系统中的信息联系;⑫人类活动对生物圈的影响;⑬生物多样性的概念及包含的 3 个层次,生物多样性保护;⑭行为分类:本能行为和学习行为;⑮动物行为的生理和遗传基础;⑯动物防御行为、生殖行为、社群行为、节律行为及意义。

生态学与动物行为学的内容非常多,这部分考查的重点一般是基础知识。大致有两种出题方向:一种以问答题为主,要求适当扩展知识面;一种填空选择较多,要求增加一些信息量。对于考研为生态方向的学生来说,尤其要对生态学的知识进一步拓深加宽,并把理论学习和实际应用结合起来。重点掌握的名词有生物群落、生态位、生态系统、生态金字塔、生物富集作用、生态平衡。重点掌握的原理有种群增长,生态系统的组成及特征,能量转化效率和生物多样性保护的方法和意义。

名词术语

【术语题库 扫码获取】

1. **生态学**(ecology):研究生物、人类和环境之间错综复杂关系的科学,叫做生态学。

2. **环境**(environment):是指某一特定生物体以外的空间及直接、间接影响该生物体生存的一切事物的总和。

3. **生态因子**(ecological factor):是指环境中对生物的生长、发育、生殖、行为和分布有着直接影响的环境要素。

4. **最小因子法则**(law of the minimum):李比希研究发现每一种植物都需要一定种类和一定数量的营

养物,如果其中有一种营养物完全缺失,植物就不能生存。如果这种营养物少于一定的量而其他营养物又都充足的话,植物的生长发育就决定于这种营养物的数量。

5.**耐受性法则**(law of tolerance):谢尔福德提出生物对每一种生态因子都有耐受的下限和上限,上、下限之间就是生物对这种生态因子的耐受范围。

6.**种群**(population):占有一定空间和时间的同一物种个体的集合体。

7.**种群密度**(population density):是指单位空间内某种群的个体数量。常采用标志重捕法调查种群密度。

8.**年龄结构**:是指一个种群中各年龄期个体数目的比例。有增长型,稳定型、衰退型 3 种类型。

9.**逻辑斯蒂增长**(Logistic growth):种群在有限环境下,受环境制约且与密度相关的增长方式。

10.**群落**(community):占有一定空间和时间的多种生物种群的集合体就是群落,由很多种类的生物种群所组成的一个生态功能单位。

11.**生态位**(niche):是指物种利用群落中各种资源的总和,以及该物种与群落中其他物种相互关系的总和。它表示物种在群落中的地位、作用和重要性。

12.**生态演替**:是指在一定区域内,群落随时间而发生变化,由一种类型转变为另一种类型的生态过程。又称群落演替。

13.**顶极群落**(climax):在不受外来因素的干扰下,通过演替发展成为与当地环境条件相适应的、结构稳定的群落。

14.**生态系统**(ecosystem):在一定的时间和自然区域内,各种生物之间以及生物与无机环境之间通过物质循环和能量流动相互作用所形成的一个生态学功能单位。

15.**生产者**:指生态系统中的自养型生物(包括绿色植物、非绿色植物和自养型微生物)。

16.**消费者**:指只能利用现存的有机物的动物。

17.**分解者**:主要是指细菌、真菌等营腐生生活的微生物,它们能把动植物的尸体、排泄物和残落物等所含有的有机物,分解成简单的无机物,归还到无机环境中,再重新被绿色植物利用来制造有机物。

18.**食物链**(food chain):在生态系统中,以生产者为起点,各种生物有机体以取食与被取食的关系,即通过食物的关系彼此关联而形成为一个能量与物质流通的系列,即食物链。食物链是生态系营养结构的具体表现形式之一。

19.**食物网**:在一个生态系统中,许多食物链彼此相互交错连接的复杂营养关系,叫做食物网。

20.**营养级**(trophic levels):处于食物链某一环节上的全部生物种的总和。

21.**生态金字塔**(ecological pyramid):各营养级之间的某种数量关系,每级的个体数量、生物量或所含能量呈塔型分布,称生态金字塔。包括能量金字塔、生物量金字塔和数量金字塔。

22.**初级生产量(或称第一性生产量)**:绿色植物经光合作用生产的有机物质数量。净初级生产量等于总第一性生产量减去植物呼吸消耗量。只有净初级生产量才有可能被人或其他动物所利用。

23.**生物量**:生态系统内营养级中有机体的总重量,以生物的干重表示。

24.**物质循环**:指组成生物体的基本元素,不断的进行着从无机环境到生物群落,又从生物群落到无机环境的循环过程。这里的生态系统指的是生物圈,其物质循环带有全球性,又叫生物地球化学循环。

25.**碳的循环**:碳以二氧化碳形式从无机环境进入生物群落,以有机物形式在生物群落的各成分之间传递,最终又以二氧化碳的形式回到无机环境的过程。碳循环始终与能量流动结合在一起。

26.**能量流动**:指生态系统中能量的输入、传递和散失的过程(能量流动的起点、总能量和流动渠道)。

27.**系统的能量流**:能量只是一次穿过生态系统,不能再次被生产者利用而进行循环。这一通过生态系统的能量单向流动的现象叫做能量流。

28.**生态效率**:食物链各环节上的能量的转化效率,约为 10% 。

29. **生态平衡**(ecological equilibrium)：生态系统发展到一定阶段，它的生产者、消费者和分解者之间能够较长时间地保持着一种动态的平衡(它的能量流动和物质循环能够较长时间的保持动态平衡)，在外来干扰下，通过自然调节能恢复原初的稳定状态。生态系统的这种动态平衡的状态，称为生态平衡。

30. **生物多样性**(biodiversity)：指生命有机体的种类和变异性及其与环境形成的生态复合体以及与此相关的各种生态过程的总和，包括动物、植物、微生物和它们所拥有的基因以及它们与其生存环境形成的复杂的生态系统和自然景观。包含有遗传多样性、物种多样性、生态系统的多样性3个层次。

31. **最小存活种群**(minimum viable population, MVP)：确保一个物种长期存活所必需的个体数量。

32. **就地保护**：指为了保护生物多样性，把包含保护对象在内的一定面积的陆地或水体划分出来，进行保护和管理。就地保护的对象主要包括有代表性的自然生态系统和珍稀濒危动植物的天然集中分布区等。就地保护主要是建立自然保护区。

33. **自然保护区**：为了保护自然和自然资源，特别是保护珍贵稀有的动植物资源，保护代表不同自然地带的自然环境和生态系统，国家划出一定的区域加以保护，这些区域叫做自然保护区。

34. **迁地保护**：指为了保护生物多样性，把因为生存条件不复存在，物种数量极少或难以找到配偶等原因，而生存和繁衍受到严重威胁的物种迁出原地，移入动物园、植物园、水族馆和濒危动物繁育中心，进行特殊的保护和管理。迁地保护是就地保护的补充，为行将灭绝的生物提供了最后的生存机会。

35. **水体富营养化**：指由于水体中氮、磷等植物必需的矿质元素含量过多，导致藻类植物等大量繁殖，并引起水质恶化和水生动物死亡的现象。

36. **生物富集作用**：指环境中的一些污染物(如重金属、化学农药)，通过食物链在生物体内大量积聚的过程。

37. **生物净化**：指生物体通过吸收、分解和转化作用，使生态环境中的污染物的浓度和毒性降低或消失的过程。生物净化过程中，绿色植物和微生物起重要作用。

38. **行为**(behavor)：动物在个体层次上对外界环境的变化和内在生理的变化所作出的整体性反应，并具有一定的生物学意义。

39. **本能**(instinct)：可遗传的复杂反射，是神经系统对外界刺激作出的先天的反应。

40. **固定行为型**(fixed action pattern)：外界的一个特定的刺激可引起动物发生特定的反应。这种反应是稳定的，每次刺激都发生相同的反应，是一种先天的本能行为。

41. **学习**：动物借助于个体生活经历和经验使自身的行为发生适应性变化的过程。

42. **习惯化**(habituation)：动物界最常见最简单的一种学习类型。当刺激连续或重复发生时，会引起动物反应的持久性衰减，最后可完全消失。

43. **印记**(imprinting)：个体发育早期的一个特定阶段，动物对于第一次接触的能活动的较大物体紧紧追随的现象。

44. **联系学习**(associative learning)：把2个或2个以上的刺激联系起来而诱发同样的行为就是联系学习。条件反射(conditioning reflex)就是一种联系学习。

45. **顿悟学习**(insight learning)：动物利用已有经验来解决当前新问题的能力，包括了解问题、思考问题和解决问题。整个过程需要判断与推理。最有名的是黑猩猩拿木箱取食的行为。

46. **利他行为**(altruistic behavior)：不利于自己存活和生殖而有利于种群中其他个体存活和生殖的行为。可用亲缘选择和广义适合度解释。

47. **生物节律**(biologicalrhythms)：植物和动物在自然界中的活动都是有节律的，以日为周期的昼夜节律，以月为周期的月周期节律，或年为周期的年节律。生物节律是在生物长期进化过程中适应地球的自然条件，如昼夜、冬夏、潮汐等而发生的。

考研精粹

1.(陕西师范大学 2014)生态学一词是由下列哪一位科学家提出？＿＿＿＿＿
A.1869 年由德国进化论者海克尔提出
B.1942 年美国生态学家林德曼提出
C.1859 年由英国进化论者达尔文提出
D.1862 年英国进化论者赫胥黎提出
【答案】A

2.(江苏大学 2010)环境因子就是生态因子。(　　　)
【答案】错。生态因子是生物生存不可缺少的环境条件,是环境因子中对生物起作用的因子。而环境因子则是指生物体外部的全部环境要素。

3.(暨南大学 2013)何为生态学中限制因子？有何实际意义？
【答案】在生物生长发育所必需的多种生态因子中,若其中某一生态因子的量接近或超过生物的耐受性极限而限制着该生物的生长发育,这个生态因子就称为该生物生长的限制因子(limiting factor)。限制因子是限制生物生存和繁殖的关键因子。1840 年德国化学家李比希(Liebig)提出生物生长速度主要受限制因子的限制的最小因子法则。

限制因子的概念具有实用价值。例如,某种植物在某一特定条件下生长缓慢,或某一动物种群数量增长缓慢,这并非所有因子都具有同等重要性,只有找出可能引起限制作用的因子,通过实验确定生物与因子的定量关系、便能解决增长缓慢的问题。研究限制鹿群增长的因子时,发现冬季雪被覆盖地面与枝叶,使鹿取食困难,食物可能成为鹿种群的限制因子。根据这一研究结果,在冬季的森林中,人工增添饲料,降低了鹿群冬季死亡率,从而提高了鹿的资源量。

4.(陕西师范大学 2014)下列哪一种因素可使其他三项影响种群数量的因素起作用减小？＿＿＿＿＿
A.食物竞争　　　　　B.瘟疫　　　　　C.生殖力下降　　　　　D.扩散
【答案】D

5.(西南大学 2010)在生态系统中,占特定空间同种生物的集合群叫＿＿＿＿＿。
【答案】种群

6.(中国科学院研究生院 2012)决定种群动态的两个重要参数是＿＿＿＿＿。
A.出生率和迁入率　　　　　　　　　B.死亡率和迁入率
C.出生率和死亡率　　　　　　　　　D.迁入率和迁出率
【答案】C

7.(云南大学 2011)请举例说明 r 对策和 K 对策这两种不同的生活史对策。
【答案】无脊椎动物和昆虫,还有小型的哺乳动物和鸟类如鼠类和麻雀等,一年生植物属于 r 对策物种。通常是个体小、寿命短、生殖力强但存活率低,亲代对后代缺乏保护。r 对策生物有较强的迁移和散布能力,其发展常常要靠机会,它们善于利用小的和暂时的生境,而这些生境往往是不稳定和不可预测的。在这些生境中,种群的死亡率主要是由环境变化引起的,而与种群密度无关。

K 对策的生物主要是一些大型的鸟兽和林木,也包括少数较大的昆虫如大型蝴蝶和天牛。信天翁是最典型的 K 对策的鸟类,这种鸟每隔一年才繁殖一次,每窝只产一个蛋,需要 9～11 年才能达到性成熟。种群数量十分稳定。K 对策生物通常是个体大、寿命长、生殖力弱但存活率高,亲代对后代有很好的保护。K 对策生物虽然迁移和散布能力较弱,但对生境有极好的适应能力,能有效地利用生境中的各种资源,种群数量通常能稳定在环境容纳量的水平上或有微小波动。种群死亡率主要是由密度制约因素引起的,而不是由不可预测的环境条件变化而引起的。

8.(暨南大学 2013)什么是 K 选择者和 r 选择者,并简述二者之间的区别。

【答案】有利于增大内禀增长率的选择称为 r～选择。r～选择的物种称为 r 选择者。有利于竞争能力增加的选择称为 K—选择。K—选择的物种称为 K 选择者。

K 选择者生活在条件优越和稳定环境中,生物之间存在着激烈的竞争,种群力争使竞争力达到最大化。K 选择者的特征是慢速发育,大型成体,数量少但后代的存活率高,繁殖率低、寿命长。有较完善的保护后代的机制,扩散能力弱,竞争能力强。

r 选择者生活在条件严酷和不稳定的环境中,种群内的个体常把较多的能量用于生殖,力求使种群增长率达到最大化。r 选择者的特征是快速发育,小型成体,数量多而后代的存活率低,繁殖率高、寿命短。缺乏保护后代的机制,竞争力弱,但有很强的扩散能力。

r 选择者以提高生育力为主要目标,K 选择者以提高竞争力为主要目标。

9.(中国科学院研究生院 2012)生物体可分为两种不同的生活史对策,即_____和_____。

【答案】K 对策、r 对策

10.(西南大学 2012)生物大体上可以区分为两种不同的生活史对策,其中 r 对策生物通常是个体大、寿命长、生殖力弱但存活率高,亲代对后代有很好的保护。(   )

【答案】错

11.(西南大学 2011)多数种群的数量波动是无规律的,但少数种群的数量波动表现有周期性。(   )

【答案】对

12.(南京大学 2013)影响种群变动的因素? 如何影响? 对生产实践的指导?

【答案】影响和调节种群数量的因子可以区分为密度制约因子和非密度制约因子两大类。密度制约因子相当于生物因子,如捕食、寄生、流行病和食物等。非密度制约因子相当于非生物因子,如温度、降水、风等气候因素。

密度制约因子的作用强度随种群密度的加大而增强,而且种群受影响个体的百分比也与种群密度的大小有关系。非密度制约因子对种群的影响则不受种群密度本身的制约,在任何密度下种群总是有一固定的百分数受到影响或杀死。因此对种群密度无法起调节作用。

为人工养殖及种植业中合理控制种群数量、适时捕捞、采伐等提供理论指导。在野生生物资源的合理利用和保护、害虫的防治等方面应用。

13.(暨南大学 2012)影响或调节种群数量的因子大致可区分为_____和_____两大类。

【答案】密度制约因子,非密度制约因子。

14.(湖南农业大学 2012)生物群落结构如何? 主要类型有哪些?

【答案】群落是一定地区中所有动、植物和微生物种群的集合体。群落的结构包括垂直结构和水平结构。垂直结构是指在群落生境的垂直方向上,群落具有的明显分层现象。以森林的群落结构为例,在植物的分层上,由上至下依次是乔木层、灌木层和草本植物层。动物的分层亦呈这种垂直结构:鹰、猫头鹰、松鼠居于森林上层,大山雀、柳莺等小型鸟类在灌木层活动,鹿、獐、野猪等兽类居于地面,蚯蚓、马陆等低等动物则在枯叶层和土壤中生存。水平结构是指在群落生境的水平方向上,群落具有的明显分层现象。由于在水平方向上存在的地形的起伏、光照和湿度等诸多环境因素的影响,导致各个地段生物种群的分布和密度的不相同。同样以森林为例,在乔木的基部和被其他树冠遮盖的位置,光线往往较暗,这适于苔藓植物等喜阴植物的生存;在树冠下的间隙等光照较为充足的地段,则有较多的灌木与草丛。

从赤道到北极分布着多种多样的陆地生物群落,主要有热带森林、温带森林、寒带针叶林、草原和热带稀树草原、荒漠、苔原等。

15.(四川大学 2014,中国科学院研究生院 2007)以下各项,不是种群在群落中分布类型的是_____。

A. 间断分布　　　　　B. 垂直分布　　　　　C. 水平分布　　　　　D. 时间分布

【解析】群落中各种生物所占据的空间及时间各有不同,因而各种群落都有一定的结构,表现为种群在其中的分布:这种分布有空间上的分布(垂直分布与水平分布)和时间上的分布,并有时表现出时辰节律。

【答案】A

16.(陕西师范大学 2014)下列哪种生态系统含有多种狭小生态位的生物?

A. 热带雨林　　　　　B. 草原　　　　　C. 苔原　　　　　D. 湿地

【答案】A

17.(中国科学院研究生院 2012)占陆地表面的大约 12% ,年降雨量为 250～800 mm,这描述的是_____。

A. 荒漠　　　　　B. 草原　　　　　C. 苔原　　　　　D. 温带森林

【答案】B

18.(昆明理工大学 2011)从一个原始岩石地区形成一个顶级群落,要经过如下几个阶段,地衣阶段、_____、_____、_____和森林阶段。

【答案】苔藓阶段、草本植物阶段、灌木阶段。

19.(四川大学 2012)从湖泊到森林的演替中不经历_____。

A. 沉水植物阶段　　　　　　　　　B. 浮叶根生植物阶段

C. 沼泽植物阶段　　　　　　　　　D. 富营养化阶段

【解析】从湖泊到森林经历的 5 个演替阶段依次是裸底阶段、沉水植物阶段、浮叶根生植物阶段、挺水植物和沼泽植物阶段、稳定的森林群落阶段。

【答案】D

20.(西南大学 2012,2007)群落演替的终点是_____。

【解析】生态演替的最终阶段是顶极群落。顶极群落是最稳定的群落阶段,其中各主要种群(如某种阔叶林、松或牧草等)的出生率和死亡率达到平衡,能量的输入与输出以及生产量和消耗量(如呼吸)也都达到了平衡。只要气候、地形等条件稳定,不发生意外,顶极群落可以几十年几百年保持稳定而不再发生演替。现在地球上的群落大多是在没有人为干扰下经过亿万年的演替而达到的顶极群落。群落演替的结果使不稳定、生产量低的群落逐步达到物种丰富、能最高效率地利用光能的稳定的顶极群落。

【答案】顶级群落

21.(中国科学院研究生院 2012)顶级生物群落的物种多样性_____,而演替中的群落物种多样性则_____。

【答案】高,低。

22.(西南大学 2010)农田生态系统是没有经过演替的生态系统。(　　　)

【答案】错 。农田生态系统结构简单,稳定性差,群落演替时间短,甚至断裂。

23.(湖南农业大学 2013)试述物种、种群和生物群落之间的关系。

【答案】物种是互交繁殖的相同生物形成的自然群体,与其他相似群体在生殖上相互隔离,并在自然界占据一定的生态位。种群是栖息在同一地域的同种个体构成的一个繁殖单位,它们的全部基因组成一个基因库。一个物种可以包括许多种群,种群间的长期隔离有可能发展为新的物种。可见,种群不仅是物种的存在单位,而且是物种的繁殖单位和进化单位。

栖息在同一地域的各种生物的种群彼此相互作用,组成一个具有独特成分、结构和功能的集合体,即为群落。种群是生物群落的基本组成单位。群落中不是任意物种的随意组合,生活在同一群落中的各个物种通过长期历史发展和自然选择保存下来,形成了相互依存、相互制约的复杂的种间关系,不仅有利于各自的生存和繁殖,也有利于保持群落的稳定性。

24.(中国科学院研究生院 2012)生态系统一词是由＿＿＿＿＿＿＿首先提出来的。

A. Tansley　　　　　　　B. Clements　　　　　　C. Elton　　　　　　D. Lindeman

【解析】生态系统一词是 Tansley 于 1936 年首先提出的,是指在一定的时间和自然区域内,各种生物之间以及生物与无机环境之间通过物质循环和能量流动相互作用所形成的一个生态学功能单位。

【答案】A

25.(西南大学 2010)生态系统都是由生物成分和非生物成分组成的,生物成分可以分为三大功能类群,即 ＿＿＿＿＿＿＿、＿＿＿＿＿＿＿、＿＿＿＿＿＿＿。

【解析】任何生态系统都是由非生物成分和生物成分组成的。生物成分按其在生态系统中的功能分为生产者、消费者、分解者。生产者指生态系统中的自养型生物(包括绿色植物、非绿色植物和自养型微生物)。消费者指只能利用现存的有机物的动物。分解者主要是指细菌、真菌等营腐生生活的微生物,它们能把动植物的尸体、排泄物和残落物等所含有的有机物,分解成简单的无机物,归还到无机环境中,再重新被绿色植物利用来制造有机物。

【答案】生产者、消费者、分解者。

26.(江苏大学 2010)只有绿色植物才是生态系统的生产者。(　　)

【答案】错

27.(四川大学 2013,武汉大学 2007)微生物在生态系统的物质循环中的主要作用为＿＿＿＿＿＿。

A. 初级生产者　　　　B. 次级消费者　　　　C. 分解者　　　　D. 寄生于其它生物

【解析】分解者的作用是把生物残体的复杂有机物分解为生产者能重新利用的简单化合物,并释放出能量。细菌和真菌是最主要的分解者。分解者是生态系统不可缺少的成分,没有分解者将导致生物残体的堆积,从而影响物质的再循环,使生态系统崩溃。

【答案】C

28.(西南大学 2010)生态系统中各种生物按其摄食关系而排列的顺序称为＿＿＿＿＿＿。

【答案】食物链

29.(西南大学 2011)食物链相互交叉形成超级食物链。(　　)

【答案】错 。食物链相互交叉形成食物网。

30.(江苏大学 2010,青岛海洋大学 2001)论述生态系统的主要功能。

【答案】能量流动和物质循环是生态系统的两大重要功能。

生态系统的能量流动是指能量通过食物网在系统内的传递和耗散过程。它始于生产者的初级生产,止于还原者功能的完成,整个过程包括着能量形态的转变,能量的转移、利用和耗散。能量在生态系统内的传递和转化服从热力学定律,能量流动是单方向和不可逆的,能量最终转化为热而散失。食物链各环节上的能量的转化效率称生态效率,约为 10% 。

生态系统中的物质通过食物链各营养级传递和转化,遵守物质不灭定律,构成了生态系统的物质循环。物质循环可在三个不同层次上进行:①生物个体,在这个层次上生物个体吸取营养物质建造自身,经过代谢活动又把物质排出体外,经过分解者的作用归还于环境;②生态系统层次,在初级生产者的代谢基础上,通过各级消费者和分解者把营养物质归还环境之中,故称为生物小循环或营养物质循环;③生物圈层次,物质在整个生物圈各圈层之间的循环,称生物地球化学循环。物质的流动是循环式的,各种物质和元素借助其完善的循环功能被生物反复利用。

31.(四川大学 2012)试从生态系统能量流动的单向性、平衡和环保的角度讨论可再生能源的重要意义。

【答案】化石燃料是一次性的,大多数是碳氢化合物,燃烧后的主要产物是水和二氧化碳。大量排放的

CO_2 形成温室效应,导致全球变暖。最有害的化石燃料燃烧产物是硫和氮的化合物。SO_2 和 NO 造成的酸雨会破坏远离污染源地区的生态系统,阳光的能量能使 NO_2 进一步反应成为光化学烟雾。

可再生能源的主要类型有风能、太阳能、水能、生物质能、地热能、海洋能等非化石能源。除了其可再生的特点外,还有其环保性。无环境污染或者有害物质极少,其中生物质能被利用时排放 CO_2,可与生物质植物成长过程中吸收的 CO_2 相互循环、抵消,所以再生性能源对于改善环境、保持生态平衡意义重大。

32.(云南大学 2014,昆明理工大学 2007)生态系统的功能是_____,_____,_____,生态系统中的分解者是_____。

【答案】物质循环,能量流动,信息传递,细菌和真菌。

33.(暨南大学 2012)生态系统的两大基本运行功能是_____和_____。

【答案】物质循环,能量流动。

34.(云南大学 2010,2007)生态系统的能流在相邻两级间传递时,能量比大体是_____。

A.5%   B.10%   C.15%   D.20%

【解析】食物链各环节上的能量的转化效率称生态效率,约为 10% 。能量在流动过程中的传递效率很低,主要原因有①吸收的光能有限,②净初级生产量利用率低,③生物呼吸消耗。

【答案】B

35.(四川大学 2012)能量通过食物链中各个营养级由低向高流动时逐级增加,形成能量金字塔。（   ）

【答案】错

36.(中国科学院水生生物研究所 2011,西南大学 2007)生态系统中的物质循环又称为生物地球化学循环,可分为 3 种基本类型,即_____、_____和_____。

【答案】水循环,气体型循环,沉积型循环。

37.(湖南农业大学 2012)以水循环为例叙述自然界物质循环过程。

【答案】生态系统中所有的物质循环都是在水循环的推动下完成的,水中携带着大量各种化学物质周而复始地循环。水的主要循环途径是受到太阳辐射而蒸发进入大气,并聚集为云、雨、雪、雾等形态,其中一部分降至地表。到达地表的水一部分直接流入江河,汇入海洋;一部分渗入土壤,为植物吸收利用,通过地表径流进入海洋。植物吸收的水分中,大部分用于蒸腾,小部分为光合作用利用形成同化产物,进入生态系统,后经过生物呼吸与排泄返回环境。

如水循环一样,自然界物质循环在无机环境和生物群落间反复循环,在生物圈循环流动,具有全球性循环的特点。物质循环在自然状态下,一般处于稳定的平衡状态。

38.(昆明理工大学 2012)在氮素循环中,两个非常重要又相对独立的过程是_____和_____。

【解析】氮是构成生物有机体最基本的元素之一,是蛋白质的主要组成成分。大气中的氮含量约占79% ,但游离的分子氮不能被生产者直接利用。固氮细菌和某些蓝藻,以及闪电和工业生产都可把分子氮转化为氨或硝酸盐被植物吸收,用于合成蛋白质等有机物质,进入食物链。动植物的排泄物和尸体经氨化细菌等微生物分解产生氨,或氨再经过亚硝酸盐而形成硝酸盐被植物所利用。另一部分硝酸盐被反硝化细菌转变为分子氮返回大气中。

【答案】固氮,反硝化。

39.(江苏大学 2010)下列关于生态系统稳定性的描述,错误的是_____。

A.在一块牧草地上播种杂草形成杂草地后,其抵抗力稳定性提高

B.在一块牧草地上通过管理提高某种牧草的产量后,其抵抗力稳定性下降

C.在一块牧草地上栽种乔木形成树林后,其恢复力稳定性提高

D.在一块弃耕的牧草地形成灌木林后上,其抵抗力稳定性提高

【答案】C

40.（湖南农业大学 2013）近年来，大气中的 CO_2 含量逐渐上升，从自然界中碳循环的主要途径分析产生这种现象的原因是什么？这种现象持续下去对生物界（包括人类）会产生什么影响？谈谈你的看法。

【答案】碳是一切有机物的基本成分，碳循环的主要途径为：①绿色植物通过光合作用固定大气中的 CO_2。②绿色植物合成碳有机物通过食物链转移到食草动物和食肉动物体内。③动、植物通过呼吸作用，把 CO_2 放回大气中。④动物的排泄物、动植物的遗体被分解者利用，分解后产生的 CO_2 返回大气。⑤人类燃烧化石燃料，使 CO_2 大量地进入大气，从而使贮存于地层中的碳加入到碳循环中。

近年来由于煤、石油和天然气的大量燃烧，致使 CO_2 的全球平衡受到了严重干扰。CO_2 增加，通过温室效应导致全球变暖。

温室效应对生物圈和人类社会都有着不可忽视的影响。科学家预测，今后大气中 CO_2 增加一倍，全球平均气温将上升 $1.5\sim4.5\,℃$。由于气温升高，会加快极地冰川的融化，导致海平面上升，对沿海发达城市构成威胁。大部分沿海平原将发生盐碱化或沼泽化，不适于生产；江河下游的环境进一步恶化；气候带北移，湿润区和干旱区将重新配制。荒漠将扩大，土地侵蚀加重，森林退向极地，旱涝灾害严重，雨量将增加 $7\%\sim11\%$，进而影响陆地生态系统和人类的生存。

41.（西南大学 2011）大气中 CO_2 的增加，会通过温室效应影响地球的热平衡，使地球变冷。（　　）

【答案】错

42.（四川大学 2013）大气层高空的臭氧层对人类起最重要的作用_____。

A. 吸收红外线　　　　　　B. 供应 O_2　　　　　　C. 吸收紫外线　　　　　　D. 消毒灭菌

【答案】C

43.（西南大学 2012）化学制冷剂氟利昂逸散到大气层之后引起_____层减少，出现空洞。

【答案】臭氧

44.（四川大学 2013，厦门大学 2003）酸雨的出现是由于大量燃煤和石油所产生的 CO_2 造成的。（　　）

【答案】错。燃烧煤、石油和天然气所产生的 SO_2 和 NO 与大气中的水结合而形成酸雨。

45.（湖南农业大学 2012）生物多样性的含义是什么？保护生物多样性重要意义主要在哪些方面体现？

【答案】生物多样性就是地球上所有植物、动物和微生物及其所拥有的全部基因和各种各样的生态系统。生物多样性包含 3 个层次：遗传多样性、物种多样性、生态系统多样性。

生物多样性是人类社会赖以生存和发展的基础。保护生物多样性的意义主要体现在生物多样性的巨大价值。生物多样性具有直接使用价值、间接使用价值和潜在使用价值。现代生态学告诉我们，生物多样性的价值远不止表现在食物、木材、药材和多种工业原料上，生物多样性还在保持土壤肥力、保证水质以及调节气候等方面发挥了重要作用。生物多样性的维持，将有益于一些珍稀濒危物种的保存。对于人类后代、对科学事业都具有重大的战略意义。

46.（暨南大学 2012，湖南农业大学 2011，华东师范大学 2007，中国科学技术大学 2003）生物多样性包括三个层次，即_____、_____、_____。

【答案】遗传多样性、物种多样性、生态系统多样性。

47.（华南师范大学 2014）为什么说生物多样性是衡量人类可持续发展的重要指标？

【答案】物种多样性是提供人类可持续发展所需的经济物种的唯一来源，如农、林、渔、牧等行业所经营的主要对象。遗传多样性越来越重要，因为它是可持续发展中改良生物品质的基因库。生态系统的多样性保持了系统中能量和物质流动的合理过程，保持了可作为可持续发展对象的正常的繁衍过程。生物的多样性作为一种资源来说是可更新的，它也是一种公共资源，对可持续发展的实现有着十分重要的作用和意义，维持着我们赖以生存的生命系统，为人类的发展和进步提供了重要的生态服务。生物多样性有着巨大的社会经济价值。生物多样性的破坏，将使人类走向自己搭建的绞架。综上所述，生物多样性作为衡量人类可持续发展的重要指标是完全合理的。

48.(西南大学 2010)动物的行为一般可以分为先天的和后天学习的,前者是_____决定的,后者是_____决定的。

【答案】遗传基因,遗传因素和环境因素

49.(中国科学院研究生院 2012)与一般的学习类型不同,_____只发生在动物个体发育早期的一个特定阶段。

A.习惯化　　　　　　B.动性　　　　　　C.趋性　　　　　　D.印记

【解析】印记(imprinting)发生在动物个体发育早期特定阶段的一种学习类型。每个物种都有自己印记学习的敏感期。

【答案】D

50.(西南大学 2012)初孵出的小鸭会跟着任何一个移动的物体走,这种学习类型称为_____。

【答案】印记

51.(江苏大学 2014,中国科学院研究生院 2007)利用存在于脑中的从其他性质的刺激取得的经验解决当前新问题的能力,称作_____。

A.习惯化　　　　　　B.印随学习　　　　　C.联系学习　　　　　D.顿悟学习

【解析】这是动物后天性行为的最高级形式,是一种复杂的学习形式,是利用存在于脑中的从其他性质的刺激取得的经验来解决当前新问题的能力。利用已有的经验去解决问题,是高等动物具有的能力。

【答案】D

52.(南京大学 2011)基因对行为的影响。

【答案】基因对行为有直接和间接影响。

动物本能行为大多数是受多基因支配的遗传,少数由单基因或双基因支配。基因也和激素一样能够间接影响动物的行为,如通过感觉器官的敏感性间接影响动物的行为,通过影响中枢神经系统的功能、激素的分泌、激素的反应阈值和其他一些形态生理特征间接影响动物的行为。

53.(浙江海洋大学 2014)节肢动物的防御措施很多,如保护色、警戒色、假死、_____等。

A.武装械斗　　　　　B.拟态　　　　　　C.妥协　　　　　　D.仪式化格斗

【答案】B

54.(浙江师范大学 2012)瓢虫的多彩颜色属于_____。

A.保护色　　　　　　B.拟态　　　　　　C.逃避　　　　　　D.警戒色

【答案】D

55.(西南大学 2012)动物竞争资源的方式之一就是占有和保卫一定的区域,不允许同种其他个体侵入,这个区域称为_____。

【答案】领域

模考精练

一、填空题

1._____、_____是影响生物在地球表面分布的两个最重要的生态因子。

【答案】温度、水分。

2.光对植物的影响表现在三个方面:即_____、_____、_____。

【答案】光谱成分、光照强度、光照时间。

3.(厦门大学 2000)死亡率是一种群在单位时间内_____占_____原比率。

【答案】死亡的个体数,种群数量。

4.(中国科学院水生生物研究所 2011)_____和 _____是决定种群动态的两个重要参数。

【答案】出生率、死亡率。

5.生物圈的能量流转以_____为主要传送带,传递的次序依次是_____、_____和_____。能量传递的规律是_____。出现该规律的原因是(1)_____,(2)_____,(3)_____。

【答案】食物链,生产者、消费者、分解者。10%。吸收的光能有限,净初级生产量利用率低,生物呼吸消耗。

6.陆地生态系统的主要类型有_____、_____、_____、_____、_____、_____、_____、_____。

【答案】热带森林、热带稀树草原、亚热带常绿阔叶林、温带落叶阔叶林、北方针叶林、温带草原、荒漠、苔原。

7.(云南大学 2001)动物的行为一般可分为_____和_____两大类。

【答案】先天的行为,学习行为。

8.行为的适应性是指行为符合_____原则,即行为的_____大于其_____。

【答案】得失;收益、代价。

9.鸟类筑巢是一种_____行为;当一种无害刺激反复进行时,动物的反应会逐渐减弱直至消失,这叫做_____,是一种_____行为。

【答案】先天性(本能);适应(习惯化),后天性(获得性、学习)。

10.学习无疑与_____有关,但后者_____一个特殊的区域专门负责学习。

【答案】大脑皮质,无。

11.动物社会通讯形式有_____、_____、_____、触觉通讯和电通讯等。

【答案】视觉通讯、听觉通讯、化学通讯。

12.迁徙是一种_____性行为,是_____的产物,受_____的调控。

【答案】先天,进化,生物钟。

13.社群成员相互间具_____关系;鸟类及兽类社群中,成员间往往根据实力建立起_____的关系。

【答案】分工合作;等级序列(优势等级)。

14.(云南大学 2007)定向行为必须依靠感觉器官,故分为:_____、_____和_____三种。

【答案】视觉定向,听觉定向,生物钟定向。

15.(中国科学院研究生院 2007)生物学家对动物的利他行为有不同的解释,比较可信的解释是_____和_____。

【答案】亲缘选择,广义适合度。

二、判断题

1.共生可分为互利共生和偏利共生两类。

2.由于对资源不平等的利用,两个物种竞争的结果会导致利用资源能力较弱的物种种群数量下降,激烈的竞争甚至可导致一个物种从该区域完全被排除。

3.(厦门大学 2004)一种生物的绝种对生物圈的影响十分有限。

4.(四川大学 2007)生物量是指生物体的重量而非生物的数量。

5.(四川大学 2014,西南大学 2010)具有高死亡率、寿命短,但具有强生殖力的种群往往比一个长寿命的种群有更强的适应力。

6.自然种群具有三个特征:空间特征、数量特征和遗传特征。

7. 种群的空间分布类型包括均匀分布、随机分布和聚集分布。

8. 环境资源是有限的,种群不可能长期连续呈指数式增长。

9. 正常情况下,大多数种群个体的数量基本都是稳定的,种群的数量在环境承受容量K值上下波动。

10. S型增长理论认为,当种群密度达到生境负载能力时,种群的数量将在其生境负载能力的上下波动。

11. 逻辑斯蒂增长曲线是一条向着环境负荷量极限逼近的S形增长曲线。

12.(厦门大学 2002)种间竞争促使同域物种之间的生态位发生分离。

13. 生态系统的组成成分包括非生物环境、生产者、消费者和分解者。

14.(西南大学 2011)群落演替的终点是顶级群落。

15. 食物网越复杂,生态系统就越稳定;食物网越简单,生态系统就越容易发生波动或遭受毁灭。

16. 生物地球化学循环可分为水循环、气体循环和养分循环三大类型。

17. 生物的行为可分为本能行为和习得行为,动物的迁徙属于习得行为。

18. 雄性的初始亲本投资比雌性的大。

19. 人类的顿悟学习行为具有极大的可塑性。

20. 动物与人类的行为有着本质的区别,动物的行为是一种本能,人类的行为则是学习的结果。

三、选择题

1.(四川大学 2007)群落内部物种之间的相互关系包括 _____。

A. 植食与捕食　　　　B. 竞争　　　　　　C. 互惠共生　　　　D. 寄生与拟寄生

2.(浙江林学院 2007)有三种动物,a 和 b 均以 c 为食,a 又以 b 为食,a 和 b 所构成的种间关系是_____。

A. 捕食　　　　　　　B. 竞争　　　　　　C. 互助　　　　　　D. 捕食和竞争

3. 假定在一个由草原、鹿和狼组成的相对封闭的生态系统中,把狼杀绝,鹿群的数量将会_____。

A. 迅速上升　　　　　B. 缓慢下降　　　　C. 保持相对稳定　　D. 上升后又下降

4.(中国地质大学 2007)下面关于种群增长模型的说法中,正确的是_____。

A. 世代不重叠的种群,其增长符合指数增长模型

B. 对于世代重叠,无特定繁殖期的种群,其数量增长方式可以用指数方程 $Nt = N0ert$ 来描述

C. 如果一个种群逻辑斯蒂增长,则其繁殖速率是不恒定的。

D. 种群的指数增长、逻辑斯蒂增长都可能存在时滞效应,而几何级数增长模型则不存在时滞效应

5.(厦门大学 2000)生态系统能量流转的特点是_____。

A. 单向流动　　　　　B. 双向流动　　　　C. 多向流动　　　　D. 循环流动

6.(三峡大学 2006)所有生态系统都可以区分为四个组成成分,即生产者、消费者、分解者和_____。

A. 非生物环境　　　　B. 温度　　　　　　C. 空气　　　　　　D. 矿质元素

7.(四川大学 2008)在水生生态系统中,浮游动物属于_____。

A. 生产者　　　　　　B. 初级消费者　　　C. 次级消费者　　　D. 小型消费者

8.(四川大学 2006)生态演替的终极阶段是_____,其中各主要种群的出生率和死亡率达到平衡,能量的输入和输出以及生产量和消耗量也达到平衡。

A. 顶级群落　　　　　B. 优势群落　　　　C. 热带雨林　　　　D. 全球沙化

9. 下列几种生态系统中,自动调节能力最强的是_____。

A. 北方针叶林　　　　B. 温带落叶林　　　C. 温带草原　　　　D. 热带雨林

10.(四川大学 2007)"退耕还林,退耕还草"实际上是一个促成群落进行_____的过程。

A. 原生演替　　　　　B. 沉积型循环　　　C. 水循环　　　　　D. 次生演替

11. (三峡大学 2007)生物多样性通常分为_____三个层次。

A. 生态环境多样性　　　B. 生态系统多样性　　　C. 物种多样性　　　D. 遗传多样性

12. (云南大学 2007)下列行为中,_____行为属于先天性的定型行为?

A. 条件反射　　　　　　B. 反射　　　　　　　　C. 模仿学习　　　　D. 印随学习

13. 下列属于动物的领域行为的是_____。

A. 山羚羊通过战斗产生领头羚羊　　　　　B. 尺蠖的"丈量式"运动

C. 野牛每隔 20 天左右要沿着一定路径排粪便　D. 金钱豹把食物藏起来

14. 下列实例中,属于防御行为的是_____。

A. 竹节虫的体色和乌鸦的聚众鸣叫　　　　B. 竹节虫的体色和鸟类的鸣叫

C. 竹节虫的体色和雄性马鹿相互之间呼号　D. 竹节虫的体色和小猴总是避开猴王

15. (四川大学 2007)人类对决定动物行为的机制了解还不太多,但目前已有的研究已证实_____。

A. 激素对行为的激活效应　　　　　　　　B. 基因对行为的直接影响

C. 基因对行为的间接影响　　　　　　　　D. 遗传对行为无影响

【参考答案】

[二维码图片]

扫码获取正版答案

四、问答题

1. (厦门大学 2003)说明以下现象产生的原因:同种生物中,南方的个体的体型总比北方的个体小,如华南虎的体型比东北虎小,南方人比北方人个子小。

【答案】温度对动物形态的影响表现为寒带动物体大端部小,热带动物体小端部大。生活在高纬度地区的恒温动物,其身体往往比生活在低纬度地区的同类个体大,因为个体大的动物,其单位体重散热量相对较少。另外,恒温动物身体的突出部分如四肢、尾巴和外耳等在低温环境中有变小变短的趋势,这也是减少散热的一种形态适应。

2. 某羊群被引进新开辟的牧场,试预测该种群增长的前景,为什么? 假如不加以人为的干扰,羊群最终会出现什么情况? 为什么?

【答案】某羊群被引进新开辟的牧场,在环境负荷量的影响下,该种群增长曲线为 S 型。呈逻辑斯蒂增长,$dN/dt=rN(1-N/K)$,$N<K$,种群增长;$N=K$,种群稳定;$N>K$,种群下降。

(1)适应期:初入新环境需要时间来适应环境,种群增长较缓慢。

(2)对数期:适应环境后,种群的个体数还很少,在食物和空间等生存条件均十分充裕的情况下,个体发挥生殖潜能,个体数以指数方式快速增加,种群增长加速。

(3)减速期:个体数逐渐增多,由于食物和空间等资源的限制和环境阻力的增加,种群增长速率逐渐趋缓。

(4)平衡期:个体数达到最大,维持在环境所能支持的环境负荷量上下,此时出生率约等于死亡率,种群增长速率维持一定。

一种生物进入新栖息地,首先经过种群建立和种群增长,增长过程"J"型和"S"型或呈现两者间的过渡型。以后由于各种因子的影响,种群可出现规则或不规则的波动;也可能较长期地维持在几乎同一水平上,即种群平衡。在特定条件下,种群还出现骤然的数量激增,即种群暴发,随后是大崩溃。但当种群长

久处于不利条件下,种群数量会出现持久性下降,即种群衰退,甚至导致该种群的灭亡。如图 11.1

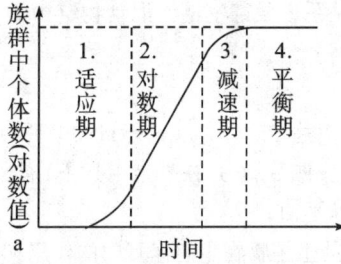

图 11.1　种群 S 型增长曲线

3.(厦门大学 2003)加拿大山猫以野兔为食,它们之间如何维持波动的平衡关系?

【答案】在自然界捕食者和被捕食者经常保持平衡的关系。加拿大山猫以野兔为食,捕食者能得到大量食物时,繁殖加快,数目增加,而被捕食者数目就会越来越少。反过来捕食者又会因食物不足而数目逐渐减少,被捕食者的数目又会逐渐上升。所以两者的关系总是维持一个波动的平衡状态。

4.(云南大学 2000)举例说明森林群落的基本结构。

【答案】森林是以树木和其他木本植物为主体的一种生物群落。地球上森林的主要类型有热带雨林、亚热带常绿阔叶林、温带落叶阔叶林及北方针叶林。森林群落的基本结构如下:

(1)种类组成极为丰富。组成热带雨林的高等植物在 45000 种以上,而且绝大部分是木本的。如马来半岛一地就有乔木 9 000 种。在 1.5 hm² 样地内,乔木常达 200 种左右。这些乔木异常高大,常达 46～55 m,最高达 92 m,但胸径并不太粗,树干细长,而且少分枝(2～3 级)。除乔木外,热带雨林中还富有藤本植物和附生植物。

(2)群落结构复杂。森林群落垂直向上通常可划分出乔木层、灌木层、草本层和湿地植被等层次,各种动物也和植物种群的配置一样,选择适宜的环境占据着一定空间的不同位置。

5.为什么将热带森林喻为地球的物种基因库?

【答案】热带森林为动物的生存提供了最优越的环境条件。食物资源丰富、环境常年恒定,使热带森林中的动物组成异常繁盛。其单位面积上种的丰富度是温带地区的几百倍。此外热带森林还有许多的特有科、属、种;因此有人将热带森林喻为地球的物种基因库。

6.(首都师范大学 2005)什么是初级演替和次级演替? 请举例说明。

【答案】从没有生长过任何植物的裸岩、沙丘和湖底进行的群落演替是初级演替,又叫原生演替。地球生命进化最初形成的群落都是初级演替的结果,演替经历了漫长的时间。由于火灾、洪水泛滥和人为破坏把原生群落毁灭,在被毁灭群落的基质上所进行的演替就是次级演替,如在森林火灾、人工弃耕和林木砍伐后所发生的天然演替是次生演替。

7.生态系统的基本特征有哪些?

【答案】①生态系统的组成核心是生物群落;②生态系统具有一定的地区特点和空间结构;③生态系统的代谢活动是通过物流与能流过程实现的;④生态系统在结构和功能方面具有复杂的动态平衡特征;⑤生态系统表现明显的时间特征,具有从简单到复杂,从低级到高级的发展规律;⑥生态系统具有不同程度的开放性,不断地与外界进行物质和能量交换及信息传递,从而维持系统的有序状态;⑦生态系统的自我调节能力与生物多样性成正比。

8.(武汉大学 2007)举例说明自然界生物之间的食物链关系。

【答案】自然界生产者固定的能量通过一系列的取食和被取食关系在生态系统中传递,生物之间存在复杂的营养关系。例如:草→鼠→蛇→猫头鹰,这条捕食链第一营养级是生产者,第二营养级一定是植食性动物。某些生物专以动植物遗体为食物而形成食物链。例如:植物残枝败叶→蚯蚓→线虫类→节肢动物,就是一条腐生链。生物间因寄生关系形成寄生链。因食物链中的每一环节都与周围生物有着错综复杂的普遍联系,进而形成食物网。

9.简述生态平衡主要特征。

【答案】①生物种类和数量保持相对稳定。②物质与能量的循环与流动保持相对的稳定以及合理的比例与速度。③生态系统具有良好的自我调节能力,在外来干扰下,通过调节能恢复原初的稳定状态(微扰平衡)。④生态平衡是动态的和相对的平衡。

10.(华中师范大学 2005)请论述陆生植物在生态修复中的作用和机理。

【答案】研究表明,通过陆生植物的吸收、挥发、根滤、降解、稳定等作用,可以净化土壤中的污染物,达到净化环境的目的,因而植物修复是一种很有潜力、正在发展的清除环境污染的绿色技术。它具有成本低、不破坏生态环境、不引起二次污染等优点。自 20 世纪 90 年代以来,植物修复成为环境污染治理研究领域的一个前沿性课题。修复机理:①植物挥发②植物吸收③植物吸附。

11.(厦门大学 2005)什么是生态入侵和生物污染? 请举例说明。

【答案】由于人类把某种外来物种带入适宜其栖息和繁衍的地区,使该种群不断增长,分布区持续扩展,造成当地生物多样性的丧失或削弱,称为生态入侵。国内外生态入侵造成严重生物危害的事例不胜枚举。如云南滇池水面为水葫芦所覆盖,土著鱼类资源锐减、生境退化。

对人和生物有害的微生物、寄生虫等病原体等污染水、气、土壤和食品,影响生物产量和质量,危害人类健康,这种污染称为生物污染。如危害人与动物消化系统和呼吸系统的病原菌、寄生虫,引起创伤等继发性感染的溶血性链球菌、金黄色葡萄球菌等,引起呼吸道、肠道和皮肤病变的花粉、毛虫毒毛、真菌孢子等。这些有害生物对人和生物的危害程度主要取决于微生物和寄生虫的病原性、人和生物的感受性以及环境条件三个因素。随着重组 DNA 研究和应用的蓬勃发展,将有越来越多的转基因生物向环境释放。从生物安全性的角度来看,它们有可能像外来物种造成生态入侵一样,产生严重的后果,应该给以足够的重视。

12.(武汉大学 2006)你怎样认识人与自然的关系。

【答案】在自然条件下,生态系统总是朝着种类多样化、结构复杂化和功能完善化的方向发展,直至最成熟、最稳定的状态,包括结构、功能和能量输入、输出上的稳定,它是一种动态平衡。此时,生态系统的自我调节能力、抗外界干扰能力也最强,但这种自我调节能力是有限的,干扰超过了一定限度,调节就会失去作用,生态系统就不能恢复到原初状态,即生态失调或生态平衡的破坏,甚至导致生态危机。生态失调的初期往往不易被人类所观察,但一旦出现生态危机,就很难在短期内恢复平衡。因此,人类的活动除了要讲究经济和社会效益外,还必须要注意生态效益,以便在改造自然的同时能保持生物圈的稳定和平衡。生态平衡、人与自然和谐相处是人类社会可持续发展的基础。善待环境,使自然界生物群落向着有利于人类生存和持续发展的方向演替是我们明智的选择。

13.(昆明理工大学 2013,华中师范大学 2005)某河流受到有机污染,河水变黑发臭,请运用生物学知识为该河流设计一个治理方案。

【答案】(1)将河水引出河道水系,引入附近的污水处理厂进行异地处理,其中截污工程是异地处理法的关键。

(2)在河道内或河岸带建设处理系统,沿程进行河水净化。如河道内的曝气法、投菌法、生物膜法和化学法等。河岸带氧化塘法、多种形式的生物床或生物反应器等。活性污泥具有巨大的表面积,含有多糖类的粘性物质,废水中的有机物转移到活性污泥上,有机物质为微生物群体(细菌为主,还有真菌、藻类、原生动物等)所利用。氧化塘是一种大面积、敞开式的污水处理系统;氧化塘中主要由细菌对有机物进行降解;藻类利用细菌的分解产物生长,同时通过光合作用向细菌供氧。

14. 什么是"温室效应"？试从国际合作和具体的技术措施两方面论述如何防治。

【答案】由于现代工业的迅速发展,人类大量燃烧煤和石油等化石燃料,使地层中经过千百万年积存的碳元素在很短时间内释放出来。再加上人类乱砍滥伐,使森林等植被面积大幅度萎缩,打破了生物圈中碳循环的平衡,使大气中二氧化碳的含量迅速增加。这样,太阳短波辐射可以透过大气射入地面,而地面增暖后放出的长波辐射却被大气中的二氧化碳等物质所吸收,从而引起大气变暖的效应,即"温室效应"。大气中的二氧化碳就像一层厚厚的玻璃,使地球变成了一个大暖房。除二氧化碳以外,大气中的甲烷、氮氧化合物等气体浓度的增加,都能引起类似的效应,但在全球增温作用中以二氧化碳为主,约占 60% 以上。

温室效应和全球气候变暖已引起了世界各国的普遍关注,国际社会制定国际气候变化公约,减少二氧化碳等主要温室气体的排放。减少二氧化碳排放的具体措施主要有两条,一是改进能源结构,除了化石燃料以外,非化石能源方面以水能资源和核能资源开发最为广泛。二是提高能源效率。提倡植树种草,保护和发展森林资源,提高森林覆盖面积,增强对二氧化碳的吸收能力,同时也能明显地改善生态环境。

15. (厦门大学 2000)什么是生物多样性？目前对濒危物种进行保护主要有哪些形式？

【答案】所有来源的形形色色生物体包括陆地、海洋和其他水生生态及其所构成的生态总和体,也包括物种内部物种之间和生态系统的多样性。

目前对濒危物种进行保护的对策：就地保护,迁地保护,新技术的作用。就地保护在原来生境中对濒危动植物实施保护。由于自然选择的择优汰劣作用,能保持野生状态下物种的活力,因此,就地保护是将物种作为生物圈中的一个有生存力的物种进行保护,是最有效的保护。迁地保护是指将濒危动植物迁移到人工环境中或易地实施保护。当物种丧失在野生环境中生存的能力,在野生状态下即将灭绝时,迁地保护无疑提供了最后一套保护方案。基因资源库等新技术的应用在保存野生生物遗传物质方面有重要意义。

16. 叙述鸟类繁殖季节占区的生物学意义。

【答案】①保证营巢鸟类能在距巢址最近的范围内,获得充分的食物供应。飞行能力较弱的、食物资源不够丰富和稳定的,以及以昆虫及花蜜为食的鸟类,对领域的保卫最有力;②调节营巢地区内鸟类种群的密度和分布,以能有效地利用自然资源。③减少其他鸟类对配对、筑巢、交配以及孵卵、育雏等活动的干扰;④对附近参加繁殖的同种鸟类心理活动产生影响,起着社会性的兴奋作用。

17. (青岛海洋大学 2000)从适应性的角度探讨生物迁徙、占据领地和变态的意义。

【答案】很多动物,特别是候鸟和鱼类,能做长距离的迁徙(migration)或航行(navigation)。迁徙的适应意义是获得优等繁殖地域,保证后代发达;获得丰富食物。

很多动物有在生活领域内占领一块土地或空间作为个体或集群生活繁殖的场所的行为。它们占领的土地称为领地(territory)。如有他种动物或本种但不属于本群的动物入侵,领地主人就要以各种方式把入侵者驱赶出去。这种保卫领地的行为称为领地行为(territoriality)。领地的意义可使动物群疏散,不致因密度过高而造成食物不足,从而生殖力也可得到保证等。

有的动物幼体与成体差别较大,幼体要经历形态结构,生理机能和生活习性等方面的显著改变,才能成长为成体,这种现象称为变态。变态现象在低等动物和脊椎动物中都有。幼体和成体在生活环境、食物上的分化,有利于物种的生存繁衍。

18. (厦门大学 2002)请设计实验说明蚂蚁具有化学通讯行为。

【答案】蚂蚁主要以化学信号通讯。化学通讯的介质是信息素,是蚂蚁的外分泌腺体向体外分泌释放的一些微量化学信息物质。

实验设计：用大的透明容器养一窝蚂蚁,稍远处放置食物,观察蚂蚁的行为。在侦查蚁途经的路上设置纸片,大批工蚁来回搬运食物时,把纸片移动到没有食物的另一方向,蚂蚁仍沿纸片移动,说明蚂蚁通过信息素交流信息,即蚂蚁具有化学通讯行为。

课后习题详解

生物与环境

1. 什么是环境?

答 环境(environment)是指某一特定生物体以外的空间及直接、间接影响该生物体生存的一切事务的总和。环境总是针对某一特定主体或中心而言的。在环境科学中,一般以人类为主体;在生物科学中,一般以生物为主体。

2. 什么是生态因子?

答 生态因子(ecological factor)是指环境中对生物的生长、发育、生殖、行为和分布有着直接影响的环境要素,如温度、湿度、食物、氧气和其他相关生物等。生态因子的种类很多,根据其性质归纳为5类:气候因子、土壤因子、地形因子、生物因子和人为因子。

3. 为什么说生物与环境是不可分割的统一体? (河南师范大学 2012,曲阜师范大学 2011)

答 如果没有生物,环境也就不复存在。生物与环境是相互影响的,环境为生存在其中的生物提供物质基础的同时还对生物存在着限制因素。生物同样也会去适应环境。桦尺蠖的工业黑化是生物对环境适应的经典实例。

生物成分与生物成分,生物成分与非生物成分之间,通过能量流动,物质循环和信息传递而相互沟通,相互储存,相互影响和制约,任一种成分或过程的破坏和变化,都将影响生态系统的稳定和存在。

所以说生物与环境是相互作用、相互影响、相互制约、不可分割的统一体。

4. (江苏大学 2012)什么是生物的耐受性法则? 举例说明。

答 1840年德国化学家李比希(J. Liebig)在研究某个生态因子对作物的作用方面,进行了许多先驱性的研究工作,他首先发现作物的产量往往不是受最大量需要的营养物质的影响。因此,李比希得到一个结论,即"植物的生长取决于那些处于最小状态的营养物质"。如果其中有一种营养物完全缺失,植物就不能生存。如果这种营养物少于一定的量而其他营养物又都充足的话,植物的生长发育就决定于这种营养物的数量。最小因子法则(law of the minimum)指出了因子低于最小量成为影响生物生存的因子,实际上因子过量时,同样也会影响生物生存。

1913年美国生态学家谢尔福德(V. Shelford)提出了耐受性法则(law of tolerance),即生物对任何一个生态因子都有耐受的下限和上限,上、下限之间就是生物对这种生态因子的耐受范围。在数量上或质量上的不足或过多,即当其接近或达到某种生物的耐受限度时,就会影响该物种的生存和分布。例如,鲑鱼对温度的耐受范围是0~30℃,最适温度是22℃。

5. 为什么科学家最关注火星上有没有水?

答 水是生物体不可缺少的组成成分,生物的一切代谢活动都必须以水为介质,生物体内营养的运输、废物的排除、激素的传递以及各种生化过程都必须在水溶液中才能进行。生物的生存依赖水的特性提供稳定的条件。水在3.98℃时密度最大,对地史上的冰河时期和寒冷地区生物的生存和延续至关重要。水的热容度很大,水体温度变化温和,为水生生物创造了一个稳定的温度环境。没有水就没有生命,所以科学家最关注火星上有没有水。要想证实火星上存在生物,首先得在火星上找到水。

6. 阳光对地球上的生物有什么重要意义?

答 阳光不仅为生物创造着适于生存的温度条件,也为地球上的一切生命活动提供了取之不尽的能源。绿色植物只有借助于光合作用才能在叶绿体中把从外界吸收的二氧化碳、水和无机物结合成有机物质,一切其他生物都必须依赖这些有机物质为生,并从中获得生长和活动所需的能量。在一个没有阳光照耀的星球上是不会存在生物的。

7.为什么说温度是一种无时无处不在起作用的重要生态因子?

答任何生物都是生活在具有一定温度的外界环境中并受着温度变化的影响,地球表面的温度条件总是不断变化的,在空间上随纬度、海拔高度和各种小生境而变化;在时间上有一年四季的变化和一天的昼夜变化。温度的这些变化都能给生物带来多方面的深刻影响。任何一种生物,其生命活动中每一生理生化过程都有酶系统的参与。然而,每一种酶的活性都有它的最低温度、最适温度和最高温度,相应形成生物生长的"三基点"。某些植物一定要经过一个低温"春化"阶段,才能开花结果,变温动物的生长发育有效积温法则。温度限制着生物的分布、生长发育,所以温度是一种无时无处不在起作用的重要生态因子。

8.(四川大学 2010)生物与生物之间有哪些重要的相互关系?

答生物与生物之间重要的相互关系有:植食与捕食,竞争,互惠共生,寄生与拟寄生,合作,共栖等。

植食指动物吃植物,捕食指动物吃动物,食植与捕食是生物间最常见的种间关系。

当两个物种利用同一有限资源时就会发生竞争,竞争的结果是一个物种战胜另一物种,甚至导致一个物种完全被排除。

互惠指对双方都有利的一种种间关系,如果解除这种关系,双方都能正常生存。如海葵和寄居蟹;蚜虫和蚂蚁。共生是物种之间一种相依为命的一种互利关系,如果失去一方,另一方便不能生存。如地衣是单细胞藻类和真菌的共生体。

共栖是指对一方有利,对另一方无利无害的一种种间关系,又称偏利。如双锯鱼和海葵,偕老同穴和俪虾。

生活在一起的两种动物,一方获利并对另一方造成损害但不把对方杀死,称为寄生;而拟寄生则导致寄主死亡,这使拟寄生更接近捕食现象。

抗生指一个物种通过分泌化学物质抑制另一个物种的生长和生存。青霉就是著名的一例。

中性指两个或更多物种经常一起出现,但彼此互相无利也无害。如一个水源总是吸引很多动物前来饮水,这些动物之间就是中性关系。

9.什么是植食和捕食?它们之间有哪些异同?

答植食指动物吃植物,捕食指动物吃动物。植食是自然界食物链的基础,捕食构成复杂的食物链,使生态系统中的营养级和能量流通渠道多样化。捕食是在长期进化过程中形成的。

两者都是生物相互关系中最常见、最基本的现象。

10.两个物种在什么情况下才会发生竞争?竞争的可能后果是什么?

答两个物种因利用同一有限资源发生竞争。如大草履虫和双小核草履虫的竞争;欧洲百灵被引进北美后与当地百灵的竞争。

竞争的后果可能是一个物种排除另一物种或发生分化,两个物种在重叠分布区共存。

11.什么是互惠共生?互惠与共生有什么异同?

答互惠指对双方都有利的一种种间关系,但这种关系并没有发展到相依为命的地步,如果解除这种关系,双方都能正常生存。如海葵和寄居蟹;蚜虫和蚂蚁。共生是物种之间一种相依为命的一种互利关系,如果失去一方,另一方便不能生存。如地衣(是单细胞藻类和真菌的共生体);丝兰和法兰蛾;白蚁和多鞭毛虫。

12.什么是寄生和拟寄生?它们之间有什么本质差异?为什么说拟寄生从本质上讲更接近于捕食?

答寄生是生活在一起的两种生物,一方获利,而另一方遭受损害。寄居在别种生物上并获利的一方称寄生物,被寄居并受害的一方被称为寄主。如寄生在人体内血吸虫、蛔虫。拟寄生类似寄生,但寄生物导致寄主死亡。所有昆虫对昆虫的寄生都是拟寄生,如寄生蝇和寄生蜂。

寄生与拟寄生有本质差异,生活在一起的两种动物,一方获利并对另一方造成损害但不把对方杀死,为寄生;而拟寄生则导致寄主死亡,这使拟寄生更接近捕食现象。

种群的结构、动态与数量调节

1. 什么是种群,种群有哪些特征?

⊛种群(population)是同一物种个体的集合体。种群不仅是物种的存在单位,而且是物种的繁殖单位和进化单位。

种群的基本特征:①分布格局:均匀分布、随机分布、集群分布。②年龄结构(age structure)指种群内不同年龄的个体数量分布情况。根据年龄结构划分三种种群类型:增长型、稳定型、衰退型。③性比(sex ration),性比对种群配偶关系及繁殖潜力有很大的影响。④出生率和死亡率,研究种群数量动态必不可少的方法。

2. 什么是出生率、死亡率和自然增值率? 它们之间有什么关系?

⊛出生率一般用每单位时间每100个个体的出生个体数表示,死亡率描述种群个体死亡的过程,它和出生率一样一般用单位时间每100个个体的死亡数表示。种群的出生率大于死亡率,种群的数量就会增加,单位时间种群数量增加的比率称为自然增值率。出生率和死亡率的相互作用决定着种群的数量动态。

3. (南京大学 2011)为什么说年龄结构预示着种群未来的增长趋势?

⊛种群的年龄结构含有未来数量动态的信息。一个年轻个体占优势的种群,年龄结构呈尖塔形,预示种群有很大的发展,属于增长型的年龄结构。相反老年个体在种群中占优势,预示种群将日趋衰落,是衰退性年龄结构。如果种群中各年龄组的比例大体相等,只是老年个体略少,预示种群稳定,出生率和死亡率保持平衡,是一个稳定性的年龄结构。

4. 进行种群密度调查的一种常用方法是什么? 写出这种方法的计算公式。

⊛种群密度调查的一种常用方法是标志重捕法,即为了解种群的总数量,先捕获一部分个体进行标记,然后将它们释放,过一段时间后再进行重捕并记下重捕个体中已被标记的个体数。根据公式 N 计算种群总数量。

N=种群总个体数,M=标志个体数,n=重捕个体数,m=重捕中被标志的个体数。

5. (首都师范大学 2005,厦门大学 2005)种群有几种分布型? 它们的分布特点是什么?

⊛种群中个体的空间分布布局称为种群空间格局或分布型。它分为均匀分布(uniform distribution),随机分布(random distribution),集群分布(contagious distribution)3种类型。

集群分布最常见,这种分布型是动植物对生境差异发生反应的结果,同时受生殖方式和社会行为的影响。均匀分布由种群成员间进行种内竞争引起,动物的领域行为常会导致均匀分布,植物中竞争导致均匀分布。如果生境条件均一,种群成员间既不互相吸引也不互相排斥,就有可能出现随机分布,在自然界比较少见。如图 11.2:

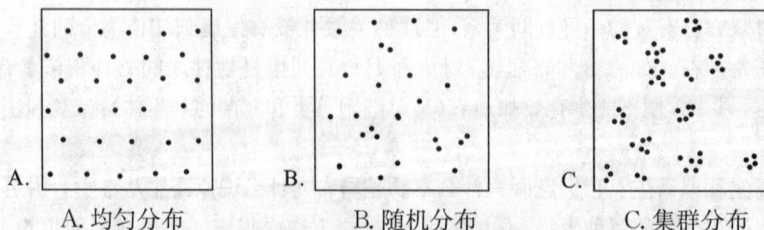

A. 均匀分布　　　　　B. 随机分布　　　　　C. 集群分布

图 11.2　种群的 3 种分布型

6. (西南大学 2007,南京大学 2005)种群有哪两种增长方式,其增长各有什么特点? 写出其增长公式。

⊛(1)指数增长模型。有些生物在食物和空间无限的条件下可以连续进行生殖,没有特定的生殖期,在这种情况下,种群数量呈指数增长。其动态用微积分表示:

dN/dt 表示种群的瞬时增长量,r 表示种群的瞬时增长率,N 代表种群大小。

指数增长的特点是:增长不受资源限制,不受空间和其他生物制约,开始增长很慢,但随着种群基数的加大,增长越来越快,单位时间按种群基数的倍数增长,增长呈"J"型曲线,俗称"种群爆炸"。

(2)逻辑斯蒂增长(Logistic growth)模型。种群在有限环境下,受环境制约且与密度相关的增长方式。? 在空间、食物等资源有限的环境中,随着种群的增长,制约因素的作用也在增大。种群增长有一个环境条件所允许的最大值,称为环境容纳量(carring capacity)K,即某一环境在长期基础上所能维持的种群最大数量。

逻辑斯蒂增长的数字模型:

(K－N)/K 就是逻辑斯蒂系数,对种群增长有制约作用,使种群数量总是趋向于环境容纳量 K。种群增长曲线呈"S"型,N<K,种群增长;N=K,种群稳定;N>K,种群下降。

7. 为什么有时会出现"种群爆炸"?

答 当种群基数加大,提供充足的资源和生长空间,种群数量增长越来越快,单位时间按种群基数的倍数增长,出现"种群爆炸"现象。

8. 世界人口无节制地增长会产生什么后果?

答 人是生物的一个物种,人口的增长也遵循着一般的生物种群增长规律。人口的增长和任何生物种群的增长一样是有限度的,因为环境容纳量是有限的。虽然人在某种意义上已超越了一般的动物,人类可通过劳动来增加环境容纳量,但这具有一定的局限性,地球上的自然资源对于人口的供养是有限的。人口超过了一定的数量则无疑会产生一系列的负面影响,人口迅速增长对资源和环境产生了大规模的破坏性效应。如果不加以自觉限制,人类将无法维持生存安全和文明延续,人类最终将受到自然规律和生态规律的惩罚。人口激增已成为我们面临的全球问题之一,严重威胁着人类的生存和发展。

9. 种群数量在自然条件下是怎样发生变化的? 哪些生物的种群数量变化有周期性,请举例说明。

答 种群数量变化是出生和死亡,迁入和迁出综合作用的结果。影响出生率、死亡率和迁移率的一切因素都影响种群数量动态,如生物过程(竞争、捕食等)、食物因素、气候条件等外源性因子。另一方面,种群有自我调节能力。自动调节学说认为,种群调节是物种的一种适应性反应,它通过自然选择带来进化上的利益,包括行为调节、内分泌调节和遗传调节等。一种生物进入和占领新栖息地,首先经过种群建立和种群增长,增长过程"J"型和"S"型均可见到,并常呈现两者间的过渡型。以后由于各种因子的影响,种群可出现规则或不规则的波动;也可能较长期地维持在几乎同一水平上,即种群平衡;在特定条件下,种群还会出现骤然的数量激增,即种群暴发,随后是大崩溃,如赤潮。但当种群长久处于不利条件下,种群数量会出现持久性下降,即种群衰退,甚至导致该种群的灭亡。人类对野生生物的过度利用和对其栖息地的破坏是近代种群衰退和灭亡速度大大加快的根本原因。

周期波动的典型代表是北极旅鼠,每隔 3～4 年出现一次数量高峰。猞猁和雪兔每隔 9～10 年出现一次数量高峰。栖息在我国东北大小兴安岭区的棕背? 也是每 3 年出现一次种群数量高峰,与红松球果收获量有关。

10.(中国科学院 2012)什么是密度制约和非密度制约因子,它们是如何影响和调节种群数量的?

答 密度制约相当于生物因子,如捕食、寄生、流行病和食物等。非密度制约因子相当于非生物因子,如气候等。

密度制约因子的作用强度随种群密度的加大而增强,而且种群受影响个体的百分比也与种群密度的大小有关系。非密度制约因子对种群的影响则不受种群密度本身的制约,在任何密度下种群总是有一固定的百分数受到影响或杀死。因此对种群密度无法起调节作用。

11.(暨南大学 2019,中南大学 2014,陕西大学 2014)为什么地球上有些生物的数量难以控制和压低,人类想消灭却消灭不了,而另一些生物常常濒临灭绝边缘,想保护又保护不住?

答 K 对策物种的种群动态曲线有 2 个平衡点:一个是稳定平衡点 S,一个是不稳定平衡点 X(又称灭绝点)。当种群数量高于或低于平衡点 S 时都会趋向于 S。在不稳定平衡点处,当种群数量高于 X 时,种群能回升到 S,种群数量一旦低于 X 就必然走向灭绝,这正是目前地球上很多珍稀濒危物种所面临的问题。人类虽千方百计想保护这些动物但却十分困难。

与此相反 r 对策物种只有一个稳定平衡点而没有灭绝点,它们的种群在密度极低时也能迅速回升到稳定平衡点 S,并在 S 点上下波动,这就是很多有害生物(如农害虫、杂草)人类想消灭但又消灭不了的原因。

12. 生态学家是怎样解释种群数量周期波动现象的?

答 有生态学家主张捕食是引起种群数量周期波动的因素;还有人提出因种群数量过剩引起食物不足造成种群数量周期波动;英国鸟类学家拉克主张食物不足和捕食作用两者结合才能引起种群数量周期波动。皮特克用营养恢复学说解释旅鼠数量 3 年周期波动现象。还有生物学家用雪兔和植被的相互作用解释雪兔和有关生物 10 年周期波动。

群落的结构、类型及演替

1. 什么是群落? 为什么说群落不是物种的任意组合?

答 由很多种类的生物种群所组成的一个生态功能单位就是群落(community)。群落并不是任意物种的随意组合,生活在同一群落的各个物种是通过长期历史发展和自然选择而保存下来的,它们彼此之间的相互作用不仅有利于它们各自的生存和繁殖,而且也有利于保持群落的稳定性。群落的性质是由组成群落的各种生物的适应性以及这些生物彼此之间的相互关系所决定的。这些适应性和相互关系将决定群落的结构、功能和物种多样性。实际上群落就是各个物种适应环境和彼此相互适应过程的产物。

2. (暨南大学 2012,水生所 2011)群落中物种之间有哪些主要的相互关系? 各举一个实例说明。

答 植食和捕食是群落中最常见的种间关系,如:羊吃草,狼捕食羊。两个物种因利用同一有限资源而发生竞争,欧洲百灵同本地的草地百灵开始竞争食物和巢域,不到几年时间就取代了草地百灵而成了当地的优势种。蚜虫和蚂蚁是互惠共生关系。人蛔虫寄生在人消化道中,寄生蜂与寄主是拟寄生关系。

3. 地球上有哪些主要的陆地群落类型,其所处环境有什么特点?

答 主要的陆地生物群落有热带森林、温带森林、寒带针叶林、草原和热带稀树草原、荒漠、苔原等。热带森林包括热带雨林、热带季相林、热带干旱林。热带雨林是最典型的热带森林,主要分布在北纬 10℃ 和南纬 10℃ 之间的赤道气候带内,终年炎热,天天有雨。动植物种类多样。温带森林包括温带针叶林和温带阔叶林,温带针叶林垂直分层不明显,温带阔叶林通常分树冠层、下木层、灌木层和地面层。寒带针叶林树种主要是各种云杉和松树,严寒的大陆气候,季节变化极为明显,持续降雪。草原和热带稀树草原年降雪量处于 250~800 mm 之间,几乎完全有绿色的禾草组成,无脊椎动物多。荒漠特征是雨量少,水分蒸发量大,地形是光秃秃的,裸露的土壤极易受大风的侵蚀,优势植物是蒿属植物、藜属灌木和肉质旱生植物。荒漠植物和动物都能适应干旱的环境。苔原的特点是严寒、生长季短、雨量少和没有树木生长。植被结构简单,种类稀少,生长缓慢。

4. 群落的垂直结构是怎么形成的? 与植物生长型有什么关系?

答 群落的垂直结构主要是由植物的生长型决定的,苔癣、草本、灌木和乔木自上而下配置在群落的不同高度上,形成群落的垂直结构。为不同种类的动物创造了栖息环境,在每一个层次上都有一些动物特别适应于在那里生活,从而也表现出了动物的垂直结构。

5. (清华大学 2013)什么是生态位? 研究生态位有什么重要意义?

答 生态位是指物种利用群落中各种资源的总和,以及该物种与群落中其他物种相互关系的总和,它表示物种在群落中的地位、作用和重要性。

研究生态位对于认识种内或种间竞争具有重大意义；生态位理论为研究生物病害的分布型式，理解造成这种型式的原因和从地理方面研究病害防治提供理论基础；生态位理论对于研究病害流行的主导因素，病害的人工进化规律具有重要作用。

6. 为什么说生态位重叠不一定意味着竞争？

⑧在群落内的各种生物之间存在着各种各样的错综复杂的联系，有直接的，有间接的，群落内的各种生物通过复杂的中间关系有机地结合在一起，群落内部的每一种生物都处在一个对它来说最适合的位置上，在这个生态位上，外界因素对它的影响最小。不同的生物占有不同的生态位，这是长期自然选择的结果。如果资源丰富，两种生物可以共同利用同一种资源而不给对方造成损害，所以说生态位重叠不一定意味着竞争。

7. 生态位重叠有几种可能的情况？

⑧两个生态位完全重叠的物种竞争有限资源时，会发生竞争排斥，优势物种会把另一物种完全排除。两个物种生态位部分重叠时，每个物种都会占有一部分无竞争的生态位空间，可共存。如果资源丰富，两种生物可以共同利用同一种资源而不给对方造成损害。

8. 物种之间都有哪些减少和避免竞争的适应性？

⑧：同一地理区域，空间分离使每一物种都限定于生态环境的一定部位活动，利用特定部位的资源，减少生态位重叠并减弱物种间的竞争。同域分布物种之间通过生活于生境的不同部位，利用不同的食物和其它资源来减少生态位的重叠，减少和避免种间竞争。

9. 什么是演替、演替系列和演替系列阶段？

⑧群落依次取代现象就称演替。从植物定居形成群落，到演替成为稳定群落的过程，叫做演替系列。例如从草本植物到灌木、从灌木到森林、从森林到稳定群落这一完整的演替过程就称为一个演替系列，而演替所经历的每一个具体的群落就称为演替系列阶段。

10. 从湖泊演变为森林要经历哪几个演替阶段？演替的动力是什么？

⑧一个湖泊演变为一个森林群落大体要经历 5 个阶段：裸底阶段，沉水植物阶段，浮叶根生植物阶段，挺水植物阶段和湿生草本植物群落，稳定的森林群落阶段。群落演替的同时也在改变着环境，为下一个群落的形成创造条件。

11.（中国科学院 2012）什么是顶级群落？它与正在演替中的非顶级群落有什么差异？

⑧演替所达到的最终平衡状态就称为顶极群落(climax)。顶极群落与正在演替中的非顶极群落的性质明显不同。首先，在顶极群落中生物的适应特征与非顶极群落有很大不同，处于演替早期阶段的生物必须产生大量的小型种子以有利于散布，而生活在顶极群落中的生物只需要产生少量的大型种子就够了。其次，处于演替早期阶段的生物体积小、生活史短且繁殖速度快，以便最大限度地适应新环境和占有空缺生境。处于顶极群落中的生物则由于面临激烈的生存竞争往往个体大、生活史长并且长寿，这有利于提高竞争能力。另外，在群落演替的早期阶段，群落生产量大于群落呼吸量，顶极群落总生产量将全部用于群落的维持。

生态系统及其功能

1. 什么是生态系统，生态系统包括哪些成分？

⑧生态系统是在一定的时间和自然区域内，各种生物之间以及生物与无机环境之间通过物质循环和能量流动相互作用所形成的一个生态学功能单位。

生态系统都是由四个部分组成的，非生物成分(无机物、有机物、气候和能源)、生产者、消费者和分解者。

2. 生态系统中的生产者、消费者和分解者各有什么功能？

㊉生产者可以借助于光合作用生产糖类、脂肪和蛋白质,并把太阳能转化为化学能贮存在合成的有机物中。消费者是指以活的动植物为食的动物,消费者也包括杂食动物和寄生生物。分解者最终可把生物死亡后的残体分解为无机物供生产者重新吸收和利用。细菌和真菌是最主要的分解者,其他食腐动物对有机物分解也发挥着一定作用。

3. 陆地生态系统和海洋生态系统的食物链有何异同?

㊉生态系统中因食物关系而建立起来的一种联系叫食物链。食物链通常由 4～5 个环节组成。在任何生态系统中都存在着两种类型的食物链,即捕食食物链和腐食食物链。

多数陆地生态系统以腐食食物链为主,在海洋生态系统中以捕食食物链为主。

4. 什么是营养级和生态金字塔? 生态金字塔有哪 3 种类型?

㊉营养级(trophic levels)是指处于某一环节上的全部生物种的总和。生态金字塔(ecological pyramids)是指各营养级之间的数量关系,这种数量关系可以采用个体数量单位、生物量单位或能量单位表示。生态金字塔有能量金字塔、数量金字塔和生物量金字塔。

5.(中国科学院 2012,西南大学 2012)为什么说初级生产量是生态系统的基石?

㊉绿色植物通过光合作用,把太阳能转变成植物体内的化学能,这过程称为"初级生产"过程,它所固定的总能量(或形成的有机体总量)称为"初级生产量"或第一性生产量(primary production)。生态系统的净初级生产量就是植物在该系统中构成的有机物质和能量,是系统中其他生物成员赖以为生的物质基础。因为这是生态系统中最基本的能量固定,所以具有奠基石的作用,所有消费者和分解者都直接间接依赖初级生产量为生,因此没有初级生产量就不会有消费者和分解者,也就不会有生态系统。

6. 什么是次级生产量和生物量,各用什么单位表示?

㊉在一定时间或阶段内,生态系统中某个种群或群落生产出来的有机物总重量,以生物的干重表示,叫生物量。生物量实际就是净生产量的累积。通常用 $g \cdot m^{-2}$ 或 $J \cdot m^{-2}$ 表示。如某池塘中,平均每年每立方米水体内能生产 100 kg 鲤鱼,其生产量就可用 $100 \text{ kg} \cdot m^{-3}$ 表示,也可换算成能量。

次级生产量或称第二性生产量(secondary production),是指动物靠吃植物、吃其他动物和一切现成有机物质而生产出来的有机物,包括动物的肉、蛋、奶、毛皮、血液、蹄、角以及内脏器官等。这类生产在生态系统中是有机物质的再生产,所以称为次级生产量。对一个动物种群来说,能量收支情况 $C=A+FU$,C 代表动物从外界摄取的能量,A 代表被同化的能量,FU 代表以粪便形式损失的能量。A 又可分为两项,A $=P+R$,其中 P 代表次级生产量,R 代表呼吸消耗。由此可以得到 $P=C-FU-R$,含意是:次级生产量等于动物吃进的食物减掉粪便中所含有的热量,再减掉呼吸代谢所消耗的能。

7. 能量流动有什么特点? 从中能得到什么启示?

㊉生态系统中的能量流动要靠各种有机体来转化和传递。在顺着营养级序列传递时,大部分用于呼吸维持生命活动或被分解者利用,只有 10% 左右输送给下一级。这样便形成了逐级地、急剧地、梯级般的递减。能量流动的特点是单方向的和不可逆的,流动过程中会急剧减少。

任何生态系统都需要不断得到来自外部的能量补给,如果在一个较长时期内断绝对一个生态系统的能量输入,这个生态系统就会自行消亡。

8.(西南科技大学 2013)物质循环分哪几种类型? 它们各有什么特点?

㊉生态系统中的物质循环分为水循环、气体型循环、沉积型循环 3 种基本类型。

气体型循环的物质以气体的形式参与循环,储存库是大气圈和海洋,具有明显的全球性,循环性能最完善。属于气体循环的物质主要有 C,H,O,N 等。

沉积型循环的物质主要通过岩石风化和沉积物分解转变为被利用的营养物质,主要储存库是土壤、沉积层和岩石圈,全球性不明显,循环性能也不完善。属于沉积型循环的营养元素主要有 P,S,I,K,Na,Ca 等。

水循环是水分子从水体和陆地表面通过蒸发进入到大气,然后遇冷凝结,以雨、雪等形式又回到地球表面的运动。主要蓄库在水圈。水的全球循环带动其他物质的循环,每年降到陆地上的水有三分之一又以地表径流的形式流入海洋。

9. (暨南大学 2015,湖南农业大学 2011)**为什么说碳的全球循环对生命至关重要?**

答 碳是构成生命有机体的基础元素,碳在整个地球的主要储存库中循环。地球上最大的两个碳库是岩石圈和化石燃料,含碳量约占地球上碳总量的 99.9% ;这两个库中的碳活动缓慢,实际上起着贮存库的作用。在生物学上有积极作用的两个碳库是水圈和大气圈,碳循环的基本路线是从大气圈到植物和动物,再从动植物到分解者,最后回到大气圈。碳的另一个储存库是海洋,其含量是大气圈的 50 倍,对调节大气圈的含碳量起着非常重要的作用。如果碳循环突然变得中断停止,地球上许多形式的生命将无法幸免。甚至最初级的碳循环中断也将对现有生命体带来至关重要的影响。

10. (西南大学 2010)**为什么说 CO_2 和其他温室气体的排放导致了全球气候变暖?**

答 CO_2 具有吸热和隔热的功能。人类活动和大自然还排放其他温室气体,它们是:氯氟烃(CFCs)、甲烷、低空臭氧和氮氧化物气体。温室气体浓度的增加会减少红外线辐射放射到太空外,它们在大气中增多的结果是形成一种无形的玻璃罩,使太阳辐射到地球上的热量无法向外层空间发散,地球表面变热,导致了全球气候变暖。

11. (江苏大学 2010)**全球气候变暖已经带来和将会带来什么严重的生态后果? 人类应当如何应对?**

答 ①气候转变"全球变暖"。②地球上的病虫害增加。③南北极的冰层迅速融化,海平面上升。④气候反常,海洋风暴增多。⑤土地干旱,沙漠化面积增大。⑥造成全球大气环流调整和气候带向极地扩展。

对策:①全面禁用氟氯碳化物。②保护森林,特别是热带雨林;实施大规模的造林工作,努力促进森林再生。③改善汽车使用燃料,限制汽机车的排气。④改善其他各种场合的能源使用效率,鼓励使用太阳能,开发替代能源。

12. **造成生物多样性下降的原因是什么? 生物多样性下降对人类有什么影响?**

答 造成生物多样性下降的原因:①生境片断化和丧失。②掠夺式的开发利用。③环境污染。④外来物种的入侵。⑤人口膨胀。

对于人类来说,生物多样性具有直接使用价值、间接使用价值和潜在使用价值。生物多样性下降,物种减少,生态系统的稳定性遭到破坏,人类的生存环境也就要受到影响。大量野生生物具有巨大的潜在使用价值,一旦从地球上消失就无法再生,它的各种潜在使用价值也就不复存在了。

13. **先绘出一幅生态系统及其中主要成分的框图,再用线条和箭头表示出能量流动和物质循环的路线、方向和归宿。**

答

太阳能

营养物输入　　　水草

图 11.3　湖泊生态系统

14. (西南科技大学 2013,曲阜师范大学 2011,江苏大学 2011,三峡大学 2006)**人类活动对生物圈产生了什么影响?**

答 从工业革命以来,特别是从 20 世纪以来,由于煤、石油和天然气的大量燃烧,致使 CO_2 的全球平衡受了严重干扰。CO_2 增加,通过温室效应导致全球变暖。化合物氟利昂($CFCl_3$ 和 CF_2Cl_2)使臭氧层减少,紫外线辐射强度就会增加,皮肤癌患者数量的增加,对地球上生物界和人类来说都是灾难性的。燃烧煤、石油和天然气所产生的 SO_2 和 NO 与大气中的水结合而形成酸雨、杀死水生生物、破坏水体生态平衡,还能伤害陆地植物、农作物和各种树木,破坏土壤肥力,使树木生长缓慢并易感病害,同时还能腐蚀金属、建筑物和历史古迹,酸雨中含有的少量重金属对人体健康也会带来不利影响。人类排放到水体中的污染物,江河湖海受到普遍污染,使饮用水的质量越来越差。人类活动造成物种灭绝速度加快和生物多样性下降。

生物多样性及保护生物学

1. 生物多样性包括哪几个层次? 其中最常提到的是哪一个层次?

答 生物多样性包括遗传多样性、物种多样性和生态系统多样性三个层次。

最常提到的是物种多样性,它是是生物多样性的关键,既体现了生物之间及环境之间的复杂关系,又体现了生物资源的丰富性。我们目前已经知道大约有 170 万种生物,这些形形色色的生物物种就构成了生物物种的多样性。认识物种是研究和保护生物多样性的基础和核心。

2. 造成生物多样性下降的原因是什么? 人类应采取什么措施应对?

答 造成生物多样性下降的原因:①生境片断化和丧失。②掠夺式的开发利用。③环境污染。④外来物种的入侵。

保护生物多样性就是在生态系统、物种和基因三个水平上采取保护战略和保护措施。主要有:①就地保护,即建立自然保护区;②迁地保护,如建立遗传资源种质库、植物基因库,以及野生动物园和植物园及水族馆等;③制定必要的法规,对生物多样性造成重大损失的活动进行打击和控制。

3. 自然保护国际联盟提出的稀有和濒危物种量化分类法包括哪几个级别,它们是如何划分的?

答 自然保护国际联盟根据物种的灭绝概率提出量化分类法包括 3 个级别。

极危物种,10 年之间或 3 个世代之内物种灭绝的概率为 50% 或大于 50%。

濒危物种,20 年之间或 5 个世代之内物种灭绝的概率为 20%。

易危物种,100 年之内物种灭绝的概率为 10% 或大于 10%。

4. 什么是生物多样性热点? 全球有多少生物多样性热点区域? 我国有几个,分布在哪里?

答 1988 年诺曼提出生物多样性热点区域的概念,是指在一个相对较小的区域内包含了极其丰富的物种多样性。全球确定了 34 个物种最丰富且受到威胁最大的生物多样性热点区域,在这里生长的很多动植物都是这些地区所特有的,这些地区虽然只占地球陆地面积的 3.4%,但是包含了超过 60% 的陆生物种。

中国西南山区就是全球 34 个生物多样性热点地区之一。它西起西藏东南部,穿过川西地区,向南延伸到云南西北部,向北延伸至青海和甘肃的南部,这里拥有 12000 多种高等植物和大约 50% 的鸟类和哺乳动物。

5. 什么是保护生物学? 保护生物学对保护生物多样性有什么重要作用?

答 保护生物学是寻求制止生物多样性下降办法的一门学科,它即面对生物多样性的危机,又着眼于生物进化潜能的保持。

保护生物学着眼于小种群生存、生物多样性热点地区保护、物种濒危灭绝机制、生境破碎问题、自然保护区等研究,从保护生物物种及其生存环境着手来保护生物多样性。

6. 什么是最小存活种群? 研究最小存活种群对保护物种有什么重要意义?

答 最小存活种群(minimum viable population,MVP)是确保一个物种长期存活所必需的个体数量。对于任何一个生境中的任何一个物种,不论不可预见的统计因素、环境因素、遗传随机性和自然灾害如何影响,该种能在一定时间内有一定存活概率的最小隔离种群大小。

MVP 给出了满足保护要求的种群数量下限,对自然保护区设计、物种的受威胁等级划分和保护措施的制定等有重要意义。

7. 请举出国内外物种保护的几个成功实例。

答 非洲白犀牛在实施了严格的迁地保护计划后,种群数量恢复到 7000 多头,并被送到世界各地的保护区域定居。

我国人工繁殖基地的麋鹿、朱鹮进行野生放养试验,使这些濒危动物资源得以保存。

我国亚洲象保护廊道建设,使两片自然保护区连接,解决了生境破碎化威胁亚洲象生存的问题。

8. 生境保护对生物多样性保护有什么重要意义?

(答)对生物多样性下降最大的威胁是生境丧失、保护生物多样性最有效的方法是保护生物的生境或栖息地和保护整个生态系统。当前生物多样性的保护越来越依赖于保护区的建立。

⬚ 动物的行为

1. 什么是行为和行为学?

(答)行为(behavor)可定义为动物在个体层次上对外界环境的变化和内在生理的变化所作出的整体性反应,并具有一定的生物学意义。研究动物行为的科学,称为动物行为学(ethology)或行为生物学。动物行为学与行为科学是截然不同的学科,前者属于自然科学范畴,研究动物的行为要从生物学的角度出发;后者属于社会科学范畴,人类社会文化发展的产物。

2. 为什么要研究动物的行为?

(答)动物的行为揭示他们的进化起源。研究动物的行为可提高对动物的管理水平,如应用光源诱杀害虫,了解动物的行为才能有效地捕猎动物,而不被动物危害。发现学习、推理规律,改善人们的学习和思维。研究生物节律提高人类身体健康水平、工农业生产和交通安全。

3. 本能行为和学习行为有什么区别?

(答)本能(instinct)行为是可遗传的复杂反射,是神经系统对外界刺激作出的先天的反应。学习是动物借助于个体生活经历和经验使自身的行为发生适应性变化的过程。前者是先天的,遗传决定的,构成整个动物遗传结构的一部分,通过自然选择而进化来的,是在长期进化过程中形成的。脱离不了环境的,只有在一定的环境中,先天的行为才能表现出来。后者是个体发育过程中获得的,环境决定的,当然也是有遗传基础的。后天的经验对先天的行为也可能发生影响,但是后天的学习也离不开先天的基因基础。

4. 请举例说明动性、趋性和固定行为型的概念。

(答)动性(kineses)是动物对某种刺激所作出的一种随机的和无定向的运动反应。这种运动的结果使得动物总是趋向于有利的刺激源而避开不利的刺激源。趋性(taxis)是动物靠近或离开一个刺激源的定向运动。接近光就叫正趋光性。离开刺激光源就是负趋光性。除了趋光性外,还有正趋地性、负趋地性、正趋湿性,负趋湿性等。固定行为型(fixed action pattern)是按一定时空顺序进行的肌肉收缩活动,表现为一定的动作并能达到某种生物学目的。灰雁有一个行为是回收蛋,它在地面上做巢、产卵,而它的窝很简单。它的蛋有时候就会滚出去,它就要靠固定行为型把蛋取回来。脖子往前伸用下颌扣住蛋,然后往回搂,这整个动作就是固定行为型。

5. 什么是印记和印记学习的敏感期? 为什么说印记是一种学习类型。

(答)印记(imprinting)是动物发育早期的一种学习类型。这些动物在出壳或出生后通常首先看到的是自己的母亲,并在以后相当长的一个时期内紧紧跟随母亲移动。如不让它们看到自己的双亲,它们就会跟随任何一个移动的物体走,并对它表现出很大的依附性。印记学习发生在个体发育的早期阶段并有一个明显的学习敏感期。印记学习对动物的近期影响是跟随反应,远期影响是性印记并影响动物成年后的择偶。

例如绿头鸭在孵出的第 10～15h 内最容易形成对一个移动物体的依附性,并在随后的两个月内会一直跟随着这一物体。以后依附性逐渐减弱。这 10～15h 就是印记学习的敏感期。印记敏感性通常会随年龄而下降。很多鸟类的性配偶选择也受早期经验的影响,这就是性印记。对鸡、鸭、鸽和各种鸣禽所做的交叉养育试验表明,幼鸟成熟后喜欢选择与养父母同种的异性个体作配偶,而不愿与自己同种的异性个体交配。鸟类还经常对养育它的主人产生性印记,据报道,对人产生性印记的鸟类已多达 25 种。印记可使幼小动物能够准确可靠地识别双亲和本种其他成员,这对于那些出于隐蔽需要双亲颜色极不醒目的物种来说,尤其重要。

6. 操作式条件反射与经典条件反射有何异同？请举例说明。

答 经典条件反射是巴甫洛夫用狗做实验发现的，当狗吃食物时会引起唾液分泌，这是非条件反射。如果给狗喂食前出现铃声，多次结合后，铃声一响，狗就会出现唾液分泌。食物是无条件刺激，铃声是条件刺激，经强化铃声成为进食的信号。

操作式条件反射是美国心理学家斯金纳提出的，把一只饿鼠放入实验箱内，当它偶然踩在杠杆上时，即喂食以强化这一动作，经多次重复，鼠即会自动踩杠杆而得食。在此基础上还可以进一步训练动物只对某一个特定信号，如灯光、铃声出现后，作出踩杠杆的动作，才给以食物强化，这类必须通过自己某种活动（操作）才能得到强化所形成的条件反射，称为操作性条件反射。

操作性条件反射和经典性条件反射的基本原理是相同的，它们都以强化和神经系统的正常活动为基本条件。但操作式条件反射与经典条件反射的主要区别是在操作性条件反射的建立过程中，总是先有刺激，后作出反应，最后得到报偿。

7. 为什么说顿悟是一种最高级的学习类型？

答 顿悟学习（insight learning）是动物利用已有经验解决当前问题的能力，包括了解问题、思考问题、解决问题。顿悟学习中动物要利用存在于脑中的从其他性质的刺激取得的经验，要思考解决新问题，是最高级的一种学习类型。

8. 激素对动物行为有什么影响？

答 激素的作用是行为发生的重要生理基础之一，激素对动物行为有明显的激活效应并常涉及行为、激素和环境三者之间的复杂相互作用。

9. (西南大学 2011)基因与行为有什么关系？举例说明。

答 基因对行为有直接或间接的影响。小杆线虫（Rhabditis inerims）运动受单一基因支配，蜜蜂的亲代抚养是双基因支配行为，大多数行为的遗传都是受多基因支配的。基因能间接影响动物的行为，如通过影响感觉器官的敏感性而间接影响动物的行为。此外，基因还可以通过影响中枢神经系统的功能（如记忆力）、激素的分泌、激素的反应阈值和其他一些形态生理特征而间接地影响动物的行为。

10. 什么是信号刺激？一些蝶类翅上的大眼斑和小眼斑有什么生物学功能？

答 外界的一个特定的刺激可引起动物发生特定的反应。这种反应是稳定的，每次刺激都发生相同的反应。这种先天的反应称为固定动作格局（fixed action pattern）。引起这一反应的刺激称为符号刺激（sign stimulus）。有些蛾的后翅长有大眼斑，可以起到惊吓作用，用来惊吓那些食虫小鸟。当小鸟要吃它的时候突然把前翅展开，后翅就露出来了，后翅上有两个大眼斑，就会把小鸟吓一跳，在小鸟一犹豫的时候，它就逃走了。这个大眼斑就是一个刺激信号，它就代表猛禽，因为猛禽眼睛大，小鸟是怕猛禽的。正因为这个眼斑就是代表猛禽的，所以蛾在进化过程中就利用这个眼斑来起到保护作用。蝶类翅上的大眼斑和小眼斑能引起先天引发机制的反应。

11. (河南师范大学 2014,暨南大学 2012)动物有哪些防御对策？什么是拟态？请举例说明。枯叶蝶模拟枯叶,竹节虫模拟干树枝算不算拟态？为什么？

答 防御行为是指任何一种能减少来自其他动物伤害的行为，总共有 10 种不同的防御对策：穴居、隐蔽（crypsis）、警戒色（aposematism）、拟态（mimicry）、回缩、逃遁、威吓、假死、转移捕食者的攻击部位、反击。

一种动物如果因在形态和体色上模仿另一种有毒和不可食的动物而得到好处（主要是生存和安全上的好处），这种防御方式就叫拟态。最著名的例子是副王蛱蝶在外貌上模拟有毒不可食的普雷克希普斑蝶。这两种蝶在分类上属于不同的科（即蛱蝶科和斑蝶科），模拟物种无疑可以获得好处，而被模拟物种因模拟者的数量多，使捕食动物发生错觉。

竹节虫栖息在树上，伪装成树枝的样子不让敌害发现，就是拟态，即模拟身边事物的形态来保护自己。枯叶蝶模拟枯叶也是拟态。

12. 求偶有哪些生物学意义?

答动物的求偶行为(courtship behaviour)是指伴随着性活动和性活动前奏的全部行为表现。具有吸引配偶;防止异种杂交;激发对方的性欲望,使双方的性活动达到协调一致;选择最理想的配偶等生物学意义。

13. 社群生活对动物有哪些好处?

答社群生活使群体中的个体不容易被捕食者发现,从动物群中猎取一个动物则更不容易。其次社群比个体有更高的警觉性,可及早发现捕食者。第三是稀释反应,一个动物就会由于与其他同种动物生活在一起而得到保护。群体进行集体防御,参加集体防御的个体越多,捕食者就越难得手。还可迷惑捕食者,靠近同群中的其他个体,可减少自己的危险域。

14. 有些动物为什么要独占一块领地,它从中会得到什么好处和付出什么代价?

答很多动物在生活领域内占领一块领地(territory)作为个体或集群生活—生殖—育幼的场所。领地利于抵御入侵,是求偶的资本,能获得足够的食物。

占有和保护领地的主要好处是可以得到充足的食物,减少对生殖行为的外来干扰,使安全更有保证。付出的代价也很大,花费时间,消耗能量。一般说来,只有从占有领地中获得的好处大于因保卫领域付出的代价时,动物才会占有领地。

15. 动物都有哪些通讯方式? 这些通讯方式各有什么特点?

答动物彼此可通过各种信号来传达信息。视觉通讯(visual communication)有一定的作用距离,有确定的方向性并可被光感受器所感受。听觉通讯(auditory communication)在昆虫、鸟类、兽类中很普遍,可不受障碍物的遮挡,尤其是夜间活动的动物,利用声音传达不同的信息。同一动物发出的不同声音表达不同的信息,如报警、炫耀、求爱等。化学通讯(chemical communication)是利用化学物质来传递信息的通讯方式,信息素可以绕过障碍物传播很远的距离。触觉通讯(tactile communication)以身体接触获得信息。电通讯(electrical communication)靠产生电场及电场变化来测知周围环境中的物体。

16. (南京大学 2007)什么是利他行为? 请举出几个利他行为的实例。利他行为进化的科学依据是什么?

答利他行为(altruistic behavior)是不利于自己存活和生殖而有利于种群中其他个体存活和生殖的行为。如双亲护幼,挪威旅鼠的自杀行为,鸟类和哺乳动物的报警鸣叫。很多在地面营巢的鸟类,当捕食者接近窝巢,母鸟装成折翅样一瘸一拐,把捕食者的注意力引到自己身上而使雏鸟安然无恙。鸟类和哺乳动物面临危险时,先觉个体发出尖锐刺耳的报警鸣叫,这是一种靠增加自己危险换取其他个体安全的利他行为。

利他行为进化的科学依据是亲缘选择和广义适合度。亲缘选择指对彼此有亲缘关系的一个家族或家族中的成员所起的自然选择作用。它会选择广义适合度最大的个体,而同一亲缘群中的个体之间不同程度地具有共同基因,从亲缘选择和广义适合度的观点看,利他行为归根结底是对利他者传递自身的基因有利。

17. 动物的行为节律都有哪些类型? 动物是怎样通过行为节律适应环境的? 试举出几个实例加以说明。

答动物在自然界中的活动以日、月、年为周期的现象称为生物节律,包括昼夜节律、月周期、年周期、潮汐节律等。春天鸟类开始迁移,很多动物进行生殖。秋天昆虫停止活动和生长,候鸟南飞。动物的行为与环境的日变化和季节变化协调一致。招潮蟹当海水退到低潮线,成群结队地在潮间带海滩觅食求偶,当潮水上涨,重新躲入洞中等待下一次低潮的到来。行为节律使动物的生活与环境周期变化保持同步。

暨南大学硕士研究生入学考试试题

一、名词解释(每小题 3 分,共 30 分)

1. 非整倍体

2. DNA 的变性

3. 动作电位

4. 雄性不育

5. 激素

6. 群落演替

7. 初级生产量

8. 核小体

9. 细胞周期调控

10. 抗原决定簇

二、填空题(每个空 0.5 分,共 20 分)

1. 胎盘的主要功能是实现( )与( )间的物质交换和分泌激素。

2. 染色体是基因的载体,染色体是由( )和( )组成的。

3. 真核细胞在 DNA 链上的与基因紧挨的调控序列是( ),离基因较远的调控序列是( )。

4. 基因突变可以发生在( )细胞内,这样的突变可以遗传给后代;也可以发生在( )细胞中,这种突变可以引起生物体在当代的形态和生理的变化,但是不能遗传给后代。

5. 人体最重要的渗透调节和排泄器官是( ),其功能单位称为( ),包括( )和( )两部分。

6. 化学突触包括( )、( )和( )三部分。

7. 所有植物生活周期的特点是有世代交替,即( )和( )相互交替。

8. 克隆亦称无性繁殖系,即由( )祖先细胞通过( )分裂产生的遗传性状一致的细胞群体。

9. 在细胞通讯中,受体通常是指位于( )或细胞内与信号分子结合的( )。

10. 完全抗原是指既有( )又有( )的抗原。

11. ( )和( )这两个生态因子的共同作用决定着生物群落在地球表面的分布的总格局。

12. 一个物种按其生理上的要求及所需的资源可能占领的全部生态位,称为( )。但由于物种的相互作用,主要是( ),一个物种实际上占领的生态位称为实际生态位。

13. 任何生态系统都是由生物成分和非生物成分组成的。生物成分按其在生态系统中的功能可划分为三大功能类群,即( )、( )和( )。( )和( )是生态系统的两大重要功能。

14. 染色体的( )染色质区比( )染色质区螺旋化程度低,结构更松散。

15. 人体的肌肉可分为( )、( )和( )三类。

16.人体最重要的红细胞血型系统有（　　）和（　　），其中（　　）在妇产科学中具有重要意义。

三、简答题（每小题 10 分，共 70 分）

1.简述核酸分子检测的主要方法及其原理。

2.什么叫生态位？生态位重叠是否一定伴随着竞争，为什么？

3.什么是质粒？作为基因克隆载体的质粒，其主要特点有哪些？

4.植物移栽时最好带土，即保留根周围原有的土壤，简述其原因。

5.简述植物如何对抗食植动物和病菌的侵害。

6.请结合分泌蛋白合成与分泌的基本过程简述信号假说的基本内容。

7.什么是 DNA 连接酶？简述其作用特点。

四、论述题（每小题 15 分，共 30 分）

1.什么是肿瘤？恶性肿瘤与良性肿瘤的主要区别是什么？试述目前肿瘤治疗的主要方式和进展。

2.什么是温室效应？温室效应产生的主要原因是什么？温室效应会产生什么危害？人类可以做些什么？

参考答案

一、名词解释(每小题 3 分,共 30 分)

1. 非整倍体:体细胞中染色体数目不是成倍增加或者减少,而是以配子中单个或几个染色体的增减为基础产生的多倍体,称为非整倍体(aneuploid)。

2. DNA 的变性:DNA 配对的碱基间氢键断裂、双螺旋结构解开形成单链的过程。

3. 动作电位:可兴奋细胞受到刺激时产生的可扩布的电位变化过程,称为动作电位(action potential)。这一周期的电位变化包括从 Na^+ 的渗入而使膜发生去极化、反极化,到 K^+ 的渗出使膜复极化。

4. 雄性不育:动、植物雄性细胞或生殖器官丧失生理机能的现象。

5. 激素:特定的器官或细胞在特定的刺激(神经的或体液的)作用下分泌某种特异性物质到体液中,这种物质即激素(hormone)。

6. 群落演替:又称生态演替,是指在一定区域内,群落随时间而发生变化,由一种类型转变为另一种类型的生态过程。

7. 初级生产量:绿色植物经光合作用生产的有机物质数量。净初级生产量等于总第一性生产量减去植物呼吸消耗量。只有净初级生产量才有可能被人或其他动物所利用。

8. 核小体:真核生物染色体的基本结构单位,由 DNA 和组蛋白形成,每个核小体由 147 bp 的 DNA 缠绕组蛋白八聚体近两圈形成。核小体核心颗粒之间通过 60 bp 左右的连接 DNA 相连。

9. 细胞周期调控:细胞周期蛋白(cyclin)和周期蛋白依赖性激酶(Cdk)等各级调控因子对细胞周期精确而严密的调控。

10. 抗原决定簇:决定抗原性的特殊化学基团。

二、填空题(每个空 0.5 分,共 20 分)

1. 胎儿;母体

2. DNA;蛋白质

3. 操纵基因;调节基因

4. 生殖;体

5. 肾脏;肾单位;肾小体;肾小管

6. 突触前膜;突触间隙;突触后膜

7. 有性世代;无性世代

8. 同一个;有丝

9. 细胞表面;蛋白质

10. 免疫原性;抗原性

11. 温度;水

12. 基本生态位;种间竞争

13. 生产者;消费者;分解者;物质循环;能量流动

14. 常;异

15. 平滑肌;心肌;骨骼肌

16. ABO 血型系统;Rh 血型系统;Rh 血型系统

三、简答题(每小题 10 分,共 70 分)

1. 答:核酸探针是一小段已知序列的多聚核苷酸序列,用同位素、生物素和荧光染料标记它的末端或者全链。如果靶基因和探针的核苷酸序列相同,就可按碱基配对原则进行核酸分子杂交,可以用于检测特异 DNA 或 RNA 序列片段。

Southern Blotting 用于未知 DNA 的检测。Northern Blotting 用于未知 RNA 的检测,原位杂交用于组织和细胞中的基因定位。利用单链的核酸分子在合适的温度和离子强度下,通过碱基互补形成双链杂交体实现。

PCR 技术用于目的基因的克隆、基因的体外突变、DNA 和 RNA 的微量分析、DNA 序列测定和基因突变分析等。其原理模拟 DNA 的体内复制,以 DNA 分子为模板,以一对与模板序列互补的寡核苷酸片段为引物,在 DNA 聚合酶作用下,利用 4 种脱氧核苷三磷酸,完成新的 DNA 的合成,重复变性 — 复性 — 延伸的过程使目的 DNA 片段扩增 100 万倍以上。

2. 答:生态位是指种利用群落中各种资源的总和,以及该物种与群落中其他物种相互关系的总和,它表示物种在群落中的地位、作用和重要性。

生态位重叠不一定意味着竞争。在群落内的各种生物之间存在着各种各样的错综复杂的联系,有直接的,有间接的,群落内的各种生物通过复杂的中间关系有机地结合在一起,群落内部的每一种生物都处在一个对它来说最适合的位置上,在这个生态位上,外界因素对它的影响最小。不同的生物占有不同的生态位,这是长期自然选择的结果。如果资源丰富,两种生物可以共同利用同一种资源而不给对方造成损害。

3. 答:质粒是独立于细菌染色体之外,能自我复制的小型双链环状 DNA 分子。酵母的杀伤质粒是 RNA 分子。

作为基因克隆载体的质粒,其主要特点有:①具有复制起点;②具有多种限制酶的酶切位点,以供外源基因的插入;③携带易于筛选的选择标志,以区别阳性重组子和阴性重组子;④具有较小的相对分子质量和较高的拷贝数;⑤有安全性。

4. 答:植物地上的枝叶完全依靠根系供给水分和矿物质养料,根毛的存在大大增加了吸收表面,该区是根部行使吸收作用的主要部分。如果根系受到损伤破坏,就会引起枝叶的枯萎和死亡,因此在移植植物时必须注意保护根系。在农业实践上,移植时一方面要尽量不损伤幼苗的根系,假若根系受到损伤破坏,就应当剪去一部分枝叶以减少水分的蒸腾,这样才可以保证移植成功。

菌根是高等植物根部与土壤中的某些真菌形成的共生体。在自然界中,菌根对于很多森林树种的正常生活也是十分必要的,如松树在没有菌根的土壤里,吸收养分少,生长缓慢,甚至于死亡。因此在移栽时,保留根周围原有的土壤,从而提高树苗的成活率,促进其生长。

5. 答:植物在自然环境中也会遇到生物胁迫,主要是食植动物和各种病原微生物的侵害。在进化过程中,植物也发展了许多防御机制。

植物防御动物的方法有物理的和化学的,如长刺、合成有毒的化学物质、产生异常的氨基酸等。有些植物引诱动物帮助防御食植物,如被毛毛虫咬食的叶片产生一种挥发性化学物质,引诱胡蜂杀死毛毛虫。

植物防御病菌的方法有两种,阻止或避免侵害,对抗入侵的病原体。植物的表皮、细胞信号转导、化学防御系统能起到对抗作用。

6.答:分泌蛋白在细胞质基质游离核糖体上起始合成,多肽链延伸到 80 个氨基酸左右后,N 端的信号序列与信号识别颗粒结合使肽链延伸暂时停止,并防止新生肽 N 端损伤和成熟前折叠,直至信号识别颗粒与内质网膜上的停泊蛋白(SRP 受体)结合,核糖体与内质网膜的易位子结合。此后,信号识别颗粒脱离了信号序列和核糖体,返回细胞质基质中重复使用,肽链又开始延伸。

环化的构象存在的信号肽与易位子组分结合并使孔道打开,信号肽穿入内质网并引导肽链以半环的形式进入内质网腔中,这是一个需要 ATP 的过程。在蛋白合成结束之前信号肽被切除。

7.答:DNA 连接酶是一种能够催化 DNA 中相邻的 $3'-OH$ 和 $5'-$磷酸基末端之间形成磷酸二酯键并把两段 DNA 拼接起来的核酸酶。

它能封闭 DNA 链上的切口,借助 ATP 或 NADH 水解提供的能量催化 DNA 链的 $5'-P$ 与另一 DNA 链的 $3'-OH$ 生成磷酸二酯键。这两条链必须是与同一条互补链配对结合的(T4 DNA 连接酶除外),而且必须是两条紧邻 DNA 链才能被 DNA 连接酶催化成磷酸二酯键。

四、论述题(每小题 15 分,共 30 分)

1.答:肿瘤是一类疾病的总称,指机体在各种致瘤因子作用下,局部组织细胞异常增生、凋亡失控所形成的肿块。

根据肿块的细胞特性及对机体的危害性程度,分为良性肿瘤和恶性肿瘤两大类,癌症即为恶性肿瘤的总称。良性肿瘤与恶性肿瘤的主要区别如下:

良性肿瘤	恶性肿瘤(癌)
生长缓慢	生长迅速
有包膜,膨胀性生长,摸之有滑动	侵袭性生长,与周围组织粘连,摸之不能移动
边界清楚	边界不清
不转移,预后一般良好	易发生转移,治疗后易复发
有局部压迫症状,一般无全身症状,通常不会引起患者死亡	早期即可能有低热、食欲差、体重下降、晚期可出现严重消瘦、贫血、发热等,如不及时治疗,常导致死亡

目前肿瘤治疗的主要方式有:手术切除,放射治疗,药物治疗(化学治疗、中药治疗),物理治疗(热疗—高能聚焦超声治疗、射频、微波治疗,冷冻治疗—氩氦刀、液氮),生物学治疗(免疫治疗、基因治疗、DNA 治疗、肿瘤靶向治疗等)。其中生物治疗发展迅速。肿瘤基因治疗将外源性的正常基因通过载体转入细胞内达到纠正致病基因的目的。这一途径在某些单基因遗传性疾病,如腺苷脱氨酶缺乏症、血友病已取得满意的效果。通过导入外源性基因补充或替代突变抑癌基因或敲除致癌基因,是目前较广泛的肿瘤基因治疗方法。敲除致癌基因通常有三种常用方法:通过转导癌基因变异体,以显性阴的方式消除致癌基因的影响;插入特异 DNA 片断,以阻碍癌基因 RNA 的表达,从而干预致癌基因的翻译;应用反义核酸技术与 mRNA 上特定的靶序列互补,降解癌基因 mRNA,迄今已有多种反义寡核酸应用于临床。

2.答:温室效应是太阳短波辐射可以透过大气射入地面,而地面增暖后放出的长波辐射却被大气中的二氧化碳等物质所吸收,从而产生大气变暖的效应。

温室效应主要是由于现代化工业社会过多燃烧煤炭、石油和天然气,大量排放尾气,再加上人类乱砍滥伐,使森林等植被面积大幅度萎缩,打破了生物圈中碳循环的平衡,使大气中二氧化碳的含量迅速增加。除二氧化碳以外,大气中的甲烷、氮氧化合物等气体浓度的增加,都能引起类似的效应。

温室效应引起全球变暖,地球上的病虫害增加,影响大气环流,继而改变全球的雨量分布与及各大洲表面土壤的含水量,气候反常。海平面上升,加速沿岸沙滩被海水的冲蚀、地下淡水被上升的海水推向更远的内陆地方。

温室效应和全球气候变暖已引起了世界各国的普遍关注,国际社会制定国际气候变化公约,减少二氧化碳等主要温室气体的排放。减少二氧化碳排放的具体措施主要有两条,一是改进能源结构,除了化石燃料以外,非化石能源方面以水能资源和核能资源开发最为广泛。二是提高能源效率,提倡植树种草,保护和发展森林资源,提高森林覆盖面积,增强对二氧化碳的吸收能力,同时也能明显地改善生态环境。

华侨大学硕士研究生入学考试试题

一、名词解释(每题 3 分,共 30 分)

1. 染色体组型(核型)

2. 协同进化

3. 双名法

4. 内共生学说

5. 基因频率

6. Asexual reproduction

7. Cell theory

8. Photorespiration

9. Gene library

10. Transcription

二、填空题(每空 1 分,共 10 分)

1. 染色体的基本结构单位是( )。

2. 转录过程中信使核糖核酸分子是按( )的方向延长的。

3. 消化过程中,人的营养吸收主要是在( )中完成的。

4. 鸟类不同于哺乳动物,其呼吸系统除了肺之外,还具有( ),这使得鸟类无论吸气还是呼气,都有新鲜空气在肺中进行气体交换。

5. 正常细胞在分裂时,只要和相邻细胞接触,就停止活动,不再分裂,这一现象称为( )。

6. 我国是世界上最早利用免疫学原理来预防天花的国家,当时使用的疫苗是( )。

7. 某些进行有性生殖的微生物体内除染色体 DNA 外,还有一个小的环状 DNA 分子,称为( )。

8. 寄生于细菌的病毒称为( )。

9. 中性学说认为( )是分子进化的基本动力。

10. 细菌中最常见的繁殖方式是( )。

三、不定项选择题(每题 2 分,共 20 分)

1. 果蝇体细胞含有 8 条染色体,这意味着在其配子中有( )种可能的不同染色体组合。

　　A. 8　　　　　　　　B. 16　　　　　　　　C. 32　　　　　　　　D. 64

2. 线粒体的可能祖先是( )。

　　A. 单细胞藻类　　　　　　　　B. 寄生性原生生物

　　C. 厌氧细菌　　　　　　　　　D. 光合原生生物

3. 采摘下来的新鲜木耳,其菌丝是( )。

　　A. 无核菌丝　　　B. 单核菌丝　　　　C. 双核菌丝　　　　D. 多核菌丝

4. 一白色母鸡与一黑色公鸡的所有子代都为灰色,对于这种遗传式样的最简单解释是( )。

　　A. 基因多效性　　B. 性连锁遗传　　　C. 独立分配　　　　D. 连锁遗传

5. 人体对食物的消化始于(　　)。

　　A. 胃　　　　　　　B. 肠　　　　　　　　C. 食道　　　　　　　D. 口腔

6. 生态系统中能流在相邻两级间传递时,能量相比大体是(　　)。

　　A. 1/5　　　　　　 B. 1/10　　　　　　　C. 1/15　　　　　　　D. 1/2

7. DNA 存在于(　　)。

　　A. 细胞核　　　　　B. 线粒体　　　　　　C. 内质网　　　　　　D. 叶绿体

8. 下列属于终止密码的是(　　)。

　　A. AUG　　　　　　B. UAA　　　　　　　C. UGA　　　　　　　D. UAG

9. 下列哪些物质参与 DNA 的复制(　　)。

　　A. DNA 分子　　　B. 限制性内切酶　　　C. DNA 聚合酶　　　　D. DNA 连接酶

10. 生物的营养方式有(　　)。

　　A. 光合自养　　　 B. 吞噬营养　　　　　C. 腐食营养　　　　　D. 化能自养

四、简答题(每题 5 分,共 30 分)

1. 有人说光呼吸是细胞呼吸的一种途径,该说法是否正确及其理由?

2. 为什么核酸分子能成为遗传信息的载体,而其他生物大分子则不能?

3. 简述"内共生学说"的主要内容。

4. 简述原核细胞的主要结构。

5. 简述综合进化论。

6. 按其遗传物质和形态划分,病毒可以划分为哪些种类?

五、论述题(每题 15 分,共 60 分)

1. 论述人体细胞中的主要生物大分子及其相应功能。

2. 血友病是伴性遗传病,基因为 X^h,主要使男性患病(基因型为 X^hY)今有一女是血友病基因携带者(X^HX^h),但表现型正常即未患血友病。如果她与一个正常男子(X^HY)婚配,其后代遗传情况如何?

3. 现代生物学已经进入一个"组学"时代,谈谈你对一些常见"组学"的认识。

4. 谈谈你对病毒起源的认识。

参考答案

一、名词解释

1. 本题讲解见 53 页。

2. 协同进化(coevolution):两个相互作用的物种在进化过程中发展的相互适应的共同进化。一个物种由于另一物种影响而发生遗传进化的进化类型。

3. 本题讲解见 1 页。

4. 本题讲解见 175 页。

5. 基因频率(gene frequency):指在一个种群基因库中,某个基因占全部等位基因数的比率。

6. Asexual reproduction 无性生殖,讲解见 70 页。

7. Cell theory 细胞学说,讲解见 18 页。

8. Photorespiration 光呼吸,讲解见 38 页。

9. Gene library 基因文库,讲解见 143 页。

10. Transcription 转录,讲解见 142 页

二、填空题

1. 核小体　2. 5'→3'　3. 小肠　4. 气囊　5. 接触抑制　6. 人痘　7. 质粒　8. 噬菌体　9. 遗传漂变　10. 二分裂

三、不定项选择题

1. B　2. C　3. C　4. A　5. D　6. B　7. ABD　8. BCD　9. ACD　10. ABCD

四、简答题

1. 答:光呼吸是所有进行光合作用的细胞在光照和高氧低二氧化碳情况下发生的一个生化过程。在光呼吸过程中,参与光合作用的一对组合:反应物1,5-二磷酸核酮糖(RuBP)在催化剂1,5-二磷酸核酮糖羧化酶/加氧酶(Ribulose-1,5-bisphosphate carboxylase/oxygenase,简称Rubisco)的作用下增加两个氧原子,再分解为2-磷酸乙醇酸和3-磷酸甘油酸,经过一系列反应,可再生为RuBP或分解为二氧化碳和水。

光呼吸涉及三个细胞器的相互协作:叶绿体、过氧化物酶体和线粒体。叶绿体内进行的是光呼吸开始和收尾的反应,过氧化物酶体内进行的是有毒物质的转换,而线粒体则将两分子甘氨酸合成为一分子丝氨酸,并释放一分子二氧化碳和氨。

Rubisco对RuBP有两种作用,既可将之导入生成能量获得碳素的光合作用,也能使之进入消耗能量释放碳素的光呼吸。由此可见,光呼吸和细胞呼吸有联系,可以说光呼吸是细胞呼吸的一种途径。

2. 本题讲解见 16 页。

3. 本题讲解见 180 页。

4. 答:原核细胞(prokaryotic cell)没有核膜,遗传物质集中在一个没有明确界限的低电子密度区。DNA为裸露的环状分子,通常没有结合蛋白。没有恒定的内膜系统,核糖体为70S型。

大多数原核细胞有细胞壁,主要成分是肽聚糖,由N—乙酰葡糖胺和N—乙酰胞壁酸构成双糖单元,以β—(1—4)糖苷键连接成大分子。N—乙酰胞壁酸分子上有四肽侧链,相邻聚糖纤维之间的短肽通过肽桥(革兰氏阳性菌)或肽键(革兰氏阴性菌)桥接起来,形成了肽聚糖片层,像胶合板一样,粘合成多层。

细胞膜是典型的单位膜结构,厚约8~10 nm,外侧紧贴细胞壁,控制着物质进出细胞的转运。

细胞质中有许多核糖体,部分附着在细胞膜内侧,大部分游离于细胞质中。细菌核糖体的沉降系数为70S,由大亚单位(50S)与小亚单位(30S)组成,大亚单位含有23S rRNA与30多种蛋白质,小亚单位含有16S rRNA与20多种蛋白质。30S的小亚单位对四环素与链霉素敏感,50S的大亚单位对红霉素与氯霉素敏感。细菌核区DNA以外的,可进行自主复制的遗传因子,称为质粒(plasmid)。质粒是裸露的环状双链DNA分子,所含遗传信息量为2~200个基因,能进行自我复制,有时能整合到核DNA中去。

拟核(nucleoid)没有由核膜包被,也没有染色体,只有一个位于形状不规则且边界不明显区域的环形DNA分子。内含遗传物质。里面的核酸为双股螺旋形式的环状DNA,且同时具有多个相同的复制品。有些还有荚膜、鞭毛、菌毛等其他结构。

5. 答:综合进化论又称现代达尔文主义,在达尔文进化论的基础上,从群体遗传的角度阐释生物进化,是进化论中最有影响的一种学说。

综合进化论有4个基本观点。

①基因突变和通过有性杂交出现的基因重组是进化的原材料。

②进化的基本单位是种群,而不是个体。进化是群体中基因频率变化的结果。

③自然选择决定进化的方向和速度。选择不仅具有保存作用,而且具有创造作用。

④隔离导致新种的形成。地理隔离使一个种群分成许多小种群,这些小种群各自在不同条件下发生变异,最后达到生殖隔离,形成新种。

6. 答:按遗传物质分:①DNA病毒——单股DNA病毒、双股DNA病毒、DNA与RNA反转录病毒;②RNA病毒——双股RNA病毒,单链、单股RNA病毒,裸露RNA病毒;③蛋白质病毒(如朊病毒)。按病毒的形态分:①球状病毒(多为动物病毒);②杆状病毒(多为植物病毒);③蝌蚪状(噬菌体);④砖形病毒;⑤冠状病毒;⑥丝状病毒(M13噬菌体);⑦链状病毒;⑧有包膜的球状病毒;⑨具有球状头部的病毒;⑩封于包含体内的昆虫病毒。

五、论述题

1. 本题讲解见15页。

2. 本题讲解见161页。

3. 答:现代生物学的"组学"研究涉及核酸、蛋白、代谢物、表型等各个层次,主要包括基因组学、转录组学、蛋白组学、代谢组学、离子组学、相互作用组学、表型组学等。

①基因组学。基因组学以全基因组测序为目标的结构基因组学,以基因功能鉴定为目标的功能基因组学(也称后基因组)。人类基因组计划的实施对基因组学研究起到了巨大的推动作用,已完成了包括细菌、真菌、病毒、植物(如拟南芥、水稻)、动物(如斑马鱼、鼠)、人类等几十个物种的基因组测序。在后基因组时代,比较基因组学通过比较不同物种的基因和基因组结构来研究其进化关系;营养基因组学研究基因及其产物与营养物的关系;药物基因组学(或称化学基因组学)研究基因及其产物与

药物之间的关系。尽管目前它们的研究进展有限，但体现了基因组学研究在物种进化、营养学、药学等领域的重要应用。

②转录组学。转录组学对细胞(生物体)在某种条件下所有转录产物进行系统研究，即在 RNA 水平研究基因表达的变化。基因表达序列分析、RNA_seq 技术是分析不同组织中基因表达谱的有力工具。

③蛋白组学。蛋白质组学研究细胞或生物体内的所有蛋白质，是在蛋白质水平上的后基因组学研究。二维凝胶电泳 (2－DE)和质谱(MS)技术是蛋白质组研究的核心技术，分别针对样品的分离和鉴定。针对蛋白质序列及高级结构、蛋白质翻译后修饰(如糖基化、S 修饰、磷酸化)结构鉴定的结构蛋白质组学，系统地研究生物体内各种分子间(包括蛋白质－蛋白质、蛋白质－核酸、蛋 白质－糖、脂－蛋白)的相互作用，以及这些作用形成的分子机制、途径和网络的互作研究是当前的热点研究。

生理组学和表型组学是综合基因组、转录组、蛋白组等多种组学的系统生物学研究手段，是系统生物学研究的终端。上述各种组学有各自的针对性，且有一定的层次性和相对独立性。同时，生物体各种物质(核酸、蛋白 质、糖、脂、离子、次生代谢物)之间相关关联相互作用。因此，它们作为系统生物学研究的组成部分，又相互关联。此外，组学研究中的高通量分析技术，以及贯穿所有组学的生物信息学是各种组学研究的支撑。因此，相关分析技术的发展以及生物信息数据平台的建立和完善直接决定了组学乃至系统生物学研究的发展速度。

4. 答:病毒无完整的酶系统，不能制造 ATP 和独立生活，没有细胞的存在就没有病毒的繁殖，因此病毒可能是细胞出现后的产物。病毒可以看作是由核酸和蛋白质形成的复杂大分子，与细胞内核蛋白分子有相似之处。有些病毒的核苷酸序列与宿主细胞 DNA 片段的碱基序列具有高度的相似性，尤其是细胞癌基因与病毒癌基因具有相似的同源序列。真核生物中，尤其是脊椎动物中普遍存在的第二类反转录转座子的两端含有长末端重复序列结构与整合于基因组上的反转录病毒十分相似。由此推论，病毒可能是细胞在特定的条件下"抛出"的一个基因组，或者是有复制、转录功能 的 mRNA。

中国科学院水生生物研究所
硕士研究生入学考试试题

一、名词解释(每题 2 分,共 20 分)

1. 适应(adaptation)

2. 化学渗透假说(chemiosmosis hypothesis)

3. 杂种优势(hybrid vigor,heteresis)

4. 干细胞(stem cell)

5. 平行进化(parallel evolution)

6. 递质(transmitter)

7. 外毒素(exotoxin)和内毒素(endotoxin)

8. 冈崎片段(Okazaki fragment)

9. 同源异形框(nomeobox)

10. 水体富营养化(eutrophication)

二、填空题(每空 1 分,共 30 分)

1. 根据蛋白质在体内的功能,可以分为 7 大类蛋白,分别是结构蛋白、转运蛋白、(　　)、(　　)、(　　)、(　　)和(　　)。

2. 胃腺中的(　　)向胃腔中分泌 HCl,而(　　)向胃腔中分泌胃蛋白酶原;胃还可以分泌一种与维生素 B_{12} 吸收有关的物质,该物质是由 (　　)细胞分泌的(　　)。

3. 无脊椎动物有 3 种不同的视觉器官,包括涡虫的(　　)、昆虫的(　　)和乌贼的(　　)。

4. DNA 损伤的修复系统有(　　)、(　　)、(　　)、(　　)和(　　)。

5. 根据哈迪温伯平衡可以推导出 5 种可以导致群体遗传结构变化的因素,这些因素是(　　)、(　　)、(　　)、(　　)和(　　)。

6. 所有植物的成熟器官基本上由 3 种组织系统所组成,这 3 种组织系统是 (　　)、(　　)和(　　)。

7. 高等动物受精卵的早期发育一般要经过(　　)、(　　)、(　　)、(　　)和(　　)等阶段。

三、简答题(每题 12 分,共 60 分)

1. 简述硬骨鱼对水环境的适应。

2. 肾上腺皮质分泌的糖皮质激素有什么作用?

3. 从 DNA 到 mRNA 的转录过程是怎么样的?

4. 生命起源有哪几个主要假说,并谈谈你的观点。

5. 简述单子叶植物与双子叶植物有什么区别?

四、论述题(每题 20 分,共 40 分)

1. 比较腔肠动物门、扁形动物门和环节动物门三门动物在有机体结构和功能方面的进化。

2. 以人为例阐述高等动物的生殖和发育。

【参考答案】

扫码获取正版答案

暨南大学硕士研究生入学考试试题(B卷)

一、填空题(每空 2 分,共 20 分)

1. 假若一个含有 46 条染色体的二倍体细胞发生减数分裂产生精子,结果是产生(　　)个精子,每个精子有(　　)条染色体。

2. 秋水仙素破坏(　　)的形成,因而阻止(　　)移向两极,结果形成多倍体细胞。

3. 糖酵解初始阶段,葡萄糖经(　　),使葡萄糖的稳定状态变为活跃状态。

4. (　　)是细胞中的能量通货。

5. 细胞中,(　　)是生物氧化、产生能量的场所,(　　)是光合作用的场所,(　　)是蛋白质合成的场所。

6. (　　)对策是生物的一种生活史对策,利用该对策的生物通常个体小、寿命短、生殖力强但存活率低、亲代对后代缺乏保护。

二、名词解释(每题 5 分,共 30 分)

1. 发育
2. 干扰素
3. 重组 DNA 技术
4. 光合作用
5. 生物的宏进化
6. 群体的遗传结构

三、简答题(每题 10 分,共 40 分)

1. 请简述淋巴系统三个方面的功能。
2. 请简述先天免疫的基本内涵与过程。
3. 试述生物膜流动镶嵌模型的主要内容。
4. 当敲打玻璃杯时,生活在水杯中的水螅会马上缩回它的触手,身体也迅速缩短,但敲打若干次以后,它的反应就会减慢,并可能不再发生反应。请说说这是动物怎样的一种学习类型。

四、论述题（每题 20 分，共 60 分）

1. 试述大肠杆菌乳糖操纵子的结构及调控原理。

2. 请详述动物细胞的结构与功能。

3. 试述导致生物物种濒危、物种灭绝速度加快的主要原因，并谈谈保护生物多样性的重要性、意义及具体措施。

【参考答案】

扫码获取正版答案

参考文献

[1]吴相钰,陈守良,葛明德.陈阅增普通生物学[M].4版.北京:高等教育出版社,2013.

[2]吴相钰,陈守良,葛明德.陈阅增普通生物学[M].3版.北京:高等教育出版社,2009.

[3]吴相钰.陈阅增普通生物学[M].2版.北京:高等教育出版社,2005.

[4]陈阅增.普通生物学——生命科学通论[M].北京:高等教育出版社,1997.

[5]黄诗笺.现代生命科学概论[M].北京:高等教育出版社,2001.

[6]宋思扬.生物技术概论[M].北京:科学出版社,1998.

[7]张维杰.生命科学导论[M].北京:高等教育出版社,2001.

[8]武汉大学等.普通生物学[M].北京:高等教育出版社,1990.

[9]G H 弗里德.生物学[M].2版.田清涞,译.北京:科学出版社,2002.